Mathematik
7. Schuljahr

Herausgegeben von Oberstudiendirektor Wilhelm Kuypers
Professor Dr. Josef Lauter
Oberstudiendirektor Hans Wuttke

Erarbeitet von Dr. Gisela Bielig-Schulz
Dr. Klaus Dormanns
Dr. Thomas Jahnke
Wilhelm Kuypers
Dr. Josef Lauter
Gerhard Lowinski
Hans Wuttke

unter Mitarbeit der Verlagsredaktion

Cornelsen

Zum Titelbild

1. Über Euklid von Alexandria (eigentlich Euklides)

Über das Leben des griechischen Mathematikers Euklid ist wenig bekannt. Man nimmt an, dass er um das Jahr 365 v. Chr. geboren wurde und dass er seine Ausbildung an der platonischen Akademie in Athen erhalten hat. Man ist ziemlich sicher, dass er dann während der Regierungszeit des ersten Ptolemäerkönigs (und möglicherweise auch des zweiten) in Alexandria bis etwa zum Jahre 300 v. Chr. gelebt und dort Mathematik gelehrt hat. Berühmt wurde Euklid durch 13 Lehrbücher, in denen das damalige Wissen zur Mathematik zusammengefasst ist. Die „Elemente", wie diese Bücher genannt werden, sind die erfolgreichsten Mathematikbücher aller Zeiten. So wurden Übersetzungen dieser Bücher z. B. in England noch im 19. Jahrhundert als offizielle Schulbücher für die Geometrie benutzt.

2. Zum Inhalt des Titelbildes

Von Euklid wird Folgendes erzählt: Als Lehrer für Mathematik soll Euklid von einem der Ptolemäerkönige aufgefordert worden sein, ihm, dem König, einen bequemen Weg zum Begreifen der Mathematik zu weisen. Euklid besaß den Mut zu entgegnen, dass es zur Mathematik keinen Königsweg gebe.
Auch ein König muss sich wie jeder andere Mensch „auf den Hosenboden setzen", wenn er die Mathematik verstehen will.

Redaktion: Dr. Jürgen Wolff
Herstellung: Ulrich Wiegmann, Wolf-Dieter Stark

Einbandgestaltung: Wenzel Schmidt, Essen
Illustrationen und Titelbild: Bettina Wölfel, Walluf
Technische Zeichnungen: Wolfgang Mattern, Bochum; Heidy Kohl, Essen
Satz: Universitätsdruckerei H. Stürtz AG, Würzburg

Cornelsen online http://www.cornelsen.de

1. Auflage € Druck 8 7 6 5 Jahr 05 04 03 02

Alle Drucke dieser Auflage ab 4. Druck (Euro-Umstellung) sind inhaltlich unverändert und können im Unterricht nebeneinander verwendet werden.

Druck: CS-Druck Cornelsen Stürtz, Berlin

ISBN 3-464-54107-X

Bestellnummer 541070

Gedruckt auf säurefreiem Papier, umweltschonend hergestellt aus chlorfrei gebleichten Faserstoffen.

Inhaltsverzeichnis

Vorbemerkungen

1) Das Buch ist in Paragraphen, Abschnitte (römische Ziffern) und Unterabschnitte (arabische Ziffern) gegliedert. Um die Benutzung des Buches zu erleichtern, sind auch alle Unterabschnitte mit eigenen Überschriften versehen.

2) Die Abschnitte beginnen unter der Überschrift **„1. Zur Einführung"** durchweg mit einem Beispiel aus einer Anwendungssituation, das in die jeweilige Thematik einführt. Der Lehrtext knüpft in der Regel an dieses Beispiel an.
Um den Lehrer nicht an das einführende Beispiel zu binden, ist ergänzend hierzu bei den an den Lehrtext anschließenden „Aufgaben und Beispielen" unter der Überschrift **„Zum Einstieg"** meistens ein **alternatives Einführungsbeispiel** angegeben.

3) Außer den Beispielen, an denen die jeweilige Thematik entfaltet wird, enthält das Buch – sowohl im Lehrtext wie bei den Aufgaben – **Beispiele**, die durch einen grünen Rahmen gekennzeichnet sind. Diese Beispiele sollen der Einübung von Rechenverfahren und von Lösungsmethoden dienen. Sie sind insbesondere als **Hilfen für die Bearbeitung von Aufgaben** gedacht.

4) Die Paragraphen 13 und 14 führen in die **Stochastik** ein. Die Konzeption dieser Paragraphen berücksichtigt, dass sich das stochastische Denken grundlegend vom Denken in anderen Teilgebieten der Mathematik unterscheidet und dass dieses Themengebiet daher auch für die unterrichtliche Behandlung spezifische Vorgehensweisen erfordert (Spiele, Experimente, eigene Datenerhebung, Auswertung von Datenmaterial). Aus diesem Grund sind die Lehrtexte hier umfangreicher als in den vorhergehenden Teilen des Buches. Die Schüler sollen einen ihrer Altersstufe gemäßen Verständnishorizont für grundlegende stochastische Fragen entwickeln, etwa:

Wie gewinnt man Vermutungen für die Ergebnisse von Zufallsexperimenten?
Wie überprüft man solche Vermutungen?
Was können Zufallsstichproben unterschiedlichen Umfangs leisten?
Wie gewinnt und beurteilt man Schätzwerte für Wahrscheinlichkeiten?

Diese und ähnliche Fragen können für diese Altersstufe nur mit Hilfe von einfachen, vorläufigen Kriterien beantwortet werden. Ein solches Vorgehen steht einer genaueren Behandlung der angesprochenen Fragen zu einem späteren Zeitpunkt nicht im Wege.
Da relative Häufigkeiten von Stichproben kleineren Umfangs in der Regel stark streuen, sind zur experimentellen Erarbeitung des Wahrscheinlichkeitsbegriffs Stichproben größeren Umfangs erforderlich. Die im Buch verwendeten Stichproben großen Umfangs wurden durch Computersimulation gewonnen.

5) Die **Aufgaben** sind durch Zwischenüberschriften nach Inhalt und Art gegliedert.

6) Der **Wegweiser** auf den Seiten 6 und 7 soll Anhaltspunkte für eine individuelle Auswahl des Stoffes und der Aufgaben geben. Er ist nach den folgenden Gesichtspunkten gegliedert:

Kernstücke	Kernstücke des Aufbaus;
Ergänzungen I	wichtige Ergänzungen und Vertiefungen zur Auswahl;
Ergänzungen II	zusätzliche Ergänzungen und Vertiefungen.

Hinsichtlich der Einordnung der Aufgaben ist zu beachten, dass das Anspruchsniveau und der Schwierigkeitsgrad einer Aufgabe wesentlich durch das Thema des betreffenden Abschnitts bestimmt sind. Dies hat zur Folge, dass die Aufgaben in jeder der drei Spalten von Abschnitt zu Abschnitt von unterschiedlicher Schwierigkeit sein können.

Wegweiser

Kernstücke	Ergänzungen I	Ergänzungen II
§ 1: Proportionale Zuordnungen I, II, III ohne die angegebenen Ergänzungen	§ 1, I, Aufg. 2; 3d, e; 4a – e; 5; 6a, b; 8 – 11	§ 1, I, Aufg. 4f; 6c – f
	§ 1, II, Aufg. 4	§ 1, II, Aufg. 7
	§ 1, III, **5.: Mehrere proportionale Zuordnungen; 6.: Ein anderes Verfahren** Aufg. 24; 26 – 31; 33; 36; 37; 41; 45; 48	§ 1, III, Aufg. 46; 49
	§ 1, IV: **Gleichung einer proportionalen Zuordnung**	§ 1, IV, Aufg. 7; 10; 12; 13
§ 2: Antiproportionale Zuordnungen I, II ohne die angegebenen Ergänzungen		§ 2, I, Aufg. 6
	§ 2, II, **4.: Mehrere Zuordnungen** Aufg. 20; 26; 28 – 33	§ 2, II, Aufg. 24; 25; 27
	§ 2, III: **Gleichung einer Antiproportionalität**	§ 2, III, Aufg. 1; 2; 7
	§ 2, IV: **Vermischte Aufgaben**	§ 2, IV, Aufg. 4 – 6; 17 – 20
§ 3: Prozentrechnung I, II, III ohne die angegebenen Ergänzungen	§ 3, I, Aufg. 17	
	§ 3, II, **6.: Graphische Darstellung** Aufg. 15; 16; 20e; 23 – 28	
	§ 3, III, Aufg. 6; 7; 11; 12	
	§ 3, IV: **Weitere Aufgaben**	§ 3, IV, Aufg. 9 – 12; 15; 17 – 19; 22 – 24; 26; 28; 29; 31 – 33
§ 4: Zinsrechnung I, II ohne die angegebenen Ergänzungen	§ 4, I, Aufg. 6	
	§ 4, II, Aufg. 5 – 8; 15	
	§ 4, III: **Verzinsung und Tilgung**	
	§ 4, IV: **Zinsen für längere Zeitspannen; Zinseszinsen**	§ 4, IV, Aufg. 4; 5
§ 5: Eigenschaften von Winkeln I, II, III ohne die angegebenen Ergänzungen	§ 5, I, Aufg. 1	
	§ 5, II, Aufg. 1; 2; 8; 9	
	§ 5, III, Aufg. 6; 7	§ 5, III, Aufg. 8; 9
§ 6, I, 1.: Innenwinkelsatz	§ 6, I, **2. – 7.: Einführung in das Beweisen**	
§ 6, II, 1. – 3.: Beweis des Innenwinkelsatzes Aufg. 2; 3	§ 6, II, **4. und 5.;** Aufg. 1; 3; 5	

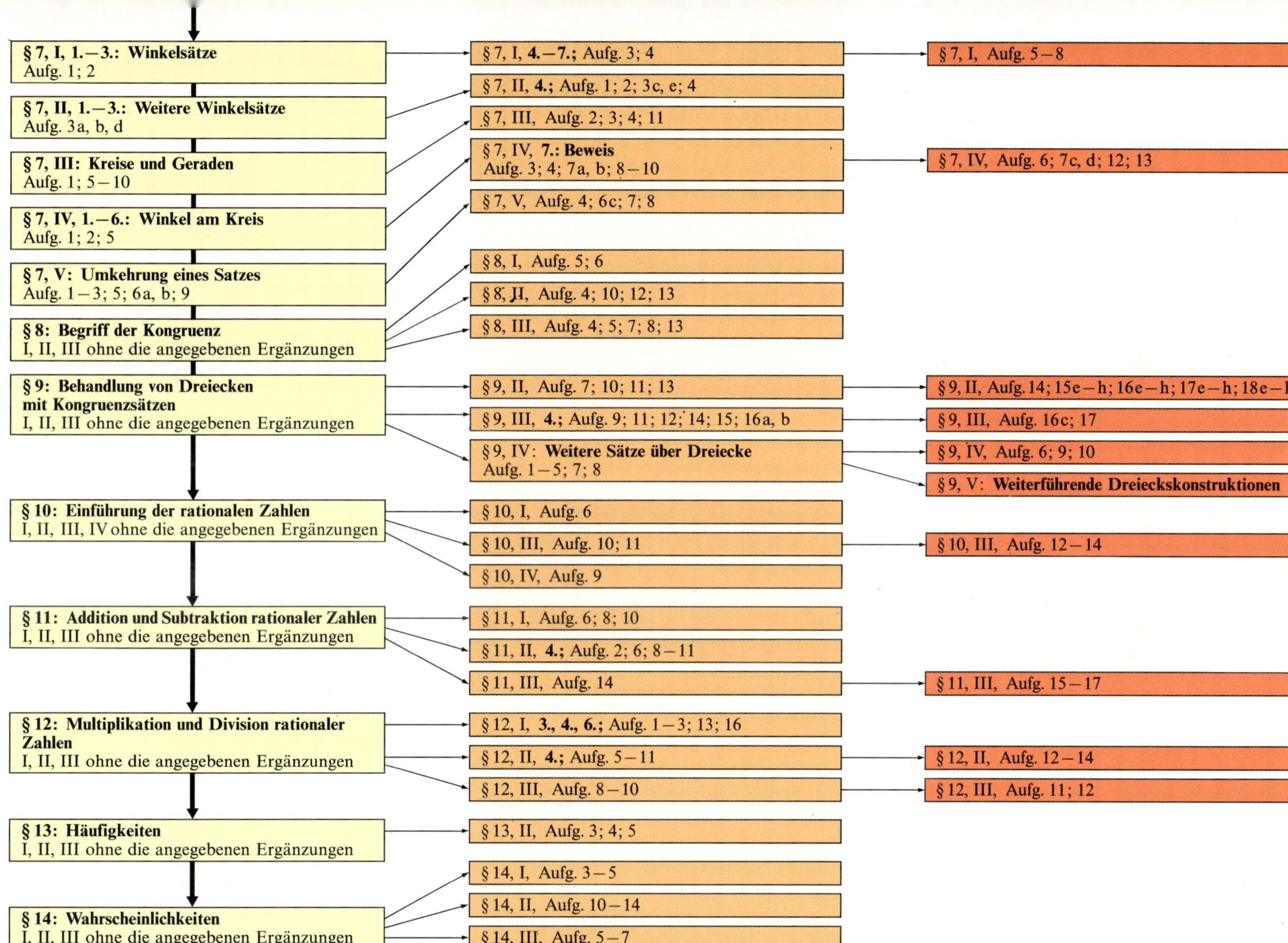

§ 7, I, 1.–3.: Winkelsätze
Aufg. 1; 2
§ 7, I, 4.–7.; Aufg. 3; 4
§ 7, I, Aufg. 5–8
§ 7, II, 1.–3.: Weitere Winkelsätze
Aufg. 3a, b, d
§ 7, II, 4.; Aufg. 1; 2; 3c, e; 4
§ 7, III: Kreise und Geraden
Aufg. 1; 5–10
§ 7, III, Aufg. 2; 3; 4; 11
§ 7, IV, 1.–6.: Winkel am Kreis
Aufg. 1; 2; 5
§ 7, IV, 7.: Beweis
Aufg. 3; 4; 7a, b; 8–10
§ 7, IV, Aufg. 6; 7c, d; 12; 13
§ 7, V: Umkehrung eines Satzes
Aufg. 1–3; 5; 6a, b; 9
§ 7, V, Aufg. 4; 6c; 7; 8
§ 8: Begriff der Kongruenz
I, II, III ohne die angegebenen Ergänzungen
§ 8, I, Aufg. 5; 6
§ 8, II, Aufg. 4; 10; 12; 13
§ 8, III, Aufg. 4; 5; 7; 8; 13
§ 9: Behandlung von Dreiecken mit Kongruenzsätzen
I, II, III ohne die angegebenen Ergänzungen
§ 9, II, Aufg. 7; 10; 11; 13
§ 9, II, Aufg. 14; 15e–h; 16e–h; 17e–h; 18e–h
§ 9, III, 4.; Aufg. 9; 11; 12; 14; 15; 16a, b
§ 9, III, Aufg. 16c; 17
§ 9, IV: Weitere Sätze über Dreiecke
Aufg. 1–5; 7; 8
§ 9, IV, Aufg. 6; 9; 10
§ 9, V: Weiterführende Dreieckskonstruktionen
§ 10: Einführung der rationalen Zahlen
I, II, III, IV ohne die angegebenen Ergänzungen
§ 10, I, Aufg. 6
§ 10, III, Aufg. 10; 11
§ 10, III, Aufg. 12–14
§ 10, IV, Aufg. 9
§ 11: Addition und Subtraktion rationaler Zahlen
I, II, III ohne die angegebenen Ergänzungen
§ 11, I, Aufg. 6; 8; 10
§ 11, II, 4.; Aufg. 2; 6; 8–11
§ 11, III, Aufg. 14
§ 11, III, Aufg. 15–17
§ 12: Multiplikation und Division rationaler Zahlen
I, II, III ohne die angegebenen Ergänzungen
§ 12, I, 3., 4., 6.; Aufg. 1–3; 13; 16
§ 12, II, 4.; Aufg. 5–11
§ 12, II, Aufg. 12–14
§ 12, III, Aufg. 8–10
§ 12, III, Aufg. 11; 12
§ 13: Häufigkeiten
I, II, III ohne die angegebenen Ergänzungen
§ 13, II, Aufg. 3; 4; 5
§ 14: Wahrscheinlichkeiten
I, II, III ohne die angegebenen Ergänzungen
§ 14, I, Aufg. 3–5
§ 14, II, Aufg. 10–14
§ 14, III, Aufg. 5–7

Übersicht über die wichtigsten vorkommenden Zeichen

Zahlen Mengen

Zeichen	Bedeutung	Beispiel
$=$	gleich	$3-7=-4$
$\approx$	ungefähr gleich	$49:4\approx 12$
$<$; $>$	kleiner, größer	$4<7$; $-4>-7$
$\lvert a\rvert$	Betrag von a	$\lvert 3\rvert=3$; $\lvert -3\rvert=3$
$\mathbb{N}$	Menge der natürlichen Zahlen	$\mathbb{N}=\{0; 1; 2; 3; 4; \ldots\}$
$\mathbb{N}^*$	Menge der natürlichen Zahlen ohne die Zahl 0	$\mathbb{N}^*=\{1; 2; 3; 4; 5; \ldots\}$
$\mathbb{B}$	Menge der Bruchzahlen	
$\mathbb{Z}$	Menge der ganzen Zahlen	$\mathbb{Z}=\{0; 1; -1; 2; -2; \ldots\}$
$\mathbb{Q}$	Menge der rationalen Zahlen	

Geometrie

Zeichen	Bedeutung	Beispiel
A, B, …, P, Q, …	Punkte	• A • P
$P(x\vert y)$	Punkt mit den Koordinaten x und y	$P(5\vert 2)$
$\overline{AB}$	Strecke mit den Endpunkten A und B	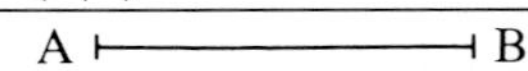
$\lvert\overline{AB}\rvert$	Länge der Strecke $\overline{AB}$, Entfernung der Punkte A und B	$\lvert\overline{AB}\rvert = 2{,}5$ cm
a, b, c, …	Länge einer Strecke, Länge einer Seite	$a = 7$ cm
$s, t, s_1, s_2, \ldots$	Strahlen, Halbgeraden	
s(A, B)	Strahl mit dem Anfangspunkt A durch den Punkt B	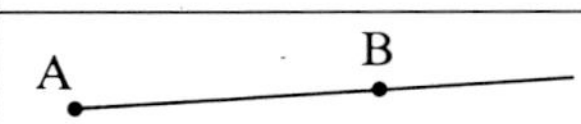
g, h, g_1, g_2	Geraden	
g(A, B)	Gerade durch die Punkte A und B	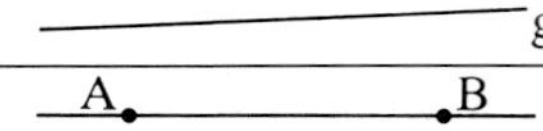
ABC	Dreieck mit den Eckpunkten A, B, C	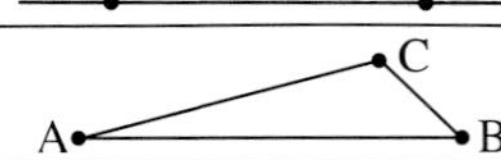
$\parallel$	parallel	$g \parallel h$: g ist parallel zu h
$\perp$	senkrecht	$g \perp h$: g ist senkrecht zu h
$\cong$	ist kongruent zu	$ABC \cong DEF$
$\sphericalangle(s, t)$; $\sphericalangle ASB$	Winkel mit dem Scheitelpunkt S und den Schenkeln s(S, A) und t(S, B)	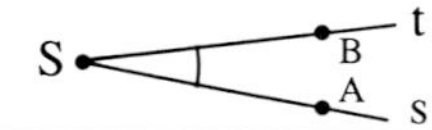
$\alpha, \beta, \gamma, \ldots, \varphi, \ldots$	Winkelmaße	$\alpha = 35°$
K(M; r)	Kreis um den Mittelpunkt M mit dem Radius r	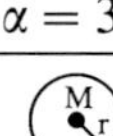 K(M; 3 mm)
h_a; h_b; h_c	Länge der Höhe	$h_c = 3{,}6$ cm
s_a; s_b; s_c	Länge der Seitenhalbierenden	$s_b = 4{,}5$ cm
w_α; w_β; w_γ	Länge der Winkelhalbierenden	$w_\alpha = 5$ cm
m_a; m_b; m_c	Mittelsenkrechte	$m_a \perp BC$

Aufgaben zur Wiederholung

Bruchteile

1. Welcher Bruchteil der Fläche ist rot gefärbt?

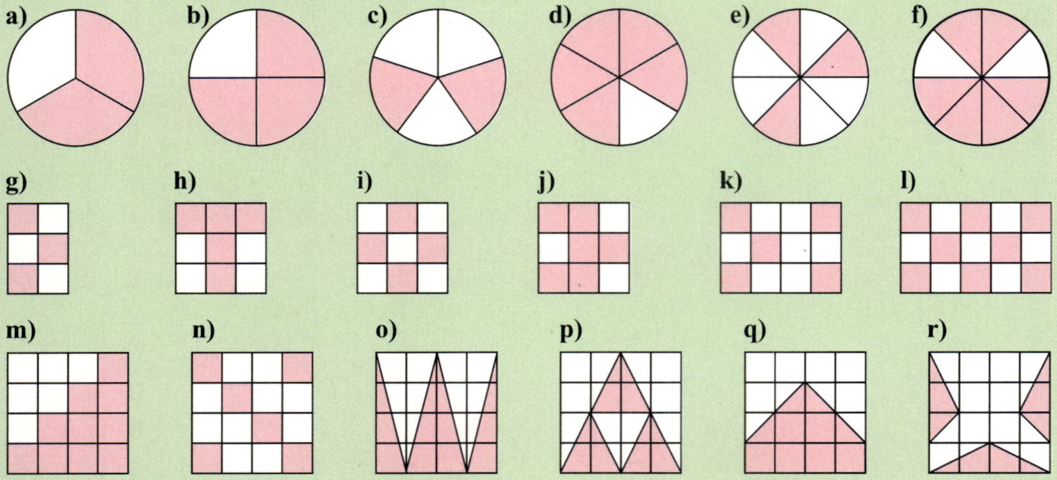

2. Berechne!

a) $\frac{2}{5}$ von 25 € **b)** $\frac{3}{4}$ von 60 €
c) $\frac{3}{8}$ von 32 km **d)** $\frac{5}{6}$ von 18 m
e) $\frac{3}{2}$ von 12 ha **f)** $\frac{3}{10}$ von 70 m^2
g) $\frac{5}{8}$ von 24 *l* **h)** $\frac{5}{4}$ von 28 cm^3
i) $\frac{11}{12}$ von 48 t **j)** $\frac{7}{3}$ von 15 kg
k) $\frac{7}{4}$ von 40 min **l)** $\frac{3}{5}$ von 10 h

3. Schreibe in der nächstkleineren Einheit!

a) $\frac{2}{5}$ m **b)** $\frac{3}{10}$ m **c)** $\frac{3}{2}$ dm **d)** $\frac{13}{10}$ dm
e) $\frac{9}{5}$ cm **f)** $\frac{27}{10}$ cm **g)** $\frac{3}{4}$ km **h)** $\frac{7}{20}$ km
i) $\frac{3}{10}$ kg **j)** $\frac{4}{25}$ kg **k)** $\frac{7}{8}$ kg **l)** $\frac{11}{4}$ kg
m) $\frac{9}{4}$ g **n)** $\frac{7}{20}$ g **o)** $\frac{13}{25}$ g **p)** $\frac{19}{50}$ g
q) $\frac{5}{4}$ € **r)** $\frac{7}{5}$ € **s)** $\frac{8}{25}$ € **t)** $\frac{37}{50}$ €

4. Schreibe in einer kleineren Einheit!

a) $\frac{3}{4}$ m **b)** $\frac{7}{20}$ m **c)** $\frac{14}{25}$ m **d)** $\frac{13}{50}$ m
e) $\frac{9}{4}$ dm **f)** $\frac{17}{25}$ dm **g)** $\frac{23}{50}$ dm **h)** $\frac{37}{100}$ dm

5. Schreibe in der nächstkleineren Einheit!

a) $\frac{3}{5}$ km^2 **b)** $\frac{7}{100}$ km^2 **c)** $\frac{3}{4}$ ha **d)** $\frac{9}{25}$ ha
e) $\frac{7}{20}$ a **f)** $\frac{17}{100}$ a **g)** $\frac{8}{25}$ m^2 **h)** $\frac{33}{50}$ m^2
i) $\frac{9}{2}$ dm^2 **j)** $\frac{7}{5}$ dm^2 **k)** $\frac{17}{20}$ cm^2 **l)** $\frac{43}{100}$ cm^2

6. Schreibe in der nächstkleineren Einheit!

a) $\frac{7}{25}$ m^3 **b)** $\frac{3}{8}$ m^3 **c)** $\frac{17}{125}$ m^3 **d)** $\frac{9}{40}$ m^3
e) $\frac{19}{20}$ *l* **f)** $\frac{12}{25}$ *l* **g)** $\frac{9}{8}$ *l* **h)** $\frac{32}{125}$ *l*

7. Schreibe in der nächstkleineren Einheit!

a) $\frac{3}{4}$ Jahre **b)** $\frac{5}{3}$ Jahre **c)** $\frac{7}{6}$ Jahre
d) $\frac{5}{4}$ h **e)** $\frac{3}{5}$ h **f)** $\frac{7}{10}$ h
g) $\frac{11}{30}$ h **h)** $\frac{3}{4}$ min **i)** $\frac{5}{6}$ min
j) $\frac{7}{5}$ min **k)** $\frac{5}{12}$ min **l)** $\frac{11}{20}$ min

8. Schreibe die Größe zunächst in einer kleineren Einheit!

a) $\frac{3}{4}$ von 2 m **b)** $\frac{7}{10}$ von 5 cm
c) $\frac{5}{8}$ von 5 km **d)** $\frac{2}{5}$ von 3 m^2
e) $\frac{3}{4}$ von 7 cm^2 **f)** $\frac{7}{2}$ von 9 a
g) $\frac{2}{5}$ von 3 h*l* **h)** $\frac{3}{8}$ von 2 *l*
i) $\frac{7}{8}$ von 5 t **j)** $\frac{5}{8}$ von 3 kg
k) $\frac{2}{3}$ von 4 h **l)** $\frac{5}{12}$ von 7 min

Erweitern und Kürzen

1. Erweitere mit 2, 3 und 4!

a) $\frac{3}{4}$ **b)** $\frac{2}{5}$ **c)** $\frac{4}{7}$ **d)** $\frac{5}{8}$

2. Mit welcher Zahl ist erweitert worden?

a) $\frac{3}{4} = \frac{18}{24}$ **b)** $\frac{3}{8} = \frac{15}{40}$ **c)** $\frac{5}{6} = \frac{35}{42}$
d) $\frac{4}{7} = \frac{20}{35}$ **e)** $\frac{8}{11} = \frac{56}{77}$ **f)** $\frac{9}{13} = \frac{72}{104}$

3. Kürze durch 2, 3 und 6!

a) $\frac{30}{36}$ **b)** $\frac{42}{54}$ **c)** $\frac{12}{84}$ **d)** $\frac{24}{102}$
e) $\frac{72}{120}$ **f)** $\frac{78}{96}$ **g)** $\frac{48}{126}$ **h)** $\frac{66}{138}$

4. Durch welche Zahl ist gekürzt worden?

a) $\frac{20}{45} = \frac{4}{9}$ **b)** $\frac{33}{55} = \frac{3}{5}$ **c)** $\frac{24}{52} = \frac{6}{13}$
d) $\frac{28}{36} = \frac{7}{9}$ **e)** $\frac{45}{27} = \frac{5}{3}$ **f)** $\frac{56}{42} = \frac{4}{3}$

5. Bestimme den Anteil! Kürze!

a) Von 24 Schülern tragen 9 eine Brille.
b) 15 von 25 Klassenarbeiten erhielten die Note „befriedigend“.
c) Bei einem Empfang waren unter 105 Anwesenden 56 Frauen.
d) Bei einer Verkehrskontrolle wurden unter 240 Fahrzeugen 72 Lkw gezählt.

6. Bestimme die Zahl x!

a) $\frac{4}{9} = \frac{x}{27}$ **b)** $\frac{3}{10} = \frac{12}{x}$ **c)** $\frac{4}{15} = \frac{16}{x}$
d) $\frac{36}{16} = \frac{x}{4}$ **e)** $\frac{54}{48} = \frac{9}{x}$ **f)** $\frac{65}{39} = \frac{x}{3}$
g) $\frac{x}{18} = \frac{6}{54}$ **h)** $\frac{15}{x} = \frac{75}{40}$ **i)** $\frac{24}{x} = \frac{96}{28}$

7. Kürze so weit wie möglich!

a) $\frac{24}{36}$ **b)** $\frac{18}{45}$ **c)** $\frac{28}{22}$ **d)** $\frac{72}{20}$
e) $\frac{42}{63}$ **f)** $\frac{75}{60}$ **g)** $\frac{42}{70}$ **h)** $\frac{60}{105}$
i) $\frac{90}{36}$ **j)** $\frac{84}{140}$ **k)** $\frac{108}{132}$ **l)** $\frac{66}{165}$
m) $\frac{114}{150}$ **n)** $\frac{90}{144}$ **o)** $\frac{132}{154}$ **p)** $\frac{252}{210}$
q) $\frac{182}{420}$ **r)** $\frac{126}{132}$ **s)** $\frac{924}{990}$ **t)** $\frac{234}{390}$

8. Untersuche, ob die folgenden Brüche dieselbe Bruchzahl darstellen!

a) $\frac{12}{16}$; $\frac{9}{12}$ **b)** $\frac{5}{15}$; $\frac{12}{36}$ **c)** $\frac{15}{18}$; $\frac{42}{48}$
d) $\frac{44}{55}$; $\frac{24}{30}$ **e)** $\frac{24}{45}$; $\frac{81}{150}$ **f)** $\frac{8}{76}$; $\frac{10}{95}$
g) $\frac{28}{49}$; $\frac{44}{77}$ **h)** $\frac{27}{45}$; $\frac{39}{65}$ **i)** $\frac{75}{120}$; $\frac{90}{150}$
j) $\frac{60}{78}$; $\frac{165}{195}$ **k)** $\frac{54}{72}$; $\frac{96}{132}$ **l)** $\frac{108}{60}$; $\frac{144}{80}$

Addition und Subtraktion von Bruchzahlen

1. Bestimme das kleinste gemeinsame Vielfache (kgV) folgender Zahlen!

a) 12; 15 **b)** 16; 24 **c)** 10; 25
d) 15; 24 **e)** 18; 27 **f)** 27; 45
g) 18; 30 **h)** 20; 35 **i)** 32; 80
j) 8; 24; 36 **k)** 8; 12; 15 **l)** 6; 21; 24
m) 10; 15; 21 **n)** 18; 20; 40 **o)** 12; 18; 24
p) 15; 25; 60 **q)** 14; 21; 35 **r)** 20; 35; 50

2. Kürze das Ergebnis!

a) $\frac{2}{7}+\frac{5}{7}$ **b)** $\frac{4}{9}+\frac{2}{9}$ **c)** $\frac{5}{6}+\frac{7}{6}$
d) $\frac{5}{12}+\frac{11}{12}$ **e)** $\frac{4}{15}+\frac{2}{15}$ **f)** $\frac{3}{16}+\frac{7}{16}$
g) $\frac{7}{4}-\frac{5}{4}$ **h)** $\frac{7}{8}-\frac{3}{8}$ **i)** $\frac{7}{12}-\frac{3}{12}$
j) $\frac{9}{5}-\frac{4}{5}$ **k)** $\frac{7}{9}-\frac{4}{9}$ **l)** $\frac{7}{10}-\frac{3}{10}$

3. Mache zunächst gleichnamig!

Beispiele

1) $\frac{7}{10}+\frac{2}{5}=\frac{7}{10}+\frac{2\cdot 2}{5\cdot 2}=\frac{7}{10}+\frac{4}{10}=\frac{11}{10}=1\frac{1}{10}$
2) $\frac{11}{12}-\frac{3}{4}=\frac{11}{12}-\frac{3\cdot 3}{4\cdot 3}=\frac{11}{12}-\frac{9}{12}=\frac{2}{12}=\frac{1}{6}$

a) $\frac{3}{4}+\frac{5}{8}$ **b)** $\frac{2}{3}+\frac{5}{6}$ **c)** $\frac{7}{9}+\frac{2}{3}$
d) $\frac{5}{6}+\frac{5}{2}$ **e)** $\frac{1}{4}+\frac{5}{12}$ **f)** $\frac{2}{5}+\frac{4}{15}$
g) $\frac{5}{6}-\frac{2}{3}$ **h)** $\frac{7}{4}-\frac{3}{8}$ **i)** $\frac{7}{9}-\frac{11}{18}$
j) $\frac{7}{3}-\frac{7}{12}$ **k)** $\frac{11}{15}-\frac{2}{3}$ **l)** $\frac{5}{4}-\frac{5}{12}$

4. Mache zunächst gleichnamig!

Beispiele

1) $\frac{5}{12}+\frac{3}{20}=\frac{5\cdot 5}{12\cdot 5}+\frac{3\cdot 3}{20\cdot 3}=\frac{25}{60}+\frac{9}{60}=\frac{34}{60}=\frac{17}{30}$
2) $\frac{5}{6}-\frac{3}{8}=\frac{5\cdot 4}{6\cdot 4}-\frac{3\cdot 3}{8\cdot 3}=\frac{20}{24}-\frac{9}{24}=\frac{11}{24}$

a) $\frac{1}{3}+\frac{1}{2}$ **b)** $\frac{3}{5}+\frac{1}{6}$ **c)** $\frac{2}{9}+\frac{3}{4}$
d) $\frac{3}{14}+\frac{5}{21}$ **e)** $\frac{5}{9}+\frac{1}{12}$ **f)** $\frac{3}{8}+\frac{5}{12}$
g) $\frac{3}{10}+\frac{2}{15}$ **h)** $\frac{7}{20}+\frac{4}{25}$ **i)** $\frac{5}{24}+\frac{7}{18}$
j) $\frac{3}{4}-\frac{2}{3}$ **k)** $\frac{5}{7}-\frac{2}{5}$ **l)** $\frac{11}{15}-\frac{3}{8}$
m) $\frac{5}{6}-\frac{2}{9}$ **n)** $\frac{11}{12}-\frac{4}{15}$ **o)** $\frac{5}{6}-\frac{2}{15}$
p) $\frac{7}{18}-\frac{3}{10}$ **q)** $\frac{9}{14}-\frac{10}{21}$ **r)** $\frac{13}{24}-\frac{5}{16}$
s) $\frac{3}{4}+\frac{5}{12}-\frac{7}{20}$ **t)** $\frac{4}{15}+\frac{5}{21}+\frac{3}{35}$
u) $\frac{5}{6}+\frac{7}{15}-\frac{11}{24}$ **v)** $\frac{5}{12}-\frac{7}{18}+\frac{13}{30}$

5. Übertrage die Tafel in dein Heft und trage die Ergebnisse in alle Felder ein!

a)

+	$\frac{3}{4}$	$\frac{2}{5}$	$\frac{5}{6}$	$\frac{3}{10}$
$\frac{1}{4}$				
$\frac{2}{3}$				
$\frac{3}{5}$				
$\frac{5}{12}$				

b)

−	$\frac{1}{4}$	$\frac{2}{3}$	$\frac{3}{5}$	$\frac{5}{8}$
$\frac{3}{4}$				
$\frac{5}{6}$				
$\frac{7}{8}$				
$\frac{8}{9}$				

6. Berechne!

a) $\frac{5}{6}+\frac{2}{21}+\frac{3}{14}$ **b)** $\frac{7}{6}+\frac{5}{8}+\frac{7}{12}$
c) $\frac{4}{15}+\frac{7}{10}+\frac{5}{6}$ **d)** $\frac{3}{4}+\frac{5}{14}+\frac{5}{12}$
e) $\frac{5}{3}-\frac{1}{6}+\frac{2}{5}$ **f)** $\frac{7}{12}-\frac{3}{10}-\frac{5}{24}$
g) $\frac{4}{5}-(\frac{3}{2}-\frac{7}{8})$ **h)** $\frac{7}{18}-(\frac{5}{12}-\frac{1}{4})$
i) $(\frac{3}{4}-\frac{1}{6})+(2-\frac{5}{12})$ **j)** $(\frac{2}{3}+\frac{3}{5})-(\frac{7}{10}-\frac{4}{15})$

7. Berechne!

a) $2\frac{3}{4}+1\frac{1}{6}$ **b)** $7\frac{5}{8}+4\frac{11}{12}$
c) $4\frac{7}{15}+2\frac{7}{10}$ **d)** $2\frac{5}{14}+1\frac{7}{10}$

8. Berechne!

Beispiele

1) $5\frac{9}{10}-2\frac{3}{4}=(5-2)+(\frac{9}{10}-\frac{3}{4})$
$=3+\frac{18}{20}-\frac{15}{20}=3+\frac{3}{20}=3\frac{3}{20}$
2) $4\frac{1}{6}-2\frac{1}{4}=3\frac{7}{6}-2\frac{1}{4}=(3-2)+(\frac{7}{6}-\frac{1}{4})$
$=1+\frac{14}{12}-\frac{3}{12}=1+\frac{11}{12}=1\frac{11}{12}$

a) $5\frac{5}{6}-2\frac{1}{3}$ **b)** $2\frac{3}{5}-1\frac{1}{4}$
c) $3\frac{1}{3}-1\frac{1}{2}$ **d)** $4\frac{7}{10}-2\frac{5}{6}$
e) $4\frac{2}{5}-1\frac{5}{6}$ **f)** $7\frac{1}{4}-5\frac{3}{8}$

Größenvergleich von Bruchzahlen

1. Welche Bruchzahl ist größer?

a) $\frac{3}{4}$; $\frac{5}{6}$ **b)** $\frac{7}{12}$; $\frac{8}{15}$ **c)** $\frac{5}{16}$; $\frac{7}{20}$
d) $\frac{11}{18}$; $\frac{19}{30}$ **e)** $\frac{5}{8}$; $\frac{9}{14}$ **f)** $\frac{13}{7}$; $\frac{9}{5}$

2. Ordne die Bruchzahlen der Größe nach!

a) $\frac{3}{8}$; $\frac{5}{12}$; $\frac{7}{20}$ **b)** $\frac{7}{12}$; $\frac{8}{15}$; $\frac{11}{20}$
c) $\frac{5}{12}$; $\frac{7}{15}$; $\frac{7}{16}$; $\frac{11}{25}$ **d)** $\frac{11}{12}$; $\frac{13}{15}$; $\frac{17}{20}$; $\frac{22}{25}$

Multiplikation von Bruchzahlen

1. Berechne!

Beispiele

1) $\frac{4}{5} \cdot \frac{7}{3} = \frac{4 \cdot 7}{5 \cdot 3} = \frac{28}{15} = 1\frac{13}{15}$

2) $\frac{8}{15} \cdot \frac{9}{4} = \frac{8 \cdot 9}{15 \cdot 4} = \frac{2 \cdot 3}{5 \cdot 1} = \frac{6}{5} = 1\frac{1}{5}$

a) $\frac{2}{3} \cdot \frac{4}{5}$ **b)** $\frac{4}{7} \cdot \frac{2}{9}$ **c)** $\frac{5}{6} \cdot \frac{3}{4}$ **d)** $\frac{9}{10} \cdot \frac{4}{3}$
e) $3 \cdot \frac{5}{7}$ **f)** $\frac{4}{9} \cdot 2$ **g)** $4 \cdot \frac{5}{11}$ **h)** $\frac{3}{10} \cdot 6$
i) $\frac{14}{15} \cdot \frac{5}{21}$ **j)** $\frac{4}{9} \cdot \frac{6}{7}$ **k)** $\frac{10}{9} \cdot \frac{3}{25}$ **l)** $\frac{21}{20} \cdot \frac{10}{27}$

2. Übertrage die Tafel in dein Heft und trage die Produkte in die Felder ein!

$\cdot$	$\frac{2}{3}$	$\frac{1}{4}$	$\frac{3}{5}$	$\frac{5}{8}$	2	$\frac{4}{9}$	$\frac{7}{10}$
$\frac{1}{2}$							
$\frac{5}{4}$							
$\frac{7}{6}$							
$\frac{5}{9}$							

3. Berechne!

a) $\frac{3}{4} \cdot \frac{8}{15} \cdot \frac{5}{2}$ **b)** $\frac{10}{7} \cdot \frac{14}{15} \cdot \frac{3}{5}$ **c)** $\frac{5}{12} \cdot \frac{3}{10} \cdot \frac{16}{9}$
d) $\frac{4}{5} \cdot \frac{15}{7} \cdot \frac{14}{9}$ **e)** $\frac{7}{6} \cdot \frac{15}{8} \cdot \frac{4}{21}$ **f)** $\frac{12}{25} \cdot \frac{15}{8} \cdot \frac{4}{3}$

4. Berechne!

a) $\frac{4}{7} \cdot \frac{3}{8} \cdot \frac{14}{15} \cdot \frac{5}{2}$ **b)** $\frac{8}{15} \cdot \frac{21}{4} \cdot \frac{20}{7} \cdot \frac{3}{11}$
c) $\frac{7}{18} \cdot \frac{3}{25} \cdot 12 \cdot \frac{5}{21}$ **d)** $5 \cdot \frac{7}{12} \cdot \frac{4}{15} \cdot \frac{9}{2}$
e) $\frac{5}{24} \cdot 9 \cdot \frac{6}{7} \cdot \frac{21}{10}$ **f)** $\frac{7}{16} \cdot \frac{8}{11} \cdot \frac{44}{35} \cdot 5$

5. Berechne!

a) $\frac{2}{5} \cdot (\frac{4}{5} + \frac{7}{10})$ **b)** $(\frac{2}{7} + \frac{3}{14}) \cdot \frac{4}{9}$ **c)** $\frac{3}{10} \cdot (\frac{1}{4} + \frac{1}{6})$
d) $(\frac{4}{3} - \frac{5}{6}) \cdot \frac{2}{7}$ **e)** $\frac{4}{5} \cdot (\frac{3}{2} - \frac{7}{8})$ **f)** $(\frac{7}{9} - \frac{1}{12}) \cdot \frac{9}{5}$

6. Berechne!

Beispiel

$$4\frac{1}{2} \cdot 2\frac{2}{3} = \frac{9}{2} \cdot \frac{8}{3} = \frac{9 \cdot 8}{2 \cdot 3} = \frac{3 \cdot 4}{1 \cdot 1} = 12$$

a) $1\frac{3}{4} \cdot 5\frac{1}{7}$ **b)** $5\frac{1}{3} \cdot 2\frac{1}{4}$ **c)** $3\frac{3}{5} \cdot 4\frac{4}{9}$
d) $4\frac{4}{5} \cdot 1\frac{7}{8}$ **e)** $2\frac{4}{9} \cdot 1\frac{4}{11}$ **f)** $5\frac{1}{7} \cdot 3\frac{1}{9}$
g) $1\frac{5}{6} \cdot 2\frac{2}{11}$ **h)** $4\frac{1}{8} \cdot 5\frac{1}{3}$ **i)** $2\frac{2}{9} \cdot 1\frac{1}{5}$
j) $4\frac{3}{8} \cdot 1\frac{3}{7}$ **k)** $5\frac{5}{12} \cdot 2\frac{1}{13}$ **l)** $4\frac{2}{7} \cdot 1\frac{5}{6}$

Division von Bruchzahlen

1. Berechne!

Beispiele

1) $\frac{4}{7} : \frac{3}{5} = \frac{4}{7} \cdot \frac{5}{3} = \frac{4 \cdot 5}{7 \cdot 3} = \frac{20}{21}$

2) $\frac{5}{12} : \frac{3}{8} = \frac{5}{12} \cdot \frac{8}{3} = \frac{5 \cdot 8}{12 \cdot 3} = \frac{5 \cdot 2}{3 \cdot 3} = \frac{10}{9} = 1\frac{1}{9}$

a) $\frac{2}{5} : \frac{7}{9}$ **b)** $\frac{7}{8} : \frac{3}{5}$ **c)** $\frac{3}{8} : \frac{5}{4}$ **d)** $\frac{4}{9} : \frac{2}{15}$
e) $\frac{5}{12} : \frac{15}{4}$ **f)** $\frac{5}{16} : \frac{7}{12}$ **g)** $\frac{9}{4} : \frac{15}{8}$ **h)** $\frac{7}{3} : \frac{14}{15}$
i) $3 : \frac{6}{5}$ **j)** $\frac{9}{4} : 3$ **k)** $5 : \frac{10}{3}$ **l)** $\frac{5}{7} : 10$

2. Übertrage die Tafel in dein Heft und berechne die Quotienten!

:	6	$\frac{1}{2}$	$\frac{2}{3}$	$\frac{3}{4}$	$\frac{5}{6}$	$\frac{3}{8}$	$\frac{3}{10}$
$\frac{3}{2}$							
$\frac{5}{4}$							
$\frac{3}{5}$							
3							

3. Berechne!

a) $(\frac{2}{3} : \frac{4}{5}) : \frac{5}{6}$ **b)** $(\frac{4}{7} : \frac{2}{5}) : \frac{15}{14}$ **c)** $\frac{3}{5} : (\frac{7}{10} : \frac{2}{3})$
d) $\frac{5}{6} : (\frac{9}{8} : \frac{3}{10})$ **e)** $(\frac{15}{4} : \frac{9}{5}) : \frac{25}{2}$ **f)** $\frac{9}{8} : (\frac{15}{14} : \frac{20}{3})$

4. Berechne!

Beispiel

$$(\frac{3}{4} + \frac{1}{3}) : \frac{5}{4} = \frac{9 + 4}{12} \cdot \frac{4}{5} = \frac{13}{12} \cdot \frac{4}{5} = \frac{13}{15}$$

a) $(\frac{2}{5} + \frac{1}{2}) : \frac{9}{5}$ **b)** $(\frac{3}{5} + \frac{3}{2}) : \frac{5}{14}$ **c)** $\frac{9}{4} : (\frac{2}{3} + \frac{5}{6})$
d) $(\frac{3}{8} - \frac{1}{4}) : \frac{3}{4}$ **e)** $(\frac{5}{12} - \frac{3}{8}) : \frac{1}{12}$ **f)** $\frac{3}{14} : (\frac{4}{7} - \frac{2}{5})$
g) $(\frac{3}{4} + \frac{1}{3}) : \frac{5}{4}$ **h)** $(\frac{4}{9} - \frac{2}{15}) : \frac{2}{9}$ **i)** $\frac{3}{5} : (\frac{4}{5} + \frac{1}{10})$

5. Berechne!

Beispiele

1) $4\frac{1}{2} : 6 = \frac{9}{2} \cdot \frac{1}{6} = \frac{3}{4}$

2) $15 : 4\frac{2}{7} = 15 : \frac{30}{7} = 15 \cdot \frac{7}{30} = \frac{7}{2} = 3\frac{1}{2}$

3) $3\frac{1}{3} : 5\frac{5}{6} = \frac{10}{3} : \frac{35}{6} = \frac{10 \cdot 6}{3 \cdot 35} = \frac{2 \cdot 2}{1 \cdot 7} = \frac{4}{7}$

a) $5\frac{2}{5} : 9$ **b)** $4 : 5\frac{1}{3}$ **c)** $\frac{5}{3} : 4\frac{4}{9}$ **d)** $7\frac{1}{7} : \frac{5}{14}$
e) $2\frac{5}{8} : 4\frac{2}{3}$ **f)** $5\frac{1}{3} : 2\frac{4}{9}$ **g)** $2\frac{2}{7} : 4\frac{4}{5}$ **h)** $6\frac{2}{3} : 4\frac{1}{6}$

Brüche und Dezimalbrüche

1. Schreibe als Dezimalbruch!

a) $\frac{7}{10}$ **b)** $\frac{27}{10}$ **c)** $\frac{453}{10}$ **d)** $\frac{19}{100}$
e) $\frac{3}{100}$ **f)** $\frac{347}{100}$ **g)** $\frac{5237}{100}$ **h)** $\frac{329}{1000}$
i) $\frac{83}{1000}$ **j)** $\frac{7}{1000}$ **k)** $\frac{6211}{1000}$ **l)** $\frac{25017}{1000}$

2. Schreibe als Bruch! Kürze!

a) 0,6 **b)** 0,74 **c)** 0,425 **d)** 0,704
e) 0,03 **f)** 0,052 **g)** 0,800 **h)** 0,062
i) 0,3742 **j)** 0,0634 **k)** 0,0784 **l)** 0,0408

3. Schreibe als gemischte Zahl! Kürze!

a) 2,3 **b)** 14,5 **c)** 5,06 **d)** 7,12
e) 18,52 **f)** 20,07 **g)** 1,024 **h)** 17,05
i) 27,24 **j)** 4,025 **k)** 3,005 **l)** 5,105

4. Kürze zu einem Zehnerbruch und schreibe als Dezimalbruch!

a) $\frac{16}{20}$ **b)** $\frac{14}{70}$ **c)** $\frac{12}{40}$ **d)** $\frac{128}{80}$
e) $\frac{114}{30}$ **f)** $\frac{102}{60}$ **g)** $\frac{33}{110}$ **h)** $\frac{56}{400}$
i) $\frac{512}{200}$ **j)** $\frac{162}{600}$ **k)** $\frac{100}{4000}$ **l)** $\frac{3535}{700}$

5. Erweitere zu einem Zehnerbruch und schreibe als Dezimalbruch!

Beispiele

1) $\frac{3}{5} = \frac{6}{10} = 0{,}6$ **2)** $\frac{13}{20} = \frac{65}{100} = 0{,}65$

a) $\frac{1}{2}$ **b)** $\frac{3}{4}$ **c)** $\frac{7}{5}$ **d)** $\frac{7}{20}$
e) $\frac{9}{25}$ **f)** $\frac{29}{20}$ **g)** $\frac{31}{25}$ **h)** $\frac{17}{50}$
i) $\frac{69}{50}$ **j)** $\frac{29}{40}$ **k)** $\frac{13}{125}$ **l)** $\frac{171}{250}$
m) $\frac{317}{250}$ **n)** $\frac{123}{200}$ **o)** $\frac{15}{8}$ **p)** $\frac{743}{500}$

6. Verwandle in einen Zehnerbruch und schreibe als Dezimalbruch!

Beispiele

1) $\frac{12}{15} = \frac{4}{5} = \frac{8}{10} = 0{,}8$ **2)** $\frac{18}{75} = \frac{6}{25} = \frac{24}{100} = 0{,}24$

a) $\frac{63}{35}$ **b)** $\frac{105}{14}$ **c)** $\frac{21}{12}$ **d)** $\frac{147}{210}$
e) $\frac{42}{120}$ **f)** $\frac{12}{150}$ **g)** $\frac{153}{36}$ **h)** $\frac{510}{12}$
i) $\frac{273}{75}$ **j)** $\frac{49}{350}$ **k)** $\frac{216}{75}$ **l)** $\frac{405}{7500}$
m) $\frac{117}{180}$ **n)** $\frac{336}{150}$ **o)** $\frac{612}{450}$ **p)** $\frac{429}{165}$

7. Schreibe als periodischen Dezimalbruch!

a) $\frac{2}{3}$ **b)** $\frac{5}{9}$ **c)** $\frac{8}{3}$ **d)** $\frac{23}{9}$
e) $\frac{5}{11}$ **f)** $\frac{13}{11}$ **g)** $\frac{15}{11}$ **h)** $\frac{17}{11}$
i) $\frac{1}{7}$ **j)** $\frac{2}{7}$ **k)** $\frac{3}{7}$ **l)** $\frac{4}{7}$
m) $\frac{5}{7}$ **n)** $\frac{6}{7}$ **o)** $\frac{1}{13}$ **p)** $\frac{2}{13}$
q) $\frac{3}{13}$ **r)** $\frac{4}{13}$ **s)** $\frac{5}{13}$ **t)** $\frac{6}{13}$
u) $\frac{7}{13}$ **v)** $\frac{8}{13}$ **w)** $\frac{9}{13}$ **x)** $\frac{10}{13}$

8. Schreibe als periodischen Dezimalbruch!

a) $\frac{5}{6}$ **b)** $\frac{4}{15}$ **c)** $\frac{7}{12}$ **d)** $\frac{11}{18}$
e) $\frac{35}{12}$ **f)** $\frac{28}{15}$ **g)** $\frac{5}{22}$ **h)** $\frac{17}{45}$
i) $\frac{3}{14}$ **j)** $\frac{5}{14}$ **k)** $\frac{5}{21}$ **l)** $\frac{8}{21}$

9. Drücke die Größe durch die größte vorkommende Maßeinheit aus!

Beispiel

18 m 3 cm = $18\frac{3}{100}$ m = 18,03 m

a) 5 m 7 dm **b)** 2 m 17 cm
c) 8 dm 14 mm **d)** 4 km 85 m
e) 8 h*l* 25 *l* **f)** 5 kg 75 g
g) 2 t 60 kg **h)** 17 g 50 mg
i) 4 m 7 dm 5 cm **j)** 3 km 80 m 5 dm

10. Verfahre wie in Aufgabe 9!

Beispiel

3 h 15 min = $3\frac{15}{60}$ h = $3\frac{1}{4}$ h = 3,25 h

a) 2 h 30 min **b)** 6 h 45 min
c) 7 h 3 min **d)** 5 h 12 min
e) 1 h 42 min **f)** 4 h 36 min
g) 3 min 5 s **h)** 2 min 48 s
i) 18 min 18 s **j)** 7 min 24 s

11. Schreibe die Größe in der Maßeinheit, die in der Klammer angegeben ist!

a) 250 m (km) **b)** 37 cm (m)
c) 5 cm (m) **d)** 815 mm (cm)
e) 815 mm (dm) **f)** 815 mm (m)
g) 27 *l* (h*l*) **h)** 85 cm^2 (m^2)
i) 145 kg (t) **j)** 750 mg (g)

12. Schreibe die Größe in der Maßeinheit, die in der Klammer angegeben ist!

a) 0,45 km (m) **b)** 7,055 km (m)
c) 4,285 m (cm) **d)** 4,285 m (mm)
e) 0,48 dm (cm) **f)** 0,48 dm (mm)
g) 0,045 m^2 (dm^2) **h)** 3,72 cm^2 (mm^2)
i) 4,057 t (kg) **j)** 3,25 kg (g)

13. Stelle die Größe durch eine natürliche Maßzahl dar!

a) 3,15 m **b)** 7,25 € **c)** 17,45 km
d) 4,8 dm **e)** 0,32 kg **f)** 7,85 t
g) 0,25 m^2 **h)** 0,075 ha **i)** 0,125 m^3

14. Ordne die Zahlen der Größe nach!

a) 0,372; 0,41; 0,381; 0,37; 0,414
b) 2,43; 2,343; 2,433; 2,334; 2,434
c) 0,5; 0,05; 0,055; $0{,}0\overline{5}$; $0{,}\overline{5}$
d) 0,6; 0,66; 0,666; $0{,}\overline{6}$; $0{,}\overline{60}$

15. Verwandle die Brüche in Dezimalbrüche und ordne sie dann der Größe nach!

a) $\frac{3}{5}$; $\frac{5}{8}$; $\frac{7}{11}$; $\frac{7}{12}$ **b)** $\frac{4}{5}$; $\frac{7}{9}$; $\frac{8}{11}$; $\frac{11}{15}$
c) $\frac{7}{15}$; $\frac{9}{20}$; $\frac{12}{25}$; $\frac{7}{16}$ **d)** $\frac{9}{16}$; $\frac{5}{9}$; $\frac{4}{7}$; $\frac{7}{12}$

16. Welche Ziffern kann man einsetzen, damit eine wahre Aussage entsteht? Nenne jeweils alle Möglichkeiten!

a) 4,72 < 4,□5 < 4,81 **b)** 0,75 < □,84 < 1,91
c) 8,66 < 8,6□ < 8,69 **d)** 5,06 < 5,□5 < 5,31
e) 7,65 < □,75 < 9,25 **f)** 5,72 < 5,7□ < 5,77
g) 2,48 < 2,□6 < 2,83 **h)** 0,47 < □,35 < 4,66

17. Welche Zahlen gehören zu den Punkten A, B und C?

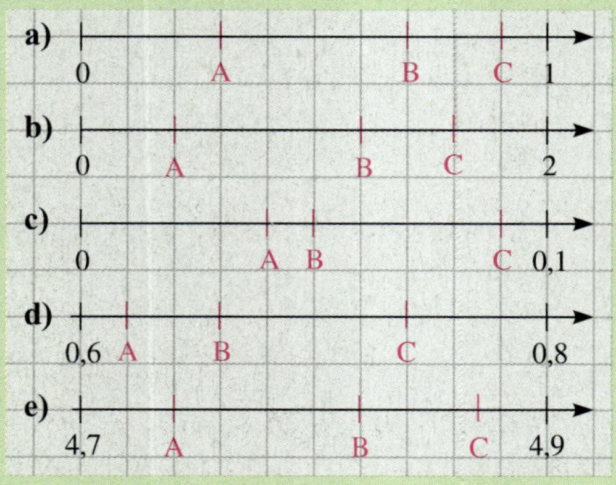

Runden von Dezimalbrüchen

1. Runde auf Zehntel!

a) 4,273 **b)** 74,38 **c)** 0,092 **d)** 2,067
e) $17{,}\overline{4}$ **f)** $2{,}\overline{5}$ **g)** $15{,}0\overline{5}$ **h)** $7{,}\overline{45}$
i) 1,98 **j)** 2,89 **k)** $0{,}\overline{8}$ **l)** $5{,}0\overline{7}$

2. Runde auf Hundertstel!

a) 6,833 **b)** 17,865 **c)** 0,007 **d)** 0,089
e) $7{,}\overline{35}$ **f)** $7{,}3\overline{5}$ **g)** $19{,}\overline{45}$ **h)** $19{,}\overline{54}$
i) $7{,}0\overline{52}$ **j)** $12{,}\overline{8}$ **k)** $3{,}8\overline{6}$ **l)** $4{,}0\overline{8}$

3. Runde auf Tausendstel!

a) 7,2348 **b)** 0,6302 **c)** 0,0665 **d)** 6,3298
e) $8{,}\overline{54}$ **f)** $8{,}\overline{45}$ **g)** $8{,}0\overline{54}$ **h)** $8{,}0\overline{45}$

4. Runde auf Hundertstel, Zehntel und Einer!

a) 7,548 **b)** 6,498 **c)** 0,799 **d)** 0,497
e) $16{,}\overline{54}$ **f)** $16{,}\overline{45}$ **g)** $16{,}\overline{545}$ **h)** $16{,}\overline{455}$

5. Runde die Zahlen 55,4481459 und 265,54473549 auf

a) Millionstel, **b)** Hunderttausendstel,
c) Zehntausendstel, **d)** Tausendstel,
e) Hundertstel, **f)** Zehntel,
g) Einer, **h)** Zehner!

6. Schreibe in der nächstkleineren Einheit und runde dann an der Einerstelle!

Beispiel

4,78 cm = 47,8 mm ≈ 48 mm

a) 3,8217 km **b)** 5,02 m **c)** 0,281 m
d) 0,827 dm **e)** 2,61 cm **f)** 0,877 cm
g) 4,628 ha **h)** 0,612 a **i)** 7,537 m^2
j) 0,671 cm^2 **k)** 5,358 *l* **l)** 0,5887 kg

7. Die Zahl ist nach der Rundungsregel gerundet. Zwischen welchen beiden Zahlen liegt der exakte Wert?

a) 3,7 **b)** 27,1 **c)** 10,0 **d)** 10,00
e) 7,99 **f)** 7,990 **g)** 0,780 **h)** 12,299

8. Runde auf drei (vier) geltende Ziffern!

a) 43,725 **b)** 153482 **c)** 1,3851
d) 16657 **e)** $14{,}\overline{54}$ **f)** $3{,}7\overline{45}$

Addition und Subtraktion von Dezimalbrüchen

1. Rechne im Kopf!

a) 3,4 + 2,3 **b)** 0,6 + 5,2 **c)** 4,1 + 2,7
d) 4,3 + 1,8 **e)** 3,7 + 4,5 **f)** 0,8 + 6,9
g) 4,8 – 2,1 **h)** 7,7 – 4,3 **i)** 9,5 – 4,4
j) 7,4 – 5,8 **k)** 4,3 – 2,7 **l)** 3,1 – 0,6

2. Rechne im Kopf!

a) 3,12 + 1,25 **b)** 4,24 + 3,53
c) 0,44 + 2,63 **d)** 8,62 + 1,19
e) 5,86 – 2,72 **f)** 7,35 – 4,14
g) 6,81 – 1,55 **h)** 3,24 – 1,87

3. Rechne schriftlich!

a) 6,347 + 7,938 **b)** 14,352 + 7,087
c) 15,41 + 27,782 **d)** 34,007 + 8,109
e) 4,345 – 2,192 **f)** 18,572 – 7,614
g) 28,62 – 17,354 **h)** 54,207 – 13,08

4. Übertrage die Tafel in dein Heft und berechne die Summen!

+	1,7	2,44	3,06	0,285	18,305
0,4					
1,35					
3,47					
2,615					

5. Übertrage die Tafel in dein Heft und berechne die Differenzen!

–	2,8	10,5	8,75	0,404	13,125
15,3					
27,45					
33,27					
17,035					

6. Rechne schriftlich!

a) 27,15 + 8,265 – 14,325 + 3,78
b) 6,348 – 0,724 + 17,27 – 6,008
c) 53,26 – 27,44 – 13,825 + 5,614
d) 84,4 – 23,2 – 17,45 – 5,85
e) 73,42 – 12,26 – 8,74 – 31,2
f) (34,25 – 16,75) – (21,3 – 12,6)
g) (57,82 – 21,47) – (26,81 – 14,52)

7. Berechne!

a) 15,25 € + 27,30 € + 10,45 €
b) 18,40 m + 9,75 m + 23,85 m
c) 70,25 kg + 51,5 kg + 62,65 kg
d) 17,5 *l* – 8,25 *l* – 3,05 *l*
e) 7,45 m – 6,5 dm – 3,35 m
f) 4,27 € + 38 Cent – 2,37 €
g) 3,5 h – 14 min – 0,6 h

8. Ermittle im Kopf durch eine Überschlagsrechnung eine natürliche Zahl als Näherungswert! Berechne dann das genaue Ergebnis!

a) 52,50€ + 18,85€ – 32,80€ + 12,25€
b) 18,3 km + 29,8 km – 23,55 km + 19,65 km
c) 17,4 t + 23,8 t – 8,25 t – 12,75 t
d) 28,25 kg + 41,5 kg – 31,7 kg – 28,75 kg

9. Kontrolliere die folgenden Additionsaufgaben mit einer Überschlagsrechnung im Kopf! In welchen Fällen kann das Ergebnis nicht stimmen? Ermittle das richtige Ergebnis!

a)	**b)**	**c)**
28,35 €	67,80 €	136,70 €
+ 17,50 €	+ 32,70 €	+ 42,45 €
+ 9,98 €	+ 19,25 €	+ 112,35 €
+ 22,17 €	+ 8,50 €	+ 92,10 €
+ 12,45 €	+ 38,25 €	+ 211,70 €
+ 27,85 €	+ 13,70 €	+ 88,50 €
118,30 €	170,20 €	663,80 €

10. Die folgenden Zahlen sind Näherungswerte. Es gilt die Regel: Eine Summe (Differenz) von Näherungswerten ist auf dieselbe Stelle zu runden, auf die der Summand mit dem größtmöglichen Fehler gerundet ist.

Beispiele

1) 6,421
+ 3,74
+ 0,8229
10,9839 ≈ <u>10,98</u>

2) 17,362
– 2,83
– 1,71
12,822 ≈ <u>12,82</u>

a) 5,3 + 4,78 **b)** 3,74 + 8,2 **c)** 0,78 + 4,2
d) 8,9 – 7,21 **e)** 4,87 – 2,6 **f)** 5,874 – 2,71
g) 6,13 + 4,258 + 3,411 **h)** 15,25 + 3,6 + 7,27
i) 8,61 – 3,5 – 2,381 **j)** 1,981 – 0,7 – 0,56

Multiplikation von Dezimalzahlen

1. Rechne im Kopf!
a) 3 · 0,4 **b)** 0,7 · 5 **c)** 0,6 · 0,8
d) 0,3 · 10 **e)** 10 · 0,75 **f)** 0,37 · 100
g) 100 · 0,06 **h)** 17 · 0,1 **i)** 0,01 · 2,3

2. Rechne im Kopf!
a) 11 · 12 **b)** 1,1 · 12 **c)** 1,1 · 1,2
d) 0,11 · 12 **e)** 0,11 · 1,2 **f)** 1,1 · 0,12
g) 0,12 · 0,11 **h)** 12 · 0,011 **i)** 0,012 · 110

3. Rechne schriftlich!
a) 4,7 · 2,5 **b)** 3,6 · 7,6 **c)** 4,8 · 2,7
d) 3,14 · 0,8 **e)** 0,7 · 2,58 **f)** 0,4 · 8,29
g) 0,72 · 2,15 **h)** 1,2 · 3,56 **i)** 7,25 · 0,64

4. Berechne die Produkte!

·	0,3	2,2	0,45	0,062	3,55	6,38
0,6						
1,4						
2,25						

5. Berechne!
a) 2,8 · 0,5 · 1,2 **b)** 0,4 · 1,7 · 2,6
c) 3,2 · (4,7 − 3,2) **d)** (2,25 + 3,5) · 4,5
e) (6,2 + 7,4) · (8,3 − 2,8)

6. Ermittle im Kopf durch eine Überschlagsrechnung eine natürliche Zahl als Näherungswert.
a) 25,35 · 7,84 · 0,72 **b)** 6,25 · 7,92 · 5,12
c) 0,788 · 4,18 · 7,2 **d)** 14,75 · 2,85 · 4,25

7. Die Faktoren sind Näherungswerte. Es gilt die Regel: Sind Näherungswerte zu multiplizieren, so rundet man das Ergebnis auf so viele Ziffern, wie der Faktor mit den wenigsten geltenden Ziffern besitzt.

Beispiele

1) $3{,}4 \cdot 1{,}83 = 6{,}222 \approx 6{,}2$
2) $7{,}34 \cdot 6{,}3 = 46{,}242 \approx 46$

a) 4,2 · 3,79 **b)** 5,02 · 2,4 **c)** 3,75 · 2,831
d) 0,38 · 4,283 **e)** 1,46 · 8,831 **f)** 2,83 · 5,65

Division von Dezimalzahlen

1. Rechne im Kopf!
a) 0,6 : 2 **b)** 1,2 : 4 **c)** 3,6 : 6 **d)** 5,6 : 7
e) 1,5 : 5 **f)** 4,9 : 7 **g)** 4,8 : 8 **h)** 7,2 : 9
i) 0,54 : 9 **j)** 0,96 : 12 **k)** 0,039 : 13
l) 0,75 : 15 **m)** 0,091 : 13 **n)** 0,042 : 14

2. Rechne im Kopf!
a) 4,2 : 10 **b)** 0,24 : 10 **c)** 8,4 : 100
d) 0,22 : 100 **e)** 62,3 : 1000 **f)** 0,26 : 1000
g) 13 : 0,1 **h)** 7,2 : 0,1 **i)** 2,6 : 0,01
j) 0,53 : 0,01 **k)** 0,38 : 0,001 **l)** 1,5 : 0,001

3. Berechne!
a) 3,65 : 5 **b)** 25,2 : 6 **c)** 40,5 : 15
d) 11,78 : 19 **e)** 3,08 : 14 **f)** 0,884 : 17
g) 1,288 : 23 **h)** 2,368 : 32 **i)** 0,27 : 45

4. Berechne!

Beispiel

0,108 : 0,24 = 1,08 : 24 = 0,045
1 08
96
120
120
0

a) 55,2 : 0,12 **b)** 3,51 : 4,5 **c)** 9,36 : 2,6
d) 10,35 : 1,5 **e)** 226,2 : 2,6 **f)** 20,16 : 0,56
g) 7,625 : 1,25 **h)** 1,4405 : 21,5 **i)** 90,65 : 0,245

5. Bei den folgenden Aufgaben geht die Division nicht auf. Bestimme Näherungswerte mit zwei Nachkommastellen!
a) 41,3 : 3,74 **b)** 2,58 : 0,71 **c)** 236,4 : 25,4
d) 0,452 : 1,73 **e)** 6,53 : 2,84 **f)** 0,785 : 0,251

6. Führe eine Überschlagsrechnung im Kopf durch!
a) 4,12 : 0,792 **b)** 0,615 : 3,22 **c)** 17,8 : 0,582
d) 24,83 : 517,2 **e)** 361,5 : 1,18 **f)** 7,93 : 41,6

7. Die folgenden Zahlen sind Näherungswerte. Runde wie beim Multiplizieren!
a) 17,4 : 2,6 **b)** 58,6 : 3,1 **c)** 2,7 : 5,64
d) 215 : 0,36 **e)** 0,78 : 3,56 **f)** 0,059 : 0,734

§ 1 Proportionale Zuordnungen

I. Zuordnungen

1. Zur Einführung

Stefanie kauft für ihre Mutter in einer Metzgerei verschiedene Fleischwaren ein. Die Verkäuferin legt die gewünschte Menge Fleisch nur kurz auf die Waage und nennt dann sofort den Preis. Stefanie wundert sich: „Sie können aber schnell rechnen!“ Die Verkäuferin zeigt Stefanie, wie sie z.B. den Preis für 1 kg Rindfleisch in die Waage eingeben kann. Dann drückt sie mit der Hand immer stärker auf die Waage. In der Anzeige (Bild 1) laufen dabei zwei Zahlenreihen durch:

Bild 1

50	100	150	200	250	300	350	400	...
0,36	0,72	1,08	1,44	1,80	2,16	2,52	2,88	...

Stefanie versteht: Die obere Zahl gibt jeweils die Warenmenge in g an, die untere den zugehörigen Preis in €. Zu jeder Warenmenge gehört ein bestimmter Preis; man sagt:

Jeder Warenmenge ist ein bestimmter Preis zugeordnet.

2. Veranschaulichung durch Pfeilbilder

Bild 2 zeigt ein „Pfeilbild“ für die Zuordnung zwischen den Warenmengen und den zugehörigen Preisen. Hierbei sind die Warenmengen (in g) und die Preise (in €) jeweils durch ein Mengenbild dargestellt; von jedem Element der ersten Menge ist ein Pfeil zum zugeordneten Element der zweiten Menge gezeichnet.

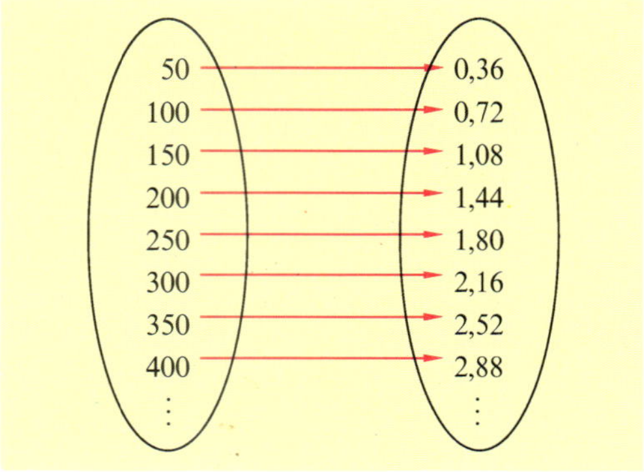

Bild 2

3. Veranschaulichung durch Graphen

In Bild 3 ist die Zuordnung in einem Koordinaten-System dargestellt. Dies ist die gebräuchlichste Art der Darstellung. Auf der nach rechts gerichteten Achse sind die Warenmengen (in g), auf der dazu senkrechten Achse die Preise (in €) aufgetragen. Jeder markierte Punkt stellt zwei einander zugeordnete Größen dar; so zeigt z. B. der Punkt (200|1,44), dass einer Menge von 200 g ein Preis von 1,44 € zugeordnet ist.

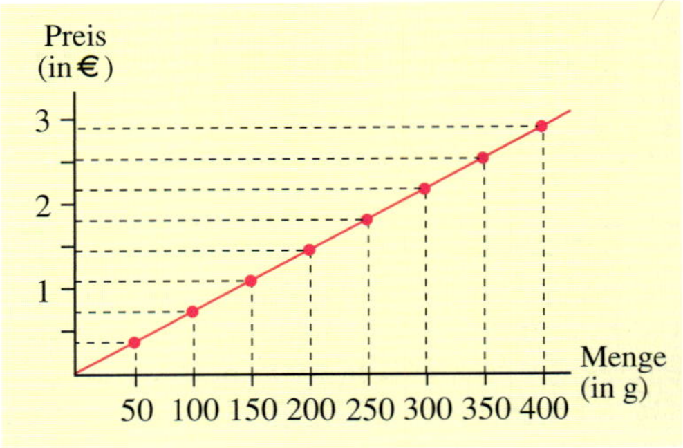

Bild 3

Diese graphische Darstellung heißt der **„Graph“** der Zuordnung.

Man erkennt, dass die Punkte des Graphen bei diesem Beispiel auf einer Geraden liegen; diese Gerade geht außerdem durch den Nullpunkt des Koordinatensystems.

4. Weitere Beispiele für Zuordnungen

1) Die beiden folgenden Tabellen ermöglichen die Umrechnung von Euro in Schweizer Franken (Zeichen: CHF) und umgekehrt. Jedem Betrag in Euro ist in der ersten Tabelle ein bestimmter Betrag in Schweizer Franken zugeordnet; umgekehrt ist in der zweiten Tabelle jedem Betrag in Schweizer Franken ein bestimmter Euro-Betrag zugeordnet.

€	1	2	3	4	5	10	20	30	40	50	100	1000
CHF	1,60	3,19	4,79	6,38	7,98	15,95	31,90	47,85	63,81	79,76	159,52	1595,16

CHF	1	2	3	4	5	10	20	30	40	50	100	1000
€	0,63	1,25	1,88	2,51	3,13	6,27	12,54	18,81	25,08	31,34	62,69	626,90

Bemerkung: In einer Wechselstelle rechnet man in der Regel mit zwei verschiedenen „Wechselkursen“, einem Kurs für den „Ankauf“, einem anderen für den „Verkauf“ einer Währung. Der Unterschied stellt den Gewinn für das betreffende Geldinstitut dar.

In Bild 4 ist diese Zuordnung für den Bereich zwischen 0 € und 5 € graphisch dargestellt. Auch bei diesem Beispiel liegen die Punkte des Graphen – wenigstens ungefähr – auf einer Geraden durch den Nullpunkt. Man kann auch **Zwischenwerte** näherungsweise ablesen, z. B. den Frankenbetrag, der 3,70 € zugeordnet ist: ca. 5,90 CHF.

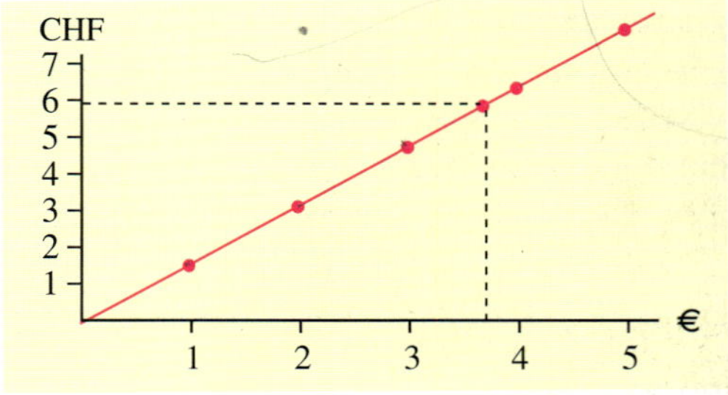

Bild 4

2) Im Krankenhaus wird bei jedem Patienten täglich zweimal die Körpertemperatur gemessen. Die Tabelle zeigt die gemessenen Werte für drei aufeinanderfolgende Tage.

1. Tag		2. Tag		3. Tag	
6 Uhr	18 Uhr	6 Uhr	18 Uhr	6 Uhr	18 Uhr
39,2 °C	40,7 °C	38,9 °C	40,2 °C	38,1 °C	39,7 °C

Hier ist den angegebenen **Zeitpunkten** eine bestimmte **Körpertemperatur zugeordnet**.

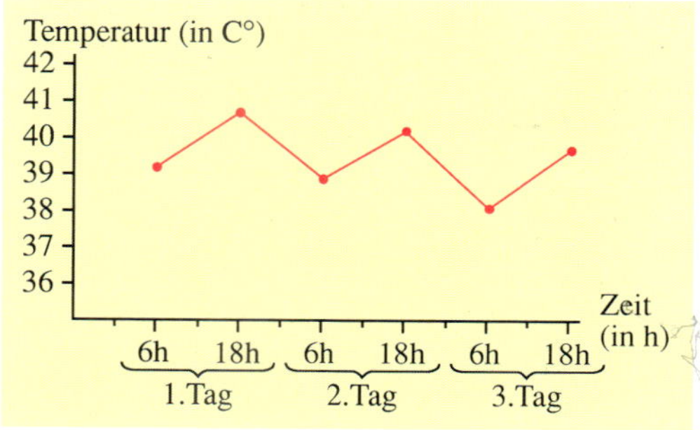

Bild 5

Bild 5 zeigt den Graphen dieser Zuordnung, eine sogenannte „Fieberkurve". Man kann auch hier die Punkte miteinander verbinden. Es ist aber unwahrscheinlich, dass die Zwischenwerte dem tatsächlichen Verlauf der Körpertemperatur des Patienten entsprechen.

5. Eindeutige Zuordnungen

Das Bild 6 zeigt den Klassenraum einer 7. Klasse. Hier sitzen an jedem Tisch zwei Schüler. Jedem Tisch sind also **zwei** Schüler zugeordnet. Bei den bisherigen Beispielen war dies anders.

1) Jeder Warenmenge ist **genau ein** Preis **zugeordnet**, nicht etwa mehrere.

2) Jedem Euro-Betrag ist **genau ein** Betrag in Schweizer Franken **zugeordnet**.

3) Jedem Zeitpunkt ist **genau eine** Körpertemperatur **zugeordnet**.

Bild 6

Man sagt: Diese Zuordnungen sind **„eindeutig"**. In der Regel werden wir uns nur mit solchen **eindeutigen Zuordnungen** beschäftigen.

Aufgaben und Beispiele

Zum Einstieg

Bei einem Taxiunternehmen kostet die Fahrt 2 € Grundgebühr und 1 € pro gefahrenen Kilometer.

a) Wie viel kostet eine Fahrt von 4; 5; 6; 7; 8; 9; 10 Kilometer Länge?

b) Welche Preise würden sich für diese Fahrtstrecken ergeben, wenn keine Grundgebühr erhoben würde?

Bild 7

1. Bei einem Autotest wurde gemessen, welchen Weg (in Metern) das Testfahrzeug 2; 4; 6; 8; 10 und 12 Sekunden nach dem Start zurückgelegt hatte.

Zeit (in Sekunden)	2	4	6	8	10	12
Weg (in Metern)	6	24	54	96	150	216

a) Stelle die Zuordnung „Zeit → Weg" durch ein Pfeilbild dar!
b) Zeichne den Graphen dieser Zuordnung!

2. Ein Kilogramm einer bestimmten Kaffeesorte kostet 11,20 €.
a) Wie teuer sind 0,5 kg; 1,5 kg; 2 kg; 2,5 kg; 3 kg; 3,5 kg und 4 kg?
b) Zeichne ein Pfeilbild der Zuordnung „Menge → Preis"!
c) Zeichne den Graphen der Zuordnung „Menge → Preis"!

3. In der folgenden Tabelle sind die Postgebühren für Inlandsbriefe nach dem Stand vom 1. April 1989 aufgeführt.

Postgebühren für Inlandsbriefe	
Standardbrief (bis 20 g)	1,00 DM
Brief bis 50 g	1,70 DM
über 50 g bis 100 g	2,40 DM
über 100 g bis 250 g	3,20 DM
über 250 g bis 500 g	4,00 DM
über 500 g bis 1000 g	4,80 DM

a) Wie viel kostete ein Brief von 19 g, 25 g, 73 g, 145 g, 370 g, 620 g?
b) Zeichne den Zuordnungsgraphen!
c) Lies am Graphen ab, was ein Brief von 15 g, 91 g, 312 g, 518 g kostete!
d) Ein Brief ist doppelt so schwer wie ein anderer. Untersuche an drei Beispielen, ob die Gebühr dann auch doppelt so hoch war!
e) Ein Brief war mit fünf 60-Pf-Briefmarken und einer 20-Pf-Briefmarke richtig frankiert. Wie schwer kann er sein?

4. Am 1.4.1999 waren für zwei amerikanische Dollar (Zeichen: $) 1,86 € zu zahlen.
a) Berechne, wie viel amerikanische Dollar man für 1 €, 2 €, 5 €, 10 €, 15 € und 20 € erhielt!
b) Zeichne den Graphen der Zuordnung „Euro → Dollar"!
c) Lies am Graphen ab, wie viel Dollar man für 2,50 €, 4 €, 6 €, 7,50 €, 13 € und 18 € erhielt!
d) Erkläre, wie man am Zuordnungsgraphen auch ablesen kann, welcher Euro-Betrag einem vorgegebenen Dollar-Betrag entsprach!
e) Lies am Graphen ab, wie viel € man für 0,50 $, 3 $, 5 $, 9 $, 10 $ und 13 $ erhielt!
f) Erkundige dich nach dem heutigen Dollarkurs (Tageskurs Einkauf) und erstelle eine Umrechnungstabelle!

5. Ordne jeder Zahl x aus der Menge $M = \{0; 1; 2; 3; 4; 5\}$
a) die Zahl $2x$,
b) die Zahl $5 - x$,
c) die Zahl x^2 zu!
Zeichne jeweils ein Pfeilbild und den Zuordnungsgraphen!

Beispiel

Ordne jeder Zahl x aus der Menge $M = \{0; 1; 2; 3; 4; 5\}$ die Zahl $2x + 1$ zu!

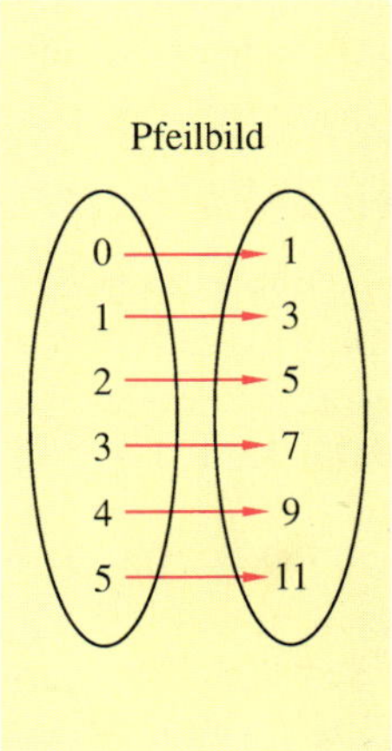

Bild 8

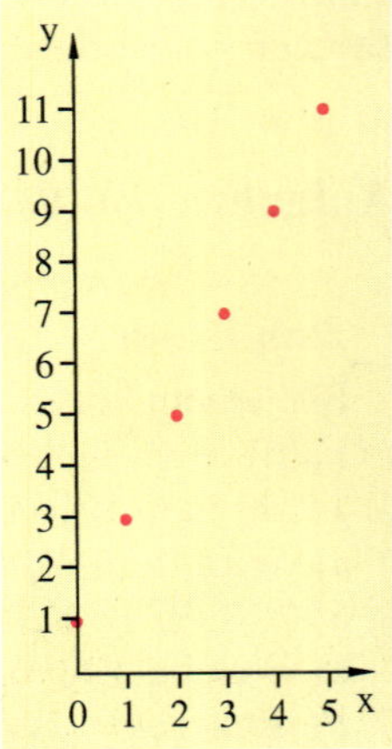

Bild 9

6. Für einen Umzug mietet Frau Schulze bei einer Autoverleihfirma einen LKW. Der Tagespreis beträgt 99 €. Jeder gefahrene Kilometer kostet 0,70 €.

Bild 10

a) Wie viel hat Frau Schulze zu bezahlen, wenn sie mit dem LKW 50 km, 100 km, 125 km, 150 km, 200 km, 250 km, 300 km fährt?

b) Zeichne den Graphen der Zuordnung „Streckenlänge → Preis"!

c) Frau Schulze hat 176 €, 281 €, 323 €, 389,50 € zu zahlen. Wie viel Kilometer ist sie mit dem LKW gefahren?

d) Die Firma bietet auch einen Tagespauschalpreis von 299 € an, der unabhängig von der Anzahl der gefahrenen Kilometer berechnet wird. Zeichne den Graphen dieser Zuordnung!

e) Welcher Tarif ist günstiger, wenn Frau Schulze 90 km, 240 km, 420 km fährt?

f) Bestimme zeichnerisch, wie viel Kilometer Frau Schulze mindestens fahren muss, damit sich der Pauschalpreis lohnt!

7. Liegen in den folgenden Beispielen eindeutige Zuordnungen vor? Begründe deine Aussage!

a) Jedem Schüler einer Klasse wird die Note seiner letzten Mathematikarbeit zugeordnet.

b) Jeder Klasse einer Schule wird ihr Klassenlehrer zugeordnet.

c) Jeder Klasse einer Schule wird ihr Mathematiklehrer zugeordnet.

d) Jeder Klasse einer Schule werden die Lehrer zugeordnet, die in ihr unterrichten.

e) Jeder Klasse einer Schule wird die Zahl ihrer Schüler zugeordnet.

8. Helmut und Marion vereinbaren eine „Geheimschrift". Und zwar wollen sie jeden Buchstaben des Alphabets durch den nachfolgenden und schließlich den Buchstaben z durch den Buchstaben a ersetzen. Jedem Buchstaben des Alphabets wird also ein anderer Buchstabe eindeutig zugeordnet (Bild 11). In der Geheimschrift lautet das Wort „Zahn" also „Abio".

a	b	c	d	e	f	g	h	i	j	k	l
b	c	d	e	f	g	h	i	j	k	l	m

m	n	o	p	q	r	s	t	u	v	w
n	o	p	q	r	s	t	u	v	w	x

x	y	z	Zahn
y	z	a	Abio

Bild 11

Übersetze die folgenden Sätze in die „Geheimschrift"!

a) Morgen ist schulfrei!

b) Wo warst du gestern?

c) Noch fünf Minuten!

d) Zeige, was du kannst!

9. Übersetze folgende Sätze der „Geheimschrift" aus Aufgabe 8! Welche Zuordnung benutzt du dabei?

a) Qfufs jtu eppg!

b) Tdijfetsjdiufs, Ufmfgpo!

c) Jnnfs ejftf Qbvlfs!

d) Jdi wfstufif ovs Cbioipg.

10. Suche jeweils wenigstens drei eindeutige Zuordnungen im Zusammenhang mit den folgenden Beispielen!

a) Tabelle der Bundesliga

b) Leichtathletikwettkampf

c) Telefonbuch

d) Bundesbahnfahrplan

11. Wie erkennt man, dass eine Zuordnung eindeutig ist

a) am Graphen der Zuordnung;

b) am Pfeilbild der Zuordnung?

II. Proportionale Zuordnungen

1. Zur Einführung

Heinz Reuter ist mit seiner Mutter zum Supermarkt gefahren, um ihr zu helfen, die eingekauften Waren zum Auto zu bringen.

Im Regal für Waschmittel werden drei verschiedene Fabrikate angeboten (Bild 12):

Perlweiß: 2 kg zu 5,20 €;
Biokraft: 3 kg zu 6,90 € und
Waschblitz: 1,8 kg zu 4,50 €.

Nach einiger Überlegung entscheidet sich Frau Reuter für die 3 kg Biokraft zu 6,90 €.

Bild 12

Heinz fragt: „Warum kaufst du denn das teuerste Waschmittel?" Die Mutter antwortet: „Du solltest überlegen, ob Biokraft wirklich das teuerste dieser drei Waschmittel ist."

Offenbar hat Heinz etwas vorschnell geurteilt; denn er hat nicht berücksichtigt, dass die angebotenen Waschmittel**mengen verschieden** sind. Um die Preise miteinander vergleichen zu können, muss man sie auf die **gleiche Warenmenge** umrechnen. In unserem Fall ist es am einfachsten, den Preis für jeweils 1 kg auszurechnen. Heinz überlegt:

2 kg Perlweiß sind doppelt so teuer wie 1 kg;
3 kg Biokraft sind dreimal so teuer wie 1 kg;
1,8 kg Waschblitz sind 1,8-mal so teuer wie 1 kg.

Also kann er die Preise für jeweils 1 kg folgendermaßen berechnen:

1 kg Perlweiß kostet 5,20 € : 2 = 2,60 €;
1 kg Biokraft kostet 6,90 € : 3 = 2,30 € und
1 kg Waschblitz kostet 4,50 € : 1,8 = 2,50 €.

Frau Reuter hat sich also tatsächlich für das billigste der drei Waschmittel entschieden. Sie fordert ihren Sohn auf: „Nun rechne noch aus, wie viel wir im Vergleich zu den beiden anderen Waschmitteln eingespart haben!" Heinz überlegt: Da wir 3 kg Biokraft gekauft haben, muss ich ausrechnen, wie viel 3 kg Perlweiß bzw. 3 kg Waschblitz kosten würden. Da 3 kg dreimal so teuer sind wie 1 kg, kosten

3 kg Perlweiß 2,60 € · 3 = 7,80 € und
3 kg Waschblitz 2,50 € · 3 = 7,50 €.

Heinz stellt fest, dass seine Mutter 0,90 € bzw. 0,60 € dadurch gespart hat, dass sie nicht Perlweiß bzw. Waschblitz, sondern Biokraft gekauft hat.

2. Eigenschaften proportionaler Zuordnungen

Die von Heinz durchgeführten Rechnungen beruhen darauf, dass die Zuordnung „Menge → Preis" von besonders einfacher Art ist.

Es gilt nämlich:

> Der **doppelten** Menge ist der **doppelte** Preis,
> der **dreifachen** Menge ist der **dreifache** Preis,
> der **vierfachen** Menge ist der **vierfache** Preis,
> der **halben** Menge ist der **halbe** Preis,
> einem **Drittel** der Menge ist ein **Drittel** des Preises zugeordnet
> usw.

Allgemein gilt:

> **Der k-fachen Menge ist der k-fache Preis zugeordnet.**

Man sagt:

> **Menge und Preis einer Ware sind zueinander „proportional",**
> **genauer: „direkt proportional".**

Allgemein können wir sagen:

> Eine Größe A ist proportional zu einer Größe B, wenn dem Zweifachen (Dreifachen, Vierfachen, ...) von A das Zweifache (Dreifache, Vierfache, ...) von B zugeordnet ist.

Bemerkung: In vielen Fällen liegt Proportionalität nur in gewissen Bereichen vor; häufig kommen sehr kleine oder sehr große Werte der betreffenden Größen nicht in Betracht.

So wird in der Regel beim Kauf großer Mengen ein Rabatt gewährt. Bei Arbeitskosten hat es keinen Sinn, nach den Kosten für z.B. 2 Sekunden zu fragen.

3. Erfassung in Tabellenform

In der nebenstehenden Tabelle ist der Sachverhalt an einem weiteren **Beispiel** dargestellt.

	Menge (Mehl)		Preis	
	1 kg	⟶	0,59 €	
·2	2 kg	⟶	1,18 €	·2
·3	3 kg	⟶	1,77 €	·3
·4	4 kg	⟶	2,36 €	·4

Man kann die Tabelle auch „von unten nach oben" benutzen, also von größeren zu kleineren Größen übergehen; dann muss man durch die betreffende Zahl dividieren oder mit deren Kehrwert multiplizieren.

	Menge (Mehl)		Preis	
	1 kg	⟶	0,59 €	
:2	2 kg	⟶	1,18 €	:2
:3	3 kg	⟶	1,77 €	:3
:4	4 kg	⟶	2,36 €	:4

4. Der Graph einer proportionalen Zuordnung

Bild 13 zeigt den Graphen dieser Zuordnung. Man erkennt, dass die Punkte alle auf einer **Geraden** liegen, und zwar auf einer Geraden durch den Nullpunkt des Koordinatensystems.

Bei diesem Beispiel ist es durchaus sinnvoll, die Punkte miteinander zu verbinden. Greift man nämlich einen beliebigen Punkt dieser Geraden heraus, z.B. den Punkt P(2,4|1,4), so geben dessen Koordinaten richtig wieder, dass 2,4 kg Mehl ungefähr 1,40 € kosten. Hierbei ist allerdings zu beachten, dass man einer Zeichnung immer nur **Näherungswerte** entnehmen kann. Der genaue Preis für 2,4 kg Mehl beträgt 1,42 €.

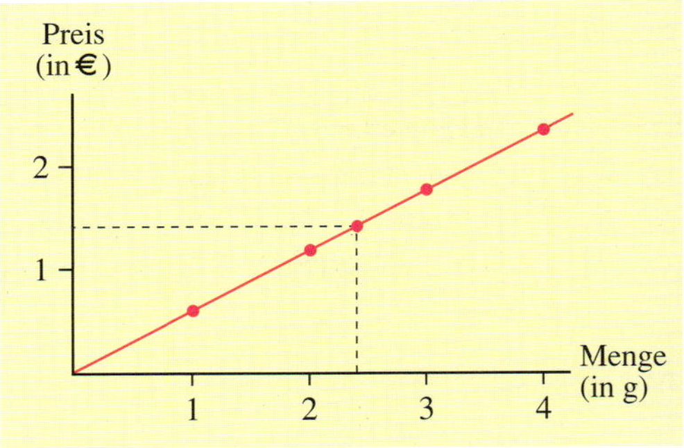

Bild 13

Allgemein können wir sagen:

> Die Punkte des Graphen einer proportionalen Zuordnung liegen auf einer Geraden, die durch den Nullpunkt des Koordinatensystems geht.

5. Vorsicht mit „je – desto"!

Wenn zwei Größen zueinander proportional sind, dann wächst mit der einen Größe auch die andere Größe. Man drückt diesen Sachverhalt häufig mit den Worten „je – desto" aus.

Beispiele

1) Je größer die Wohnfläche ist, **desto höher** ist der Mietpreis.
2) Je länger die Fahrstrecke ist, **desto größer** ist der Benzinverbrauch.
3) Je größer das Volumen eines Stückes Eisen ist, **desto größer** ist auch dessen Gewicht.

Eine derartige „Je-mehr – desto-mehr-Beziehung" muss aber nicht unbedingt eine proportionale Zuordnung sein.

Beispiele

1) Je größer die Seitenlänge eines Quadrates ist, **desto größer** ist auch sein Flächeninhalt. Verdoppelt man aber die Seitenlänge, so wird der Flächeninhalt des Quadrates vervierfacht. Bild 14 zeigt einige Punkte des zugehörigen Graphen. Man erkennt, dass die Punkte nicht auf einer Geraden liegen. Es liegt also **keine** proportionale Zuordnung vor.

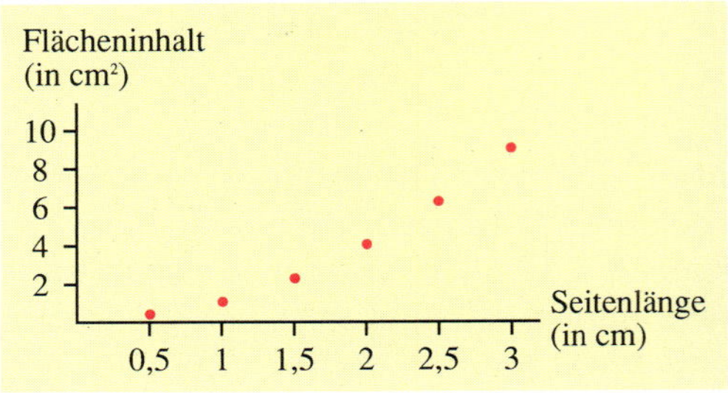

Bild 14

²) Je mehr elektrische Energie verbraucht wird, **desto höher** ist der zu entrichtende Preis. lektrizitätsgesellschaft verlangt einen **Grundpreis** von 5,20 € pro Monat und einen **preis** von 10,2 Cent pro verbrauchter Kilowattstunde. Daraus ergeben sich u.a. die ler folgenden Tabelle.

auch in kWh	Preis in €
100	15,40 €
200	25,60 €
300	35,80 €
400	46,00 €
500	56,20 €
600	66,40 €

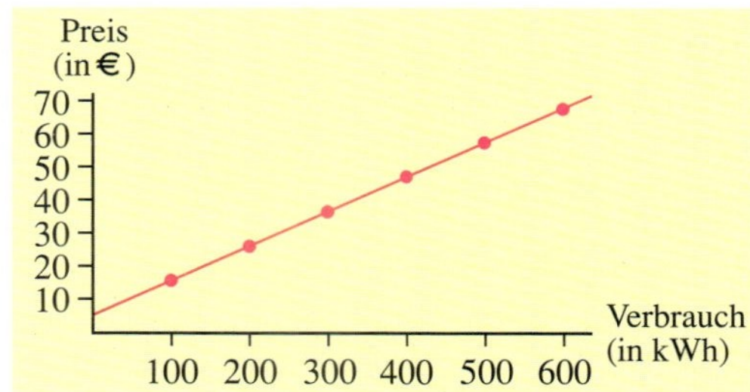

Bild 15

nkte des zugehörigen Graphen liegen zwar auf einer Geraden (Bild 15); diese geht **cht** durch den Nullpunkt des Koordinatensystems. Auch in diesem Fall liegt **keine** tionale Zuordnung vor.

Bearbeitung von Aufgaben muss man also zunächst prüfen, ob eine proportionale ıung vorliegt oder nicht.

ben und Beispiele

Einstieg

Autofahrerinnen, die einen Pkw des ıen Typs fahren, unterhalten sich an Tankstelle.
Wagen von Frau Jakobs hat 24,50 Benzin für 350 km benötigt.
Wagen von Frau Maier hat 27,30 Benzin für 420 km benötigt.
Wagen von Frau Schulz hat 32,40 Benzin für 480 km benötigt.

Bild 16

ın proportionaler Zuordnungen

ız fällt auf, dass in einem Supermarkt nte Artikel des gleichen Herstellers rschiedlichen Packungsgrößen ange- werden. Untersuche, ob die Zuord- Menge → Preis“ proportional ist!
chmittel Rein: 500 g für 1,20 €; 1 kg) €; 1,8 kg für 4,25 € und 3 kg für

b) Roggenbrot Knusper: 500 g für 1,15 €; 1 kg für 2,30 €; 1,5 kg für 3,45 € und 2 kg für 4,60 €.
c) Milch Landfrisch: 0,5 l für 0,59 €; 1 l für 1,18 € und 2 l für 2,36 €.
d) Äpfel Goldbacke: 1 kg für 1,39 €; 2,5 kg für 3,39 € und 5 kg für 6,75 €.
e) Kaffee Magenmild: 250 g für 2,99 €; 400 g für 4,49 € und 500 g für 5,49 €.

2. Ein Kilogramm Zucker kostet 1,59 €.
a) Berechne den Preis für 2 kg, 4 kg, 6 kg, 8 kg und 10 kg Zucker!
b) Zeichne den Graphen der Zuordnung „Zuckermenge → Preis"!
c) Lies am Graphen ab, wie viel 3 kg, 5 kg, 7 kg und 9 kg Zucker kosten!
d) Ein anderes Geschäft bietet 2,5 kg Zucker für 3,99 € an. Ist dieses Angebot günstiger?

3. Wenn man eine Spiralfeder belastet, dehnt sie sich aus (Bild 17). In einem Versuch wurden die Belastung F (in N)[1] und die Länge l der Feder (in cm) gemessen.

F in N	l in cm
0	39
2,5	47
5	55
7,5	63
10	71

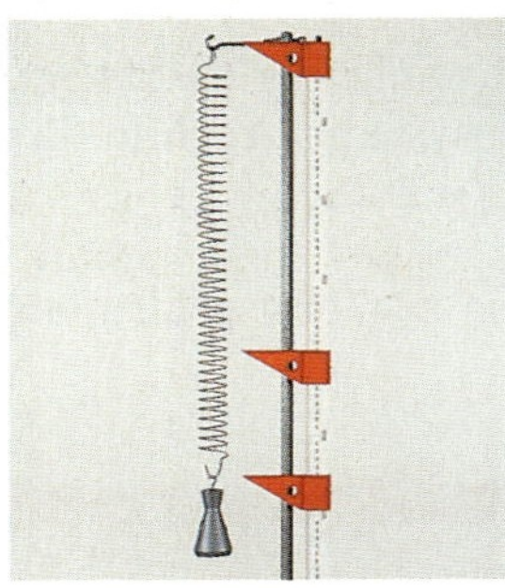

Bild 17

a) Sind die Belastung der Feder und ihre Länge zueinander proportional?
b) Sind die Belastung der Feder und ihre Verlängerung gegenüber der unbelasteten Feder zueinander proportional?
c) Zeichne die Graphen der Zuordnung „Belastung → Länge" und der Zuordnung „Belastung → Verlängerung"!

4. Bei einer Untersuchung wurde die Kraft (in N)[1] gemessen, die beim Tauziehen von mehreren Personen aufgebracht wurde. Ist die Kraft proportional zur Anzahl der Personen?

Anzahl der Personen	1	3	8
Kraft in N	590	1600	2480

[1] N ist das Zeichen für die Krafteinheit Newton. So hat z.B. eine 100-g-Tafel Schokolade ein Gewicht von ungefähr 1 N.
Isaac Newton, englischer Physiker und Mathematiker (1643 – 1727).

5. Eine Bank handelte am 8.6.1999 Goldbarren zu folgenden Preisen. Untersuche, ob die Zuordnungen „Menge → Preis" beim Ankauf bzw. beim Verkauf proportional oder wenigstens angenähert proportional sind!

Goldbarren (in €)	Ankauf	Verkauf
1000 g	8010,00	8460,00
250 g	2002,25	2122,25
100 g	800,80	855,80
50 g	400,40	433,40
20 g	160,15	180,15

Bild 18

6. Prüfe, ob es sich um proportionale Zuordnungen handelt!
a) Je länger ein Ferngespräch dauert, desto teurer ist es.
b) Je schwerer eine Tafel Schokolade ist, desto mehr Kalorien hat sie.
c) Je schwerer ein Brief ist, desto höher ist das Porto.
d) Je länger eine Bahnfahrt dauert, desto teurer ist sie.
e) Je länger die gefahrene Strecke ist, desto teurer ist die Bahnfahrt.
f) Je mehr Runden ein 5000-m-Läufer schon zurückgelegt hat, desto größer sind seine Zwischenzeiten.

7. Wie viel Reiskörner sind ungefähr in einer 1-kg-Packung Reis? Schätze zunächst! Welche proportionalen Zuordnungen kann man zur Beantwortung dieser Frage heranziehen?
Warum ist es nicht sinnvoll **ein** Reiskorn zu wiegen? Wie könntest du verfahren?

Bild 19

III. Dreisatzrechnung bei proportionalen Zuordnungen

1. Zur Einführung

Wir wollen im Folgenden für Rechnungen zu proportionalen Zuordnungen eine übersichtliche Form kennenlernen und betrachten nochmals das

Beispiel: 3 kg Biokraft kosten 6,90 €. Wie viel kosten 5 kg dieses Waschmittels?

Der Lösungsweg kann in drei Sätzen aufgeschrieben werden.

1. Satz:
3 kg kosten 6,90 €.

Es wird aufgeschrieben, was gegeben ist.

2. Satz:
1 kg kostet $\frac{6{,}90}{3}$ € = 2,30 €.

Es wird berechnet, wie viel 1 kg kostet.
(„Schluss auf die Einheit“)

3. Satz:
5 kg kosten 5 · 2,30 € = 11,50 €.

Es wird berechnet, wie viel 5 kg kosten.
(„Schluss auf die Vielheit“)

Man spricht von „Dreisatzaufgaben“.

2. Rechnen in Tabellenform

Man kann den Schreibaufwand vermindern, wenn man die Rechnung in Tabellenform durchführt. Außerdem ist es nicht nötig, das Zwischenergebnis im zweiten Schritt auszurechnen; häufig ist es einfacher, die Zahlenrechnung erst am Ende durchzuführen.

Bild 20

Beispiel 24 Flaschen Limonade kosten 13,92 €. Wie viel kosten 15 Flaschen?

Lösung: Es liegt eine proportionale Zuordnung vor.

Anzahl der Flaschen	Preis in €
24	13,92
:24 → 1	$13{,}92 \cdot \frac{1}{24}$ (· $\frac{1}{24}$)
·15 → 15	$13{,}92 \cdot \frac{15}{24}$ (· 15)

Wir haben den Divisionsschritt (: 24) rechts als Multiplikation mit $\frac{1}{24}$ geschrieben, das Zwischenergebnis aber nicht ausgerechnet. Insgesamt ist die Ausgangszahl (13,92) mit $\frac{15}{24}$ zu multiplizieren:

$$13{,}92 \cdot \frac{15}{24} = 13{,}92 \cdot \frac{5}{8} = 8{,}70.$$

15 Flaschen kosten also 8,70 €.

Den Bruch $\frac{15}{24}$ kann man kürzen: $\frac{15}{24} = \frac{5}{8}$. Da die beiden Zahlen 24 und 15 die Zahl 3 als gemeinsamen Teiler haben, braucht man nicht den Preis für **eine** Flasche zu berechnen; es genügt, den Preis für 3 Flaschen zu ermitteln.

Anzahl der Flaschen	Preis in €
24	13,92
(:8) 3	$13{,}92 \cdot \frac{1}{8}$ $\left(\cdot \frac{1}{8}\right)$
(·5) 15	$13{,}92 \cdot \frac{5}{8}$ (·5)

Rechnung: $13{,}92 \cdot \frac{5}{8} = 8{,}70$ €

3. Zusammenfassung der Rechenschritte

Das vorstehende Beispiel zeigt ferner, dass sich die beiden Rechenschritte (Division durch 8 und Multiplikation mit 5) dadurch zusammenfassen lassen, dass man die Ausgangszahl mit $\frac{5}{8}$ multipliziert. In der rechten Spalte kann man daher von der ersten sofort zur dritten Zeile übergehen.

Anzahl der Flaschen	Preis in €
24	13,92
(:8) 3	–
(·5) 15	$13{,}92 \cdot \frac{5}{8}$ $\left(\cdot \frac{5}{8}\right)$

4. Hinweise zum Lösungsweg

1) Prüfe, ob eine proportionale Zuordnung vorliegt oder nicht!

2) Lege eine Tabelle mit zwei Spalten an!

Erste Spalte:
Größe, von der **zwei** Werte gegeben sind.

Zweite Spalte:
Größe, von der **ein** Wert gegeben, der zweite also gesucht ist.

1. Beispiel

Der Schall benötigt für eine Strecke von 1000 m Länge ungefähr 3 s. Wie weit ist die Stelle eines Blitzeinschlages vom Beobachter entfernt, wenn man den Donner 5 s nach dem Aufleuchten des Blitzes hört? (Die Geschwindigkeit des Lichtes ist so groß, dass die Zeit, die das Licht benötigt, bei der Lösung der Aufgabe unberücksichtigt bleiben kann.)

Bild 21

Lösung:

1) Der Schall breitet sich in der doppelten Zeit auch doppelt so weit aus; es liegt eine proportionale Zuordnung vor.

2) Es sind zwei Zeitwerte gegeben (3 s und 5 s): erste Spalte; es ist ein Entfernungswert gegeben (1000 m): zweite Spalte.

Vorbereitete Tabelle

Zeit (in s)	Entfernung (in m)
3	1000
1	–
5	

Ausgefüllte Tabelle

Zeit (in s)	Entfernung (in m)
3	1000
$:3$ → 1	–
$\cdot 5$ → 5	$1000 \cdot \frac{5}{3}$ ($\cdot \frac{5}{3}$)

Rechnung: $1000 \cdot \frac{5}{3} \approx 1667$

Die Stelle des Blitzeinschlages ist also ungefähr 1670 m vom Beobachter entfernt.

Beachte: Wie beim vorstehenden Beispiel ist es häufig notwendig, das Ergebnis in sinnvoller Weise zu runden, das Ergebnis also als **Näherungswert** anzugeben.

2. Beispiel

Ein Schreinermeister verlangt in einem Kostenvoranschlag für $3\frac{1}{2}$ Stunden Arbeitszeit einen Lohn von 110,60 €. Durch unvorhergesehene Schwierigkeiten verlängert sich die Arbeitszeit auf insgesamt $4\frac{1}{2}$ Stunden.

Bild 22

Lösung:

1) Es liegt eine proportionale Zuordnung vor.

2) Es sind zwei Zeitwerte gegeben ($3\frac{1}{2}$ Stunden; $4\frac{1}{2}$ Stunden): erste Spalte; es ist ein Lohnwert gegeben (110,60 €): zweite Spalte. Wegen der Zahlen $3\frac{1}{2}$ und $4\frac{1}{2}$ ist es bei diesem Beispiel zweckmäßig, $\frac{1}{2}$ Stunde als Einheit für die Zeit zu wählen.

Vorbereitete Tabelle

Anzahl der Stunden	Lohn in €
$3\frac{1}{2}$	110,60
$\frac{1}{2}$	–
$4\frac{1}{2}$	

Ausgefüllte Tabelle

Anzahl der Stunden	Lohn in €
$3\frac{1}{2}$	110,60
$:7$ → $\frac{1}{2}$	–
$\cdot 9$ → $4\frac{1}{2}$	$110{,}60 \cdot \frac{9}{7}$ ($\cdot \frac{9}{7}$)

Rechnung: $110{,}60 \cdot \frac{9}{7} = 142{,}20$

Der Rechnungsbetrag beläuft sich also auf 142,20 €.

5. Mehrere proportionale Zuordnungen

Wir behandeln nun noch ein Beispiel, bei dem nicht zwei, sondern sogar drei zueinander proportionale Größen vorkommen.

Beispiel

Herr Krause hat beim letzten Tanken für 50 *l* Superbenzin 44,45 € bezahlt. Bei gleichmäßiger Fahrt auf der Autobahn hat er 31 *l* für eine Strecke von 400 km verbraucht. Das Ferienziel liegt 650 km vom Heimatort entfernt. Mit welchen Benzinkosten muss Herr Krause – unter gleichen Bedingungen – für die Fahrt zum Ferienort rechnen?

Bild 23

Lösung:

1) Der doppelten Menge an Benzin sind der doppelte Preis und auch die doppelte Streckenlänge zugeordnet; daher liegen zwei proportionale Zuordnungen vor.

2) Es sind zwei Benzinmengen (45 *l* und 31 *l*) gegeben; es ist aber nur **ein** Preis (44,45 €) gegeben; der zweite Preis ist gesucht; daher gehört der Preis in die letzte (dritte) Spalte.

3) Wir lösen die Aufgabe in zwei Schritten.

Im ersten Schritt berechnen wir den Preis für 31 *l* Benzin, also die Kosten für eine Strecke von 400 km Länge.

Benzinmenge (in *l*)	Preis (in €)
50	44,45
$:50$ ↓ 1	–
$\cdot 31$ ↓ 31	$44{,}45 \cdot \frac{31}{50}$ (↓ $\cdot \frac{31}{50}$)

Im zweiten Schritt berechnen wir daraus die Kosten für eine Strecke von 650 km Länge.

Wegstrecke (in km)	Preis (in €)
400	$44{,}45 \cdot \frac{31}{50}$
$:40$ ↓ 10	–
$\cdot 65$ ↓ 650	$44{,}45 \cdot \frac{31}{50} \cdot \frac{65}{40}$ (↓ $\cdot \frac{65}{40}$)

Rechnung: $44{,}45 \cdot \frac{31}{50} \cdot \frac{65}{40} = 44{,}45 \cdot \frac{31}{50} \cdot \frac{13}{8} \approx 44{,}78$

Herr Krause muss also mit Benzinkosten von etwa 45 € für die Fahrt rechnen.

Bemerkungen:

1) Bei der abschließenden Rechnung haben wir so weit wie möglich gekürzt. Wenn man mit einem Taschenrechner arbeitet, ist das nicht unbedingt nötig.

2) Mit dem Taschenrechner berechnet man den Term so:

44,45 [×] 31 [×] 65 [÷] [(] 50 [×] 40 [)] [=] oder besser so: 44,45 [÷] 50 [×] 31 [÷] 40 [×] 65 [=].

Dagegen wäre es falsch, so zu rechnen: 44,45 [×] 31 [×] 65 [÷] 50 [×] 40 [=].

Man erhält dann nicht 44,78, sondern 71 653,4.

3) Man kann die beiden Tabellen folgendermaßen zusammenfassen:

Benzinmenge (in l)	Wegstrecke (in km)	Preis (in €)
50	–	44,45
$\cdot \frac{1}{50}$ → 1	–	–
$\cdot 31$ → 31	400	$44{,}45 \cdot \frac{31}{50}$ ($\cdot \frac{31}{50}$)
–	$\cdot \frac{1}{40}$ → 10	–
–	$\cdot 65$ → 650	$44{,}45 \cdot \frac{31}{50} \cdot \frac{65}{40}$ ($\cdot \frac{65}{40}$)

6. Ein anderes Verfahren

In manchen Fällen kann man bei Aufgaben zu proportionalen Zuordnungen die Lösung noch in anderer Weise finden.

Beispiel

Die nebenstehende Tabelle gestattet die Umrechnung von japanischer Währung (Yen) in Euro.

Wie würdest du berechnen, wie viel man für 125000 Yen bezahlen muss? Es ist hier nicht nötig, das Dreisatzverfahren anzuwenden. (Wenn man der Rechnung den Euro-Betrag für einen Yen zugrunde legen würde, würde dies sogar zu einem ungenauen Ergebnis führen können, weil dieser Wert offensichtlich gerundet ist.)

Yen	Euro
100	0,78
200	1,55
500	3,88
1000	7,75
2000	15,50
5000	38,76
10000	77,51
20000	155,02
50000	387,56
100000	775,12
200000	1550,24

Es ist zweckmäßig, den Betrag von 125000 Yen in solche Beträge zu zerlegen, deren Gegenwert in der Tabelle angegeben ist, also

125000 Yen = 100000 Yen + 20000 Yen + 5000 Yen

Daraus ergibt sich als Gegenwert in Euro:

775,12 € + 155,02 € + 38,76 € = 968,90 €.

Das Beispiel zeigt eine weitere allgemeine Eigenschaft proportionaler Zuordnungen:

> Bei einer proportionalen Zuordnung entspricht der Summe zweier Größen die Summe der zugeordneten Größen.

Der entsprechende Sachverhalt gilt auch für Differenzen. Von dieser Eigenschaft kann man bei der Bearbeitung von Aufgaben gelegentlich Gebrauch machen, wenn mehrere Paare von einander zugeordneten Größen gegeben und weitere Werte zu ermitteln sind.

Aufgaben und Beispiele

Zum Einstieg

Ein Geschäftsmann hat in letzter Zeit viermal englische Pfundnoten gekauft. Nun vergleicht er die Quittungen. Er erhielt bei den vier Käufen von englischen Devisen für:

300 €	200 £,
370 €	250 £,
447 €	300 £,
490 €	330 £.

a) Welcher Tausch war am günstigsten?
b) Wie viel € hätte er für 100 £, 200 £, 300 £, 400 £ und 500 £ bei den verschiedenen Kursen zahlen müssen?

Bild 24

Schluss auf die Einheit

1. Auf dem Wochenmarkt verlangt der Händler für 5 Apfelsinen 1,45 €. Wie viel kostet eine Apfelsine?

2. 12 Personen bestellen in einem Restaurant das gleiche Mittagessen. Der Gesamtpreis beträgt 163,20 €. Wie viel muss jeder bezahlen?

3. Ein 550 m² großes Grundstück kostet 74 250 €. Wie hoch ist der Quadratmeterpreis?

4. Ein 2,80 m breiter und 3,80 m langer Teppich kostet 159,60 €. Ein anderer Teppich der gleichen Größe kostet 186,20 €. Berechne die Quadratmeterpreise!

5. Ein Auto legte eine Strecke von 208 km in $3\frac{1}{4}$ Stunden zurück. Wie weit fuhr dieser Wagen durchschnittlich in einer Stunde?

6. Ein Wagen verbraucht für eine Strecke von 450 km 32,4 *l* Benzin.
a) Wie weit kommt der Wagen mit einem Liter?
b) Wie viel Benzin benötigt der Wagen für einen Kilometer?

Schluss auf die Vielheit

7. Ein Kilogramm Äpfel kostet 1,55 €. Wie viel kosten 6 kg?

8. Zum Verschnüren eines Pakets braucht man 1,2 m Kordel. Wie viel benötigt man, um 45 solcher Pakete zu verschnüren?

9. Eine Molkerei gewinnt aus 1 *l* Milch durchschnittlich 5,3 g Butter. Wie viel Butter gewinnt sie aus 114 *l* Milch?

Bild 25

10. Peter zahlt für zwei Eier 0,28 €. Wie viel kostet ein Dutzend Eier?

11. Um eine Fertiggarage aufzustellen, benötigt man einen 4,10 m breiten und 6,50 m langen Platz. Es sollen 6 Garagen aufgestellt werden.

12. Ein Angler fängt in 2 Stunden 3 Fische. Er will noch 4 Stunden angeln.

Bild 26

Rechnen in Tabellenform

13. 20 Eier kosten 2,40 €. Wie viel kostet ein Dutzend?

14. Für 5 Übernachtungen sind in einem Hotel 135 € zu zahlen. Wie viel € sind für eine Woche zu zahlen?

15. Für 36 Liter Dieselkraftstoff zahlt ein Autofahrer 31,65 €. Wie viel hätte er für 50 Liter zahlen müssen?

16. In einem Neubau ist bei einer Geschosshöhe von 2,70 m eine Treppe mit 18 Stufen erforderlich. Wie viel Stufen wären bei einer Geschosshöhe von 3 m erforderlich?

17. Eine Gruppe von 22 Schülern bezahlt in einer Herberge für eine Woche 2233 €. Wie viel muss eine Gruppe von 17 Schülern für die gleiche Zeit bezahlen?

18. Ein Motorradfahrer legt die ersten 8 km eines 76 km langen Weges in 10 Minuten zurück. Er hofft, dass er mit der gleichen Geschwindigkeit weiterfahren kann.

19. 2 m Stoff kosten 6,40 €.
a) Wie viel kosten 8 m Stoff?
b) Wie viel Stoff erhält man für 19,20 €?

20. a) Eine Wohnung hat eine Fläche von 84 m^2; für einen Quadratmeter sind 5,60 € Miete zu zahlen.
b) Eine andere Wohnung kostet 588 € bei gleichem Mietpreis für einen Quadratmeter.

21. Ein System von Solarzellen hat eine Fläche von 450 m^2 Inhalt. Das System erzeugt eine elektrische Energie mit einer Leistung von 180 Kilowatt (kW). Welche Flächengröße muss ein Solarzellensystem haben, wenn eine Leistung von 100 kW erreicht werden soll?

Bild 27

Umrechnungen von Größen auf andere Maßeinheiten

22. Berechne mithilfe der Tabelle von Seite 10, wie viel Schweizer Franken man für 8 €, 25 €, 60 €, 160 €, 250 €, 600 € und 1100 € zu bezahlen hat!

23. Herr Jacobs erhält 110 kanadische Dollar (CAD) für 70 €.
a) Wie viel CAD erhält man für 10 €?
b) Wie viel Euro erhält man bei gleichem Kurs für 70,75 CAD?
c) Frau Ludwig tauscht 125 € um.
d) Herr Carlson benötigt 400 CAD.

24. a) Ein Sprinter läuft 100 m in 10 Sekunden. Berechne seine Durchschnittsgeschwindigkeit in $\frac{km}{h}$!
b) Ein Flugzeug fliegt mit 900 $\frac{km}{h}$. Berechne die Geschwindigkeit in $\frac{m}{s}$.

25. Früher wurde die Leistung von Motoren in Pferdestärken (PS) angegeben, heute wird sie in Kilowatt (kW) angegeben. 34 PS entsprechen 25 kW.
a) Welche Leistung hat ein Motor mit 50 PS, 65 PS, 90 PS, 100 PS, 120 PS in Kilowatt?
b) Wie viel Pferdestärken hat ein Motor mit 10 kW, 30 kW, 70 kW, 82 kW, 140 kW?

26. In einer englischen Reklame wird für ein Auto geworben, das mit einer Gallone Benzin 37 Meilen weit fährt. Wie groß ist der Benzinverbrauch des Autos in den bei uns üblichen Einheiten? Einer englischen Meile entsprechen etwa 1,61 km, einer englischen Gallone 4,5 Liter.

Mehrere proportionale Zuordnungen

27. In einer Herberge zahlt eine Gruppe von 18 Schülern für 4 Tage 1044 €. Welchen Betrag muss eine Gruppe von 21 Schülern für 3 Tage bei gleichem Tagessatz bezahlen?

28. Ein Züchter verfüttert an 15 Kaninchen einen 25-kg-Sack Futter in 10 Tagen. Wie viel Futter benötigt er etwa, um 12 Kaninchen 14 Tage lang zu ernähren?

29. Zum Streichen einer Mauer von 2 m Höhe und 25 m Länge braucht man 10 *l* Fassadenfarbe. Wie viel Farbe benötigt man für eine Mauer von 2,50 m Höhe und 42 m Länge?

30. Bei einem Einsatz verbrauchen 7 Lastwagen in 3 Tagen 735 *l* Treibstoff. Wie viel Treibstoff muss man für 11 Lastwagen in einem dreizehntägigen Einsatz bereitstellen?

31. In einer Fabrik brennen an einem Wintertag durchschnittlich 130 Lampen 16 Stunden, die dabei verbrauchte elektrische Energie kostet 15,60 €. An einem Sommertag sind etwa 100 dieser Lampen 9 Stunden lang eingeschaltet.

Vermischte Aufgaben

32. 80 cm^3 Gusseisen haben eine Masse von 600 g.
a) Welche Masse haben 15 cm^3 Gusseisen?
b) Welches Volumen haben 250 g Gusseisen?

33. Ein 15 Unzen schwerer Barren aus reinem Gold hat ein Volumen von 22,15 cm^3. Ein anderer Goldbarren hat ein Gewicht von 18 Unzen und ein Volumen von 28,58 cm^3. Besteht der zweite Barren ebenfalls aus reinem Gold?

34. Ein Schulbus mit 42 Schülern braucht 10 Minuten für eine Strecke von 6 km. Wie lange braucht er für diese Strecke, wenn nur 35 Schüler mitfahren?

Bild 28

35. Peter will 750 g Trauben für 1,20 € kaufen. Die Verkäuferin wiegt ihm eine besonders schöne Traube von 800 g aus. Sie verlangt dafür 1,30 €.

36. Der Druck in einem PKW-Reifen beträgt 290 Hektopascal[1)] bei einer Temperatur von 293 Kelvin[2)] (20°C). Der Druck ist der Temperatur proportional, wenn diese in Kelvin (K) gemessen wird. Welchen Druck hat der Reifen, wenn sich die Temperatur des Reifens (z.B. durch Sonneneinstrahlung) auf 315 K (343 K) erhöht?

[1)] 1 Pascal ist die Einheit des Druckes.
1 Hektopascal = 100 Pascal.
Blaise Pascal, franz. Mathematiker (1623 – 1662)

[2)] 0 K = – 273,16°C.
Zu allen Angaben in °C ist die Zahl 273,16 (also rund 273) zu addieren, um die Temperatur in K zu erhalten.
Lord William Kelvin, engl. Physiker (1824 – 1907)

37. Die durchschnittliche „Laufstrecke" eines PKW-Reifens ist dem Durchmesser der Felgen proportional. Ein Stahlgürtelreifen mit einer 14-Zoll-Felge hat eine durchschnittliche Laufstrecke von 41 000 km. Welche durchschnittlichen Laufstrecken sind von Reifen gleicher Qualität bei einem Felgendurchmesser von 13 Zoll (15 Zoll) zu erwarten?

Bild 29

38. Ein Teppichboden für ein 2 m breites und 3 m langes Zimmer kostet 136,80 €. Wie viel kostet die gleiche Ware für ein Zimmer, welches 3 m breit und 4,50 m lang ist?

39. Ein Laserdrucker druckt maximal 8 Seiten pro Minute.
a) Wie lange benötigt der Drucker mindestens, um 20; 50; 75; 100 Seiten auszudrucken?
b) Wie viel Seiten druckt der Drucker höchstens in 20 Minuten, einer halben Stunde, an einem 8-Stunden-Tag?
c) Nach 5000 Druckseiten ist der Toner des Druckers zu erneuern. Wie lange war der Drucker bis dahin mindestens in Betrieb?

40. Um eine Wandfläche von 14 m^2 in einem Badezimmer zu fliesen, werden 28 Pakete mit je 22 Fliesen benötigt.
a) Es sollen weitere 5 m^2 Wandfläche gefliest werden.
b) Wie groß ist ungefähr eine der quadratischen Fliesen? Von der Breite der Fugen soll abgesehen werden.
c) Wie viel m^2 kann man mit einem Paket fliesen?

41. Frau Lose hat 51 Liter Benzin für 45,34 € getankt. Sie zahlt mit einem 50-Euro-Schein und überlegt, ob das Wechselgeld ausreicht, um noch ihren 5-*l*-Reservekanister zu füllen.

42. Ein 5000-*l*-Tank hat ein Leck. Pro Tag entweichen 126 *l* Wasser.
a) Wie viel Liter entweichen in 1 Stunde?
b) Wie viel Liter entweichen in 1 Woche?
c) Wie viel Liter entweichen in 4 Wochen?
d) Nach wie viel Tagen ist der Tank leer?

43. Ein Einfamilienhaus mit 650 m^3 umbautem Raum kostet 152 750 €.
a) Wie viel kostet ein Haus mit 820 m^3 umbautem Raum bei gleichem Preis für 1 m^3?
b) Wie groß ist ein Haus, das man unter diesen Bedingungen für 169 200 € erhält?

44. Ein Schwimmbecken fasst 40 m^3 Wasser und kann durch einen Zulauf in 8 Stunden gefüllt werden. Nach 45 Minuten stellt man fest, dass das eingelaufene Wasser durch einen Rohrbruch verschmutzt ist. Wie viel Wasser ist bereits eingelaufen?

45. Eine 430 m^2 große Grasfläche soll gedüngt werden. Ein 5-kg-Paket Rasendünger reicht für 120 m^2 und kostet 19 €. Ein 2-kg-Paket kostet 8 €.

46. In einem Mietshaus wohnt die dreiköpfige Familie Adam in einer 64 m^2 großen Wohnung, die fünfköpfige Familie Bensen in einer 128 m^2 großen Wohnung und das Ehepaar Dolde in einer 40 m^2 großen Wohnung. Die Heizkosten für den letzten Winter beliefen sich für die drei Wohnungen zusammen auf 5584 €.
a) Die Heizkosten sollen so aufgeteilt werden, dass der Heizkostenanteil der einzelnen Familien proportional der Wohnfläche ist.
b) Die Heizkosten sollen so aufgeteilt werden, dass der Heizkostenanteil der einzelnen Familien proportional der Anzahl der Familienmitglieder ist.
c) Die Hälfte der Heizkosten soll wie in a), der Rest wie in b) aufgeteilt werden.

47. Untersuche jeweils, welches Angebot günstiger ist!

	Angebot A		Angebot B	
a)	12 Eier	1,80 €	10 Eier	1,45 €
b)	3 kg Waschpulver	7,05 €	1,8 kg Waschpulver	4,32 €
c)	0,75 *l* Speiseöl	1,15 €	0,6 *l* Speiseöl	0,93 €
d)	0,7 *l* Apfelsaft	0,49 €	1 *l* Apfelsaft	0,69 €
e)	450 g Marmelade	1,95 €	500 g Marmelade	2,20 €
f)	250 g Joghurt	0,44 €	200 g Joghurt	0,36 €
g)	720 m*l* Apfelmus	0,44 €	500 m*l* Apfelmus	0,35 €
h)	315 m*l* Champignons	0,64 €	425 m*l* Champignons	0,79 €
i)	0,75 *l* Sekt	2,49 €	0,7 *l* Sekt	2,35 €
j)	200 g Waffeln	1,29 €	275 g Waffeln	1,80 €
k)	20 Flaschen Bier à 0,5 *l*	9,95 €	6 Flaschen Bier à 0,33 *l*	2,49 €

48. Frau Jakobsen notiert stets die Verbrauchsdaten ihres Autos in einem Fahrtenbuch (Bild 30).

Frau Jakobsen tankt ihren PKW stets voll. Sie nimmt an, dass sie in den folgenden Monaten des Jahres 2000 ihr Auto etwa ebenso viele Kilometer fahren wird wie im Januar und Februar.

a) Ermittle jeweils den durchschnittlichen Kraftstoffverbrauch (in *l*/100km) des Autos zwischen zwei Tankstellenbesuchen.

b) Welchen Kilometerstand wird das Auto am Jahresende ungefähr aufweisen?

c) Wie viel Liter Kraftstoff wird Frau Jakobsen bis dahin verfahren haben?

d) Welchen Betrag wird sie 2000 für Kraftstoff etwa ausgeben?

Datum	km-Stand	getankte Menge Benzin (in *l*)	Betrag (in Euro)
3. 1.	10920	27,32	24,29
17. 1.	11260	22,15	19,69
30. 1.	11624	22,93	20,16
12. 2.	12040	28,37	24,94
21. 2.	12425	25,48	22,65
5. 3.	12820	25,37	22,55

Bild 30

49. Als Familie Corban aus einem dreiwöchigen Urlaub nach Hause zurückkommt, tropft im Bad ein Wasserhahn. Kurt möchte herausfinden, wie viel Wasser verloren gegangen ist und wie viel dies gekostet hat. Er bittet seine Mutter um einen Messbecher.

Bild 31

IV. Die Gleichung einer direkten Proportionalität

1. Zur Einführung

Die folgende Tabelle enthält einen Auszug einer Wechselkurstabelle für die Umrechnung von Euro in Schweizer Franken (CHF). Es handelt sich um eine proportionale Zuordnung.

CHF	€
⋮	⋮
3,00	1,89
3,20	2,02
3,40	2,14
3,60	2,27
3,80	2,39
4,00	2,52
4,20	2,65
4,40	2,77
4,60	2,90
⋮	⋮

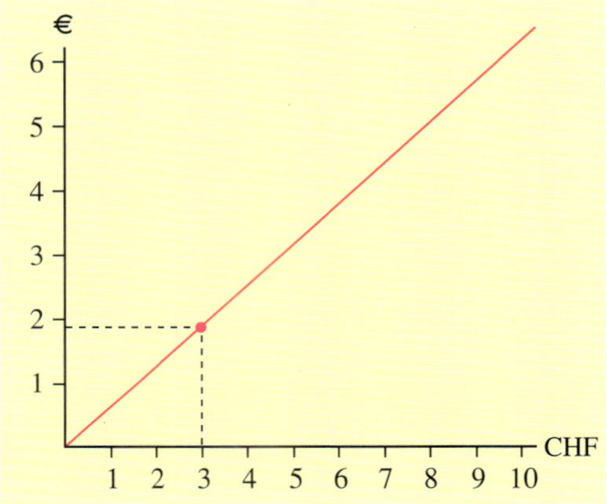

Bild 32

Unter dem **„Wechselkurs"** versteht man den Betrag, den man in Euro für einen Schweizer Franken zu zahlen hat. Da man z.B. für 3 CHF 1,89 € aufbringen muss, hat man für einen Franken $\frac{1,89}{3}$ €, also 0,63 € zu zahlen. Bei jedem Paar der Wechselkurstabelle hat der Quotient – wenn man von Rundungsungenauigkeiten absieht – denselben Wert:

$$\frac{1,89}{3,00} \approx \frac{2,02}{3,20} \approx \frac{2,14}{3,40} \approx \ldots \approx \frac{2,90}{4,60} \approx 0,63.$$

Man spricht von **„quotientengleichen Paaren"**.

2. Die Gleichung einer direkten Proportionalität

Wählt man für die Maßzahlen der Beträge die Variable x (für CHF) und y (für €), so gilt für alle Paare $(x|y)$:

$$\frac{y}{x} = 0,63 \quad \text{und somit} \quad y = 0,63 \cdot x.$$

Dies ist die **„Gleichung einer proportionalen Zuordnung"**; die Zahl 0,63 nennt man den **„Proportionalitätsfaktor"**. Bei diesem Beispiel gibt der Proportionalitätsfaktor den Preis für einen Schweizer Franken an.

Aus der Gleichung kann man für jeden beliebigen Betrag in Schweizer Franken den zugehörigen Wert in € berechnen.

Beispiele

1) Für $x = 17$ gilt: $y = 0,63 \cdot 17 = 10,71$ €. 17 Schweizer Franken kosten also 10,71 €.

2) Für $x = 58$ gilt: $y = 0,63 \cdot 58 = 36,54$ €. 58 Schweizer Franken kosten 36,54 €.

3. Verallgemeinerung

Allgemein können wir sagen:

Sind zwei Größen mit den Maßzahlen x und y zueinander proportional, so gibt es eine bestimmte Zahl c mit

$$\frac{y}{x} = c, \quad \text{also} \quad y = c \cdot x \text{ für alle Paare } (x|y).$$

Die Gleichung **y = c · x** heißt die **„Gleichung einer proportionalen Zuordnung"**; die Zahl c nennt man den **„Proportionalitätsfaktor"**.

Beispiel

4,5 cm^3 Eisen haben eine Masse von 35,55 g. Volumen und Masse sind zueinander proportional. Für den Proportionalitätsfaktor gilt:

$$c = \frac{35,55}{4,5} = 7,9.$$

Steht x für die Maßzahl des Volumens und y für die Maßzahl der Masse des betreffenden Stückes Eisen, dann lautet die Gleichung dieser proportionalen Zuordnung:

$$y = 7,9 \cdot x.$$

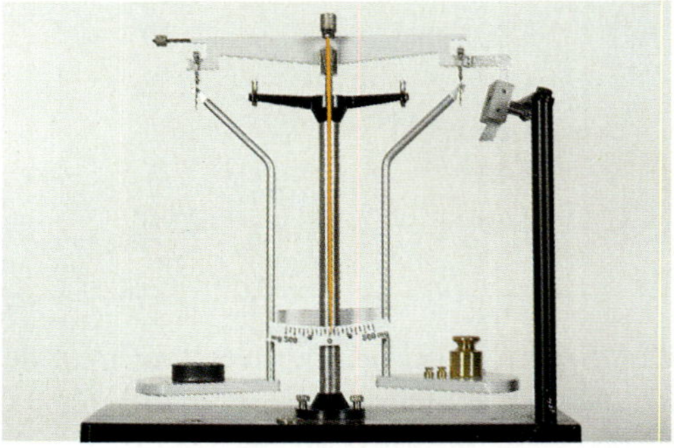

Bild 33

Bei diesem Beispiel ist der Proportionalitätsfaktor die **Maßzahl der Dichte von Eisen**.

Aus der Gleichung $y = 7,9 \cdot x$ kann man zu jeder Maßzahl x (für das Volumen) die zugehörige Maßzahl y (für die Masse) berechnen.

Beispiele

1) Für $x = 150$ gilt: $y = 7,9 \cdot 150 = 1185$. **2)** Für $x = 480$ gilt: $y = 7,9 \cdot 480 = 3792$.

Man kann auch mit den **Größen** selbst, also nicht nur mit den **Maßzahlen** rechnen. Dann gilt:

$$c = \frac{35,55 \text{ g}}{4,5 \text{ cm}^3} = 7,9 \frac{\text{g}}{\text{cm}^3} \quad \text{und} \quad y = 7,9 \frac{\text{g}}{\text{cm}^3} \cdot x.$$

Zu jedem Volumen x (in cm^3) kann man aus dieser Gleichung die zugehörige Masse (in g) berechnen.

Beispiel Für $x = 350 \text{ cm}^3$ gilt: $y = 7,9 \frac{\text{g}}{\text{cm}^3} \cdot 350 \text{ cm}^3 = 2765 \text{ g} = 2,765 \text{ kg}$.

Der Proportionalitätsfaktor ist dann selbst eine Größe, in diesem Fall die **Dichte von Eisen**.

Wenn x und y nicht die Maßzahlen, sondern die Größen selbst bezeichnen, dann ist in der Regel also auch der Proportionalitätsfaktor eine Größe, die durch eine Maßzahl (im Beispiel 7,9) und eine Maßeinheit (im Beispiel $\frac{\text{g}}{\text{cm}^3}$) erfasst wird.

4. Lösen von Aufgaben mit Hilfe der Gleichung

Beispiel

Aus Erfahrung weiß Herr Peters, dass er bei gleichmäßiger Fahrt auf der Autobahn 8,4 l Superbenzin für 100 km verbraucht. Kommt er mit einer Tankfüllung von 55 l aus, wenn er eine Strecke von 640 km zurücklegen muss und kein höherer Durchschnittsverbrauch auftritt?

Bild 34

1. Lösung: x bezeichne die Streckenlänge in km und y den Benzinverbrauch in l. Dann gilt:

$$y = c \cdot x \quad \text{mit} \quad c = \frac{y}{x} = \frac{8{,}4\,l}{100\,\text{km}} = 0{,}084\,\frac{l}{\text{km}}.$$

Für $x = 640$ km ergibt sich: $y = 0{,}084\frac{l}{\text{km}} \cdot 640\,\text{km} = 53{,}76\,l$.

Die Tankfüllung von 55 l reicht also für die Strecke von 640 km.

2. Lösung: Wir können auch umgekehrt vorgehen und mit x den Benzinverbrauch in l und mit y die Streckenlänge in km bezeichnen. Dann gilt

$$y = c \cdot x \quad \text{mit} \quad c = \frac{y}{x} = \frac{100\,\text{km}}{8{,}4\,l} \approx 11{,}9\,\frac{\text{km}}{l}.$$

Für $x = 55\,l$ ergibt sich: $y \approx 11{,}9\frac{\text{km}}{l} \cdot 55\,l = 654{,}5$ km.

Auch dieses Ergebnis zeigt, dass die Tankfüllung für eine Strecke von 640 km ausreicht.

5. Lösen von Aufgaben mit Hilfe des Proportionalitätsfaktors

Wenn der Proportionalitätsfaktor aus der Aufgabenstellung leicht zu erkennen ist, kann man ihn unmittelbar zur Lösung der Aufgabe ausnutzen.

Beispiel

Bei einem Radrennen werden die ersten 5 Runden in 15 Minuten zurückgelegt. Das Rennen ist auf 42 Runden angesetzt. Mit welcher Gesamtzeit kann man rechnen?

Lösung: Der Proportionalitätsfaktor zwischen der Rundenzahl (5) und der Minutenzahl (15) hat den Wert 3. Dies kann man zur Lösung der Aufgabe in Tabellenform wie nebenstehend ausnutzen.

Rundenzahl	Zeit (in min)
5 $\xrightarrow{\cdot 3}$	15
42 $\xrightarrow{\cdot 3}$	126

Man kann also mit einer Renndauer von 126 Minuten (also 2 h 6 min) rechnen.

Aufgaben und Beispiele

Zum Einstieg

Bis zum Ende des 19. Jahrhunderts wurden Temperaturen oft in °R (Grad Reaumur) gemessen. Dabei entspricht einer Temperatur von 0 °C (Grad Celsius) eine Temperatur von 0 °R und einer Temperatur von 100 °C eine Temperatur von 80 °R.[1)]

Das Bild 35 zeigt ein Thermometer mit einer Celsiusskala und eines mit einer Reaumurskala.

[1)] Anders Celsius (1701–1744)
René-Antoine Réaumur (1683–1757)

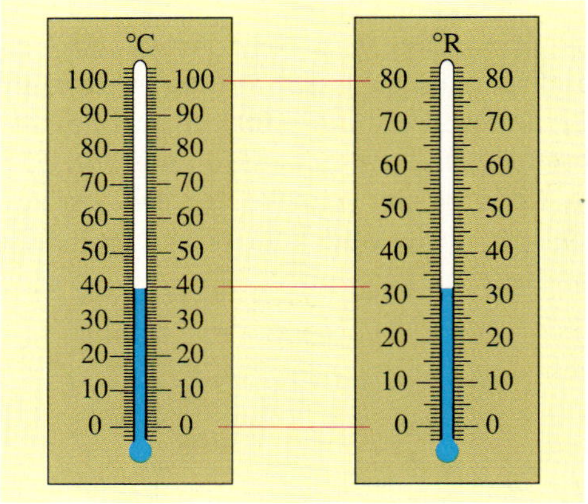

Bild 35

Gleichungen proportionaler Zuordnungen

1. Ein PKW braucht für 360 km 23,4 Liter Benzin.

a) Stelle die Gleichung der Proportionalität „Streckenlänge (in km) → Verbrauch (in *l*)" auf!

b) Wie viel Liter Benzin braucht der Wagen für 100 km; 150 km; 200 km; 240 km; 420 km?

2. Früher wurde die Leistung von Motoren in Pferdestärken (PS) angegeben, heute wird sie in Kilowatt (kW) angegeben. Einer Leistung von 1 PS entspricht ungefähr eine Leistung von 0,7355 kW.

a) Stelle eine Gleichung auf, mit der man ermitteln kann, wie viel kW einer bestimmten PS-Zahl entsprechen!

b) Stelle eine Gleichung auf, mit der man ermitteln kann, wie viel PS einer bestimmten Leistung in kW entsprechen!

c) Benutze die beiden Gleichungen aus den Aufgaben a) und b), um die folgende Tabelle zu ergänzen!

PS	50	88	130			
kW				33	70	90

3. Bild 36 zeigt verschiedene Sortenkurse.

		Ankauf	Verkauf
Australien	100 AUD	57,67 €	61,39 €
Dänemark	100 DKK	13,41 €	13,59 €
Israel	100 ILS	18,28 €	26,39 €
Kanada	100 CAD	60,86 €	63,61 €
Polen	100 PLZ	21,64 €	24,60 €
Schweden	100 SEK	10,85 €	11,44 €

Bild 36 (Stand 14. 4. 1999)

a) Bestimme jeweils eine Gleichung, mit der man ermitteln kann, wie viel Euro man für x Einheiten der Fremdwährung erhält!

b) Berechne jeweils mithilfe der Gleichung aus a), wie viel Euro man für 5 (200; 250; 600) Einheiten der Fremdwährung erhält!

c) Bestimme jeweils eine Gleichung, mit der man ermitteln kann, wie viele Einheiten der Fremdwährung man für x € erhält!

d) Berechne jeweils mithilfe der Gleichung aus c), welchen Fremdwährungsbetrag man für 5 € (200 €; 250 €; 600 €) erhält!

Beispiel

a) Die Bank **kauft** 100 australische Dollar (AUD) für 57,67 €. Für einen australischen Dollar erhält man also 0,5767 €. Für x australische Dollar erhält man danach $y = 0{,}5767 \cdot x$ €.

b) Aus dieser Gleichung ergibt sich für
x = 5 AUD: y = 0,5767 · 5 € ≈ 2,88 €;
x = 200 AUD: y = 0,5767 · 200 € ≈ 115,34 €;
x = 250 AUD: y = 0,5767 · 250 € ≈ 144,18 €;
x = 600 AUD: y = 0,5767 · 600 € ≈ 346,02 €.

c) Die Bank **verkauft** 100 AUD für 61,39 €. Für einen Euro erhält man also $\frac{100}{61{,}39}$ AUD ≈ 1,629 AUD. Für x € erhält man demnach y ≈ 1,629 · x AUD.

d) Aus dieser Gleichung ergibt sich für
x = 5 €: y ≈ 1,629 · 5 AUD ≈ 8,15 AUD;
x = 200 €: y ≈ 1,629 · 200 AUD ≈ 325,80 AUD;
x = 250 €: y ≈ 1,629 · 250 AUD ≈ 407,25 AUD;
x = 600 €: y ≈ 1,629 · 600 AUD ≈ 977,40 AUD.

4. In der Astronomie werden Entfernungen in Lichtjahren[1] und in Parsec[2] (pc) (Bild 37) angegeben. Einem Lichtjahr entsprechen etwa 9,4605 Billionen Kilometer, einem Parsec entsprechen etwa 30,87 Billionen Kilometer.

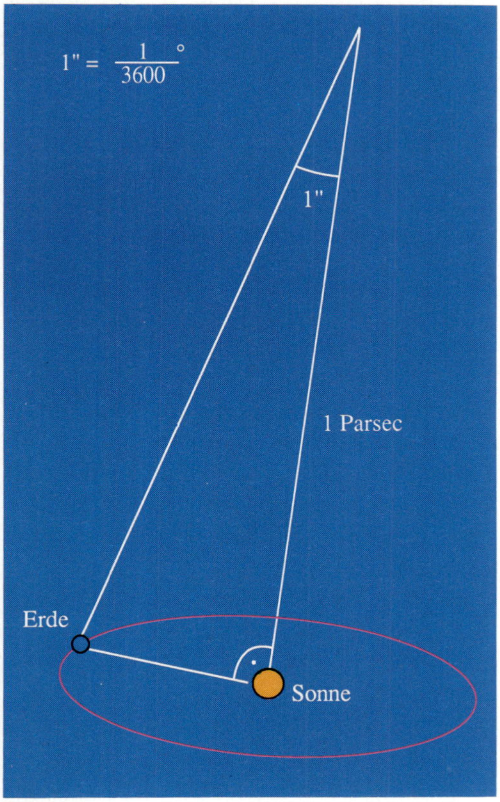

Bild 37

a) Durch welche Gleichung kann man ermitteln, wie viel Parsec einer bestimmten Entfernung in Lichtjahren entsprechen?
b) Durch welche Gleichung kann man ermitteln, wie viel Lichtjahre einer bestimmten Entfernung in Parsec entsprechen?
c) Der erdnächste Fixstern Proxima Centauri ist von der Erde 4,3 Lichtjahre entfernt. Gib diese Entfernung in Parsec an!

5. Ein Flugzeug fliegt um 7.40 Uhr ab und landet um 11.50 Uhr im 3750 km entfernten Zielort. Wann hat es bei konstanter Fluggeschwindigkeit folgende Strecken zurückgelegt?

a) 150 km	**b)** 400 km	**c)** 700 km
d) 800 km	**e)** 1000 km	**f)** 1600 km
g) 2000 km	**h)** 2800 km	**i)** 3000 km
j) 3100 km	**k)** 3650 km	**l)** 3700 km

Proportionalitätsfaktoren

6. Bestimme den Proportionalitätsfaktor für Umrechnungen von
a) Tagen in Stunden;
b) Stunden in Tage;
c) Tagen in Sekunden;
d) Sekunden in Tage;
e) englischen Meilen in Kilometer;
f) Kilometern in englische Meilen;
g) Lichtjahren in Kilometer;
h) Kilometern in Lichtjahre!

7. Bestimme den Proportionalitätsfaktor bei Umrechnungen von

a) $\frac{\text{km}}{\text{h}}$ in $\frac{\text{m}}{\text{s}}$; **b)** $\frac{\text{m}}{\text{s}}$ in $\frac{\text{km}}{\text{h}}$;

c) $\frac{l}{\text{h}}$ in $\frac{\text{cm}^3}{\text{min}}$; **d)** $\frac{\text{cm}^3}{\text{min}}$ in $\frac{l}{\text{h}}$!

---
[1] Ein Lichtjahr ist die Entfernung, die das Licht in einem Jahr zurücklegt.
[2] Ein Parsec ist die Entfernung, aus der bei senkrechter Aufsicht der Radius der Erdbahn unter dem Winkel 1″ erscheint.
[3] Eine englische Meile sind 1,609 Kilometer.

Messreihen

8. Bei einer physikalischen Messreihe wurden die folgenden Werte ermittelt.

x	y
20	35
40	70
60	105
80	140
100	175
120	210

a) Untersuche, ob eine proportionale Zuordnung vorliegt!
b) Zeichne den Zuordnungsgraphen!
c) Bestimme die Gleichung der Zuordnung und den Proportionalitätsfaktor!
d) Welche y-Werte sind für die x-Werte 10; 30; 50; 70; 90; 110 zu erwarten?

9. Verfahre wie in Aufgabe 8 für die Werte der folgenden Tabellen! Beachte dabei, dass bei Messwerten im Allgemeinen zu erwarten ist, dass eine proportionale Zuordnung – wenn überhaupt – nur angenähert vorliegt! Untersuche auch, ob an einzelnen Stellen offensichtliche Ablesefehler vorliegen!

a)

x	y
5	3,0
10	6,1
15	9,2
20	12,2
25	15,3
30	18,2

b)

x	y
10	2,8
15	4,3
20	6,8
25	7,2
30	8,6
35	10,2

c)

x	y
10	0,3
20	1,2
30	2,7
40	4,8
50	7,5
60	10,8

10. Eine physikalische Messreihe ergab folgende Werte.

x	y
10	7,1
30	21,3
50	35,5
70	49,7
90	63,9
110	78,1

a) Untersuche, ob es sich um eine proportionale Zuordnung handelt!
b) Zeichne ihren Graphen!
c) Zur Bestimmung der y-Werte, die den x-Werten 20; 40; 60; 80; 100; 120 entsprechen, schlägt ein Mitarbeiter vor: „Man erhält z.B. den y-Wert zum x-Wert 80, indem man einfach die den x-Werten 30 und 50 entsprechenden y-Werte addiert, da $80 = 30 + 50$ gilt." Hat er recht?
d) Wie kann man die y-Werte finden, die den x-Werten 20; 60; 100; 120 entsprechen?

11. Eine Stahlkugel legt im freien Fall (ohne Luftwiderstand) in bestimmten Zeiten bestimmte Strecken zurück.

Fallzeit in s	0	1	2	3	4
Fallweg in m	0	4,9	19,6	44,1	78,4

Kann man aus diesen Angaben mit einem Dreisatz den Fallweg für 5 s berechnen? Begründe deine Antwort ausführlich!

Graph und Gleichung einer Zuordnung

12. Ein Automobilclub empfiehlt seinen Mitgliedern, zum vorausfahrenden Auto einen ausreichenden Abstand zu halten. Er schlägt dazu zwei Methoden vor.

1. Methode: Merken Sie sich einen markanten Punkt, z.B. einen Baum, an der Straße. Wenn Ihr Vordermann ihn passiert, sollten Sie ihn frühestens 2 Sekunden später passieren.

2. Methode: Ihr Abstand zum Vordermann sollte nicht weniger als die halbe Tachometeranzeige in Metern betragen, also z.B. bei 90 $\frac{\text{km}}{\text{h}}$ mindestens 45 m.

Untersuche zeichnerisch und rechnerisch, nach welcher Methode der Sicherheitsabstand größer ist!

13. In der Fahrschule lernt Frau Lenau, dass der Bremsweg eines Autos etwa ein Zehntel der gefahrenen Geschwindigkeit (in $\frac{\text{km}}{\text{h}}$) ins Quadrat in Metern beträgt; also z.B. bei 60 Kilometern pro Stunde $(\frac{60}{10})^2\ \text{m} = 6^2\ \text{m} = 36\ \text{m}$.
a) Zeichne den Graphen der Zuordnung: „Geschwindigkeit → Bremsweg"!
b) Handelt es sich um eine proportionale Zuordnung?
c) Versuche die Gleichung dieser Zuordnung aufzustellen!
d) Vergleiche die Aussagen der Aufgaben 12 und 13!

§ 2 Antiproportionale Zuordnungen

I. Der Begriff der Antiproportionalität

1. Zur Einführung

Frank und Ralph beobachten an einer Großbaustelle, wie die ausgebaggerte Erde mit Lastwagen abtransportiert wird. Ralph fragt den Bauleiter: „Wie lange brauchen Sie eigentlich für diese Arbeiten?“ Der Bauleiter antwortet: „Das kannst du dir selbst überlegen. Nur so viel will ich dir verraten: Wenn wir nur einen Lkw einsetzen könnten, wären wir erst in 60 Tagen fertig.“

Ralph zählt die eingesetzten Lastwagen; er stellt fest, dass es 6 gleichartige Wagen sind.

Bild 1

Er überlegt: Mit 6 Lastwagen kann man in derselben Zeit sechsmal so viel Erde abtransportieren wie mit einem Lkw; daher benötigt man für die gesamte Arbeit mit 6 Lastwagen nur ein Sechstel der Zeit, die man mit einem Lkw benötigen würde. Da man die Arbeit mit einem Lkw in 60 Tagen durchführen kann, brauchen 6 Lkw $\frac{60}{6}$ Tage, also 10 Tage.

Ralph sagt zu Frank: „Klar, mit 6 Lkw braucht man 10 Tage. Und mit 30 Wagen wäre man schon in 2 Tagen fertig.“
„Das glaube ich nicht“, erwidert Frank, „so schnell könnte der Baggerführer die einzelnen Wagen gar nicht beladen.“

2. Eigenschaften antiproportionaler Zuordnungen

Wir wollen hier nicht weiter untersuchen, ob der Baggerführer in der Lage wäre, die Lastwagen schnell genug zu beladen. Wir werden uns nur mit Ralphs Überlegungen beschäftigen.
Sie beruhen darauf, dass die Zuordnung „Anzahl der Lkw → benötigte Zeit“ von besonderer Art ist. Es gilt nämlich:

Der **doppelten** Zahl von Wagen ist die **Hälfte** der Zeit,
der **dreifachen** Zahl von Wagen ist ein **Drittel** der Zeit,
der **vierfachen** Zahl von Wagen ist ein **Viertel** der Zeit,
der **halben** Zahl von Wagen ist die **doppelte** Zeit,
einem **Drittel** der Zahl von Wagen ist das **Dreifache** der Zeit

zugeordnet usw.

Allgemein gilt:

Der **k-fachen** Zahl von Wagen ist der **k-te Teil** der Zeit zugeordnet.

Man sagt:

Die Anzahl der Lastwagen und die benötigte Zeit sind zueinander „antiproportional“ oder „umgekehrt proportional“.

Allgemein können wir sagen:

> Eine Größe A ist antiproportional zu einer Größe B, wenn dem Zweifachen (Dreifachen, Vierfachen, ...) von A die Hälfte (der dritte Teil, der vierte Teil, ...) von B zugeordnet ist.

Bemerkung: In den meisten Fällen liegt Antiproportionalität nur in gewissen Bereichen vor; häufig kommen sehr kleine oder sehr große Werte der betreffenden Größen nicht in Betracht. So hat es beim einführenden Beispiel (Seite 35) keinen Sinn, mit einer Zahl von 100000 Lastwagen zu rechnen.

3. Erfassung in Tabellenform

Auch beim folgenden Beispiel liegt eine antiproportionale Zuordnung vor.

Beispiel

Auf ein Lotterielos entfällt ein Gewinn von 480 €. Wie viel erhalten die einzelnen Mitglieder von Wettgemeinschaften, die aus 2, 3, 4 Personen bestehen?

Bild 2

$$\begin{array}{c|ccc|c} & \text{Zahl der Personen} & & \text{Gewinnanteil in €} & \\ \hline & 1 & \rightarrow & 480 & \\ \cdot 2 & 2 & \rightarrow & 240 & :2 \\ \cdot 3 & 3 & \rightarrow & 160 & :3 \\ \cdot 4 & 4 & \rightarrow & 120 & :4 \end{array}$$

$$\begin{array}{c|ccc|c} & \text{Zahl der Personen} & & \text{Gewinnanteil in €} & \\ \hline & 1 & \rightarrow & 480 & \\ \cdot 2 & 2 & \rightarrow & 240 & \cdot \frac{1}{2} \\ \cdot 3 & 3 & \rightarrow & 160 & \cdot \frac{1}{3} \\ \cdot 4 & 4 & \rightarrow & 120 & \cdot \frac{1}{4} \end{array}$$

Statt in der rechten Spalte durch eine Zahl zu dividieren (linke Tabelle), kann man auch mit dem Kehrwert der Zahl multiplizieren (rechte Tabelle).

Man kann in dieser Tabelle auch „von unten nach oben“ rechnen, also von größeren zu kleineren Größen übergehen; dann muss man in der linken Spalte dividieren (oder mit dem Kehrwert multiplizieren), in der rechten Spalte multiplizieren.

4. Der Graph einer antiproportionalen Zuordnung

In Bild 3 ist die Zuordnung des Beispiels „Personenzahl → Gewinnanteil" durch einen Graphen in einem rechtwinkligen Koordinatensystem dargestellt. Man erkennt, dass die Punkte **nicht** auf einer Geraden, sondern auf einer (gekrümmten) Kurve liegen. Diese Kurve heißt „Hyperbel".

Zwischenwerte sind bei diesem Beispiel nicht sinnvoll; die Anzahl von Personen ist immer eine natürliche Zahl, keine Bruchzahl.

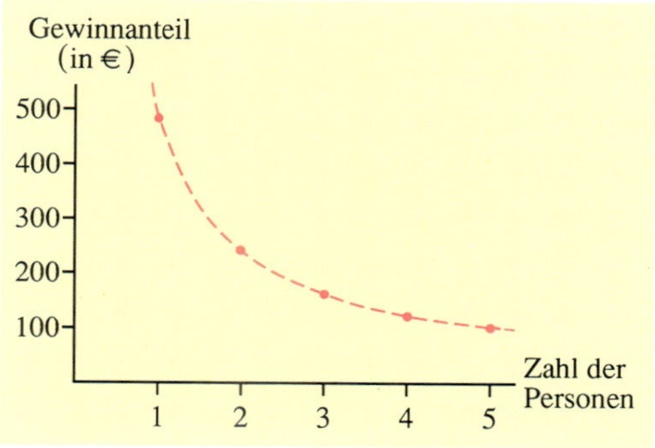

Bild 3

5. Vorsicht mit „je – desto"!

Sind zwei Größen zueinander antiproportional, dann nimmt die eine Größe ab, wenn die andere zunimmt (und natürlich auch umgekehrt). Man drückt auch diesen Sachverhalt häufig mit den Worten „je – desto" aus.

Beispiele

1) Je mehr Arbeiter eingesetzt werden, **desto weniger** Zeit wird benötigt.
2) Je mehr Mitglieder eine Wettgemeinschaft hat, **desto geringer** ist der auf die einzelnen Mitglieder entfallende Gewinnanteil.
3) Je größer die Geschwindigkeit eines Fahrzeuges ist, **desto weniger** Zeit wird für eine bestimmte Strecke benötigt.

Eine derartige „Je-mehr – desto-weniger-Beziehung" muss aber nicht unbedingt eine antiproportionale Zuordnung sein.

Beispiele

1) Herr Neumann fährt mit vollem Tank (50 *l*) los. **Je länger** die gefahrene Strecke ist, **desto kleiner** ist der verbleibende Vorrat an Benzin.

Streckenlänge (in km)	0	100	200	300	400	500
Benzinvorrat (in *l*)	50	42	34	26	18	10

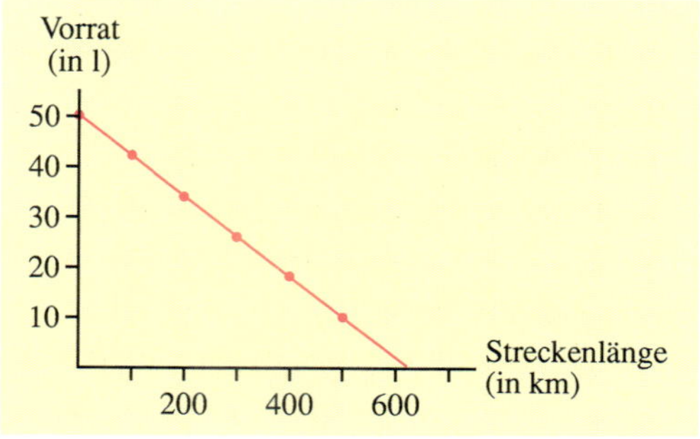

Bild 4

Bild 4 zeigt den Graphen dieser Zuordnung. Man erkennt, dass die Punkte nicht auf einer gekrümmten Kurve, sondern auf einer Geraden liegen. Es liegt also **keine** antiproportionale Zuordnung vor. Bei Verdopplung der Streckenlänge, z. B. von 100 km auf 200 km, wird der Benzinvorrat **nicht** halbiert; er sinkt vielmehr von 42 *l* auf 34 *l* und **nicht** auf 21 *l*.

2) Die Masse radioaktiven Thorons nimmt mit der Zeit ab. Es wurde gemessen:

Zeit (in s)	0	30	60	90	120	150
Menge (in mg)	500	341	233	159	109	74

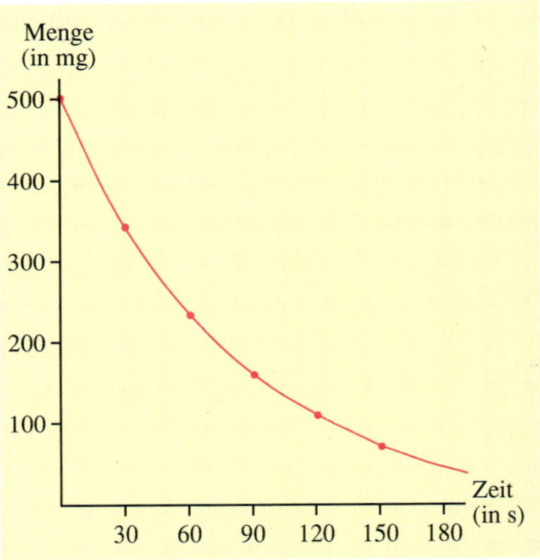

Bild 5

Man erkennt an diesen Werten sofort, dass keine Antiproportionalität vorliegt. Einer Verdopplung der Zeit, z. B. von 30 s auf 60 s, entspricht keineswegs eine Halbierung der Thoronmenge. Bild 5 zeigt den Graphen der Zuordnung. Die Punkte liegen auf einer (gekrümmten) Kurve; es handelt sich aber **nicht** um eine Hyperbel. Dies können wir hier noch nicht näher begründen.

Bei der Bearbeitung von Aufgaben muss also stets sorgfältig geprüft werden, ob eine antiproportionale Zuordnung vorliegt oder nicht.

Aufgaben und Beispiele

Zum Einstieg
Nach dem Winterfahrplan 1991/92 benötigt ein D-Zug für die genau 100 km lange Strecke von Hannover nach Göttingen 59 Minuten, ein IC-Zug 41 Minuten und ein ICE-Zug 34 Minuten.
a) Welche Durchschnittsgeschwindigkeit haben die Züge?
b) Wie schnell muss ein Zug durchschnittlich fahren, um diese Strecke in 120; 100; 90; 75; 60; 45; 30; 15 Minuten zurückzulegen? Notiere deine Ergebnisse in einer Tabelle!
c) Zeichne den Graphen der Zuordnung „Durchschnittsgeschwindigkeit (in km/h) → Fahrtdauer (in Min)“!

Bild 6

1. In einem Betrieb wollen Mitarbeiter einem Kollegen ein Geschenk im Wert von 60 € machen. Wie viel muss jeder zahlen, wenn sich 4, 5, 6, 8, 10, 12, 15, 20 Kollegen daran beteiligen?

2. Ein Kaninchenzüchter verfüttert 170 g Spezialfutter pro Tag und Kaninchen. Wie lange kommt er mit einem 20-kg-Sack dieses Futters aus, wenn er 5; 6; 8; 10; 12; 15; 18; 20; 25 Kaninchen hat? Notiere deine Ergebnisse in einer Tabelle!

3. Eine Schulklasse hat für einen Wandertag einen Bus zu einem Tagespauschalpreis von 360 € gemietet.
a) Wie viel € muss jeder bezahlen, wenn 15, 18, 20, 24, 25, 30, 36 Schüler mitfahren?
b) Zeichne den Graphen der Zuordnung „Schülerzahl → Betrag pro Schüler“! Haben die Zwischenwerte einen Sinn?

4. Eine bestimmte Flugroute von Düsseldorf nach Athen ist ca. 1980 km lang.
a) Wie lange braucht ein Flugzeug, das in einer Stunde 350 km, 400 km, 500 km, 600 km, 700 km, 800 km, 1000 km fliegt, für diese Strecke?
b) Zeichne den Graphen der Zuordnung „Fluggeschwindigkeit → Flugzeit“! Haben die Zwischenwerte einen Sinn?
c) Ist die Zuordnung antiproportional?

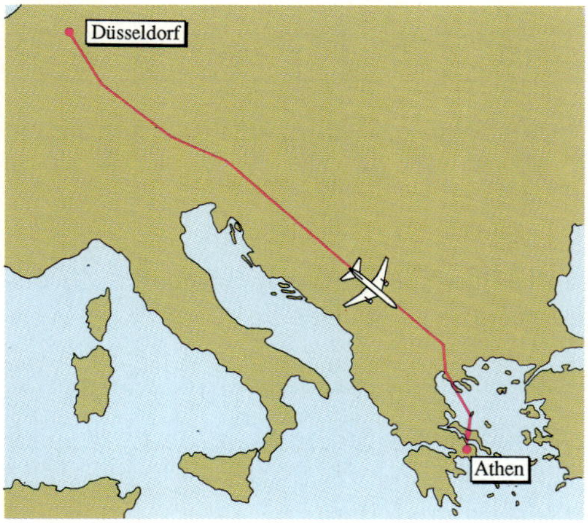

Bild 7

Bild 8 Festplatte eines PC

5. Auf der Festplatte eines Computers (Bild 8) sind 40 Megabyte (MB)[1] Daten gespeichert, die auf Disketten überspielt werden sollen. Wie viel Disketten sind erforderlich, wenn jede 0,36 MB (0,72 MB; 1,2 MB; 1,44 MB; 2,88 MB) Daten aufnehmen kann?

6. Für einen 120 m langen und 72 m breiten mit Gras bewachsenen Sportplatz soll ein Rasenmäher angeschafft werden.
a) Wie lang ist der Weg ungefähr, den der Platzwart beim Mähen des Platzes zurücklegen muss, wenn ein Rasenmäher mit einer Schnittbreite von 40 cm, 50 cm, 60 cm, 80 cm, 100 cm, 120 cm oder 150 cm gekauft wird? Notiere deine Ergebnisse in einer Tabelle!
b) Zeichne den Graphen der Zuordnung „Schnittbreite → Weglänge“!
c) In einem Prospekt für Rasentraktoren ist bei den einzelnen Modellen angegeben, wie viel m^2 Rasen man pro Stunde mit ihnen mähen kann. Es sind Modelle mit einer Mähleistung von 4000 $\frac{m^2}{h}$, 5000 $\frac{m^2}{h}$, 6000 $\frac{m^2}{h}$, 8000 $\frac{m^2}{h}$, 10000 $\frac{m^2}{h}$ und 12000 $\frac{m^2}{h}$ aufgeführt. Welche Zeit braucht man mit den verschiedenen Modellen, um den Sportplatz zu mähen?
d) Zeichne den Graphen der Zuordnung „Mähleistung → Mähdauer“!

[1] Die Kapazität eines Datenträgers für elektronische Rechenanlagen wird in Byte (sprich *bait*) angegeben. Ein Byte (B) ist die kleinste adressierbare Speichereinheit. Es gilt: 1 KB = 1024 B; 1 MB = 1024 KB.

7. Ein Hotel macht einem Reiseveranstalter folgendes Angebot.

Personenzahl der Reisegruppe	15	20	25	30	35	40	45	50
Gruppenpreis für eine Übernachtung in €	270	350	425	495	560	620	675	725

a) Zeichne den Graphen der Zuordnung „Personenzahl → Übernachtungspreis pro Person"!
b) Formuliere einen „Je – desto-Satz" für die beschriebene Situation!
c) Ist die Zuordnung antiproportional? Begründe deine Antwort!

8. Der Luftdruck ist von der Höhe über dem Meeresspiegel abhängig. Er wird in Hektopascal (HPa) gemessen. An einem Tag wurden die folgenden Werte gemessen.

Ortshöhe in Metern	0	50	100	150	200	250
Luftdruck in HPa	1013,2	1006,9	1000,7	994,5	988,2	982

a) Beschreibe den Zusammenhang zwischen der Ortshöhe und dem Luftdruck mit einem „Je – desto-Satz"!
b) Liegt eine antiproportionale Zuordnung vor?

9. Welche der folgenden Situationen lassen sich mit Hilfe einer antiproportionalen Zuordnung beschreiben? Lege zunächst eine Tabelle mit geeigneten Werten an!

Beispiel

Eine 2,40 m hohe Treppe soll gebaut werden. Je höher die Stufen sind, desto weniger Stufen sind erforderlich.
Wir berechnen die Anzahl der Stufen für verschiedene Stufenhöhen.

Höhe der Stufen in cm	6	8	10	12	15	16	20	24	30
Anzahl	40	30	24	20	16	15	12	10	8

Bei einer Stufenhöhe von 6 cm sind also 40 Stufen, bei einer Stufenhöhe von 12 cm nur 20 Stufen und bei einer Stufenhöhe von 24 cm nur 10 Stufen erforderlich. Sind die Stufen also doppelt (dreimal; viermal) so hoch, dann sind nur halb so viele (ein Drittel; ein Viertel) erforderlich. Es handelt sich also um eine antiproportionale Zuordnung.

a) Michael zählt, wie viel Schritte er auf seinem 1,5 km langen Schulweg macht. Er denkt: Je größere Schritte ich mache, desto weniger sind es.
b) Je kürzer der Tag zwischen Sonnenauf- und Sonnenuntergang, desto länger die Nacht.
c) Ein Arbeiter hat für 21 € eine Wochenkarte bei der Bundesbahn gekauft. Er überlegt: Je häufiger ich fahre, desto billiger wird die einzelne Fahrt.
d) Je geringer der durchschnittliche Benzinverbrauch eines Autos ist, desto weiter kann es mit einer Tankfüllung von 40 *l* fahren.
e) Klara erhält 12 € Taschengeld. Sie sagt: „Je mehr ich von meinem Taschengeld für Süßigkeiten ausgebe, desto weniger bleibt mir für Bücher."
f) Ein Autofahrer will 300 km auf der Autobahn in 3 Stunden fahren. Er überlegt sich: Je schneller ich die erste Hälfte durchfahre, desto langsamer kann ich die zweite Hälfte fahren.

II. Dreisatzrechnung bei antiproportionalen Zuordnungen

1. Zur Einführung

5 Lastwagen gleicher Größe bewältigen eine Transportleistung in 12 Tagen. In welcher Zeit ist die Arbeit durchgeführt, wenn 6 Lastwagen eingesetzt werden? Es liegt eine antiproportionale Zuordnung vor; daher können wir folgendermaßen rechnen:

1. Satz:
5 Lkw benötigen 12 Tage.

Es wird aufgeschrieben, was gegeben ist.

2. Satz:
1 Lkw benötigt $5 \cdot 12$ Tage $= 60$ Tage.

Es wird berechnet, wie viel Zeit ein Lkw benötigt. **(„Schluss auf die Einheit“)**

3. Satz:
6 Lkw benötigen $\frac{60}{6}$ Tage $= 10$ Tage.

Es wird berechnet, wie viel Zeit 6 Lkw benötigen. **(„Schluss auf die Vielheit“)**

Man spricht daher auch hier von **„Dreisatzaufgaben“**.

2. Rechnen in Tabellenform

Beispiel

Eine Wüstenexpedition ist mit 10 gleichartigen Geländefahrzeugen ausgerüstet. Sie verfügt noch über einen Benzinvorrat, mit dem alle 10 Fahrzeuge eine Strecke von 120 km zurücklegen könnten. Bis zur nächsten Versorgungsstelle muss sie jedoch noch 200 km zurücklegen. Wie viele Fahrzeuge muss die Expedition in der Wüste zurücklassen?

Bild 9

Lösung:

1) Bei doppelter Streckenlänge reicht der Benzinvorrat nur für die Hälfte der Fahrzeuge usw.; es liegt also eine antiproportionale Zuordnung vor.

2) Es sind zwei Streckenlängen gegeben (120 km, 200 km): erste Spalte; es ist eine Anzahl von Fahrzeugen gegeben (10): zweite Spalte. Die Tabelle zeigt, wie wir rechnen können.

Rechnung: $10 \cdot \frac{120}{200} = 10 \cdot \frac{3}{5} = 6$

Strecke (in km)	Anzahl der Fahrzeuge
120	10
$:120$ → 1	$\cdot 120$ → $10 \cdot 120$
$\cdot 200$ → 200	$:200$ → $10 \cdot \frac{120}{200}$

Es können also nur 6 Fahrzeuge weiterfahren; 4 Wagen müssen in der Wüste zurückbleiben.

Bemerkung: Da die Zahlen 120 und 200 den gemeinsamen Teiler 40 haben, kann man auch diese Zahl als Einheit auffassen und wie in der nebenstehenden Tabelle rechnen. Außerdem kann man rechts die beiden Rechenschritte zusammenfassen, also sofort mit $\frac{3}{5}$ multiplizieren.

Strecke (in km)	Anzahl der Fahrzeuge
120	10
$:3 \to$ 40	–
$\cdot 5 \to$ 200	$10 \cdot \frac{3}{5}$ ($\cdot \frac{3}{5}$)

3. Hinweise zum Lösungsweg

1) Prüfe, welche Art von Zuordnung vorliegt, eine proportionale, eine antiproportionale oder eine, die weder proportional noch antiproportional ist!

2) Lege eine Tabelle mit zwei Spalten an!

Erste Spalte:

Größe, von der **zwei** Werte gegeben sind.

Zweite Spalte:

Größe, von der **ein** Wert gegeben, der andere gesucht ist.

3) Runde das Ergebnis gegebenenfalls in sinnvoller Weise!

Beispiel

Ein Schwimmbecken soll geleert werden. Zu diesem Zweck sind drei gleichartige Pumpen vorhanden. Bei der letzten Leerung benötigen die drei Pumpen sieben Stunden.

Als die Pumpen eingeschaltet werden, bemerkt man, dass eine ausgefallen ist. Wie lange müssen nun zur Leerung des Schwimmbeckens die zwei intakten Pumpen in Betrieb sein?

Bild 10

Lösung:

1) Wenn statt einer Pumpe zwei Pumpen eingesetzt werden, wird das Schwimmbecken in der Hälfte der Zeit geleert; es liegt also eine antiproportionale Zuordnung vor.

2) Es sind zwei Anzahlen von Pumpen gegeben (3 und 2 Pumpen): erste Spalte; es ist ein Zeitwert gegeben (7 Stunden), der andere Zeitwert ist gesucht: zweite Spalte.

Vorbereitete Tabelle:

Anzahl der Pumpen	Zeit (in h)
3	7
1	–
2	

Ausgefüllte Tabelle:

Anzahl der Pumpen	Zeit (in h)
3	7
1 (:3)	–
2 (·2); insgesamt $\cdot\frac{2}{3}$	$7\cdot\frac{3}{2}$ ($\cdot\frac{3}{2}$)

Rechnung: $7\cdot\frac{3}{2}=\frac{21}{2}=10\frac{1}{2}$

Zwei Pumpen müssen zur Leerung des Beckens also $10\frac{1}{2}$ Stunden in Betrieb genommen werden.

4. Mehrere Zuordnungen

Treten in einer Aufgabe mehrere (proportionale oder antiproportionale) Zuordnungen auf, so ist die Zusammenfassung der Rechenschritte besonders empfehlenswert.

Beispiel

Eine Baufirma hat für den Abtransport von 600 m³ Erde insgesamt 18 Stunden lang 4 Lkw eingesetzt. Auf dem Nachbargrundstück müssen 850 m³ abtransportiert werden; es stehen aber nur 3 Lkw zur Verfügung.

Bild 11

Lösung:

1) Die benötigte Zeit ist – bei gleicher Anzahl von Lkw – zum transportierten Rauminhalt **proportional**, weil in der doppelten Zeit auch die doppelte Menge transportiert werden kann.

Die benötigte Zeit ist – bei gleich bleibendem Rauminhalt – zur Anzahl der eingesetzten Lkw **antiproportional**, weil bei Verdopplung der Wagenzahl nur die Hälfte der Zeit benötigt wird.

2) Es sind zwei Rauminhalte (600 m³; 850 m³) und zwei Lkw-Anzahlen (4 und 3) gegeben; es ist aber nur ein Zeitwert (18 h) gegeben; der andere Zeitwert ist gesucht. Daher gehört die Zeit in die letzte (dritte) Spalte.

3) Wir lösen die Aufgabe in zwei Teilen. Im ersten Teil berechnen wir die Zeit, die für 850 m³ benötigt werden, falls auch hier 4 Lkw zur Verfügung stehen. Wir halten die Anzahl der Lkw bei diesem Lösungsteil also fest.

Rauminhalt (in m³)	Anzahl der Lkw	Benötigte Zeit (in h)
600	4	18
:12 → 50	4	–
·17 → 850	4	$\cdot\frac{17}{12}$ → $18\cdot\frac{17}{12}$

Im zweiten Teil berechnen wir die benötigte Zeit, wenn nur 3 Lkw zur Verfügung stehen. Hier halten wir die transportierte Menge (850 m³) fest. Zu beachten ist, dass eine Antiproportionalität vorliegt.

Rauminhalt (in m³)	Anzahl der Lkw	Benötigte Zeit (in h)
850	4	$18\cdot\frac{17}{12}$
850	:4 → 1	–
850	·3 → 3	$\cdot\frac{4}{3}$ → $18\cdot\frac{17}{12}\cdot\frac{4}{3}$

Rechnung: $18\cdot\frac{17}{12}\cdot\frac{4}{3}=18\cdot\frac{17}{3}\cdot\frac{1}{3}=2\cdot 17=34$

Die drei zur Verfügung stehenden Lastwagen müssen also insgesamt 34 Stunden eingesetzt werden, um 850 m³ Erde abzutransportieren.

Bemerkungen:

1) Man kann die beiden Lösungsteile folgendermaßen zusammenfassen:

Rauminhalt (in m³)	Anzahl der Lkw	Benötigte Zeit (in h)
600	4	18
:12 → 50	4	–
·17 → 850	4	$\cdot\frac{17}{12}$ → $18\cdot\frac{17}{12}$
850	:4 → 1	–
850	·3 → 3	$\cdot\frac{4}{3}$ → $18\cdot\frac{17}{12}\cdot\frac{4}{3}$

2) Man kann die beiden Teilrechnungen auch in umgekehrter Reihenfolge durchführen:

Rauminhalt (in m^3)	Anzahl der Lkw	Benötigte Zeit (in h)
600	4	18
600	1 (:4)	—
600	3 (·3)	$18 \cdot \frac{4}{3}$ $\left(\cdot \frac{4}{3}\right)$
50 (:12)	3	—
850 (·17)	3	$18 \cdot \frac{4}{3} \cdot \frac{17}{12}$ $\left(\cdot \frac{17}{12}\right)$

Aufgaben und Beispiele

Zum Einstieg

Bei einem Schulfest werden 280 Teilnehmer erwartet. Pro Person werden 0,8 *l* Getränke bereitgestellt. Es kommen aber 320 Besucher. Wie viel *l* Getränke stehen jetzt pro Person zur Verfügung?

Bild 12

Schluss auf die Einheit

1. Ein Hafervorrat reicht für drei Pferde sieben Wochen. Wie lange könnte man ein Pferd damit füttern?

2. Ein Teich kann durch vier gleiche Zulaufrohre in fünf Tagen gefüllt werden. Wie lange würde die Füllung mit einem Rohr dauern?

3. Ein Rechteck ist 4,2 m breit und 5,5 m lang. Wie lang ist ein Rechteck gleichen Inhaltes, das 1 m breit ist?

Schluss auf die Vielheit

4. Eine Pumpe leert ein Schwimmbecken in 18 Stunden. Wie lange dauert es, bis drei dieser Pumpen das Becken geleert haben?

5. Ein Anstreicher würde die Fenster der Schule in 18 Tagen streichen. Es werden 2, 3, 6 Anstreicher eingesetzt.

6. Mit einem Mähdrescher würde die Ernte eines Feldes in 12 Stunden eingebracht werden. Es werden jedoch 2 Mähdrescher eingesetzt.

Rechnen in Tabellenform

7. Ein Futtervorrat reicht für 26 Hühner 6 Wochen. Wie lange kommen 39 Hühner damit aus?

8. 4 Waldarbeiter bepflanzen eine Schonung in 8 Tagen. Welche Zeit brauchen 6 Arbeiter dazu?

Bild 13

9. Ein Wasserbecken wird durch 4 Pumpen in 9 Stunden geleert. Zu Beginn der Arbeit fällt eine Pumpe aus.

10. Ein Buch hat 410 Seiten und auf jeder Seite 32 Zeilen. Wie viel Seiten würde das Buch haben, wenn man je Seite 40 Zeilen setzen würde (bei gleicher Buchstabenzahl je Zeile)?

11. Aus einer bestimmten Menge Zinn kann man 300 Zinnfiguren zu je 10 g gießen. Wie viel Reiter kann man aus derselben Menge gießen, wenn man pro Reiter 25 g Zinn benötigt?

Bild 14

12. 125 Mehlpackungen von 1,5 kg sollen in Tüten mit je 2,5 kg Mehl umgepackt werden.

13. Ein Personenwagen braucht für die Fahrt von Aachen nach Essen $1\frac{2}{3}$ Stunden, wenn er stündlich im Schnitt 80 km fährt. Wie lange braucht ein anderer Wagen für diese Strecke, der durchschnittlich $100\,\frac{\text{km}}{\text{h}}$ fährt?

14. Ein Herbergsvater weiß, dass er mit seinen Vorräten 125 Gäste 6 Tage lang verpflegen kann. Es meldet sich eine Gruppe von 77 Schülern für 14 Tage an. Muss er noch Vorräte dazu kaufen, wenn sonst keine Gäste zu erwarten sind?

Vermischte Aufgaben

15. Ein Rechteck ist 8 m lang und 5 m breit. Wie lang ist ein Rechteck gleichen Inhalts von 6 m Breite?

16. Ein Quader hat eine Grundfläche von $120\,\text{cm}^2$ und eine Höhe von 4 cm. Ein Quader gleichen Rauminhaltes hat eine Grundfläche von $50\,\text{cm}^2$. Welche Höhe besitzt er?

17. Vier Arbeiter heben einen Graben in 18 Stunden aus.
a) Wie viel Arbeiter sind nötig, um den Graben in 12 (8) Stunden auszuheben?
b) Wie lange würden 12 (3) Arbeiter dazu brauchen?

18. Fünf Arbeiter sollen ein Haus in 6 Arbeitstagen verputzen.
a) Zu Beginn werden zwei Arbeiter krank und können nicht eingesetzt werden.
b) Da Frosteinbruch droht, soll die Arbeit in spätestens 4 Arbeitstagen abgeschlossen sein.

19. Der Rohbau eines Hauses soll von 8 Arbeitern in 6 Wochen erstellt werden.
a) Bauherr Ungeduldig möchte, dass 12 Arbeiter eingesetzt werden.
b) Die Baugesellschaft schafft den Rohbau erst in 8 Wochen. Wie viel Arbeiter sind durchschnittlich am Bau beschäftigt gewesen?

20. Familie Peters (Vater, Mutter, Petra und Helmut) verbringt den Urlaub in einem Ferienhaus. Sie haben einen Vorrat an nicht verderblichen Lebensmitteln mitgenommen, der für die 4 Personen die volle Zeit von 24 Tagen ausreicht. Nach 3 Tagen kommen zwei Freunde der Kinder zu Besuch. Es gefällt allen Beteiligten so gut, dass die beiden Freunde beschließen, für den Rest des Urlaubs bei Familie Peters im Ferienhaus zu bleiben. Für wie viel Tage müssen zusätzliche Lebensmittel beschafft werden?

21. Vor einer Autobahnfahrt hat Herr Schulz den 60-*l*-Tank seines Autos vollgetankt. Nach 120 km hat er noch 51 *l* Benzin im Tank. Wie viel Liter Benzin sind nach 240 km noch im Tank? Überprüfe deine Lösung!

22. Angelika, Bernd, Doris und Emil besitzen jeder eine Jahreskarte für das städtische Schwimmbad, die 20 € gekostet hat. Der Einzeleintritt für Schüler kostet 1,35 €. Angelika war 17-mal im Schwimmbad, Bernd 12-mal, Doris 15-mal und Emil 18-mal.

23. Doris und Eberhard spielen Mühle. Nach 5 Minuten hat Eberhard nur noch 6 Spielsteine. Wie sieht die Situation nach 10 Minuten aus?

Bild 15

24. Ein Wasserbehälter kann durch einen Zulauf in 3 Stunden gefüllt werden, durch einen zweiten in 6 Stunden. Wie lange dauert es den Behälter zu füllen, wenn beide Zuläufe gleichzeitig geöffnet sind?
Anleitung: Überlege, wie viele der kleineren Zuleitungen dasselbe leisten wie die größere Zuleitung!

25. Um herauszufinden, wie schnell die Autofahrer ihre Wohnstraße durchfahren, haben Claudia und Peter den Abstand zwischen zwei Laternenpfählen ausgemessen. Er beträgt 30 m. Claudia besitzt eine Stoppuhr.
Anleitung: Es gilt
$1\,\frac{\text{km}}{\text{h}} = \frac{1000\ \text{m}}{3600\ \text{s}} = \frac{1}{3{,}6}\,\frac{\text{m}}{\text{s}}$; also $1\,\frac{\text{m}}{\text{s}} = 3{,}6\,\frac{\text{km}}{\text{h}}$.

26. Der Druck, den eine Kraft auf eine Fläche ausübt, ist antiproportional zur Größe der Fläche. Eine Kraft übt auf eine Fläche von $12\ \text{cm}^2$ einen Druck von $98{,}1\ \frac{\text{N}}{\text{cm}^2}$ aus. Welchen Druck übt die gleiche Kraft auf eine Fläche von $0{,}0001\ \text{cm}^2$ aus? (Das ist etwa die Flächengröße einer Nadelspitze.)

27. Familie Conrad macht einen Fahrradausflug. Frau Conrad fährt auf einem 26″-Fahrrad mit einem Radumfang von 2,08 m; Herr Conrad auf einem 28″-Fahrrad mit einem Radumfang von 2,24 m; bei dem 24″-Fahrrad von Christine beträgt der Radumfang 1,92 m und bei dem 20″-Fahrrad von Hans 1,60 m. Am Abend fragt Christine ihren Vater, wie viel Kilometer sie wohl gefahren sind. Der antwortet: „Mein Vorderrad hat sich bestimmt 8000-mal gedreht.“
a) Wie häufig haben sich dann die Vorderräder bei den anderen Familienmitgliedern gedreht?
b) Wie viel Kilometer ist die Familie etwa gefahren?

Bild 16

28. Eine Schulklasse hat für eine Studienfahrt einen Bus für 312 € gemietet. Zwei Schüler der Klasse sind nicht mitgefahren. Am nächsten Tag sagt der Lehrer zu ihnen: „Wenn ihr mitgekommen wäret, hätte jeder eurer Mitschüler 1 € gespart." Wie viel Schüler sind in der Klasse?
Anleitung: Lege eine Tabelle an und berechne die Fahrtkosten für 30 Schüler, 29 Schüler, 28 Schüler usw!

Mehrere Zuordnungen

29. Eine Fabrik erhält einen Auftrag, zu dessen Erledigung 5 Arbeiter 18 Tage benötigen, wenn sie täglich 8 Stunden arbeiten.
a) Da der Auftrag sehr eilig ist, werden 8 Arbeiter damit beschäftigt, die zusätzlich pro Tag eine Überstunde leisten.
b) Durch einen Maschinenausfall kann pro Tag nur 6 Stunden gearbeitet werden. Wie viel Arbeiter sind einzusetzen, wenn der Auftrag dennoch in 20 Tagen erledigt sein soll?

30. Ein 24-bändiges Lexikon mit rund 150000 Stichwörtern hat pro Band 360 Seiten. Diese sind zweispaltig bedruckt mit durchschnittlich 50 Anschlägen pro Zeile und 64 Zeilen pro Spalte.

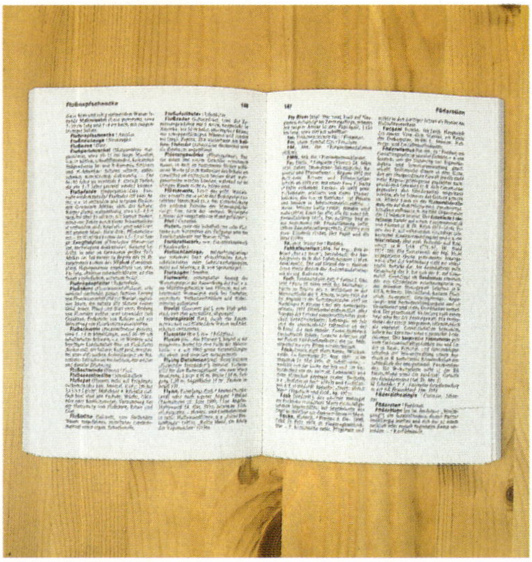

Bild 17

Es soll nun eine fünfbändige Ausgabe des Lexikons gedruckt werden. Jeder Band soll 1000 Seiten haben, die dreispaltig bedruckt werden sollen, wieder mit 50 Anschlägen pro Zeile.
a) Wie viel Zeilen pro Spalte sind zu wählen?
b) Wie viel Stichwörter wird man in der fünfbändigen Ausgabe pro Seite durchschnittlich finden?
c) Wie kann man vorgehen, wenn auch die fünfbändige Ausgabe nur zweispaltig gedruckt werden soll? Ermittle mehrere Möglichkeiten!

31. Herr Praktisch will in einem 32 m² großen Wohnraum Bodendielen verlegen. Er liest und vergleicht die folgenden Angebote.

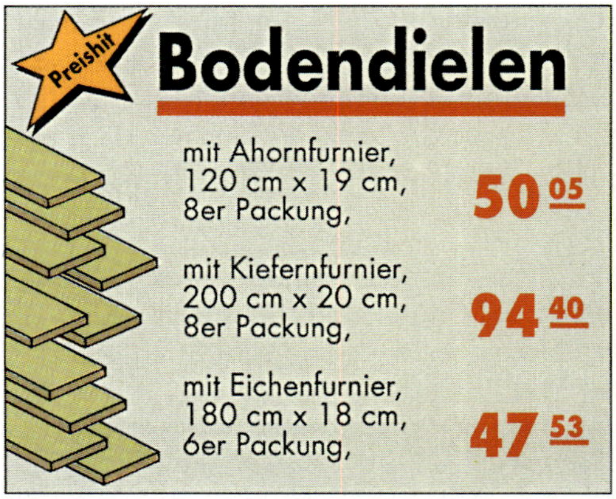

Bild 18

Wie viel Packungen würde Herr Praktisch jeweils benötigen? Wie viel Geld hätte er jeweils auszugeben?

32. Eine Siedlung mit 7 Häusern kann von einer Baufirma mit 33 Arbeitern in 18 Tagen im Rohbau erstellt werden. Bei einem gleichartigen Vorhaben sollen 11 Häuser in 22 Tagen gebaut werden. Wie viel Arbeiter sind wenigstens nötig?

33. Zwei Kamele brauchen in zwei Tagen das Wasser von zwei Wasserschläuchen. Wie lange reicht das Wasser von 3 Schläuchen für 3 Kamele?

III. Die Gleichung einer Antiproportionalität

1. Zur Einführung

Werner möchte in den Sommerferien eine große Fahrradtour machen und dabei insgesamt 600 km zurücklegen. Er überlegt, wie viel Tage er unterwegs sein muss, wenn er pro Tag durchschnittlich 10 km, 20 km, 30 km, … zurücklegt.

Legt er täglich 10 km zurück, so benötigt er 60 Tage.

Legt er täglich 20 km zurück, so benötigt er 30 Tage usw.

Bei doppelter Tagesstrecke benötigt Werner nur die Hälfte der Zeit usw.

Bild 19

Zwischen der durchschnittlichen Tagesstrecke und der Zahl der Tage liegt also eine antiproportionale Zuordnung vor. Die folgende Tabelle enthält die zugeordneten Werte.

Strecke pro Tag (in km)	10	20	30	40	50	60	…
Anzahl der Tage	60	30	20	15	12	10	…

Man kann die Richtigkeit der eingetragenen Werte leicht überprüfen; denn in allen Fällen muss das Produkt der beiden zugeordneten Zahlen die Gesamtkilometerzahl, also 600, ergeben. In der Tat gilt:

$$10 \cdot 60 = 20 \cdot 30 = 30 \cdot 20 = 40 \cdot 15 = 50 \cdot 12 = 60 \cdot 10 = 600.$$

Bei dieser antiproportionalen Zuordnung haben also alle **Produkte** der einander zugeordneten Zahlen denselben Wert. Man spricht von **„produktgleichen Paaren“**.

2. Die Gleichung einer Antiproportionalität

Wählt man für die Maßzahl der Streckenlänge (in km) die Variable x und für die Anzahl der Tage die Variable y, so gilt für alle Paare (x | y):

$$x \cdot y = 600 \quad \text{und somit} \quad y = \frac{600}{x}.$$

Dies ist die **„Gleichung einer antiproportionalen Zuordnung“**; die Zahl 600 nennt man auch hier den **„Proportionalitätsfaktor“**.

Aus der Gleichung kann man für jede sinnvolle Streckenlänge die Anzahl der Tage berechnen.

Beispiel Für x = 40 erhält man: $y = \frac{600}{40} = 15.$

3. Verallgemeinerung

Allgemein können wir sagen:

Sind zwei Größen mit den Maßzahlen x und y zueinander antiproportional, so gibt es eine Zahl c mit

$$x \cdot y = c, \quad \text{also } y = \frac{c}{x} \text{ für alle Paare } (x \mid y).$$

Die Gleichung $y = \frac{c}{x}$ heißt die **„Gleichung einer antiproportionalen Zuordnung"**; die Zahl c nennt man den **„Proportionalitätsfaktor"**.

Beispiel

Die Zeit, die ein Fahrzeug für eine Strecke von z. B. 420 km Länge benötigt, ist um so geringer, je größer die durchschnittliche Geschwindigkeit ist, mit der das Fahrzeug fährt: bei doppelter Geschwindigkeit benötigt es nur die Hälfte der Zeit. Bei gleicher Streckenlänge sind also Geschwindigkeit x (gemessen in km pro Stunde) und die benötigte Zeit y (gemessen in Stunden) zueinander antiproportional. Bei einer Streckenlänge von 420 km gilt für die Maßzahlen

$$x \cdot y = 420, \quad \text{also } y = \frac{420}{x}.$$

Der Proportionalitätsfaktor ist also c = 420. Aus der Gleichung kann man für jede (sinnvolle) Geschwindigkeit die benötigte Zeit berechnen, z. B.:

Bild 20

1) für x = 60 erhält man $y = \frac{420}{60} = 7$, also 7 Stunden;

2) für x = 100 erhält man $y = \frac{420}{100} = 4{,}2$, also 4 Stunden, 12 Minuten;

3) für x = 150 erhält man $y = \frac{420}{150} = 2{,}8$, also 2 Stunden, 48 Minuten.

Bemerkung: In vielen Fällen ergibt sich nur ein Näherungswert,

z. B. für x = 130: $y = \frac{420}{130} \approx 3{,}23$, also etwa 3 Stunden, 14 Minuten.

Führt man die Rechnung mit einem Taschenrechner aus, so zeigt dieser bei zehnstelliger Anzeige die Zahl 3,230769231 an. Es wäre wenig sinnvoll, diese Zahl im Ergebnis anzugeben. Die Zahl muss vielmehr dem Sachverhalt entsprechend **gerundet** werden.

4. Lösen von Aufgaben mit Hilfe der Gleichung

Beispiel

Von einer Rolle Klebeband kann man 45 Streifen von 8 cm Länge abschneiden. Wie viel Streifen von 12 cm Länge kann man von der Rolle abschneiden?

Lösung:

1) Es liegt eine antiproportionale Zuordnung vor; denn zur doppelten Streifenlänge (x) gehört die halbe Anzahl von Streifen (y).

2) Für die Länge l der Rolle gilt $x \cdot y = l$, also $y = \frac{l}{x}$.

Aus den gegebenen Werten ergibt sich $l = 45 \cdot 8\text{ cm} = 360\text{ cm}$.

Die Gleichung lautet $y = \frac{360\text{ cm}}{x}$.

Für $x = 12\text{ cm}$ erhält man: $y = \frac{360\text{ cm}}{12\text{ cm}} = 30$.

Von der Rolle kann man also 30 Streifen von 12 cm Länge abschneiden.

Bemerkung: Beim vorstehenden Beispiel haben wir mit x die Streifenlänge, nicht deren Maßzahl bezeichnet. Daher ist der Proportionalitätsfaktor in diesem Fall keine Zahl, sondern eine Größe (eine Länge).
Wenn x und y nicht Maßzahlen, sondern Größen bezeichnen, dann ist in der Regel auch der Proportionalitätsfaktor eine Größe, die durch eine Maßzahl und eine Maßeinheit erfasst wird.

Aufgaben und Beispiele

Zum Einstieg

Die Geschwindigkeit von Kraftfahrzeugen kann man auf folgende Art ermitteln: Quer über die Fahrbahn werden zwei Kontaktkabel in einem Abstand von 1,50 m befestigt. Nun wird die Zeitspanne zwischen dem Überfahren des ersten und des zweiten Kontaktes gemessen und daraus die Geschwindigkeit des Fahrzeuges errechnet.

a) Stelle die Gleichung auf, mit der man zu gemessenen Zeitspannen in s die jeweils gefahrene Geschwindigkeit in $\frac{\text{km}}{\text{h}}$ ermitteln kann.

Bild 21

Anleitung: Es gilt

$$1\,\frac{\text{km}}{\text{h}} = \frac{1000\text{ m}}{3600\text{ s}} = \frac{1}{3{,}6}\,\frac{\text{m}}{\text{s}};\quad \text{also } 1\,\frac{\text{m}}{\text{s}} = 3{,}6\,\frac{\text{km}}{\text{h}}.$$

b) Welche Geschwindigkeiten gehören zu den folgenden Zeitspannen?
0,2 s; 0,15 s; 0,1 s; 0,09 s; 0,08 s; 0,07 s; 0,06 s; 0,05 s?

Ergänzungen zum Einstiegsbeispiel (Seite 51)

1. Es wird eine Geschwindigkeitskontrolle auf einer Straße mit einer Geschwindigkeitsbeschränkung auf $80\,\frac{km}{h}$ auf die beschriebene Weise durchgeführt. Wie genau muss die Zeitmessung sein, damit man einen Autofahrer, der mit $83\,\frac{km}{h}$ die Straße befährt, mit Sicherheit einer Geschwindigkeitsübertretung überführen kann?

2. Die beiden Kontaktkabel werden versehentlich im Abstand von 1,6 m (1,4 m) über die Fahrbahn gelegt. Welche Auswirkungen hat dies auf die gemessenen Geschwindigkeiten? Rechne drei Beispiele durch!

Gleichungen antiproportionaler Zuordnungen

3. Eine Stadt will ein $60\,000\,m^2$ großes Grundstück in gleich große Parzellen für Kleingärtner aufteilen. Ein Zehntel der Fläche wird für Zufahrtswege benötigt.
a) Es melden sich 180; 200; 225; 240; 250; 270; 300; 400; 500 Bewerber. Wie groß würden die einzelnen Gärten werden?
b) Ermittle die Gleichung der Zuordnung „Anzahl der Bewerber → Gartengröße“!
c) Berechne mit dieser Gleichung, wie die Situation bei 135; 150; 360; 800; 900; 1000 Bewerbern aussähe!
d) Die Stadt hält eine Gartengröße von $250\,m^2$ für angemessen. Wie viele Gärten wird es geben?

4. Eine Baufirma verkauft Mosaiksteinchen in verschiedenen Größen mit einer Oberfläche von $1\,cm^2$, $2\,cm^2$, $2{,}5\,cm^2$ und $4\,cm^2$.
a) Wie viele Steinchen braucht man jeweils für eine Fläche von $1\,m^2$?
b) Ermittle die Gleichung der Zuordnung „Größe des Mosaiksteins → Anzahl für $1\,m^2$“!
c) Berechne mit dieser Gleichung, wie viel Mosaiksteine mit einer Oberfläche von $0{,}5\,cm^2$, $1{,}25\,cm^2$, $5\,cm^2$ und $8\,cm^2$ man jeweils für $1\,m^2$ braucht!

5. Die zur Zeit bekannten abbauwürdigen Erdölvorkommen der Erde werden bei einer gleich bleibenden jährlichen Förderung von etwa 3 Milliarden Tonnen nur noch etwa 30 Jahre reichen.
a) Stelle die Gleichung der Zuordnung „jährliche Fördermenge → Anzahl der Förderjahre“ auf!
b) Berechne mit dieser Gleichung, wie lange der Erdölvorrat bei einer jährlichen Förderung von 2,2; 2,5; 2,75; 3,25 Milliarden Tonnen noch ausreicht!
c) Wie groß darf die jährliche Fördermenge sein, wenn der Vorrat noch 40; 50; 60; 70; 100; 200 Jahre reichen soll?

Graph einer antiproportionalen Zuordnung

6. Stelle die Zuordnung zu der angegebenen Gleichung in einem Koordinatensystem dar!

Beispiel

Gleichung: $y = \frac{2}{x}$

Lösung:

Wir erstellen zuerst eine Tabelle.

x	0,5	1	1,5	2	2,5	3	4
y	4	2	1,33..	1	0,8	0,66..	0,5

Dann zeichnen wir die Punkte $P(x\,|\,y)$ in ein Koordinatensystem ein und verbinden sie durch eine „glatte“ Kurve (Bild 22).

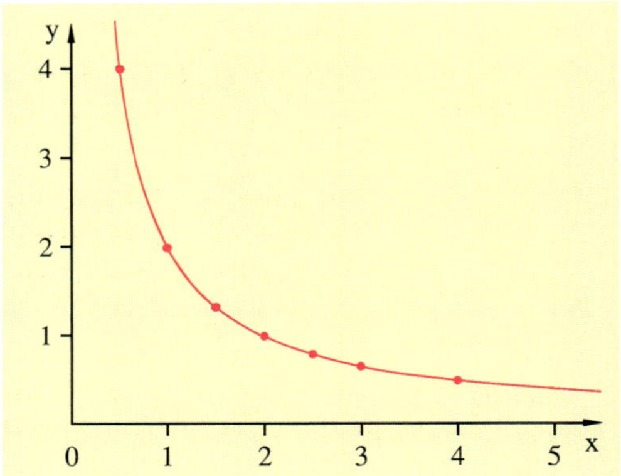

Bild 22

a) $y = \frac{1}{2x}$ **b)** $y = \frac{3}{2x}$ **c)** $y = \frac{3}{4x}$ **d)** $y = \frac{4}{3x}$

Untersuchung von Messwerten

7. In einem Zylinder, der durch einen beweglichen Kolben abgeschlossen wird, befindet sich Luft. Drückt man den Kolben durch eine Kraft in den Zylinder hinein, so wird das Luftvolumen geringer. Eine Physiklehrerin misst die wirkende Kraft und das Volumen und erstellt die nachfolgende Tabelle.

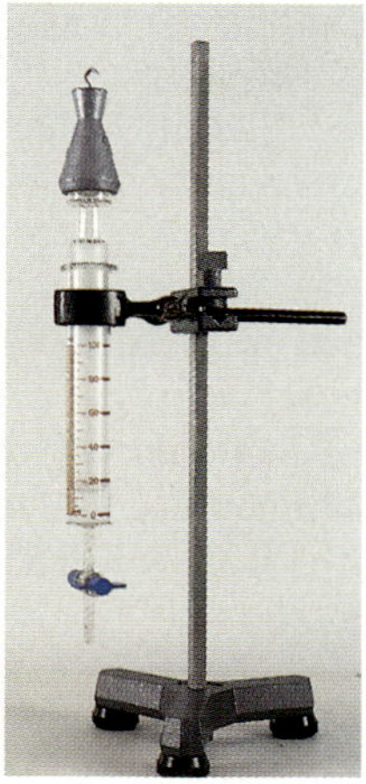

Bild 23

Kraft in N	10	12	14	15
Volumen in m*l*	12,6	10,5	9,0	8,4

a) Ist die Zuordnung „Kraft → Volumen“ antiproportional?
b) Ermittle die Gleichung dieser Zuordnung!
c) Berechne mit Hilfe der Gleichung, welches Volumen bei einer Kraft von 9 N; 11 N; 13 N; 18 N zu erwarten ist!
d) Ermittle die Gleichung der Zuordnung „Volumen → Kraft“! Was fällt dir auf?
e) Welche Kraft (in N) entspricht einem Volumen von 5 m*l*, 10 m*l*, 15 m*l*, 20 m*l*?

8. Bei einer physikalischen Messreihe wurden folgende Werte ermittelt.

x	10	20	30	40	50	60
y	12	6	4	3	2,4	2

a) Untersuche, ob eine antiproportionale Zuordnung vorliegt!
b) Zeichne den Zuordnungsgraphen!
c) Ermittle die Gleichung der Zuordnung und den Proportionalitätsfaktor!
d) Welche y-Werte sind für die x-Werte 15; 25; 35; 45; 55 zu erwarten?

9. Verfahre wie in Aufgabe 8 a) – c) mit den Werten der folgenden Tabellen! Beachte dabei, dass bei Messwerten im Allgemeinen zu erwarten ist, dass eine antiproportionale Zuordnung – wenn überhaupt – nur angenähert vorliegt!

a)

t	1	2	3	4	5	6
s	195	97	65	50	45	40

b)

x	5	10	15	20	25	30
y	22,0	10,9	7,3	5,5	4,3	3,7

c)

x	50	100	150	200	250	300
y	371	186	125	95	80	78

IV. Vermischte Aufgaben zu proportionalen und zu antiproportionalen Zuordnungen

1. Inge weiß, dass 10 ihrer Fußlängen aneinander gesetzt eine Strecke von 2,80 m Länge ergeben. Sie misst eine Hausfront ab; es sind 36 Fußlängen.

2. Auf der Gebrauchsanleitung zur Herstellung von Essig aus Essigessenz steht: auf 200 m*l* Wasser nehme man einen Esslöffel Essenz. Karins Vater will nach diesem Rezept Essig herstellen. Er nimmt $\frac{1}{2}\,l$ Wasser.

3. Jürgen schneidet für ein Flugmodell eine Tragfläche aus Balsaholz. Sie ist 380 cm^2 groß und wiegt 8,8 g. Für ein anderes Modell braucht er eine Tragfläche von 525 cm^2.

4. Ein Rundschreiben von 3 Seiten wird 400-mal gedruckt; die Maschine arbeitet 10,5 Minuten. Ein anderes Rundschreiben mit einem Umfang von 6 Seiten soll 200-mal gedruckt werden.

5. Ein Auto darf im Stadtverkehr auf Durchgangsstraßen mit einer Geschwindigkeit von 50 $\frac{\text{km}}{\text{h}}$ und in verkehrsberuhigten Wohnstraßen mit 30 $\frac{\text{km}}{\text{h}}$ fahren.

Bild 24

a) Rechne diese Geschwindigkeiten in die Maßeinheit $\frac{\text{m}}{\text{s}}$ um!
b) Die Reaktionszeit auf plötzliche Ereignisse liegt bei aufmerksamem Fahren etwa bei 0,7 s. Welchen Weg fährt ein Auto bei 50 $\frac{\text{km}}{\text{h}}$ und bei 30 $\frac{\text{km}}{\text{h}}$ in dieser Zeit?

6. Bei einem Auto haben die Räder einen Umfang von 1,70 m; die Räder des Anhängers haben einen Umfang von 1,46 m. Wie oft drehen sich die Räder des Autos und die seines Anhängers in der Minute bei Geschwindigkeiten von 50 $\frac{\text{km}}{\text{h}}$, 80 $\frac{\text{km}}{\text{h}}$, 100 $\frac{\text{km}}{\text{h}}$?

Bild 25

7. Ein Marathonläufer läuft 42,195 km in 2 Stunden und 43 Minuten. Wie lange braucht der Läufer für 1600 km?

8. Eine Entwicklerlösung reicht für 200 Vergrößerungen im Format 7 cm × 10 cm. Der Photograph muss aber Vergrößerungen im folgenden Format herstellen:
a) 9 cm × 12 cm;
b) 18 cm × 24 cm;
c) 9 cm × 9 cm.

9. Lisan zählt 80 Stiche an einem Saum von 20 cm Länge.
a) Mit dieser Stichweite will sie eine Decke säumen, die 1,20 m lang und 1,80 m breit ist.
b) Lisan will bei der Decke aus a) nur 60 Stiche auf 20 cm machen.

10. Eine bestimmte Anzahl von 15 t schweren Containern wird von einem Hebekran mit einer Traglast von 20 t in 12 Stunden auf ein Schiff verladen. Wie lange braucht ein Kran mit der halben Tragkraft für diese Arbeit?

Bild 26

11. Für den Fußboden eines Raumes benötigt man 32 Dielen von 0,18 m Breite.
a) Wie viele Dielen von der Breite 0,24 m sind erforderlich?
b) Wie breit ist der Spalt, der an einer Seite bleibt, wenn man Dielen von 0,15 m Breite (0,115 m Breite) benutzen würde?

12. Eine Tasche mit 17 Äpfeln wiegt 3,5 kg, die Tasche allein wiegt 0,5 kg.
a) Wie viel wiegen etwa 9 Äpfel der gleichen Größe?
b) Wie viele Äpfel gehen auf 5 kg?
c) Wie schwer ist die Tasche mit 12 Äpfeln?

13. Ein Zug fährt 420 km in 3 Stunden und 20 Minuten.
a) Wie weit ist der Zug nach 1,5; 2; 2,5 Stunden bei gleicher Durchschnittsgeschwindigkeit gefahren?
b) Wie lange braucht der Zug bei gleichem Schnitt für 120 km; 225 km; 375 km?

14. Ein Auto verbraucht durchschnittlich 45 *l* Benzin auf 600 km.
a) Zeichne einen Graphen, an dem man den Benzinverbrauch des Autos für unterschiedliche Entfernungen ablesen kann!
b) Wie hoch ist der Verbrauch für 160 km, 220 km, 380 km, 720 km anzusetzen?
c) Wie weit fährt der Wagen etwa mit 5 *l*, 12 *l*, 20 *l*, 50 *l*, 100 *l* Benzin?

15. Aus einer bestimmten Menge Eisen können 16 gleiche Platten von 15 mm Stärke gegossen werden. Wie viel halb so große Platten von 12 mm (20 mm; 25 mm) Stärke können aus der gleichen Eisenmenge gegossen werden?

16. Untersuche, ob die Messreihe durch eine proportionale oder eine antiproportionale Zuordnung angenähert erfasst werden kann. Zeichne den Zuordnungsgraphen! Bestimme ggf. die Gleichung der Zuordnung und den Proportionalitätsfaktor!

a)

t	10	20	30	40	50	60
s	35	68	104	141	175	208

b)

x	5	10	15	20	25	30
y	22,0	20,0	18,2	16,4	14,3	12,2

c)

x	50	100	150	200	250	300
y	12,4	6,3	4,1	3,1	2,5	2,0

d)

x	10	20	30	40	50	60
y	2,5	1,3	0,8	0,7	0,8	1,3

17. Zwei Autos fahren über die Autobahn zu einem 120 km entfernten Ziel. Auf freier Strecke fährt das erste mit einer Durchschnittsgeschwindigkeit von $120\,\frac{\text{km}}{\text{h}}$, das zweite mit $100\,\frac{\text{km}}{\text{h}}$. An zwei Baustellen von insgesamt 20 km Länge können beide nur $60\,\frac{\text{km}}{\text{h}}$ schnell fahren. Wie viele Minuten ist das erste Auto früher am Ziel als das zweite?

18. Karin steht auf einer Fußgängerbrücke über der Autobahn. Unter ihr fahren auf einer Spur in 10 Minuten 170 Autos durch. Sie überlegt, wie viele Autos es wohl wären, wenn diese doppelt so schnell führen und einen doppelt so großen Sicherheitsabstand einhalten würden.

Bild 27

19. Kann das stimmen? Ein Becken kann durch 5 gleiche Zuläufe in 4 Stunden und 40 Minuten gefüllt werden. Jemand öffnet 3 Zuläufe und das Becken ist in $3\,\frac{3}{4}$ h gefüllt.

20. In einem Mietshaus werden die Kosten für die Reinigung und Beleuchtung des Treppenhauses auf alle Mieter gleichmäßig verteilt. Im letzten Jahr betrugen die Kosten 2520 €. Zwei Mieter unterhalten sich. Der eine sagt: „Ich habe mir mal ausgerechnet, wenn es einen Mieter mehr gäbe, müsste ich 35 € im Jahr weniger zahlen.“ Der andere antwortet: „Aber gäbe es einen Mieter weniger, dann müssten Sie 45 € im Jahr mehr bezahlen.“ Wie viel Mieter hat das Haus?

§ 3 Prozentrechnung

I. Absolute Werte und relative Anteile

1. Zur Einführung

Jürgen und Michael haben an einer Kirmesbude mit Pfeilen auf Luftballons geworfen (Bild 1). Hinterher brüstet sich Jürgen gegenüber dem gemeinsamen Freund Klaus: „Dem Michael habe ich's beim Pfeilwerfen gezeigt; ich habe 12 Luftballons getroffen, Michael nur 9!" Darauf Michael: „Nun mach' mal halblang! Bei dir ist doch jeder zweite Wurf daneben gegangen, bei mir nur jeder vierte. Da ist es doch wohl klar, wer besser geworfen hat!" Klaus wundert sich. „Also habt ihr beide gewonnen, das müsst ihr mir aber mal erklären."

Bild 1

Dazu ist Michael sofort bereit: „Jürgen hat verschwiegen, dass er doppelt so oft geworfen hat wie ich; da ist es kein Wunder, dass er insgesamt mehr Treffer erzielt hat."

Die nebenstehende Tabelle gibt Aufschluss über die Situation.

	Jürgen	Michael
Zahl der Treffer	12	9
Zahl der Würfe	24	12

Die beiden Freunde haben die Ergebnisse nach verschiedenen Gesichtspunkten miteinander verglichen.

1) Jürgen hat die Trefferzahlen selbst miteinander verglichen: 12 Treffer sind mehr als 9 Treffer. Man spricht von einem Vergleich der **„absoluten Werte"**, der „absoluten Häufigkeiten".

2) Michael hat jeweils neben der Trefferzahl auch die Gesamtzahl der Würfe berücksichtigt; er hat die Trefferzahl zur Zahl der Würfe „ins Verhältnis gesetzt", d.h., er hat die folgenden Quotienten gebildet:

für Jürgen: $\frac{12}{24} = \frac{1}{2}$; für Michael: $\frac{9}{12} = \frac{3}{4}$.

Man spricht von einem Vergleich der **„relativen Anteile"**, der „relativen Häufigkeiten". Der relative Trefferanteil (die „Trefferquote") ist bei Michael deutlich größer als bei Jürgen.

Die relativen Trefferanteile geben Aufschluss über die Zielsicherheit der beiden Jungen. Zweifellos hat Michael das bessere Ergebnis erzielt.

2. Allgemeine Erklärung der Begriffe

Die Größe, auf die ein **absoluter Wert W** bezogen wird, nennt man den **„Grundwert“ G**. Unter dem **„relativen Anteil“** versteht man den Quotienten

$$\mathbf{r = \frac{W}{G}}.$$

Sind von den drei Größen r, W und G der relative Anteil r und der Grundwert G bekannt, so kann man daraus leicht den absoluten Wert W berechnen.

Beispiel

Eine 7. Klasse hat 35 Schüler; $\frac{2}{5}$ davon kommen mit dem Fahrrad zur Schule. Wie viele Schüler sind dies? Es gilt:

$$W = \frac{2}{5} \cdot 35 = 2 \cdot 7 = 14.$$

$\frac{2}{5}$ von 35 Schülern sind also 14 Schüler.

Allgemein gilt:

$$\mathbf{W = r \cdot G.}$$

Bild 2

3. Der Sonderfall W > G

Beim einführenden Beispiel war der absolute Wert W **kleiner** als der Grundwert G; W war ein „Teil“ von G; daher war der relative Anteil eine Zahl, die kleiner als 1 ist. Das ist keineswegs immer so.

Beispiel

Ein Radiorecorder hat bisher 150 € gekostet; der Preis wird auf 165 € erhöht.

Wir betrachten den **neuen Preis** als absoluten Wert W und beziehen ihn auf den **alten Preis** als Grundwert G. Auch in diesem Fall können wir den Quotienten $\frac{W}{G}$ berechnen; er ist

$$\frac{W}{G} = \frac{165\,€}{150\,€} = \frac{11}{10}.$$

Der neue Preis beträgt also $\frac{11}{10}$ des alten Preises.

Bild 3

In diesem Fall ist der Begriff des **„relativen Anteils“** in einem übertragenen Sinne zu verstehen. Es ist damit **nicht** gemeint, dass der absolute Wert W ein „Teil“ des Grundwertes G sei. In einem solchen Fall gilt W > G und für den relativen Anteil daher: $\frac{W}{G} > 1$.

4. Ergänzungen zum vorstehenden Beispiel

1) Man kann beim vorstehenden Beispiel natürlich auch die Preissteigerung, also den Wert

$$W_1 = 165€ - 150€ = 15€$$

als absoluten Wert betrachten und auf den alten Preis als Grundwert beziehen; es ist dann:

$$\frac{W_1}{G} = \frac{15€}{150€} = \frac{1}{10}.$$

Die Preissteigerung beträgt also $\frac{1}{10}$ des alten Preises.

2) Schließlich kann man auch noch den alten Preis als absoluten Wert W_2 ansehen und ihn auf den neuen Preis als Grundwert beziehen; dann gilt:

$$\frac{W_2}{G} = \frac{150€}{165€} = \frac{10}{11}.$$

Der alte Preis beträgt also $\frac{10}{11}$ des neuen Preises.

Aufgaben und Beispiele

Zum Einstieg

Bei den Bundesjugendspielen haben in der Klasse 7a insgesamt 18 Schüler eine Urkunde erhalten, davon 6 eine Ehrenurkunde; in der Klasse 7b haben 20 Schüler einer Urkunde erhalten, davon 7 eine Ehrenurkunde. Die Klasse 7a hat 30 Schüler, die Klasse 7b hat 32 Schüler. Welche Klasse war erfolgreicher?

Bild 4

1. Klaus war letztes Jahr 1,47 m groß, jetzt ist er 1,54 m groß. Dieter war letztes Jahr 1,33 m groß, jetzt ist er 1,40 m groß. Vergleiche die Größenänderungen absolut und relativ!

2. Ute und ihre ältere Schwester Karin bekommen zu ihrem bisherigen Taschengeld von 15€ bzw. 17€ noch je 2€ hinzu. Karin sagt: „Das ist aber ungerecht."

3. Ralf übt mit seiner älteren Schwester Claudia den Weitsprung; anfangs lagen ihre besten Sprünge bei 3,20 m bzw. 4,20 m. Jetzt sind sie auf 4,00 m bzw. 5,10 m gekommen.

4. Bei einer Lotterie gewinnt jedes dritte Los. Bei einer anderen sind unter 800 Losen 270 Gewinne. Bei welcher Lotterie sind die Gewinnchancen größer?

Berechnung des relativen Anteils

5. Sabine hat 60€ gespart; davon gibt sie 20€ für Weihnachtsgeschenke aus. Ihr Bruder Peter gibt von 48€ insgesamt 12€ für Geschenke aus. Welchen Anteil an dem gesparten Geld machen diese Ausgaben aus?

6. Von den 30 Schülern der 7c erhielten 7 bei einem Sportfest eine Urkunde. Von den 32 Schülern der 7d waren es 8. Welche Klasse hat die größere Leistungsbreite?

7. Berechne den relativen Anteil!
a) 20€ von 80€
b) 15€ von 90€
c) 24€ von 120€
d) 12€ von 156€
e) 40 g von 2 kg
f) 65 m von 81 m
g) 80 m von 3 km
h) 0,25 km von 5 km
i) 64 m^2 von 160 m^2
j) 120€ von 100€
k) 150€ von 125€
l) 204€ von 34€

8. Berechne den relativen Anteil!
a) 1 Pf von 1 DM **b)** 1 g von 1 kg
c) 1 kg von 1 t **d)** 1 g von 1 t
e) 1 s von 1 min **f)** 1 h von 1 Tag
g) 1 min von 1 Tag **h)** 1 min von 1 Jahr

9. Berechne den relativen Anteil mit einem Taschenrechner!

	W	G
a)	12	96
b)	54	60
c)	78	104
d)	702	625
e)	1024	768
f)	0,84	2,31
g)	0,063	0,21
h)	0,75	0,05
i)	0	0,9
j)	12385000	111465000

Berechnung des absoluten Wertes

10. Berechne den absoluten Wert!
a) Von 33 Schülern trägt ein Drittel eine Brille.
b) Ein Viertel der 28000 Einwohner der Kleinstadt lehnt die neue Straße ab.
c) Von 25 Schülern haben $\frac{2}{5}$ Französisch als zweite Fremdsprache gewählt.
d) $\frac{2}{3}$ der 54000 Stadionkarten sind bereits verkauft.
e) Von den 35 Runden haben die Fahrer bereits $\frac{3}{7}$ hinter sich.
f) Diese Insel heißt zurecht die Sonneninsel. An $\frac{9}{10}$ aller Tage scheint die Sonne dort länger als 10 Stunden am Tag.
g) Von den 132 Abgeordneten sind $\frac{5}{11}$, also fast die Hälfte, Beamte.

11. Berechne den absoluten Wert!
a) $\frac{1}{4}$ von 96 m **b)** $\frac{2}{5}$ von 170€
c) $\frac{3}{8}$ von 496 km **d)** $\frac{4}{7}$ von 4,48 kg
e) $\frac{2}{9}$ von 315 ha **f)** $\frac{7}{12}$ von 10,8 km
g) $\frac{7}{4}$ von 92 m **h)** $\frac{6}{5}$ von 280 kg
i) $\frac{8}{5}$ von 1,26 kg **j)** 0,4 von 72€
k) 0,75 von 560 kg **l)** 1,4 von 515 m

Berechnung des Grundwertes

Beispiel

Auf eine Anfrage erklärt der Landrat: „Von den in unserem Kreis im letzten Monat zugelassenen Personenkraftwagen sind 5300, also bereits $\frac{4}{5}$, mit einem Katalysator ausgerüstet.“

Lösung:

5300 Pkw sind $\frac{4}{5}$ der zugelassenen Personenkraftwagen.

Dann sind $\frac{1}{5}$ der zugelassenen Pkw
$5300 : 4 = 1325$ Autos.

Also wurden im letzten Monat
$1325 \cdot 5 = 6625$ Pkw zugelassen.

12. Berechne den Grundwert!
a) Von den Befragten wussten nur 12, also jeder Vierte, die richtige Antwort.
b) Der Mitgliedsbeitrag wurde um ein Fünftel – das sind immerhin 2,50 € im Monat – angehoben.
c) Zwei von drei Einwohnern sprachen sich für den Erhalt der Bahnstrecke aus. Nur 1300 Einwohnern war diese Frage nicht wichtig.
d) Von den untersuchten Bäumen waren 135 geschädigt. Nur ein Sechstel wies keinerlei Schäden auf.

Vermischte Aufgaben

13. Berechne die fehlende Größe!

	W	G	r
a)	3	21	
b)		20	$\frac{2}{5}$
c)	12		$\frac{3}{7}$
d)		156	$\frac{3}{4}$
e)	156		$\frac{3}{4}$
f)	105	60	
g)	117		$\frac{9}{8}$
h)	0,12	1,44	
i)		14	0,7
j)	14		0,7

14. Bezeichne zunächst die gegebenen Größen! Berechne dann den Wert der gesuchten Größe!
a) Heute kamen nur 18 Schüler zum Unterricht. Ein Viertel der Klasse ist erkrankt.
b) Von den 720 Befragten waren 180 für die neue Regelung, jeder Dritte war dagegen und der Rest war unentschieden.
c) 8 von 9 Befragten waren über den Vorfall nicht informiert. Nur 14 wussten Bescheid.
d) $\frac{3}{5}$ der Leserbriefschreiber lehnten die neue Gestaltung der Zeitschrift ab; ein Drittel fand sie akzeptabel; nur 3 Leser waren wirklich begeistert.

15. Eine Schulklasse von 27 Schülern sammelt 364,50 € für das Müttergenesungswerk. Ein Schüler aus der Parallelklasse sagt: „Wir waren fleißiger als ihr, obwohl wir nur 354 € gesammelt haben." Erkläre wie er das meint!

16. Bei einer Hausaufgabe soll jeder zur Übung 10 Sätze bilden. Anna hat 14 Sätze aufgeschrieben, Karsten sogar 16. Welchen Anteil ihres „Solls" haben die beiden erledigt? Wir groß ist der Anteil, der über dem Soll liegt? Vergleiche beide Antworten!

17. Erika vergleicht verwundert die Schlagzeilen von zwei Zeitungen.

Bild 5

18. In einer Stadt ist eine Grippeepidemie ausgebrochen. An der Bergschule fehlen bereits 280 Kinder, $\frac{2}{5}$ davon sind Mädchen, $\frac{3}{5}$ Jungen. Sind die Mädchen wohl widerstandsfähiger gegen den Grippevirus?

II. Der Prozentbegriff

1. Zur Einführung

Herr Bertrams und sein Sohn Dieter haben beide Anlass, sich über Preiserhöhungen zu ärgern. Dieter bezieht eine Hobbyzeitschrift. Das Abonnement kostete bisher 5€. Im letzten Heft teilte der Verlag mit, dass er den Preis leider „geringfügig", nämlich um 35 Cent auf 5,35 € erhöhen müsse.

Als Dieter dies seinem Vater erzählt, sagt dieser: „Ärgere dich nicht; für mich ist die Sache viel schlimmer. Ich muss vom nächsten Monat an 28€ mehr Miete bezahlen, nämlich 428€ statt bisher 400€. Was sind schon 35 Cent im Vergleich zu 28€.

Bild 6

Dieter überlegt einen Augenblick und sagt dann: „Ja, wenn du die absoluten Zahlen vergleichst! Rechne mal die relativen Preiserhöhungen aus! Es gilt:

$$\frac{35\text{ Cent}}{500\text{ Cent}} = \frac{7}{100} \quad \text{und} \quad \frac{28€}{400€} = \frac{7}{100};$$

relativ sind beide Preiserhöhungen also genau gleich!" Auch Herr Bertrams hat inzwischen gerechnet. „Stimmt", sagt er, „die Preise werden in beiden Fällen um 7 Prozent erhöht."

2. Was bedeutet „Prozent"?

Herr Bertrams hat eine im täglichen Leben häufig zu hörende Ausdrucksweise verwendet: er hat den relativen Anteil $\frac{7}{100}$ als **„7 Prozent"** bezeichnet, kurz geschrieben **„7%"**.

$$7\% \text{ von } 500 \text{ Cent bedeutet: } \frac{7}{100} \cdot 500 \text{ Cent} = 7 \cdot 5 \text{ Cent} = 35 \text{ Cent};$$

$$7\% \text{ von } 400€ \quad \text{bedeutet: } \frac{7}{100} \cdot 400€ \quad = 7 \cdot 4€ \quad = 28€.$$

Das Wort **„Prozent"** stammt aus dem Italienischen; es geht auf die Kaufmannssprache des 16. Jahrhunderts zurück und bedeutet „für Hundert". Damit ist gemeint, dass ein **relativer Anteil r** durch einen **Bruch mit dem Nenner 100** ausgedrückt wird:

$$\mathbf{r = \frac{p}{100} = p\%.}$$

Die Zahl p nennt man die **„Prozentzahl"**; p% nennt man den **„Prozentsatz"**.

$$p\% \text{ von } G \text{ bedeutet also: } \frac{p}{100} \cdot G.$$

Beispiele

1) 25% von 144 € bedeutet: $\frac{25}{100} \cdot 144\,€ = \frac{1}{4} \cdot 144\,€ = 36\,€$.

2) 3% von 225 kg bedeutet: $\frac{3}{100} \cdot 225\text{ kg} = \frac{675}{100}\text{ kg} = 6{,}75\text{ kg}$.

3. Wir fassen zusammen

In der Prozentrechnung schreibt man

statt $\frac{W}{G} = r$: $\frac{W}{G} = \frac{p}{100}$ und

statt $W = r \cdot G$: $W = \frac{p}{100} \cdot G$.

Dabei nennt man den absoluten Wert W in der Regel **„Prozentwert“**.

Wir können also sagen:

Ein Prozentwert W hat einen relativen Anteil von p% an einem Grundwert G, wenn gilt:

$$\frac{W}{G} = \frac{p}{100}, \text{ anders geschrieben: } W = \frac{p}{100} \cdot G.$$

Ein Sonderfall liegt vor, wenn $p = 100$ ist.

Beispiel

100% von 320 € bedeutet:

$$\frac{100}{100} \cdot 320\,€ = 1 \cdot 320\,€ = 320\,€.$$

In jedem Fall gilt:

100% eines Grundwertes G ist der Grundwert G selbst;

es gilt nämlich:

$$W = \frac{100}{100} \cdot G = 1 \cdot G = G.$$

4. Ermittlung des Prozentsatzes

Bei den bisherigen Beispielen haben wir aus der Prozentzahl p und dem Grundwert G den Prozentwert W nach der Gleichung $W = \frac{p}{100} \cdot G$ berechnet. Wie beim einführenden Beispiel sind aber häufig der absolute Wert (Prozentwert) W und der Grundwert G gegeben. Der relative Anteil ist dann in Form eines Prozentsatzes zu berechnen.

Beispiel

An einem kalten Wintertag fehlen 7 von 28 Schülern der 7b. Wie viel Prozent sind dies?

Lösung:
Es ist $W = 7$ und $G = 28$; der relative Anteil ist daher

$$r = \frac{W}{G} = \frac{7}{28} = \frac{1}{4}.$$

Diese Bruchzahl müssen wir als Prozentsatz ausdrücken, also auf die Form $\frac{p}{100}$ bringen. Wir müssen den Bruch $\frac{1}{4}$ deshalb mit 25 erweitern:

$$r = \frac{W}{G} = \frac{1}{4} = \frac{25}{100} = 0{,}25.$$

Es fehlen also 25% der Schüler der Klasse.

Bild 7

Man erhält die Prozentzahl $p = 25$ dadurch, dass man den relativen Anteil r mit 100 multipliziert:

$$100 \cdot r = 100 \cdot 0{,}25 = 25 = p.$$

Der Gleichung $r = \frac{p}{100}$ entspricht also die Multiplikationsgleichung $p = 100 \cdot r$.

(Die beiden Gleichungen bringen – wie wir seit langem wissen – zum Ausdruck, dass die Division und die Multiplikation entgegengesetzte Rechenarten sind.)

Besonders einfach ist die Umrechnung eines relativen Anteils r in einen Prozentsatz, wenn r als Dezimalbruch gegeben ist.

Beispiele

1) $r = 0{,}6$; $p = 100 \cdot r = 60$; also ist $r = 60\%$;
2) $r = 0{,}21$; $p = 100 \cdot r = 21$; also ist $r = 21\%$;
3) $r = 0{,}04$; $p = 100 \cdot r = 4$; also ist $r = 4\%$;
4) $r = 0{,}457$; $p = 100 \cdot r = 45{,}7$; also ist $r = 45{,}7\%$.

Die Zwischenrechnung kann man einsparen, indem man bei r das Komma um zwei Stellen nach rechts verschiebt.

Beispiele

1) $r = 0{,}34 = 34\%$
2) $r = 0{,}09 = 9\%$
3) $r = 0{,}718 = 71{,}8\%$

5. Prozentsätze über 100%

Am Beispiel der Preiserhöhung für ein Radiogerät haben wir im I. Abschnitt schon gesehen, dass der absolute Wert (Prozentwert) W auch größer sein kann als der Grundwert G. In solchen Fällen erhält man einen Prozentsatz, der größer als 100% ist.

Beispiel

Die Erdbevölkerung wächst ständig. Die Zahl der auf der Erde lebenden Menschen betrug im Jahre 1976 etwa 4 Milliarden, im Jahre 1987 etwa 5 Milliarden. Wie groß ist der Prozentsatz der Bevölkerungszahl im Jahr 1987 im Vergleich zu 1976?

Lösung:

Es gilt

$$r = \frac{W}{G} = \frac{5\text{ Milliarden}}{4\text{ Milliarden}} = 1{,}25.$$

Die Erdbevölkerung ist von 1976 bis 1987 also **auf** etwa 125% angewachsen.

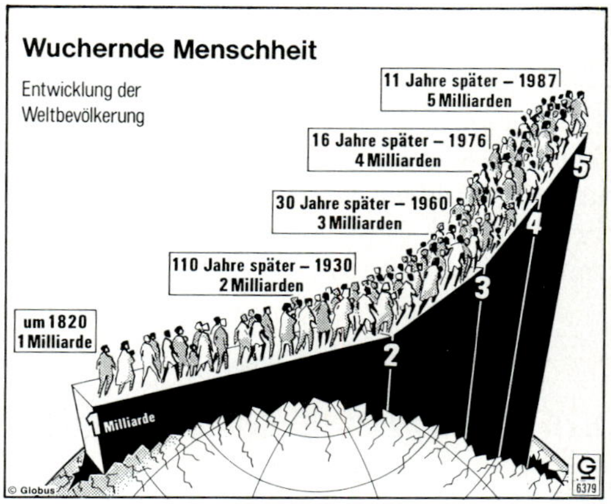

Bild 8

Bemerkung: Man kann den Sachverhalt natürlich auch dadurch beschreiben, dass man angibt, **um** wie viel Prozent die Erdbevölkerung im fraglichen Zeitraum angewachsen ist. Die **prozentuale Erhöhung** der Bevölkerungszahl beträgt von 1976 bis 1987 etwa 25%.

6. Graphische Darstellung von Prozentangaben

In Büchern, Zeitungen und Zeitschriften finden sich häufig Darstellungen, durch die Prozentangaben veranschaulicht werden. Die Bilder 9 bis 11 zeigen einige **Beispiele**.

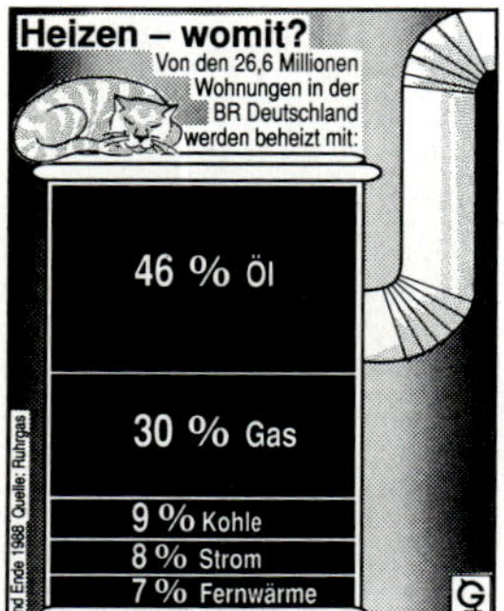

Bild 9

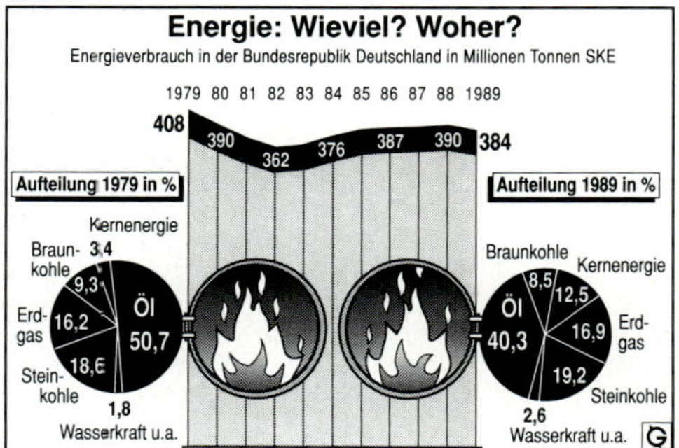

Bild 10

Bild 11

Besonders übersichtlich sind Darstellungen, bei denen der Grundwert durch eine Kreisfläche und die einzelnen Anteile durch Kreisausschnitte (Kreissektoren) dargestellt werden. Die Größe des jeweiligen Mittelpunktswinkels ist ein Maß für den betreffenden Anteil. In Bild 12 sind Anteile von 35%, 30%, 25% und 10% dargestellt.[1)] Man spricht von einem Kreisdiagramm.

Die Größe des zu einem Prozentsatz von p% gehörenden Mittelpunktswinkels kann man leicht durch eine Dreisatzrechnung ermitteln.

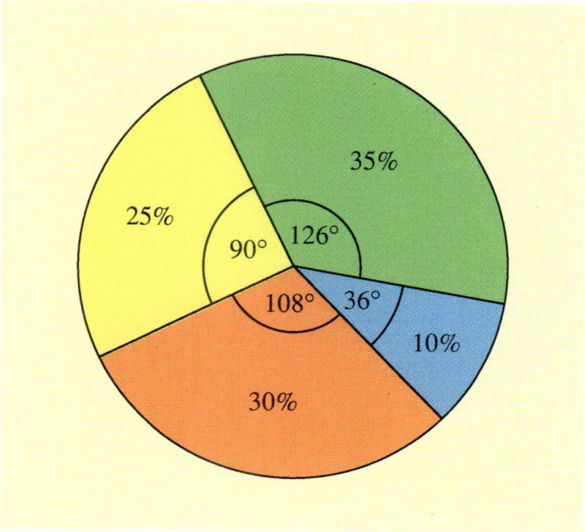

Bild 12

Beispiel p = 35

Zu 100% gehört ein Mittelpunktswinkel von 360°;
zu 1% gehört ein Mittelpunktswinkel von 3,6°;
zu 35% gehört ein Mittelpunktswinkel von $35 \cdot 3{,}6° = 126°$.

Allgemein gehört zu p% ein Mittelpunktswinkel von $p \cdot 3{,}6°$.

Bemerkungen:

1) Prozentuale Anteile über 100% sind durch **einen** Kreis **nicht** darstellbar. Man kann aber auch mehrere Kreise zeichnen.

2) Darstellungen mit Hilfe von Rechteckstreifen werden in § 13 besprochen.

7. Was bedeutet „Promille"?

Wenn der absolute Wert W im Vergleich zum Grundwert sehr klein ist, wählt man anstelle der Vergleichszahl 100 manchmal die Vergleichszahl 1000.

Statt von „Prozent" spricht man dann von **„Promille"**, kurz geschrieben: „‰".

p‰ von G bedeutet: $\frac{p}{1000} \cdot G$.

Durch zwei **Beispiele** soll der Begriff „Promille" verdeutlicht werden.

Bild 13

[1)] Zu den Begriffen „Kreissektor" und „Mittelpunktswinkel" vergleiche § 7, S. 137!

Beispiele

1) Ein Kreditinstitut verlangt als Abschlussgebühr für einen Darlehensvertrag 3‰ des Darlehensbetrages. Wie hoch sind die Gebühren für Darlehen in Höhe von 12000 €; 37000 € und 58500 €?

Lösung:

a) $W_1 = \frac{3}{1000} \cdot 12000\,€ = 3 \cdot 12\,€ = 36\,€;$

b) $W_2 = \frac{3}{1000} \cdot 37000\,€ = 3 \cdot 37\,€ = 111\,€;$

c) $W_3 = \frac{3}{1000} \cdot 58500\,€ = 3 \cdot 58{,}50\,€ = 175{,}50\,€.$

2) Ein Behälter enthält 6 *l*, also 6000 cm³ einer Flüssigkeit; davon sind 12 cm³ Farbstoff. Es gilt:

$$G = 6000\,\text{cm}^3; \quad W = 12\,\text{cm}^3;$$

daraus ergibt sich für den relativen Anteil an Farbstoff:

$$r = \frac{W}{G} = \frac{12\,\text{cm}^3}{6000\,\text{cm}^3} = \frac{2}{1000} = 0{,}002.$$

Dies bedeutet, dass 2‰ der Flüssigkeit aus Farbstoff bestehen.

Allgemein können wir sagen:

> Ein absoluter Wert W hat einen relativen Anteil von p‰ (gelesen „p Promille") an einem Grundwert G, wenn gilt:
>
> $$\frac{W}{G} = \frac{p}{1000}, \text{ anders geschrieben: } W = \frac{p}{1000} \cdot G.$$

8. Vergleich von Prozentzahlen durch „Prozentpunkte"

Wahlergebnisse werden häufig mit den Ergebnissen vorhergehender Wahlen verglichen. Die folgende Tabelle enthält die prozentualen Ergebnisse in zwei aufeinander folgenden Wahlen für zwei Parteien A und B. In der dritten Zeile ist die Differenz zwischen den Prozentzahlen der beiden Wahlen als „Gewinn" bzw. „Verlust" angegeben.

Wahlergebnisse		
	Partei A	Partei B
1. Wahl	44,8	32,6
2. Wahl	47,5	30,0
Gewinn/ Verlust	Gewinn: 2,7	Verlust: 2,6

Will man erklären, was die durch Subtraktion von Prozentzahlen gewonnenen Zahlen bedeuten, so ist große Vorsicht geboten.

Zunächst ist zu beachten, dass bei der Berechnung der prozentualen Ergebnisse bei jeder Wahl als Grundwert die Gesamtzahl der abgegebenen gültigen Stimmen verwendet wird.

Da diese Grundwerte bei zwei Wahlen sehr verschieden sein können, ist ein unmittelbarer Vergleich von zwei Wahlergebnissen schon grundsätzlich sehr problematisch.

Wenn wir von diesem grundsätzlichen Problem absehen, also annehmen, dass die Anzahl der abgegebenen gültigen Stimmen bei beiden Wahlen gleich ist, wäre es ganz falsch zu sagen, Partei A hätte bei der Wahl einen Gewinn von 2,7%, Partei B dagegen einen Verlust von 2,6% zu verzeichnen.

Um diese Aussage zu begründen, berechnen wir für beide Parteien den relativen Anteil, den das Ergebnis der 2. Wahl am Ergebnis der 1. Wahl hat. Es ergibt sich

$$\text{für Partei A: } r_A = \frac{47{,}5}{44{,}8} \approx 1{,}06; \qquad \text{für Partei B: } r_B = \frac{30{,}0}{32{,}6} \approx 0{,}92.$$

Dies bedeutet, dass Partei A ihren Anteil um etwa 6% und keineswegs nur um 2,7% gesteigert hat. Partei B hat sogar rund 8% und nicht nur 2,6% verloren.

Die Zahlen, die man durch Subtraktion von Prozentzahlen erhält, bezeichnet man als **„Prozentpunkte"**. Dabei ist es üblich, die beiden Wahlergebnisse folgendermaßen zu vergleichen:

Partei A hat einen Gewinn von 2,7 Prozentpunkten, Partei B einen Verlust von 2,6 Prozentpunkten zu verzeichnen.

Aufgaben und Beispiele

Zum Einstieg

Es wurde festgestellt, wie viel Schüler der 7. Klassen im Sommer mit dem Fahrrad zur Schule kommen. Vergleiche die Ergebnisse! Schreibe dazu die relativen Anteile als Bruchzahlen mit dem gleichen Nenner!

Klasse	7a	7b	7c
Schülerzahl	28	30	25
Fahrradfahrer	7	9	6

Bild 14

Berechnung des Prozentwertes und des absoluten Wertes

1. Bestimme den Prozentwert!

a) Von 40 Prüflingen haben 80% bestanden.

b) Von den 3 € Verkaufspreis erhält der Händler 30%.

c) 25% der 120000 Einwohner haben indianische Vorfahren.

d) Nur 40% der 2000 Lose sind Nieten.

2. Bestimme den Prozentwert!

a) Im Ladenpreis von 19900 € sind 1,2% Werbekosten enthalten.

b) Bei einer Überprüfung durch eine Stichprobe aus 8000 Glühlampen erweisen sich 0,1% als fehlerhaft.

c) Das Radio kostet 125 € zuzüglich Mehrwertsteuer. 1992 betrug die Mehrwertsteuer 14%. Inzwischen ist sie auf 16% erhöht worden.

3. An den Wahlen zur Schülervertretung beteiligten sich 350 Schülerinnen und Schüler. 2% der Stimmen waren ungültig, 6% der Wähler enthielten sich. Auf Tanja entfielen 36% der Stimmen, auf Karsten 24%, auf Uwe und Ralf je 8%, auf Andrea 6%, auf Martin und Hanne je 4%. Die restlichen Stimmen erhielt Klaus.

4. Berechne den absoluten Wert!
a) 10% von 240 € **b)** 5% von 300 €
c) 25% von 400 € **d)** 12% von 24 €
e) 15% von 44 € **f)** 4% von 360 €
g) 38% von 34 € **h)** 95% von 450 €
i) 8,5% von 68 € **j)** 120% von 50 €
k) 150% von 188 € **l)** 0,7% von 91 €

5. Berechne den absoluten Wert!
a) 25% von 600 m **b)** 13% von 150 kg
c) 38% von 165 *l* **d)** 12,5% von 24 kg
e) 4,5% von 360 € **f)** 28% von 340 t
g) 45% von 660 m **h)** 6,5% von 85 km
i) $16\frac{1}{3}$% von 588 € **j)** 125% von 70 g
k) 160% von 240 km **l)** 215% von 78 *l*

Berechnung des Prozentsatzes

6. Berechne den Prozentsatz!
a) Sabine hat 60 € gespart; davon gibt sie 20 € für Weihnachtsgeschenke aus.
b) Peter gibt von 48 € insgesamt 12 € für Geschenke aus.
c) Unter 800 Losen sind 260 Gewinne.
d) Von den Fahrtkosten von 280 € wurden 260 € erstattet.
e) Nur 12 von 96 Testkandidaten fanden die richtige Lösung.
f) Von den Gewinnen eines Unternehmens in Höhe von 30000 € sind 16800 € Steuern zu zahlen.
g) Von 20 Bogenschützen trafen 9 ins Schwarze.
h) Auf 5,3 km der 30 km langen Straße gibt es bereits einen Fahrradweg.
i) Es wurden 5000 Schaltkreise kontrolliert. Nur 2 waren fehlerhaft.
j) Wegen einer eigenständigen Lösung hat Gertrud in der Klassenarbeit 42 von 40 Punkten erreicht.

7. Bestimme den Prozentsatz!
a) 20 € von 80 €
b) 14 m von 70 m
c) 26 kg von 104 kg
d) 9 g von 180 g
e) 11 € von 66 €
f) 17 cm von 1,53 m
g) 124 km von 400 km
h) 216 *l* von 300 *l*
i) 750 m von 4,5 km
j) 225 € von 2040 €
k) 13,50 € von 54 €
l) 8,5 *l* von 35,7 *l*
m) 27,50 € von 150 €
n) 250 € von 200 €
o) 1020 € von 1530 €
p) 1530 € von 1020 €
q) 30 Cent von 10 €
r) 10 € von 30 Cent
s) 2 Tage von einer Woche
t) 25 s von 5 min
u) 13 Wochen von 2 Jahren

8. In der Klassenkasse der 7b sind 450 €. Davon sollen 90 € für ein Klassenfest, 180 € für einen Wandertag und 150 € für die Verschönerung des Klassenraumes ausgegeben werden. Berechne die prozentualen Anteile!

9. In den Klassen 7a und 7b ist dieselbe Klassenarbeit geschrieben worden. In der Klasse 7a sind 8 von 25 Arbeiten und in der Klasse 7b sind 9 von 30 Arbeiten mit „gut" bewertet worden. Vergleiche die prozentualen Anteile!

10. In der Klasse 7a mit 33 Schülern erhält Angelika bei der Klassensprecherwahl 24 Stimmen; in der Klasse 7b mit 31 Schülern erhält Jochen 22 Stimmen. Vergleiche die prozentualen Anteile!

11. Dieter, Petra und Klaus kaufen je ein Taschenbuch für 4,40 € von ihrem Taschengeld. Dieter bekommt 6 €, Petra 7,50 € und Klaus 14 € Taschengeld. Wie viel Prozent ihres Taschengeldes haben die drei für das Taschenbuch angelegt?

12. Bei einer Wahl haben in einem Stimmbezirk 1 von 2530 Wahlberechtigten 2143 ihre Stimme abgegeben; in einem anderen Stimmbezirk 2 waren es von 1873 Wahlberechtigten 1607.

13. In drei Parallelklassen des Einstein-Gymnasiums wurde gleichzeitig eine Testarbeit geschrieben. Die Ergebnisse sind in der folgenden Tabelle zusammengestellt.

	Ergebnisse					
Klasse	1	2	3	4	5	6
7a	2	8	7	6	5	2
7b	1	6	7	5	5	1
7c	2	8	8	6	5	1
Summe	5	22	22	17	15	4

Berechne die Prozentsätze, mit denen die einzelnen Noten in den drei Klassen und insgesamt auftreten!

14. Frau Gausen hat ein Monatseinkommen von 2225 €. Sie zahlt für ihre Wohnung eine Miete von 414 €. Die gleiche Miete zahlt auch Herr Friedrichs für die Nachbarwohnung; er hat ein Monatseinkommen von 1940 €.

15. Bei der Modernisierung eines Hauses wurden die Fenster vergrößert, und zwar von 1,55 m × 0,80 m auf 1,70 m × 1,20 m.
a) Wie viel Prozent der alten Fenstergröße beträgt die neue Fenstergröße?
b) Um wie viel Prozent ist das neue Fenster größer als das alte?
c) Wie viel Prozent der neuen Fenstergröße beträgt die alte Fenstergröße?

16. Eine Photographie wird vom Format 9 cm × 12 cm auf das Format 30 cm × 40 cm vergrößert. Verfahre wie in Aufgabe 15!

17. Um wie viel Prozent ist das Volumen eines Würfels mit einer Kantenlänge von 15 cm größer als das Volumen eines Würfels mit einer Kantenlänge von 10 cm?

18. Wie viel Prozent der natürlichen Zahlen bis einschließlich der angegebenen Zahl sind Primzahlen?

Beispiel

Von den natürlichen Zahlen bis einschließlich 10 sind 2, 3, 5 und 7 Primzahlen. Es sind also vier der ersten 10 Zahlen, d.h. 40%, Primzahlen.

a) 20 **b)** 30 **c)** 50 **d)** 100

19. Wie viel Prozent der natürlichen Zahlen bis einschließlich der angegebenen Zahl sind Quadratzahlen?
a) 10 **b)** 100 **c)** 1000 **d)** 10000

20. Wie viel Prozent der natürlichen Zahlen bis einschließlich 10000
a) sind gerade,
b) sind ungerade,
c) sind durch 5 teilbar,
d) sind durch 10 teilbar,
e) enthalten in ihrer Dezimaldarstellung die Ziffer 9?

Relativer Anteil und zugehöriger Prozentsatz

21. Der relative Anteil eines Wertes W an einem Grundwert G ist durch einen Bruch ausgedrückt. Berechne den zugehörigen Prozentsatz!

Beispiel

Für den relativen Anteil von $r = \frac{5}{8}$ gilt:

$$\frac{5}{8} = 0{,}625 = \frac{625}{1000} = \frac{62{,}5}{100}.$$

Also entspricht einem relativen Anteil von $\frac{5}{8}$ der Prozentsatz 62,5%.

a) $\frac{1}{2}$ **b)** $\frac{1}{4}$ **c)** $\frac{3}{5}$ **d)** $\frac{7}{10}$ **e)** $\frac{27}{100}$
f) $\frac{7}{8}$ **g)** $\frac{9}{20}$ **h)** $\frac{1}{3}$ **i)** $\frac{5}{12}$ **j)** $\frac{1}{125}$
k) $\frac{1}{6}$ **l)** $\frac{4}{9}$ **m)** $\frac{11}{18}$ **n)** $\frac{33}{64}$ **o)** $\frac{9}{11}$
p) $\frac{12}{19}$ **q)** $\frac{17}{33}$ **r)** $\frac{53}{65}$ **s)** $\frac{32}{19}$ **t)** $\frac{2}{250}$

22. Drücke die folgenden Prozentsätze als relative Anteile in Bruchform aus!

a) 5% **b)** 8% **c)** 12% **d)** 15%
e) $33\frac{1}{3}$% **f)** 44,4% **g)** 62,5% **h)** 43,75%
i) 125% **j)** $133\frac{1}{3}$% **k)** $\frac{1}{8}$% **l)** 0,75%
m) 0,01% **n)** 1,02% **o)** 0,003% **p)** $\frac{22}{7}$%

Graphische Darstellung von Prozentangaben

23. Veranschauliche die folgenden Prozentanteile durch Kreissektoren!

Beispiel

Einem Prozentanteil von 25% entspricht ein Mittelpunktswinkel von

$$\frac{25}{100} \cdot 360° = 90°.$$

Einem Prozentanteil von 30% entspricht ein Mittelpunktswinkel von

$$\frac{30}{100} \cdot 360° = 108°.$$

Einem Prozentanteil von 45% entspricht ein Mittelpunktswinkel von

$$\frac{45}{100} \cdot 360° = 162°.$$

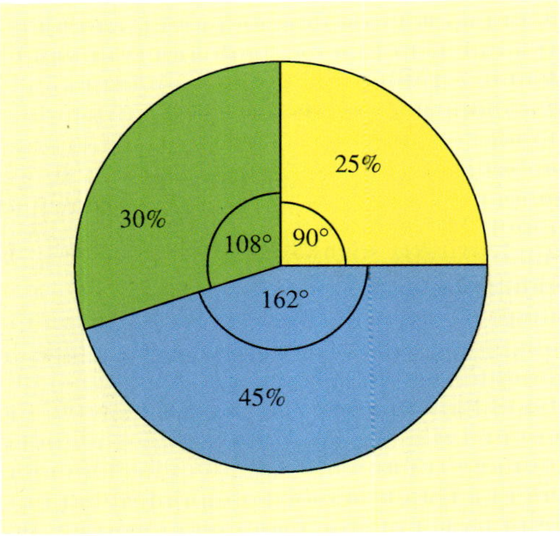

Bild 15

a) 12%; 21%; 43%; 8%; 16%
b) 20%; 35%; 7%; 14%; 24%
c) 30%; 16%; 24%; 9%; 21%
d) 6%; 18%; 4%; 26%; 46%

24. Wie viel Prozent einer Kreisfläche enthält ein Kreisausschnitt mit einem Mittelpunktswinkel der angegebenen Größe?

Beispiel

Ein Kreisausschnitt mit einem Mittelpunktswinkel von 72° enthält

$$\frac{72}{360} \cdot 100\% = 20\%$$

der Kreisfläche.

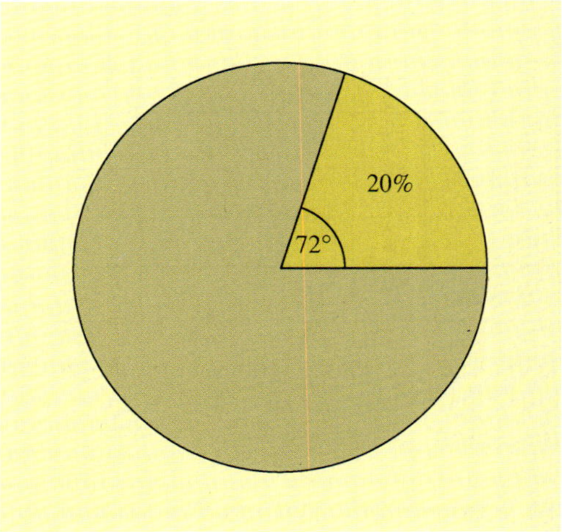

Bild 16

a) 180° **b)** 18° **c)** 45° **d)** 60° **e)** 90°
f) 270° **g)** 300° **h)** 15° **i)** 24° **j)** 1°

25. In der Tabelle sind Daten über die Entwicklung der Weltbevölkerung zusammengestellt.

a) Stelle die Situation für 1960 und für 1988 durch Kreisdiagramme dar!

b) Berechne den prozentualen Zuwachs für die aufgeführten Regionen und Staaten und für die Erde insgesamt!

Regionen und Staaten	Einwohner in Millionen	
	1960	**1988**
Europa	425	496
Sowjetunion	214	284
Nordamerika	199	272
Lateinamerika	212	430
Afrika	276	610
Asien	1668	3000
Ozeanien	16	26

26. Vom Haushaltsstromverbrauch in der Bundesrepublik Deutschland entfielen im Durchschnitt der letzten Jahre 24% auf Raumheizungen, 23% auf Kühlschränke und Gefriergeräte, 13% auf Warmwasser, 9% auf Elektroherde, 7% auf Waschmaschinen und Wäschetrockner, 6% auf Beleuchtung, 5% auf Radio und Fernsehen und 13% auf Sonstiges. Veranschauliche diese Prozentsätze durch Kreissektoren!

27. In Bild 17 sind die Unfallangaben für 1990 bei Straßenverkehrsunfällen mit Personenschaden in den „alten" Ländern der Bundesrepublik Deutschland wiedergegeben.
a) Berechne den prozentualen Anteil der einzelnen Unfallursachen!
b) Veranschauliche diese Daten durch ein Kreisdiagramm!

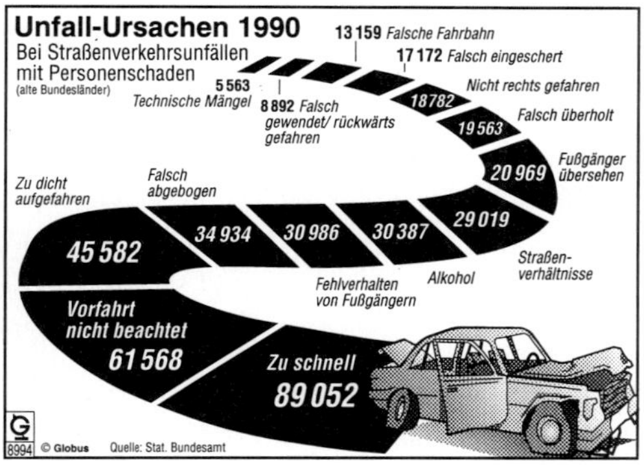

Bild 17

28. In Bild 18 ist die Wasserherkunft und der Wasserverbrauch aufgeschlüsselt.
a) Berechne die prozentualen Anteile jeweils für Herkunft und Verbrauch!
b) Erstelle zwei Kreisdiagramme!

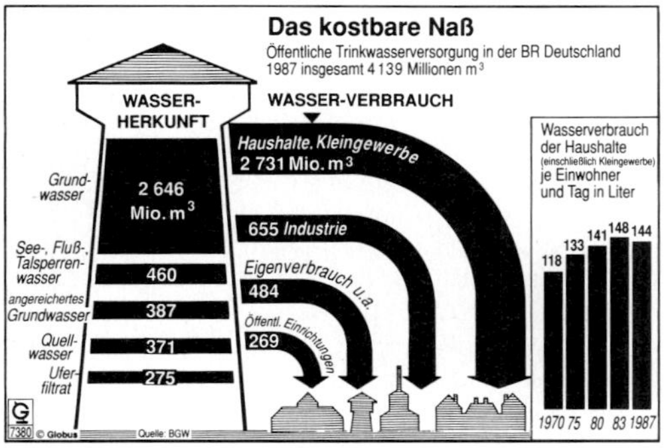

Bild 18

Rechnungen mit Promille

29. Bestimme den absoluten Wert!
a) 3‰ von 1500 €
b) 5‰ von 1750 €
c) 2‰ von 45 000 €
d) 3,5‰ von 8500 kg
e) 1,5‰ von 15 000 km
f) 1,8‰ von 17 000 t

30. Bestimme den Promillesatz!
a) 1,50 € von 300 €
b) 16,50 € von 5500 €
c) 36,25 € von 145 000 €
d) 19,80 € von 3600 €
e) 7,5 kg von 8500 kg
f) 250 m von 33 km
g) 2 Tage von einem Jahr
h) 2 s von 5 min
i) 2 Wochen von 5 Jahren

31. Der relative Anteil eines Wertes W an einem Grundwert G ist durch einen Bruch ausgedrückt. Berechne den zugehörigen Promillesatz!

a) $\frac{3}{1000}$ **b)** $\frac{5}{2000}$ **c)** $\frac{1}{250}$ **d)** $\frac{4}{750}$
e) $\frac{5}{3000}$ **f)** $\frac{12}{7200}$ **g)** $\frac{17}{34\,000}$ **h)** $\frac{133}{38\,000}$

32. Schreibe in Promille!
a) 4% **b)** 2,7% **c)** 0,8% **d)** 0,03%
e) $\frac{3}{4}$ **f)** $\frac{2}{3}$ **g)** $\frac{7}{8}$ **h)** $\frac{64}{125}$
i) $\frac{15}{16}$ **j)** $\frac{11}{1250}$ **k)** $\frac{15}{8}$ **l)** 100%

33. Schreibe in Prozent!
a) 50‰ **b)** 7‰ **c)** 33‰ **d)** 2,4‰
e) $5\frac{1}{2}$‰ **f)** $4\frac{2}{3}$‰ **g)** $33\frac{1}{3}$‰ **h)** 100‰

34. Ein Kreditinstitut berechnet für den Abschluss eines Darlehensvertrages eine Bearbeitungsgebühr in Höhe von 2,5‰ des Darlehensbetrages. Berechne diese Gebühr!
a) 17 000 € **b)** 28 000 €
c) 36 000 € **d)** 29 500 €
e) 42 500 € **f)** 53 000 €
g) 68 500 € **h)** 79 900 €

III. Aufgaben zur Prozentrechnung

1. Die drei Grundaufgaben

Bei Aufgaben zur Prozentrechnung geht es stets um drei Größen:

den absoluten Wert (Prozentwert) W,
den Grundwert G und
die Prozentzahl p.

In der Regel sind von diesen drei Größen zwei gegeben oder aus dem Aufgabentext leicht zu bestimmen; die dritte Größe ist zu berechnen.

Man hat also die folgenden drei **„Grundaufgaben der Prozentrechnung"** zu unterscheiden:

	1. Grundaufgabe	2. Grundaufgabe	3. Grundaufgabe
gegeben	p und G	W und G	p und W
gesucht	W	p	G

Zwischen dem absoluten Wert (Prozentwert) W und dem Grundwert G besteht eine proportionale Zuordnung; dies erkennt man an der Gleichung

$$W = \left(\frac{p}{100}\right) \cdot G.$$

Der Faktor $\frac{p}{100}$ ist der Proportionalitätsfaktor. Wir können diese Grundaufgaben nach den Erklärungen des vorigen Abschnitts lösen; wir können aber auch das Dreisatzverfahren heranziehen.

2. Gesucht ist der Prozentwert W

Beispiel

Der Preis einer Bluse wird im Sommerschlussverkauf von 45 € um 12% herabgesetzt. Wie groß ist der Preisnachlass?

1. Lösungsweg:

Es ist $r = 12\% = \frac{12}{100}$; daher ist $W = \frac{12}{100} \cdot 45\,€ = 5{,}40\,€$.

2. Lösungsweg (Dreisatzverfahren):

100% sind $45\,€$

1% sind $\frac{45}{100}\,€$

12% sind $12 \cdot \frac{45}{100}\,€$

Rechnung: $W = 12 \cdot \frac{45}{100}\,€ = 5{,}40\,€$

:100	100%	45 €	$\cdot\frac{12}{100}$
	1%	–	
·12	12%	$\frac{12}{100} \cdot 45\,€$	

Rechnung: $W = \frac{12}{100} \cdot 45\,€ = 5{,}40\,€$

Der Preisnachlass beträgt also 9 €.

3. Gesucht ist der Prozentsatz p%

Beispiel

An einer Kreuzung wurden bei einer Verkehrszählung insgesamt 260 Kraftfahrzeuge gezählt. 39 davon waren Lastkraftwagen. Wie viel Prozent sind dies?

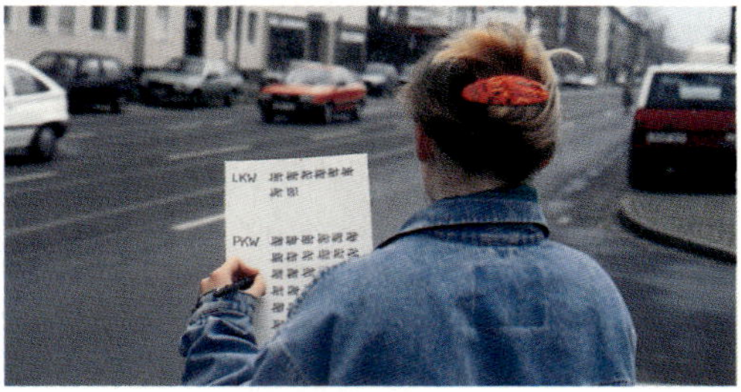

Bild 19

1. Lösungsweg:

Es ist $r = \frac{W}{G} = \frac{39}{260}$,

also $p = 100 \cdot r = 100 \cdot \frac{39}{260} = 15.$

2. Lösungsweg (Dreisatzverfahren):

260 Pkw	sind	100%
1 Pkw	sind	$\frac{100}{260}$ %
39 Pkw	sind	$39 \cdot \frac{100}{260}$ %

Rechnung: $p = 39 \cdot \frac{100}{260} = 15$

	260	100%	
:260 ↓	1	—	$\cdot \frac{39}{260}$ ↓
·39 ↓	39	$\frac{39}{260} \cdot 100\%$	

Rechnung: $p = \frac{39}{260} \cdot 100 = 15$

Der Anteil der Lastkraftwagen betrug 15%.

4. Gesucht ist der Grundwert G

Beispiel

Ein Arbeiter erhält für eine Überstunde zusätzlich 3,63 € zum normalen Stundenlohn. Dies bedeutet eine Erhöhung des Stundenlohnes um 22%. Wie hoch ist der normale Stundenlohn?

Lösung (Dreisatzverfahren):

22%	sind	3,63 €
1%	sind	$\frac{3,63}{22}$ €
100%	sind	$100 \cdot \frac{3,63}{22}$ €

Rechnung: $G = 100 \cdot \frac{3,63}{22}\,€ = 16,50\,€$

	22%	3,63 €	
:22 ↓	1%	—	$\cdot \frac{100}{22}$ ↓
·100 ↓	100%	$\frac{100}{22} \cdot 3,63\,€$	

Rechnung: $G = \frac{100}{22} \cdot 3,63\,€ = 16,50\,€$

Der Stundenlohn des Arbeiters beträgt also 16,50 €.

Auf den anderen Lösungsweg verzichten wir hier, weil wir die zugehörige Gleichung für den Grundwert G noch herleiten müssten.

Aufgaben und Beispiele

1. Untersuche, welche Größen – absoluter Wert W, Grundwert G und Prozentzahl p – gegeben sind! Welche Größen kann man aus den Angaben berechnen? Berechne diese Größen!

a) Eine Hose kostet 58 €. Ihr Preis wird um 15% reduziert.

b) Wegen einer Erhöhung seines Gehaltes um 7% erhält Herr Müller eine Nachzahlung von 120,75 €.

c) Ein Fahrrad kostete 240 €. Im neuen Katalog ist es um 15 € teurer.

d) Klaus bekommt 10,80 € Taschengeld; das sind 80% des Taschengeldes von Ute.

e) Letztes Jahr gehörten 32 Schüler zur Klasse; dieses Jahr sind es nur noch 28.

f) Hans kauft ein gebrauchtes Fahrrad für 115 €; neu würde das Rad 295 € kosten.

g) Ein Fernsehgerät kostete bisher 840 €. Der Preis wird um 5,5% gesenkt.

h) Ein Geschäft gewährt auf einen Kaufpreis von 1140 € bei Barzahlung einen Nachlass von 2%.

i) Von 35 Schülern einer Klasse tragen 40% eine Brille; zwei Brillenträger sind weitsichtig.

j) Der Preis eines Fernsehgerätes wurde um 5,5% auf 896,75 € erhöht.

k) Frau Konradi sagt: „Wenn mein Gehalt um 10% steigt, verdiene ich 1980 €."

2. Um wie viel Prozent des ursprünglichen Wertes wurden die Preise gesenkt?

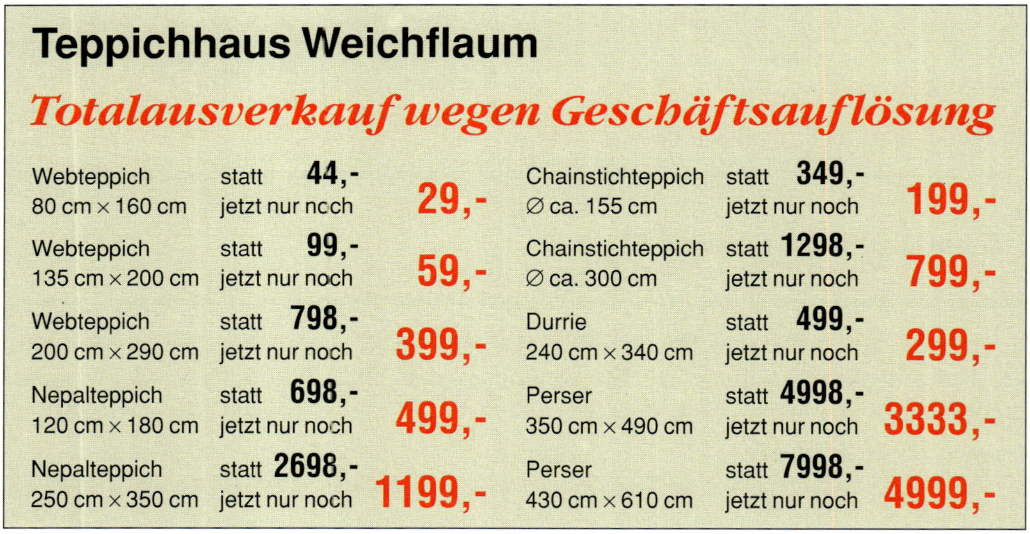

Bild 20

3. Ein Walkman eines bestimmten Fabrikats wird von einem Großhändler für 24 € an Einzelhändler abgegeben. Diese bieten des Gerät zu unterschiedlichen Preisen an.

Einzelhändler	A	B	C	D	E
Endverkaufspreis	30 €	34 €	36 €	37,50 €	40 €

a) Wie viel Prozent haben die Einzelhändler jeweils auf den Großhandelspreis aufgeschlagen?

b) Wie viel Prozent des Endverkaufspreises bleiben jeweils beim Einzelhändler (Handelsspanne)?

4. Die Firma Byte & Co. bietet Computer für 999€, 1555€, 1888€, 2098€, 2489€ und 3999€ an. Ein Firmensprecher teilt mit, dass diese Preise nach der Computermesse um 30% bis 35% nach unten korrigiert werden.

5. Die nachstehende Tabelle zeigt Beispiele für Weltmarktpreise. Berechne jeweils die prozentuale Änderung, wenn man **a)** den Preis von 1989, **b)** den Preis von 1990 als Grundwert nimmt!

Beispiele für Weltmarktpreise	Ende 1989	Ende 1990
Weizen (Chicago, cts/bush.)	406,60	260,50
Roggen (Winnipeg, kan. $/t)	121,00	100,50
Hafer (Chicago, cts/bush.)	153,50	110,25
Gerste (Winnipeg, kan. $/t)	117,00	88,20
Kakao (London, £/t)	923,00	1150,00
Kaffee (London, £/t)	631,50	606,00
Baumwolle (New York, cts/lb)	69,10	77,80
Wolle (Sydney, cts/kg)	878,00	707,00

6. In der nachstehenden Tabelle sind einige Daten zum Osthandel der Bundesrepublik Deutschland im Jahr 1990 und in Klammern die prozentualen Veränderungen gegenüber 1989 zusammengestellt.

	Einfuhr		Ausfuhr	
Handelspartner	in Milliarden DM (Veränderungen gegenüber 1989 in %)			
VR China	7,660	(+32,1)	3,879	(−15,9)
Polen	5,164	(+44,2)	4,691	(+4,9)
Ungarn	3,254	(+21,1)	3,364	(−7,9)
CSFR	2,704	(+8,4)	3,079	(+12,6)
Rumänien	1,116	(−27,5)	1,113	(+90,6)
Bulgarien	0,396	(+21,2)	0,788	(−46,4)

a) Berechne die Einfuhren aus den aufgeführten Ländern für das Jahr 1989!
b) Berechne die Ausfuhren in die aufgeführten Länder für das Jahr 1989!

7. Die folgenden Tabellen sind dem Jahresbericht eines Automobilwerkes entnommen. Berechne jeweils die Zahlen für 1990!

Konzern in Zahlen

	1991	Veränd. 91/90 in %
in Mio. DM		
Umsatz	76315	+12
Inland	36360	+35
Ausland	39955	− 3
Investitionen	9910	+85
Abschreibungen	4021	+ 7
Ertragsteuern	671	−49
Überschuss	1114	+ 3

Produktion und Absatz

	1991	Veränd. 91/90 in %
in 1000 Autos		
Produktion	3128	+ 2
Inland	1814	−
Ausland	1314	+ 6
Absatz	3126	+ 3
Inland	1246	+32
Ausland	1880	−10

8. In einer Liste stehen Preise ohne Mehrwertsteuer. Berechne die Preise mit Mehrwertsteuer, wenn diese 15% beträgt!

a) 300 € **b)** 50 € **c)** 1500 € **d)** 7 € **e)** 0,6 €
f) 0,05 € **g)** 42 € **h)** 360 € **i)** 1950 € **j)** 28 400 €
k) 625 € **l)** 763 € **m)** 7,80 € **n)** 362,50 € **o)** 869,56 €

9. In einer Liste stehen Preise mit Mehrwertsteuer. Berechne die Preise ohne Mehrwertsteuer, wenn diese 15% beträgt! Beachte, dass der Preis mit Mehrwertsteuer 115% des Preises ohne Mehrwertsteuer beträgt!

a) 230 € **b)** 57,50 € **c)** 1380 € **d)** 0,92 € **e)** 48,30 €
f) 718,75 € **g)** 30 130 € **h)** 1148,85 € **i)** 425,50 € **j)** 1000 €
k) 50 € **l)** 0,30 € **m)** 454,25 € **n)** 37,95 € **o)** 999,35 €

10. Die angegebenen Verkaufspreise enthalten 16% Mehrwertsteuer. Berechne die Preise ohne diese Steuer!

a) 19,72 € **b)** 52,20 €
c) 74,24 € **d)** 98,60 €
e) 15,66 € **f)** 37,12 €
g) 4,35 € **h)** 7,54 €
i) 0,87 € **j)** 29,58 €
k) 30,16 € **l)** 9,86 €
m) 109,62 € **n)** 16,82 €
o) 113,10 € **p)** 997,60 €

Bild 21

11. Den relativen Anteil des Feingoldes (F) an der Gesamtmasse (Rohgewicht R) einer Goldmünze nennt man die „Feinheit". Man gibt die Feinheit in Promille an. Berechne die Feinheit der folgenden Goldmünzen!

a) 10 Schweizer Franken; R = 3,22 g; F = 2,90 g
b) 1 Pfund Sterling; R = 7,98 g; F = 7,32 g
c) Viererdukaten; R = 13,99 g; F = 13,80 g
d) 100 chilenische Peso; R = 20,33 g; F = 18,64 g
e) 5 Rubel; R = 4,30 g; F = 3,87 g
f) 1 türkisches Pfund; R = 7,21 g; F = 6,61 g

12. Berechne nach den Angaben aus Bild 22 die neuen und die alten Bahnpreise.

Bahn denkt über Teuerung nach

Frankfurt. Auch bei der Bahn wird über Fahrpreiserhöhungen nachgedacht. So sollen bestimmte Pauschalpreise um 12% angehoben werden. Danach würde z. B. ein Juniorpass um 13,20 €, ein Familienpass um 15,60 € und eine persönliche Jahresnetzkarte um 813,60 € teurer. Die gewöhnlichen Fahrpreise sollen um 8% verteuert werden. Für eine einfache Fahrt in der zweiten Klasse von 185 km bzw. 460 km sind dann 3,20 € bzw. 8 € mehr fällig. Auch den Spartarifen soll es mit einer Erhöhung um immerhin noch 5% an den Kragen gehen: Für die Langstrecke wären dann 199,50 € im Spartarif und 147 € im Superspartarif zu zahlen.

Bild 22

IV. Weitere Aufgaben und Beispiele zur Prozentrechnung

Aus dem Geschäftsleben

1. Eine Verkäuferin bereitet die Preisschilder für einen Sonderverkauf vor. Sie soll die Preise um 15% reduzieren und dann auf 10-Cent-Beträge runden.

a) 19,80 € **b)** 25,60 € **c)** 34,20 € **d)** 38,60 € **e)** 76,40 € **f)** 94,80 €

2. Ein Kaufhaus stellt in einer Werbebroschüre seinen Verkaufspreisen die von den Herstellern empfohlenen Richtpreise gegenüber. Wie viel Prozent beträgt die Ermäßigung, wenn man den Richtpreis (den Verkaufspreis) als Grundwert nimmt?

	a)	b)	c)	d)	e)	f)
Richtpreis	398 €	396 €	458 €	37,40 €	48,50 €	39,90 €
Verkaufspreis	348 €	368 €	428 €	29,50 €	42,50 €	34,90 €

3. Um wie viel Prozent wurden die Preise durch die folgenden Sonderpreise ermäßigt?

	a)	b)	c)	d)	e)	f)
Alter Preis	10 €	12,15 €	8,70 €	4,70 €	25,50 €	3,80 €
Sonderpreis	7 €	8,40 €	5,65 €	3,76 €	19,99 €	1,99 €

4. Für eine Werbeaktion reduziert ein Geschäft alle Waren um 20%. Nach 2 Wochen setzt es die reduzierten Preise um 20% des reduzierten Preises wieder herauf.

a) Ein Artikel kostet ursprünglich 150 € (210 €). Wie viel kostet er während der Werbeaktion, wie viel danach?

b) Um wie viel Prozent sind die Preise nach der Aktion höher oder tiefer als davor?

5. Bei einer Bank sind von 135700 Konten 12680 im letzten Jahr eröffnet worden. Wie viel Prozent sind dies?

6. Eine Sparkasse wirbt: „Heute 703,18 € eingezahlt, in 4 Jahren 1000 € ausgezahlt."

a) Um wie viel Prozent ist das eingezahlte Geld in vier Jahren angewachsen?

b) Wie viel Prozent der ausgezahlten Summe macht der Gewinn aus?

7. Ein Mantel hat im Einkauf 100 € gekostet, er soll für 160 € verkauft werden.

a) Wie viel Prozent des Endpreises beträgt der Einkaufspreis?

b) Um welchen Prozentsatz des Einkaufspreises ist der Verkaufspreis höher als der Einkaufspreis?

c) Da sich an dem Mantel ein Webfehler herausstellt, wird er mit einem Preisnachlass von 25% auf 160 € verkauft. Wie viel kostet der Mantel dann?

d) Wie viel Prozent des Verkaufspreises macht dann die Handelsspanne aus?

e) Wie viel Prozent der ursprünglichen Handelsspanne beträgt der Preisnachlass?

8. Der reguläre Preis einer Ware beträgt 621 € (552 €). Der Großhandelspreis beträgt 360 € zuzüglich 16% Mehrwertsteuer.

a) Wie viel kostet die Ware im Großhandel?

b) Um wie viel Prozent ist die Ware im Großhandel billiger als im Einzelhandel?

c) Wie viel Prozent beträgt der Aufschlag auf den Großhandelspreis?

Rabatt und Skonto

Einen Preisnachlass, der beim Einkauf einer Ware gewährt wird, nennt man **„Rabatt"**. Unter **„Skonto"** versteht man dagegen einen Abzug von einem Rechnungsbetrag, der an eine Zahlungsfrist (z.B. 7 Tage oder 14 Tage) gebunden ist.

Beispiel

STEINBEISS & SÖHNE Köln, den 17. 09. 93
Baustoffe aller Art

Rechnung

Warenwert	1640,-€
Mehrwertsteuer	246,-€
Endbetrag	1886,-€

Zahlbar innerhalb von 8 Tagen mit 2% Skonto oder 30 Tagen netto.
Die Ware bleibt mein Eigentum bis zur restlosen Bezahlung.

Bild 23

Zahlt man diese Rechnung innerhalb von 8 Tagen, so kann man vom Rechnungsbetrag 2% abziehen, also $1886\,€ \cdot 0{,}02 = 37{,}72\,€$. Man hat dann also nur $1886\,€ - 37{,}72\,€ = 1848{,}28\,€$ zu zahlen.
Lässt man die Frist von 8 Tagen verstreichen, so muss man den vollen Rechnungsbetrag von 1866,—€ bezahlen. Nach Ablauf von 30 Tagen kann der Lieferant sogar Verzugszinsen verlangen.

9. In einem Lieferangebot sind die folgenden Zahlungsbedingungen angegeben:

Bei Vorauszahlung 3% Skonto; zahlbar innerhalb 8 Tagen nach Rechnungsdatum mit 2% Skonto oder innerhalb 30 Tagen ohne Abzug.

Berechne die Einsparungen, die sich bei Vorauszahlung bzw. Bezahlung der Rechnung innerhalb von 8 Tagen ergeben! Wie hoch ist jeweils der Betrag der Zahlung?
a) 124 € **b)** 92 € **c)** 64,50 € **d)** 37,20 € **e)** 71,80 € **f)** 225,40 €

10. Bei einer Sammelbestellung sollen 31 Trainingsanzüge geliefert werden. Da die Lieferfirma ein Musterexemplar gratis zur Verfügung stellt, werden 30 Anzüge bestellt. Der Listenpreis beträgt 110,20 € einschließlich 16% Mehrwertsteuer.
a) Wie hoch ist der Listenpreis ohne Mehrwertsteuer?
b) Die Firma gewährt einen Rabatt von 10% auf den Listenpreis. Wie hoch ist der Rechnungsbetrag zuzüglich 16% Mehrwertsteuer?
c) Bei Barzahlung werden 2% Skonto gewährt. Welcher Betrag ist zu zahlen?
d) Wie viel kostet ein Trainingsanzug, wenn die Ermäßigungen auf alle 31 Stück umgelegt werden?
e) Wie viel Prozent beträgt die Gesamtermäßigung pro Anzug im Vergleich zum normalen Ladenpreis?

11. Eine Klasse bestellt 27 Taschenrechner zum Stückpreis von 20,30 € einschließlich Mehrwertsteuer. Einer der Taschenrechner wird kostenlos geliefert. Auf den Rechnungsbetrag wird ein Schulrabatt von 6% und auf die so ermittelte Zwischensumme ein Jubiläumsrabatt von 2,5% gewährt.
a) Wie hoch ist der endgültige Rechnungsbetrag für die 27 Geräte?
b) Die Rechnung wird mit 2% Skonto bezahlt; für die Sendung ist eine Zustellgebühr von 1,30 € zu entrichten. Wie hoch sind die Gesamtkosten? Wie viel kostet schließlich der einzelne Taschenrechner?
c) Wie hoch ist der gesamte Preisnachlass absolut und prozentual?

12. In einem Kaufhaus erhalten die Beschäftigten einen Personalrabatt von 10%. Ein Angestellter will einen Anzug kaufen, der regulär 190 € plus 16% Mehrwertsteuer kostet. An der Personalkasse entsteht nun eine Auseinandersetzung darüber, ob zunächst die Mehrwertsteuer aufzuschlagen und dann der Personalrabatt abzuziehen ist oder ob umgekehrt vorzugehen sei. Welches Verfahren wäre für den Angestellten am günstigsten?

Aus der Wirtschaft

13. Ein Unternehmen zahlte im Vorjahr an Gehältern 3205000 €, im laufenden Jahr waren es 3735000 €. Wie hoch war der prozentuale Anstieg, bezogen auf das Vorjahr bzw. das laufende Jahr?

14. Bei Tarifverhandlungen stehen drei Vorschläge zur Debatte:
A) Die Gehälter werden um einen Betrag von 100 € angehoben;
B) die Gehälter werden um $6\frac{3}{4}\%$ angehoben;
C) die Gehälter werden um einen Sockelbetrag von 30 € und um 5% des ursprünglichen Gehalts angehoben.
Wie wirken sich diese Regelungen auf ein Gehalt von 1000 € (1750 €, 2500 €) aus.

15. Die folgende Tabelle zeigt Angaben des Statistischen Bundesamtes über die Bruttojahresarbeitsverdienste bestimmter Gruppen von Arbeitern und Angestellten.

Berufliche Stellung	Geschlecht	1971	1981	1987
Arbeiter	insgesamt	15987	33454	40784
	Männer	17298	35515	43126
	Frauen	11068	24402	30000
Angestellte	insgesamt	18529	42707	52866
	Männer	22151	49035	60941
	Frauen	13396	31392	38707

a) Berechne die prozentualen Steigerungen bei den Arbeitern!
b) Berechne die prozentualen Steigerungen bei den Angestellten!
c) Haben die Arbeiter von 1971 bei 1987 gegenüber den Angestellten „aufgeholt"?
d) Haben die Frauen von 1971 bis 1987 gegenüber den Männern „aufgeholt"?

16. Nach UNO-Angaben betrug der Wert aller Exporte im Welthandel 1987 etwa 2500 Milliarden Dollar. 1988 stieg er gegenüber dem Vorjahr um 13%, 1989 gegenüber dem Vorjahr um 7% und 1990 gegenüber dem Vorjahr um 11%. Wie hoch war der Wert 1990?

Aus Wissenschaft und Technik

17. In einem Labor werden für einen Versuch 10 cm³ einer 1%-Lösung einer Säure benötigt. Es ist aber nur eine 10%-Lösung dieser Säure vorhanden. Was ist zu tun?

18. Der Wirkungsgrad einer Heizung wird geprüft, indem man die Verbrennungstemperatur im Kessel, die Temperatur der Abgase und die des Heizungskellers misst. Der Wirkungsgrad der Heizung wäre 100%, wenn die Abgastemperatur gleich der Lufttemperatur im Heizungskeller wäre; er wäre 0%, wenn die Abgastemperatur gleich der Verbrennungstemperatur wäre. Die Lufttemperatur im Heizungskeller sei 18 °C; die Verbrennungstemperatur sei 420 °C.

a) Die Abgastemperatur beträgt 40 °C (60 °C; 80 °C; 100 °C; 120 °C). Welchem Wirkungsgrad entspricht das?

b) Welche Temperatur haben die Abgase, wenn die Heizung einen Wirkungsgrad von 80% (85%; 90%; 95%) hat?

19. Die nebenstehende Graphik zeigt, wie viel Prozent des Jahreswärmebedarfs in den einzelnen Monaten verbraucht werden.

a) Stelle den Sachverhalt durch ein Kreisdiagramm dar!

b) Die Wohnung von Herrn Schulz ist an eine Fernheizung angeschlossen. Er hat im letzten Jahr dafür monatlich 100 € vorausgezahlt und 90 € in der Jahresendabrechnung zurückbekommen. Wie viel hat ihn die Heizung in den einzelnen Monaten gekostet?

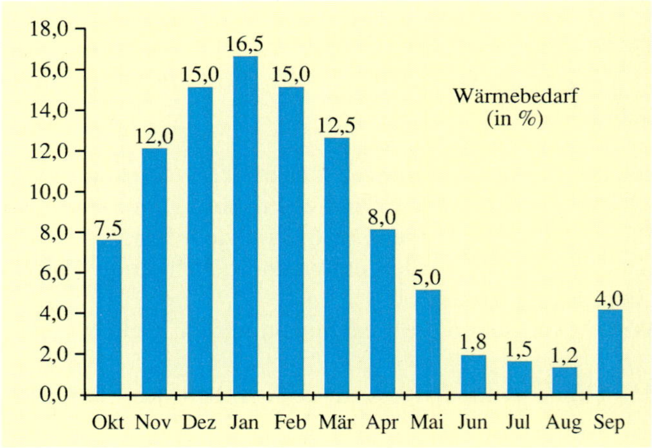

Bild 24

c) Das Einfamilienhaus von Frau Bernhardi wird mit einer Gasheizung beheizt. Sie hat im vergangenen Jahr genau 4070 m³ Gas bezogen. In den ersten drei Monaten dieses Jahres kostete das Gas 0,29 € pro m³, in den weiteren neun Monaten 0,27 € pro m³. Wie hoch war ihre Jahresrechnung?

d) In einem gasbeheizten Zweifamilienhaus wurden im Januar 970 m³ und im Februar 880 m³ Gas verheizt. Mit welchem Jahresverbrauch ist nach der Graphik zu rechnen?

20. a) Die Weltbevölkerung hat sich von 1900 bis 1960 von 1,65 Mrd. auf 3,01 Mrd. erhöht. Wie viel Prozent sind das bezogen auf das Jahr 1900?

b) 1988 betrug die Weltbevölkerung 5,2 Mrd. Wie viel Prozent sind das bezogen auf das Jahr 1900 (1960)?

c) Schätzungen sprechen für das Jahr 2000 von 6,2 Mrd. Wie viel Prozent wären dies bezogen auf 1900 (1960; 1988)?

21. Welchen Prozentanteil haben die Länder der Bundesrepublik Deutschland an der gesamten Fläche und der gesamten Einwohnerzahl?

Land (Stand 3. 10. 1990)	Fläche in km^2	Einwohner in 1000
Baden-Württemberg	35751	9787400
Bayern	70554	11413000
Berlin	883	3429300
Brandenburg	29060	2591200
Bremen	404	681600
Hamburg	755	1646800
Hessen	21114	5746800
Mecklenburg-Vorpommern	23835	1932600
Niedersachsen	47349	7367700
Nordrhein-Westfalen	34068	17311500
Rheinland-Pfalz	19849	3753800
Saarland	2570	1073700
Sachsen	18338	4795700
Sachsen-Anhalt	20444	2890500
Schleswig-Holstein	15730	2623000
Thüringen	16251	2626500

Bild 25

Absolute und relative Fehler

Wenn man einen Wert schätzt, so wird man in der Regel nicht den wahren Wert treffen. Die Differenz zwischen dem wahren Wert und dem Schätzwert nennt man den **„absoluten Fehler“**. Der Quotient aus dem absoluten Fehler und dem wahren Wert heißt **„relativer Fehler“**. Er wird häufig durch einen Prozentsatz angegeben.

Beispiel

Gisela schätzt die Entfernung zu einem Baum auf etwa 60 m. Tatsächlich sind es 68 m.

Der **absolute Fehler** ist: $68\text{ m} - 60\text{ m} = 8\text{ m}$.

Der **relative Fehler** ist: $\frac{8\text{ m}}{68\text{ m}} = \frac{2}{17} \approx 0{,}118$.

Der **prozentuale Fehler** beträgt rund 11,8%.

22. Fünf Kinder schätzen die Abmessungen ihres Klassenraumes.

	Holger	Michaela	Frank	Susanne	Volker
Länge l (in m)	9,50	10,50	9,70	10,00	9,60
Breite b (in m)	7,50	8,00	7,20	7,40	7,30
Höhe h (in m)	3,50	3,50	3,30	3,20	3,40

Die Messung der Größen ergab: $l = 9{,}80$ m, b = 7,40 m und h = 3,40 m.

Berechne die absoluten, die relativen und die prozentualen Abweichungen der Schätzwerte vom Messwert!

23. Schätze mit geschlossenen Augen den Zeitraum von 60 Sekunden ab und vergleiche mit der tatsächlich vergangenen Zeit, indem du vorher und hinterher den Sekundenzeiger deiner Uhr abliest! Wie lang ist die von dir geschätzte Minute? Wie groß ist der prozentuale Fehler?

24. Wenn man eine Zahl rundet, entsteht ein Rundungsfehler. Der relative und der prozentuale Fehler werden hierbei meistens auf den gerundeten Wert bezogen. Wie groß sind die absoluten, relativen und prozentualen Fehler, wenn man die Zahlen
a) 347; 582; 1017; 496; 4,96 und 0,378 auf zwei geltende Stellen rundet;
b) 58; 224; 318; 31,8; 3,18 und 0,318 auf eine geltende Stelle rundet?

25. Die Länge eines Drahtes ist mit 50 m angegeben; die Herstellerfirma sagt in ihrem Prospekt, dass die Abweichung höchstens ein halbes Prozent (1 Promille) beträgt. Wie lang ist der Draht mindestens, wie lang höchstens?

Zahlen und Prozentangaben bei Wahlen

26. Bei einer Vorstandswahl wurden 850 Stimmkarten ausgeteilt, 720 wurden zurückgegeben; es waren 355 Ja-Stimmen und 300 Nein-Stimmen; die restlichen Stimmen waren ungültig oder Enthaltungen.
a) Wie viel Prozent haben sich an der Abstimmung beteiligt?
b) Wie verteilen sich die Ja-Stimmen und die Nein-Stimmen prozentual auf die abgegebenen Stimmen?
c) Wie verteilen sich die Ja-Stimmen und die Nein-Stimmen prozentual auf die Anzahl der anwesenden Stimmberechtigten?
d) Ist der Vorstand gewählt, wenn die Satzung für die Wahl die absolute Mehrheit, also mehr als 50% der anwesenden Stimmberechtigten (die absolute Mehrheit der an der Abstimmung Beteiligten; die relative Mehrheit) vorschreibt?

27. Bild 26 zeigt die Sitzverteilung im Bundestag nach den Wahlen von 1972, 1976, 1980, 1983, 1987 und 1990.

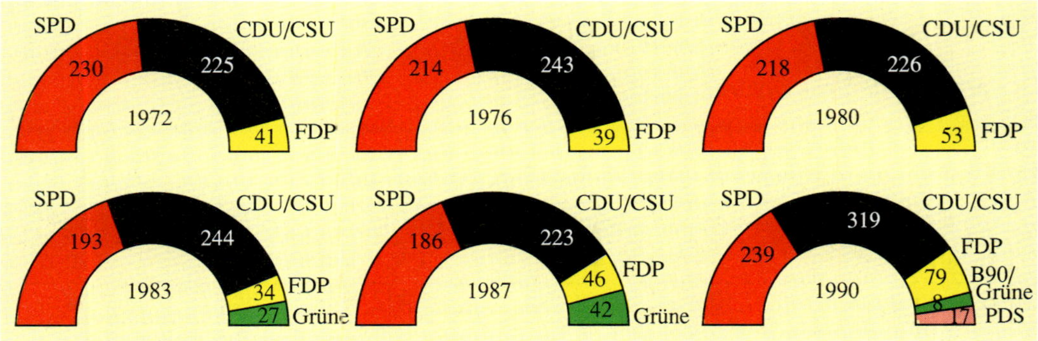

Bild 26

a) Wie viel Prozent der Mandate entfielen jeweils auf die einzelnen Parteien?
b) Um wie viel Prozentpunkte hat sich jeweils die Anzahl der Mandate der einzelnen Parteien gegenüber der Vorwahl erhöht oder verringert?

28. Die letzten Wahlen im Lande Nirgendwo hatten folgenden Ausgang:

	Partei A	Partei B	Partei C	Partei D	Partei E
Stimmenzahl bei der vorletzten Wahl in Millionen (gerundet)	22,1	18,6	4,8	–	0,2
Stimmenzahl bei der letzten Wahl in Millionen (gerundet)	20,9	19,7	5,8	1,05	0,35

Nach der Wahl findet eine Fernsehdiskussion mit den 5 Parteisprechern statt.

Parteisprecher A: „Wir haben die Wahl gewonnen, da wir mehr Stimmen als die anderen Parteien erhielten!“

Parteisprecher B: „Wir haben die Wahl gewonnen, da wir die meisten Stimmen hinzugewonnen haben!“

Parteisprecher C: „Wir haben die Wahl gewonnen, da wir unseren Stimmenanteil gegenüber der letzten Wahl prozentual am meisten steigern konnten.“

Parteisprecher D: „Wir haben die Wahl gewonnen, da wir in den zwei Jahren seit unserer Parteigründung jährlich mehr als eine halbe Million Wähler überzeugen konnten, also den größten jährlichen Zuwachs haben!“

Parteisprecher E: „Wir haben die Wahl gewonnen, da wir unsere Stimmenzahl gegenüber der letzten Wahl prozentual am meisten steigern konnten!“

a) Überprüfe die einzelnen Aussagen! Was ist dazu zu sagen?

b) Natürlich begründen die Parteisprecher auch, warum die anderen Parteien die Wahl nicht gewonnen, sondern verloren haben. Finde solche Argumente und belege sie mit Zahlen und Prozentangaben!

Zum Überlegen

29. a) Ein Platz ist 70 m lang und 50 m breit. Man vergrößert die Länge um 10%. Um wie viel Prozent nimmt die Fläche zu? Was geschieht, wenn man die Breite statt der Länge um 10% vergrößert?

b) Ein Platz ist 120 m lang und 80 m breit. Man vergrößert die Länge und die Breite um je 10%. Um wie viel Prozent nimmt die Fläche zu?

c) Im Zuge einer Flurbereinigung soll ein rechteckiges Feld um 10% länger und um 10% schmäler werden. Warum ist der Bauer damit nicht einverstanden?

Bild 27

30. Ein Automobilhersteller wirbt in einer Anzeige: „Von den von unserer Firma in den letzten 20 Jahren produzierten Diesel-Pkw sind heute noch mehr als 80% zugelassen!“ Kann man daraus Rückschlüsse auf eine hohe Lebensdauer dieser Autos ziehen? Prüfe, welchen Einfluss die Produktionszahlen in den einzelnen Jahren auf das Ergebnis haben!

31. In einer Stadtzeitung in einem fernen Land erscheint ein Bericht, dass ausländische Mitbürger häufiger straffällig werden als die Einheimischen. In dieser Stadt mit 210000 Einwohnern gibt es 10000 Ausländer, von denen 2,7% schon einmal straffällig wurden, während von den 200000 einheimischen Bürgern nur 2,2% schon straffällig wurden. Bei einer genaueren Analyse stellt sich heraus, dass von den 100000 einheimischen Männern 4% schon einmal straffällig wurden und von den 100000 einheimischen Frauen 0,4%. Von 9000 ausländischen Männern sind jedoch nur 3% schon einmal straffällig geworden und von den 1000 ausländischen Frauen nur 0,3%. Ist die Zeitungsbehauptung dennoch richtig und berechtigt?
Wie ist der Sachverhalt mathematisch zu erklären?

32. Eine Zeitung berichtet über einen Fall von Frauendiskriminierung: „An unserer Hochschule wurden dieses Jahr von den männlichen Bewerbern fast 50% angenommen, von den Bewerberinnen aber nur 38%!“ Der Rektor der Hochschule legt auf einer Pressekonferenz die Zahlen für die einzelnen Fachbereiche vor.

Fachbereich	Anzahl Bewerber	davon angenommen	Anzahl Bewerberinnen	davon angenommen
A	810	502	113	92
B	641	403	25	17
C	312	106	591	218
D	419	138	425	144
E	218	26	119	16

Der Rektor behauptet: „In allen Fachbereichen unserer Hochschule liegt die Annahmequote der männlichen Bewerber unter der Annahmequote der weiblichen Bewerber. Unsere Hochschule ist frauenfreundlich!“

a) Überprüfe die Aussagen der Zeitung und des Rektors!
b) Um den auf den ersten Blick erstaunlichen Sachverhalt aus a) zu verstehen, betrachten wir ein einfacheres Beispiel mit zwei Fachbereichen.

Fachbereich	Anzahl Bewerber	davon angenommen	Anzahl Bewerberinnen	davon angenommen
A	90	72	10	9
B	10	4	90	45

Bestätige, dass in beiden Fachbereichen prozentual mehr Frauen als Männer, insgesamt aber prozentual mehr Männer als Frauen aufgenommen werden! Wie ist das mathematisch zu erklären?
c) Wie viel Bewerberinnen müssten im Fachbereich B aufgenommen werden, damit der prozentuale Anteil bei Frauen und bei Männern insgesamt gleich ist?
d) Wie ist der Sachverhalt von Teil a) mathematisch zu erklären?

33. Die folgenden Zeitungsberichte enthalten Zahlen und Prozentangaben. Welche Größen kann man aus diesen Daten ermitteln? Berechne sie mit Hilfe eines Taschenrechners! Arbeite stets mit einer den gegebenen Daten und dem Sachverhalt angemessenen Genauigkeit!

a) Während der Zementumsatz wegen der abwärtsgerichteten Konjunkturentwicklung in den USA um 1,6 Prozent auf knapp 600 Millionen Euro sank, hatte die Beton- und Baustofftechnik ein Plus von elf Prozent und kam auf 182,5 Millionen Euro. Die Zahl der Beschäftigten stieg um 687 auf 8627.

b) Die Zahl der bei den westdeutschen Hypothekenbanken anhängigen Zwangsversteigerungen hat sich gegenüber dem Vorjahr um 7,7 Prozent auf knapp 4400 verringert. Die Zwangsversteigerungsquote war mit 0,39 Prozent aller beliehenen Objekte so niedrig wie seit 10 Jahren nicht mehr.

c) Nach Angaben des Statistischen Bundesamtes sank in der Bundesrepublik Deutschland der Energieverbrauch von 1973 bis 1989 um 9% auf 62 Millionen Tonnen Steinkohleeinheiten (SKE).

d) Die Bank kann sich über eine beträchtliche Geschäftsausweitung freuen. So stieg die Bilanzsumme um 87 Prozent auf reichlich 20 Milliarden Euro. Immerhin wurde ein Drittel des Wachstums durch die Expansion des eigenen Geschäfts erreicht, der restliche Batzen resultiert aus der Übernahme der Stadtbank. Nicht ganz so spektakulär ging es bei den Einlagen zu, die aber immerhin um 53 Prozent auf 20 Milliarden zulegten.

e) Nach einem Zuwachs von 19,6 Prozent im Vorjahr auf 354 Millionen Euro erwartet die Geschäftsleitung im laufenden Jahr ein Umsatzvolumen von über 400 Millionen Euro. Im ersten Vierteljahr seien die Erlöse um 13 Prozent höher ausgefallen. Die Zahl der Vertriebsstellen soll von jetzt knapp 2700 bis zum Jahresende auf 2800 erhöht werden.

f) Ein Sprecher der Staatsanwaltschaft hob hervor, dass im letzten Jahr nur etwa 250 derartige Straftaten zur Anzeige kamen. Man rechne aber bei diesem Vergehen mit einer sehr hohen Dunkelziffer von mindestens 95 Prozent.

g) Wie der Sprecher bei der Vorstellung der neuen Stufenhecklimousine sagte, habe die Firma ihren Marktanteil in den ersten drei Monaten des Jahres von 17,2% auf 17,6% ausgeweitet, während die Anzahl der Verkaufsabschlüsse um 8% auf 190000 gesunken sei.

h) Noch am Wahltag hatten bei einer Repräsentativbefragung von 9600 Personen gut 6 Prozent angegeben, dieser Partei ihre Stimme geben zu wollen. Nach der Auszählung gab es lange Gesichter. Von den 782456 abgegebenen gültigen Stimmen entfielen 38965 auf die enttäuschte Partei, deren Sprecher sofort eine erneute Auszählung beantragte.

§ 4 Zinsrechnung

I. Jahreszinsen

1. Zur Einführung

Zu Anfang eines neuen Jahres geht Julia mit ihrem Vater zur Sparkasse, um in ihr Sparbuch die **„Zinsen“** für das vergangene Jahr eintragen zu lassen. Diese Zinsen sind eine Vergütung dafür, dass Julia der Sparkasse während des ganzen letzten Jahres einen bestimmten Geldbetrag zur Verfügung gestellt hat. Umgekehrt muss man Zinsen zahlen, wenn man Geld bei einem Geldinstitut (Sparkasse oder Bank) oder von privater Hand ausleiht.

Bild 1

2. Grundlegende Begriffe

Die Zinsen hängen ab von der Größe des eingezahlten (oder ausgeliehenen) Betrages, vom sogenannten **„Kapital“**, vom vereinbarten **„Zinssatz“**[1)] und von der **Zeit**, während der das Kapital ausgeliehen ist.

Für das **doppelte Kapital** erhält man die **doppelten Zinsen**,
für das **dreifache Kapital** erhält man die **dreifachen Zinsen** usw.

Die **Zinsen** sind also **proportional** zum **Kapital**. Der Proportionalitätsfaktor ist für eine Laufzeit von einem Jahr der sogenannte **„Zinssatz“**, der stets als ein **bestimmter Prozentsatz** festgesetzt oder vereinbart wird, z. B. 4%; 5%; 6,5% usw. Wir beschäftigen uns zunächst mit den Zinsen für **ein Jahr**, den **„Jahreszinsen“**.

3. Beispiel für Jahreszinsen

Auf Julias Sparbuch war zu Anfang des letzten Jahres ein Betrag von 852,50 € eingetragen. Der Zinssatz betrug 6%; das bedeutet, dass von der Sparkasse für **ein Jahr** 6% von 852,50 € an Zinsen ausgezahlt oder dem Kapital „gutgeschrieben“, also hinzugefügt werden. Die Zinsen betragen also:

$$Z = \frac{6}{100} \cdot 852{,}50\,€ = 51{,}15\,€.$$

Julia lässt die Zinsen auf ihrem Sparbuch und hat nun ein Guthaben von

$$852{,}50\,€ + 51{,}15\,€ = 903{,}65\,€.$$

1) Der Zinssatz wird manchmal auch „Zinsfuß“ genannt.

4. Vergleich zwischen Prozentrechnung und Zinsrechnung

Wie das Beispiel zeigt, ist die Berechnung von Jahreszinsen ein Sonderfall der Prozentrechnung. Es entsprechen einander die folgenden Begriffe und auch die zugehörigen Gleichungen.

Prozentrechnung	Zinsrechnung
Grundwert G	Kapital K
absoluter Wert W	Jahreszinsen Z
Prozentsatz p%	Zinssatz p%

Prozentrechnung	Zinsrechnung
$\frac{W}{G} = \frac{p}{100}$	$\frac{Z}{K} = \frac{p}{100}$
$W = \frac{p}{100} \cdot G$	$Z = \frac{p}{100} \cdot K$
$p = 100 \cdot \frac{W}{G}$	$p = 100 \cdot \frac{Z}{K}$

Die Grundaufgaben der Zinsrechnung lassen sich also – soweit es sich um Jahreszinsen handelt – genauso bearbeiten wie die entsprechenden Aufgaben zur Prozentrechnung.

5. Gesucht sind die Jahreszinsen

Beispiel

Wie viel Jahreszinsen bringt ein Kapital von 35000 € bei einer Verzinsung von 7,5%?

Lösung:

Es ist r = 7,5%, also $Z = \frac{7{,}5}{100} \cdot 35000\,€ = 2625\,€$.

Die Jahreszinsen belaufen sich also auf 2625 €.

6. Gesucht ist der Zinssatz

Beispiel

Herr Niehaus kann einen Betrag von 12000 € ein Jahr ausleihen. Er möchte dafür mindestens 750 € an Zinsen einnehmen. Welchen Zinssatz muss er mindestens verlangen?

Lösung:

Es ist $r = \frac{W}{G} = \frac{750}{12000}$,

also $p = 100 \cdot r = \frac{75}{12} = 6{,}25$.

Herr Niehaus muss also wenigstens $6\frac{1}{4}$% Zinsen verlangen.

Bild 2

7. Gesucht ist das Kapital

Beispiel

Herr Neubauer möchte sich durch Anlegen eines Geldbetrages bei einer Bank zu seiner Pension eine zusätzliche jährliche Einnahme von 4800 € aus den Zinsen sichern. Welchen Betrag muss er anlegen, wenn die Bank ihm 7,5% Zinsen zusichert?

Man nennt eine solche regelmäßige Zahlung eine **„Rente“**.

Lösung (Dreisatzverfahren):

7,5% sind 4800 €

1% sind $\frac{4800}{7{,}5}$ €

100% sind $100 \cdot \frac{4800}{7{,}5}$ €

	7,5%	4800 €	
:7,5 ↓	1%	–	$\cdot \frac{100}{7{,}5}$
·100 ↓	100%	$\frac{100}{7{,}5} \cdot 4800$ €	

Rechnung: $K = 100 \cdot \frac{4800}{7{,}5}$ € $= 64\,000$ €

Rechnung: $K = \frac{100}{7{,}5} \cdot 4800$ € $= 64\,000$ €

Herr Neubauer muss also 64 000 € anlegen, wenn er aus den Zinsen eine jährliche Rente von 4800 € erzielen will.

Aufgaben und Beispiele

Zum Einstieg

Peter hat zu Jahresbeginn ein Sparkonto mit 150 € eröffnet. Am 31.12. werden ihm 6,75 € gutgeschrieben. Der Kontostand beträgt jetzt 156,75 €.

Datum	Text	Abgang	Zugang	Guthaben €
02.01.02	Einz.		150,00	150,00
31.12.02	Zins.		6,75	156,75

Bild 3

Berechnung der Jahreszinsen

1. Berechne die Jahreszinsen!

	Betrag (in €)	Zinssatz p%
a)	180	4%
b)	1250	6%
c)	2480	7,5%
d)	128 000	6,5%
e)	24 000	3,75%
f)	14 700	7,25%

2. Berechne die Jahreszinsen!
Beachte, dass die Kreditinstitute Centbeträge nicht verzinsen!

	Betrag (in €)	Zinssatz p%
a)	1 453,50	6,5%
b)	21 748,30	7,25%
c)	31 248,50	6,75%
d)	55 248,10	5,65%
e)	17 840,15	7,35%
f)	48 814,35	8,25%

3. a) Berechne die Jahreszinsen für 100 €, 200 €, 300 €, 400 €, 500 € und 600 bei einem Zinssatz von 6%!
b) Zeichne den Graphen der Zuordnung „Kapital → Jahreszinsen“!
c) Lies am Graphen Näherungswerte für die Jahreszinsen für 150 €, 250 €, 350 €, 450 € und 550 € ab!

Berechnung des Zinssatzes

4. Ein Kapital soll etwa die angegebenen Jahreszinsen erbringen. Zu welchem Zinssatz muss es dafür angelegt werden?

	Kapital (in €)	Zinsen (in €)
a)	21 500	1400
b)	14 300	1000
c)	4200	250
d)	17 800	1200
e)	36 000	3000
f)	58 500	5000

5. Eine Bank schreibt in ihrem Jahresbericht, dass sie für 240 Millionen Euro Spareinlagen 13 376 000 € Zinsen gutgeschrieben hat. Welcher durchschnittliche Zinssatz lag vor?

6. Mathilde hat von ihrem Onkel ein Sparbuch mit 1000 € geschenkt bekommen. Sie lässt dieses Geld für drei Jahre auf der Bank. Die Zinsgutschrift betrug im ersten Jahr 45 €, im zweiten Jahr 52,25 € und im dritten Jahr 63,14 €.
a) Wie hoch war jeweils der Kontostand zu Jahresanfang und Jahresende? Wie hoch war jeweils der Zinssatz?
b) Um wie viel Prozent ist das Guthaben in diesen drei Jahren insgesamt gewachsen?

Datum	Text	Abgang	Zugang	Gutha
03.01.00	Einz.		1000,00	
02.01.01	Zins.		45,00	
31.12.01	Zins.		52,25	
31.12.02	Zins.		63,14	

Bild 4

Berechnung des Kapitals

7. Auf ein Sparkonto wurden zu Jahresende Zinsen gutgeschrieben. Der Zinssatz betrug p%. Wie hoch war das Guthaben zu Jahresbeginn und Jahresende, wenn keine Einzahlungen oder Auszahlungen vorgenommen wurden?

	Jahreszinsen	Zinssatz p%
a)	36 €	3%
b)	42 €	3,5%
c)	42 €	4%
d)	36 €	4,25%
e)	36 €	5%
f)	44 €	5,5%
g)	44 €	6%

8. Aus den Zinsen eines Kapitals soll eine jährliche Rente erzielt werden. Welches Kapital ist dazu bei dem angegebenen Zinssatz (ungefähr) erforderlich?

	Rente (in €)	Zinssatz p%
a)	2400	6%
b)	3000	7,5%
c)	5600	7%
d)	3600	7,25%
e)	4200	6,25%
f)	5000	7,75%
g)	6600	6,5%

9. Berechne die fehlende Größe!

	Kapital (in €)	Zinsen (in €)	Zinssatz p%
a)	2500	162,50	
b)		162,50	5%
c)		172,50	5%
d)	2300	172,50	
e)	2300	103,50	
f)		103,50	6%
g)		103,50	3%
h)	3450	189,75	

II. Zinsen für kleinere Zeitspannen

1. Zinsen für Monate und Tage

Wenn man von einem Sparbuch im Laufe eines Jahres einen Betrag abhebt, dann hat das Geld der Sparkasse nicht für ein volles Jahr, sondern nur für einen kürzeren Zeitraum zur Verfügung gestanden. Bei der Berechnung der Zinsen ist dann die Ausleihzeit („Laufzeit") zu berücksichtigen.

Bild 5

Bei **Zeitspannen unter einem Jahr** werden die Zinsen **proportional zur Laufzeit** berechnet:

für ein **halbes** Jahr erhält man die **Hälfte** der Jahreszinsen;
für einen **Monat** erhält man ein **Zwölftel** der Jahreszinsen.

Zur Vereinfachung der Rechnungen gelten im Geldwesen (auch im Computerzeitalter noch!) die folgenden **Vereinbarungen:**

Ein Monat zählt 30 Tage; ein Jahr zählt 360 Tage.

Demnach gilt

$$\mathbf{1\ Monat} = \frac{1}{12}\ \mathbf{Jahr} \quad \text{und} \quad \mathbf{1\ Tag} = \frac{1}{360}\ \mathbf{Jahr.}$$

Jede Zeitspanne, die kürzer als ein Jahr ist, wird als Bruchteil eines Jahres ausgedrückt.

Beispiele

1) 5 Monate $= \frac{5}{12}$ Jahre **2)** 211 Tage $= \frac{211}{360}$ Jahre

Sind Z' die Zinsen für solche Zeitspannen und Z die Jahreszinsen, so gilt bei diesen Beispielen:

1) $Z' = \frac{5}{12} \cdot Z$, **2)** $Z' = \frac{211}{360} \cdot Z$.

Allgemein gilt

$$\mathbf{Z' = c \cdot Z.}$$

Dabei ist der Faktor c stets der Bruchteil, den die Ausleihzeit an einem Jahr hat.

Bei allen Aufgaben berechnen wir zuerst die Jahreszinsen Z und daraus die Zinsen Z' für die betreffende Laufzeit.

2. Gesucht sind die Monatszinsen

Beispiel

27000 € werden für 5 Monate zu 8% ausgeliehen. Wie hoch sind die Zinsen Z′?

Lösung:

Es ist K = 27000 € und p = 8.

Die Jahreszinsen betragen also: $Z = \frac{8}{100} \cdot 27000\,€ = 2160\,€$.

Es gilt 5 Monate $= \frac{5}{12}$ Jahre; also ist $c = \frac{5}{12}$.

Demnach belaufen sich die Zinsen für 5 Monate auf:

$$Z' = \frac{5}{12} \cdot 2160\,€ = 900\,€.$$

3. Gesucht sind die Tageszinsen

Beispiel

18000 € werden für 155 Tage zu 7% ausgeliehen. Wie hoch sind die Zinsen Z′?

Lösung:

Es ist K = 18000 €, p = 7 und $c = \frac{155}{360}$.

Für die Jahreszinsen gilt: $Z = \frac{7}{100} \cdot 18000\,€ = 1260\,€$;

demnach betragen die Zinsen für 155 Tage:

$$Z' = \frac{155}{360} \cdot 1260\,€ = 542{,}50\,€.$$

4. Gesucht ist der Zinssatz

Beispiel

Herr Krause benötigt für 3 Monate ein Darlehen in Höhe von 14500 €. Er kann dafür 300 € an Zinsen aufbringen. Welchen Zinssatz kann er höchstens akzeptieren?

Lösung:

Gegeben sind das Kapital, die Zinsen und die Laufzeit; gesucht ist der Zinssatz.

Es gilt: K = 14500 €, Z′ = 300 € und $c = \frac{3}{12} = \frac{1}{4}$.

Die Jahreszinsen betragen: $Z = 4 \cdot 300\,€ = 1200\,€$.

Daher gilt: $r = \frac{Z}{K} = \frac{1200}{14500} = \frac{12}{145}$ und $p = 100 \cdot r = \frac{1200}{145} \approx 8{,}28$.

Herr Krause kann also höchstens etwa $8\frac{1}{4}$% akzeptieren.

5. Gesucht ist die Laufzeit

Beispiel

Frau Ludwigs verfügt über einen Betrag von 22 000 €. Für welchen Zeitraum muss sie ihn anlegen, wenn ihr 6% Zinsen angeboten werden und sie 550 € an Zinsen erhalten möchte?

Lösung:

Gegeben sind das Kapital, die Zinsen und der Zinssatz; gesucht ist die Laufzeit.

Es gilt: $K = 22000\,€$, $Z' = 550\,€$ und $p = 6$.

Wir berechnen zunächst die Jahreszinsen:

$$Z = \frac{6}{100} \cdot 22000\,€ = 1320\,€.$$

Daraus berechnen wir die Anzahl der Tage nach dem Dreisatzverfahren.

	Betrag	Zeitspanne	
	1320 €	360 Tage	
$:132$	10 €	–	$\cdot \frac{55}{132}$
$\cdot 55$	550 €	$\frac{55}{132} \cdot 360$ Tage	

Rechnung: $\frac{55}{132} \cdot 360 = 150.$

Frau Ludwigs muss den Betrag 150 Tage, also 5 Monate anlegen.

6. Gesucht ist das Kapital

Beispiel

Herr Fricke kann ein Kapital zu einem Zinssatz von 8% für 250 Tage anlegen. Wie viel muss er einzahlen, damit er wenigstens 500 € an Zinsen erhält?

Lösung:

Gegeben sind die Zinsen, der Zinssatz und die Laufzeit; gesucht ist das Kapital.

Wir berechnen zunächst die Jahreszinsen nach dem Dreisatzverfahren.

	Betrag	Zeitspanne	
	250 Tage	500 €	
$:25$	10 Tage	–	$\cdot \frac{36}{25}$
$\cdot 36$	360 Tage	$\frac{36}{25} \cdot 500$ €	

Aus dem Ergebnis berechnen wir das erforderliche Kapital.

	Prozentsatz	Betrag	
	8%	$\frac{36}{25} \cdot 500$ €	
$:8$	1%	–	$\cdot \frac{100}{8}$
$\cdot 100$	100%	$\frac{100}{8} \cdot \frac{36}{25} \cdot 500$ €	

Rechnung: $\frac{100}{8} \cdot \frac{36}{25} \cdot 500 = \frac{1}{2} \cdot 36 \cdot 500 = 9000$

Herr Fricke muss also wenigstens 9000 € anlegen.

Aufgaben und Beispiele

Zum Einstieg

Claudia sieht eine Bankreklame und sagt zu ihrem Vater: „Ich bekomme auf meinem Sparbuch nur 5,5% Zinsen, du kannst aber 7% bekommen.“ Der Vater antwortet: „Dafür müsste ich aber 10000 € für 90 Tage festlegen. Und ich bekäme die Zinsen natürlich nur für diesen Zeitraum.“
„Also nicht 700 €, sondern nur 175 € Zinsen“, schließt Claudia.

Bild 6

Berechnung von Zinsen für Monate und Tage

1. Berechne die Zinsen für den angegebenen Zeitraum!

	a)	b)	c)	d)	e)	f)	g)
Kapital (in €)	12400	18500	25500	32800	43400	27800	35000
Zinssatz	6,5%	7,25%	7,5%	8,5%	7,75%	6,75%	6,75%
Zeitraum	5 Mon.	8 Mon.	4 Mon.	2 Mon.	3 Mon.	9 Mon.	5 Mon.

2. **a)** Herr Müller nimmt einen Kredit von 1850 € zu einem Zinssatz von $8\frac{1}{2}$% auf. Wie viel muss er nach 9 Monaten einschließlich Zinsen zurückzahlen?
b) Frau Karlson nimmt einen Kredit von 3800 € zu einem Zinssatz von 7,25% auf und zahlt ihn samt Zinsen nach 10 Monaten zurück.

3. Bild 7 zeigt einen Kontoauszug. Wie viel Zinsen hat Frau Meier zu bezahlen, wenn sie ihr Konto um 350 € für 3 Tage (5 Tage; 14 Tage; 30 Tage) überzieht?

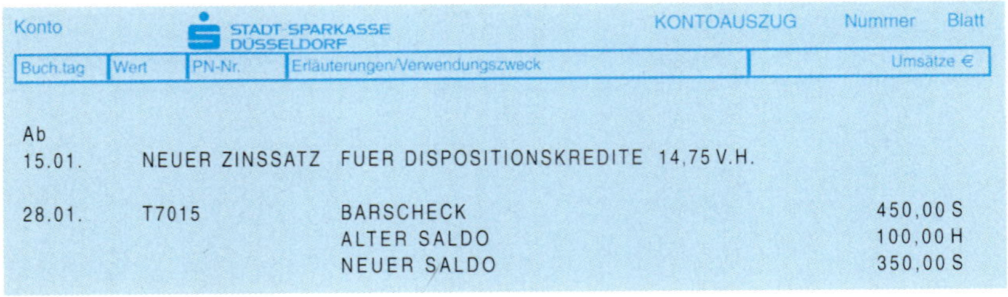
Konto | STADT-SPARKASSE DÜSSELDORF | KONTOAUSZUG | Nummer | Blatt

Buch.tag	Wert	PN-Nr.	Erläuterungen/Verwendungszweck	Umsätze €
Ab 15.01.		NEUER ZINSSATZ	FUER DISPOSITIONSKREDITE 14,75 V.H.	
28.01.		T7015	BARSCHECK	450,00 S
			ALTER SALDO	100,00 H
			NEUER SALDO	350,00 S

Bild 7

4. Berechne die Zinsen für den angegebenen Zeitraum!

	a)	b)	c)	d)	e)	f)	g)
Kapital (in €)	14500	17500	24300	48600	37000	16800	26200
Zinssatz	6,25%	6,5%	6,75%	7,5%	7%	8,25%	7,75%
Zeitraum	45 Tage	75 Tage	135 Tage	255 Tage	175 Tage	285 Tage	165 Tage

5. Berechne die Zinsen für den angegebenen Zeitraum!

Beispiel

Ein Kapital wird vom 15. Januar bis zum 30. März mit einem Zinssatz von 8 % verzinst. Da im Geldwesen jeder Monat mit 30 Tagen gerechnet wird, sind es vom 15.1. bis zum 30.3. insgesamt 15 Tage + 60 Tage, also 75 Tage.
Damit betragen die Jahreszinsen:

$$Z = \frac{8}{100} \cdot 20000\,€ = 1600\,€$$

und die Zinsen für 75 Tage

$$Z' = \frac{75}{360} \cdot 1600\,€ = \frac{25 \cdot 160}{12}\,€ = \frac{25 \cdot 40}{3}\,€ = \frac{1000}{3}\,€ \approx 333{,}33\,€.$$

	a)	b)	c)	d)	e)	f)	g)
Kapital (in €)	15700	17200	28400	37200	39500	14800	26200
Zinssatz	5,5%	6,5%	7%	7,25%	6,75%	6,5%	7,75%
Einzahlung	1.1.92	30.3.92	1.1.92	15.2.92	10.4.92	30.9.92	15.12.92
Auszahlung	1.4.92	30.5.92	15.5.92	30.7.92	30.9.92	15.2.93	15.11.93

6. Berechne die Zinsen für den angebenen Zeitraum!

	a)	b)	c)	d)	e)	f)	g)
Kapital (in €)	27000	53500	14200	29600	43400	32800	51000
Zinssatz	7,75%	7,5%	6,75%	7,5%	6,25%	10,5%	14,75%
Einzahlung	15.10.92	20.11.92	10.11.92	15.8.92	13.12.92	8.11.92	29.2.92
Auszahlung	1.4.93	10.6.93	20.5.93	20.3.93	7.5.93	15.2.93	1.11.92

7. Bild 8 zeigt einen Ausschnitt aus Jürgens Sparbuch. Die Bank berechnet einen Zinssatz von 5,5%. Wie viel Zinsen werden Jürgen am Ende des Jahres gutgeschrieben?

Datum	Text	Konto-Nr.	Abgang	Zugang	Guthaben €
12.01.02	Bar	14007		53,00	53,00
15.05.02	Bar	14007		16,50	69,50
19.05.02	Bar	14007		20,00	89,50
14.07.02	Bar	14007		45,00	134,50
21.10.02	Bar	14007		10,00	144,50
10.12.02	Bar	14007	50,00		94,50

Bild 8

8. Die gesamte Staatsverschuldung (Bund, Länder und Gemeinden) der Bundesrepublik Deutschland betrug 1995 umgerechnet etwa 1000 Milliarden €. Wie viel € Zinsen sind pro Sekunde zu zahlen, wenn man annimmt, dass für diesen Betrag durchschnittlich 8% Zinsen zu zahlen sind? Schätze zunächst!

Berechnung des Zinssatzes

9. Fritz hat am 15.6.2002 ein Sparbuch mit 240 € eröffnet. Am Jahresende erhält er darauf 7,80 € Zinsen. Mit welchem Zinssatz hat die Bank die Einlage verzinst?

10. Ein Kapital soll im angegebenen Zeitraum ungefähr die angegebenen Zinsen erbringen. Zu welchem Zinssatz muss es dann (wenigstens) angelegt werden?

	a)	b)	c)	d)	e)	f)	g)
Kapital (in €)	15000	24000	32000	45500	37500	18600	4000
Zinsen (in €)	650	750	1500	550	325	470	1
Zeitraum	8 Mon.	5 Mon.	7 Mon.	2 Mon.	50 Tage	130 Tage	1 Tag

Berechnung der Laufzeit

11. Andrea hat auf ihrem Sparbuch 240 €. Sie möchte ihr Geld erst abheben, wenn es zusammen mit den Zinsen auf 250 € angewachsen ist. Wie lange muss sie warten, wenn die Bank ihre Einlage mit 5% (6%; 7%; 7,5%; 8%) verzinst?

12. Wie viel Tage dauert es, bis auf eine Einlage von 80 € (90 €; 100 €; 150 €; 200 €; 1000 €) bei einem Zinssatz von 7,5% ein Euro Zinsen gezahlt wird?

Bild 9

13. Ein Kapital wird zu dem angegebenen Zinssatz angelegt und soll wenigstens die angegebenen Zinsen erbringen. Wie lange muss es angelegt werden?

	a)	b)	c)	d)	e)	f)	g)
Kapital (in €)	15000	24000	33200	44500	36000	27500	10
Zinssatz	6,5%	7,5%	7,25%	6,75%	8%	8,25%	7,25%
Zinsen (in €)	325	300	1000	1000	1200	500	0,1

Berechnung des Kapitals

14. Die Zinsen eines Kapitals sollen in regelmäßigen Zeitabschnitten als Rente ausgezahlt werden. Welches Kapital ist dafür erforderlich?

	a)	b)	c)	d)	e)	f)	g)
Rente (in €)	800	1000	300	1000	700	600	500
Zinssatz	8%	7,5%	7%	7,75%	6,25%	7,25%	7,25%
Zeitabschnitt	6 Mon.	3 Mon.	1 Mon.	2 Mon.	3 Mon.	3 Mon.	3 Mon.

15. Welchen Geldbetrag müsste man festlegen, damit man bei einer Verzinsung von 8% pro Tag (pro Stunde; pro Minute) einen Cent Zinsen erhält?

III. Verzinsung und Tilgung von Darlehen

1. Zur Einführung

Wenn man bei einer Sparkasse oder bei einer Bank ein Darlehen aufnimmt, so wird ein solches Darlehen häufig nicht in einer Summe, sondern in monatlichen oder vierteljährlichen Raten verzinst und abgetragen (getilgt).

Jede Rate setzt sich also aus einem Zins- und aus einem Tilgungsanteil zusammen. Da sich mit jeder gezahlten Rate der Darlehensbetrag verringert, sinkt auch der in den folgenden Raten enthaltene Zinsanteil; entsprechend steigt der Tilgungsanteil. Um einen Überblick über den Ablauf des Geschäfts zu erhalten, stellt man einen **„Tilgungsplan"** auf.

2. Beispiel für einen Tilgungsplan

Familie Haag möchte ihr Wohnzimmer neu einrichten. Zu diesem Zweck nimmt sie am 1.7. eines Jahres bei einer Sparkasse ein Darlehen in Höhe von 15000 € auf. Das Darlehen soll mit 7,5% verzinst und in vierteljährlichen Raten von 1200 € jeweils am 30.9., 31.12., 30.3. und 30.6. zurückgezahlt werden.

Bild 10

Tilgungsplan

Darlehen: 15.000,00 € Zinssatz: 7,5% Raten: $\frac{1}{4}$jährlich

	Rate	Zinsen	Tilgung	Restschuld
				15.000,00 €
1	1.200,00 €	281,25 €	918,75 €	14.081,25 €
2	1.200,00 €	264,02 €	935,98 €	13.145,27 €
3	1.200,00 €	246,47 €	953,53 €	12.191,74 €
4	1.200,00 €	228,60 €	971,40 €	11.220,34 €
5	1.200,00 €	210,38 €	989,62 €	10.230,72 €
6	1.200,00 €	191,83 €	1.008,17 €	9.222,55 €
7	1.200,00 €	172,92 €	1.027,08 €	8.195,47 €
8	1.200,00 €	153,67 €	1.046,33 €	7,149,14 €
9	1.200,00 €	134,05 €	1.065,95 €	6.083,19 €
10	1.200,00 €	114,06 €	1.085,94 €	4.997,25 €
11	1.200,00 €	93,70 €	1.106,30 €	3.890,95 €
12	1.200,00 €	72,96 €	1.127,04 €	2.763,91 €
13	1.200,00 €	51,82 €	1.148,18 €	1.615,73 €
14	1.200,00 €	30,29 €	1.169,71 €	446,02 €
15	454,38 €	8,36 €	446,02 €	0,00 €

Nach der 14. Ratenzahlung bleibt noch eine Restschuld von 446,02 €, für die nach weiteren drei Monaten noch 8,36 € an Zinsen zu zahlen sind. Mit einer letzten Rate von 454,38 € kann Familie Haag das Darlehen dann vollständig ablösen.

In Bild 11 sind die Anteile der Tilgung und der Zinsen bei den fünfzehn Ratenzahlungen graphisch dargestellt.

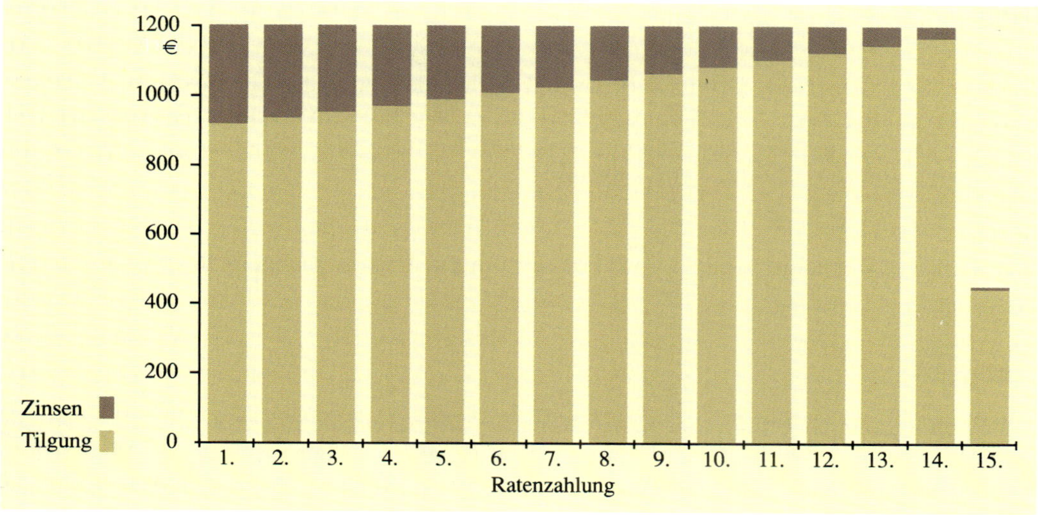

Bild 11

Aufgaben und Beispiele

1. Ein Darlehen von 20000 € wird am 1.1.2002 ausgeliehen und mit 8% verzinst. Zinsen und Darlehen werden in vierteljährlichen Raten von 2000 € zurückgezahlt. Stelle einen Tilgungsplan auf!

2. Verfahre wie in Aufgabe 1!

	a)	b)	c)	d)	e)	f)	g)
Darlehen (in €)	10000	25000	25000	40000	40000	15000	18000
Beginn	1.1.02	1.4.02	1.4.02	1.7.02	1.7.02	1.10.02	1.10.02
Zinssatz	9%	7,5%	7,5%	8%	9%	10%	10%
Rate (in €)	1000	2500	5000	4000	4000	1800	1800

3. Herr Haupt zahlt einen Kleinkredit über 2000 €, bei dem ein Zinssatz von 10% vereinbart wurde, in monatlichen Raten zurück.
a) Die monatliche Rate beträgt 180 €. Stelle einen Tilgungsplan auf! Wie viel Raten hat Herr Haupt zu zahlen?
b) Die monatliche Rate beträgt 360 €. Stelle einen Tilgungsplan auf! Wie viel Raten hat Herr Haupt jetzt zu zahlen?
c) Wäre der Kredit bei einer Rate von 180 € doppelt so schnell zurückgezahlt, wenn der Zinssatz nur 5% betrüge?

4. Frau Fischer zahlt in einen Sparvertrag ein Jahr lang zu Monatsbeginn jeweils 120 € ein. Die Bank zahlt einen Zinssatz von 8%. Berechne den Kontostand am Jahresende!

IV. Zinsen für längere Zeitspannen. Zinseszinsen

1. Der Begriff des Zinsfaktors

Wie wir im I. Abschnitt bereits erörtert haben, werden von den Geldinstituten z.B. bei allen Sparkonten nach Ablauf eines Jahres die Zinsen berechnet und – falls der Kunde sich den Zinsbetrag nicht auszahlen lässt – dem Konto „gutgeschrieben“. Das **„Anfangskapital“** K_0 ist dann auf das neue Kapital

$$K_1 = K_0 + Z$$

angewachsen. Wir schreiben „K_1“, weil es sich um das Kapital nach **ein**jähriger Verzinsung handelt.

Beispiel

Auf einem Sparbuch befindet sich zu Anfang des Jahres ein Betrag von 1850 €; es ist ein Zinssatz von 5% vereinbart. Wie groß ist das Kapital K_1 zu Beginn des nächsten Jahres?

1. Lösungsweg:

Es gilt: $Z = \frac{p}{100} \cdot K_0 = \frac{5}{100} \cdot 1850\,€ = 92{,}50\,€$, also

$$K_1 = K_0 + Z = 1850\,€ + 92{,}50\,€ = 1942{,}50\,€.$$

2. Lösungsweg:

Da das Kapital K_0 im Laufe des Jahres um 5% wächst, macht das neue Kapital K_1 insgesamt 105% von K_0 aus; es gilt also:

$$K_1 = \frac{105}{100} \cdot K_0 = \frac{105}{100} \cdot 1850\,€ = 1942{,}50\,€.$$

Man erhält also das neue Kapital K_1 dadurch, dass man das Kapital K_0 mit der Zahl $\frac{105}{100} = 1{,}05$ multipliziert. Diese Zahl bezeichnet man allgemein mit „q“ und nennt sie den **„Zinsfaktor“**. Stets gilt:

$$q = 1 + \frac{p}{100}.$$

Beispiele

Zinssatz	3%	4%	4,5%	5%	$5\frac{1}{4}$%	$6\frac{3}{4}$%	...
Zinsfaktor	1,03	1,04	1,045	1,5	1,0525	1,0675	...

Beispiel

Ein Kapital von $K_0 = 2450\,€$ wird ein Jahr lang für $7\frac{1}{4}$% angelegt.
Wie groß ist das Kapital K_1?

Lösung:

Es ist $q = 1 + \frac{p}{100} = 1 + \frac{7{,}5}{100} = 1{,}075$; also gilt: $K_1 = 1{,}075 \cdot 2450\,€ = 2633{,}75\,€$.

2. Zinseszinsen

Wenn ein Anfangskapital K_0 über mehrere Jahre zu einem festen Zinssatz angelegt ist und die Zinsen am Ende eines jeden Jahres gutgeschrieben werden, dann werden – außer dem Kapital K_0 – auch die Zinsen in den folgenden Jahren ebenfalls verzinst. Man spricht von **„Zinseszinsen“**.

Durch Weiterführung der Überlegungen, die wir oben angestellt haben, kann man leicht den Kontostand nach 2, 3, 4 Jahren usw. ermitteln, also die Werte K_1, K_2, K_3 usw. Es gilt:

$$K_1 = q \cdot K_0; \quad K_2 = q \cdot K_1; \quad K_3 = q \cdot K_2; \quad K_4 = q \cdot K_3 \quad \text{usw.}$$

Man kann also schrittweise die Kapitalwerte K_1, K_2, K_3, K_4 usw. berechnen dadurch, dass man den jeweils vorhergehenden Wert mit dem Zinsfaktor multipliziert.

Die Rechnung ist sehr einfach mit einem Taschenrechner durchzuführen, wenn man den Zinsfaktor in einen „Speicher“ eingeben und wieder abrufen kann.

Beispiel

16500 € werden vier Jahre lang zu 8% angelegt. Wie hoch ist das Endkapital K_4?

Lösung:
$K_1 = 1{,}08 \cdot K_0 = 1{,}08 \cdot 16500{,}00\ € = 17820{,}00\ €$;
$K_2 = 1{,}08 \cdot K_1 = 1{,}08 \cdot 17820{,}00\ € = 19245{,}60\ €$;
$K_3 = 1{,}08 \cdot K_2 = 1{,}08 \cdot 19245{,}60\ € \approx 20785{,}25\ €$;
$K_4 = 1{,}08 \cdot K_3 = 1{,}08 \cdot 20285{,}25\ € \approx 22448{,}07\ €$.

3. Der Begriff des „Wertzuwachses“

In letzter Zeit verwenden einige Geldinstitute einen neuen Begriff, den Begriff des „Wertzuwachses“.

Beispiele

Eine Sparkasse wirbt mit dem in Bild 12 dargestellten Plakat um eine Geldanlage durch Kunden.

Bei uns liegen Sie richtig!
Ihre Spareinlagen erhalten bei einer Anlagedauer von
4 Jahren
einen **Wertzuwachs** von **9,01%**
(Nominalzins 8%)

Bild 12

Was unter „Wertzuwachs“ zu verstehen ist, erläutern wir am letzten Beispiel.

Beispiel

Das Anfangskapital K_0 von 16500 € wächst bei einer Verzinsung von 8% nach 4 Jahren auf 22448,07 €, also um 5948,07 € an. Der **durchschnittliche** Zuwachs pro Jahr beträgt demnach:

$$5948{,}07\,€ : 4 \approx 1487{,}02\,€.$$

Der relative Anteil dieses **durchschnittlichen** Zuwachses pro Jahr am Anfangskapital K_0 beträgt

$$r = \frac{1487{,}02\,€}{16\,500{,}00\,€} \approx 0{,}901 = 9{,}01\,\%.$$

Daher spricht die Sparkasse von einem „Wertzuwachs" von 9,01%. Ein nicht hinreichend informierter Kunde missversteht dies leicht als Verzinsung von 9,01%, während der wahre Zinssatz nur 8% beträgt. Dass dieser tatsächliche Zinssatz auf dem Plakat (im Kleindruck) mit dem Wort „Nominalzins" angegeben ist, erhöht die Gefahr eines Missverständnisses, weil dieses Wort „Nennzins" bedeutet und daher so aufgefasst werden kann, als ob der tatsächliche Zinssatz ein anderer wäre.

Der Begriff „Wertzuwachs" ist also sehr fragwürdig; dies gilt auch von der Verwendung des Begriffs „Nominalzins" in diesem Zusammenhang.

Aufgaben und Beispiele

Zum Einstieg

Inge hat von ihrer Tante Geld geschenkt bekommen. Auf ihrem Sparbuch erhält sie 4,25% Zinsen. In der Zeitung sieht sie eine Anzeige (Bild 13). Nun überlegt sie, ob sie von dem geschenkten Geld Bundeswertpapiere kaufen soll.

Bild 13

1. Ein Kapital K_0 wird zu einem festen Zinssatz für n Jahre angelegt. Jährlich werden die Zinsen dem Kapital zugeschlagen. Berechne das Endkapital K_n!

	a)	b)	c)	d)	e)	f)	g)
Kapital K_0 (in €)	10000	16800	24300	29500	32000	7500	45000
Zinssatz	5,5%	6,5%	6%	7%	6,75%	5,75%	7,25%
Anzahl n der Jahre	4	5	6	8	7	8	10

2. Verfahre wie in Aufgabe 1!

	a)	b)	c)	d)	e)	f)	g)
Kapital K_0 (in €)	5000	14000	22200	18700	27400	31000	52000
Zinssatz	5%	6%	6,5%	7,25%	7%	7,5%	8%
Anzahl n der Jahre	4	5	6	8	7	8	10

3. Ein Kapital K_0 wird zu einem festen Zinssatz angelegt. Am Ende des Jahres werden die Zinsen dem Kapital zugeschlagen. Berechne den Kontostand am Ende jeden Jahres, bis sich das Anfangskapital verdoppelt hat!

	a)	b)	c)	d)	e)	f)	g)
Kapital K_0 (in €)	10000	35000	18000	500	42000	31000	52000
Zinssatz	9%	8,5%	8,75%	9%	10%	8,25%	11%

4. Vergleiche die drei Bankangebote!

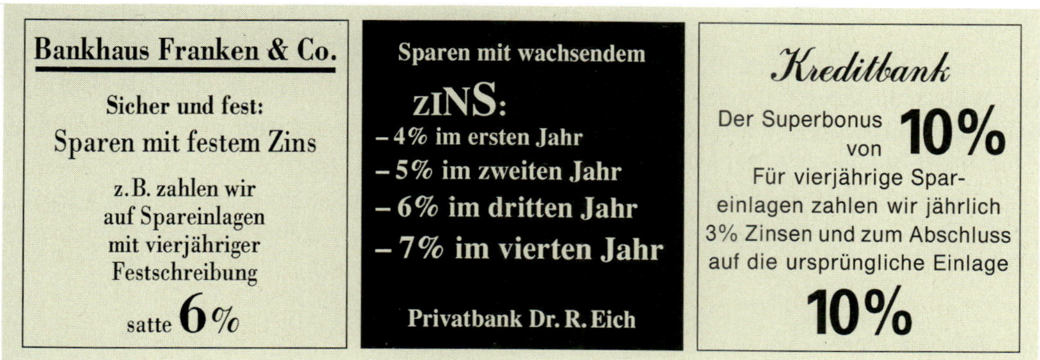

Bild 14

5. Ein Anfangskapital K_0 wird als sogenanntes „Festgeld" jeweils für eine bestimmte Frist fest angelegt. Nach dem Zuschlag der Zinsen wird das Kapital zu gleichen Bedingungen erneut angelegt usw. Berechne das Endkapital K_n am Ende der angegebenen Gesamtdauer! Beachte, dass der Zinssatz sich auf Jahreszinsen bezieht!

	a)	b)	c)	d)	e)	f)	g)
Kapital K_0 (in €)	12000	17500	25000	32500	20000	75000	45000
Zinssatz	6%	8%	7,5%	8,25%	6,5%	10%	7,25%
Festlegungsfrist	2 Mon.	2 Mon.	3 Mon.	3 Mon.	4 Mon.	1 Mon.	3 Mon.
Gesamtdauer	12 Mon.	18 Mon.	21 Mon.	24 Mon.	12 Mon.	12 Mon.	18 Mon.

§ 5 Eigenschaften von Winkeln

I. Nebenwinkel und Scheitelwinkel

1. Benachbarte Winkel

Benachbarte Länder sind durch eine gemeinsame Grenze getrennt. Es kommt vor, dass die Grenzen von drei Ländern in einem Punkt zusammenstoßen. Ein solches Dreiländereck gibt es beispielsweise bei Aachen; dort stoßen die Grenzen, die Belgien, die Niederlande und Deutschland jeweils voneinander trennen, in einem Punkt zusammen. An diesem Punkt steht ein Grenzstein (Bild 1).

Bild 1

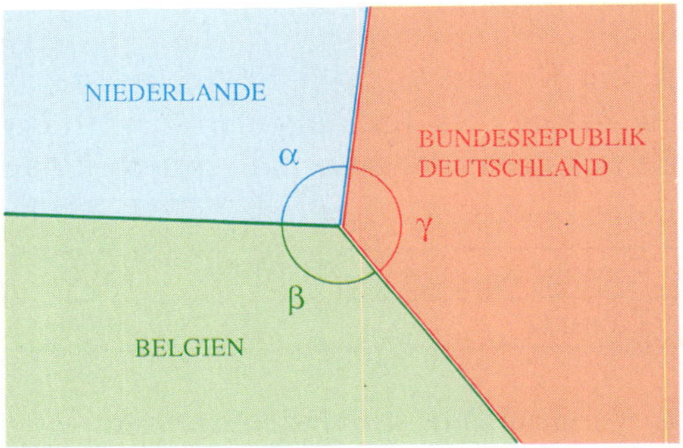

Bild 2

In unmittelbarer Nähe des Dreiländerecks verlaufen die Grenzen geradlinig. Jedes Land liegt innerhalb eines Winkels, dessen Schenkel jeweils auf einer Grenze liegen und dessen Scheitelpunkt der gemeinsame Grenzpunkt der drei Länder ist (Bild 2). Solche Winkel nennt man **benachbarte Winkel**.

Benachbarte Winkel haben also den Scheitelpunkt und einen Schenkel aber keinen weiteren Punkt gemeinsam. Die anderen Schenkel nennt man auch die **freien** Schenkel der benachbarten Winkel.

2. Nebenwinkel

Zwei Geraden g und h, die sich schneiden, bilden miteinander mehrere Winkel, darunter $\sphericalangle\,\alpha$, $\sphericalangle\,\beta$, $\sphericalangle\,\gamma$ und $\sphericalangle\,\delta$ (Bild 3).

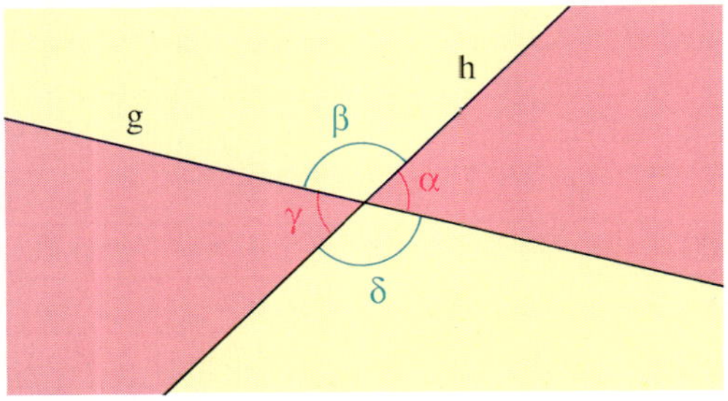

Bild 3

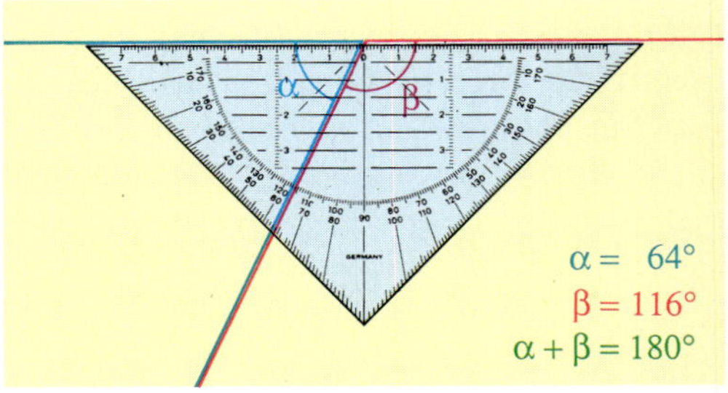

Bild 4

Je zwei dieser Winkel sind benachbart oder liegen einander gegenüber. Benachbarte Winkel sind $\sphericalangle \alpha$ und $\sphericalangle \beta$, $\sphericalangle \beta$ und $\sphericalangle \gamma$, $\sphericalangle \gamma$ und $\sphericalangle \delta$ sowie $\sphericalangle \alpha$ und $\sphericalangle \delta$.

Die beiden freien Schenkel bilden eine Gerade. Solche Winkel heißen **Nebenwinkel**.

> Zwei benachbarte Winkel, deren freie Schenkel eine Gerade bilden, heißen „Nebenwinkel".

Da zwei Nebenwinkel zusammen einen gestreckten Winkel bilden, haben sie also zusammen das Maß 180° (Bild 4). Es gilt der **Nebenwinkelsatz**:

> Nebenwinkel ergänzen sich zu 180°.

3. Zerlegung von Winkeln

Ein gestreckter Winkel wird also durch einen vom Scheitelpunkt ausgehenden Strahl in zwei Nebenwinkel zerlegt.

In gleicher Weise kann jeder beliebige Winkel durch einen vom Scheitelpunkt ausgehenden Strahl in zwei benachbarte Winkel zerlegt werden. Die beiden benachbarten Winkel nennt man dann **Teilwinkel** des zerlegten Winkels.

Es liegt auf der Hand, dass bei einer **Winkelzerlegung** die beiden Teilwinkel zusammen genauso groß sind wie der zerlegte Winkel: $\gamma = \alpha + \beta$ (Bild 5).

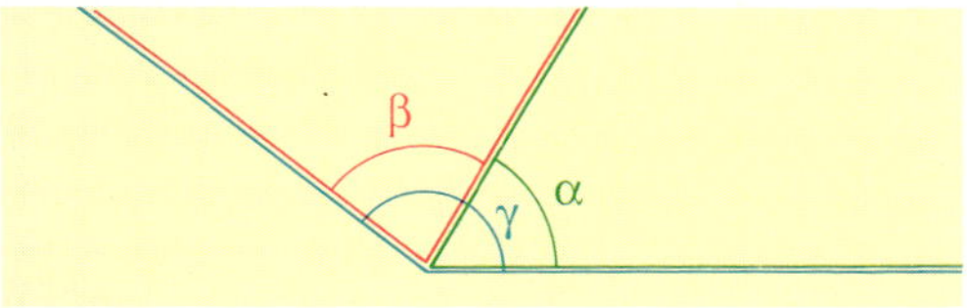

Bild 5

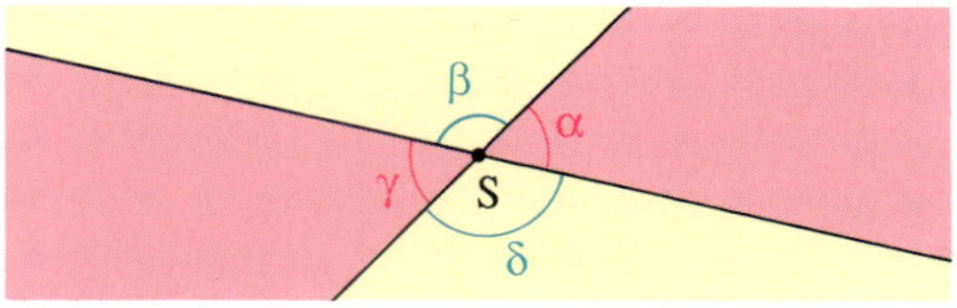

Bild 6

4. Scheitelwinkel

Wenn sich zwei Winkel so gegenüberliegen wie $\sphericalangle \alpha$ und $\sphericalangle \gamma$ in Bild 6, so nennt man sie **Scheitelwinkel**. Auch $\sphericalangle \beta$ und $\sphericalangle \delta$ in Bild 6 sind Scheitelwinkel. Diese Winkel haben den Scheitelpunkt gemeinsam. Außerdem bilden ihre Schenkel jeweils paarweise eine Gerade.

> Zwei Winkel mit gemeinsamem Scheitelpunkt, deren Schenkel jeweils paarweise eine Gerade bilden, heißen „Scheitelwinkel".

Bild 6 zeigt, dass die beiden Scheitelwinkel $\sphericalangle \alpha$ und $\sphericalangle \gamma$ sowohl $\sphericalangle \beta$ wie auch $\sphericalangle \delta$ als gemeinsame Nebenwinkel haben. Ebenso haben die Winkel $\sphericalangle \beta$ und $\sphericalangle \delta$ die Winkel $\sphericalangle \alpha$ und $\sphericalangle \gamma$ als gemeinsame Nebenwinkel. Zwei Scheitelwinkel besitzen also stets zwei gemeinsame Nebenwinkel.

5. Eine Eigenschaft von Scheitelwinkeln

Offensichtlich sind die Scheitelwinkel $\sphericalangle \alpha$ und $\sphericalangle \gamma$ in Bild 6 gleich groß; dies gilt auch für die Scheitelwinkel $\sphericalangle \beta$ und $\sphericalangle \delta$.

Diesen Sachverhalt kann man durch Messen bestätigen. Für die Winkel in Bild 7 gilt:

$$\alpha = 64° \text{ und } \gamma = 64°, \text{ also } \alpha = \gamma;$$
$$\beta = 116° \text{ und } \delta = 116°, \text{ also } \beta = \delta.$$

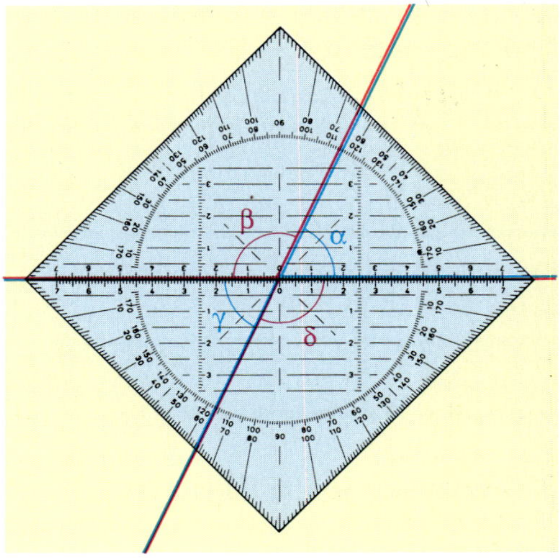

Bild 7

Dass Scheitelwinkel stets maßgleich sind, kann man durch die folgende einfache Überlegung begründen.

Zwei Scheitelwinkel (z. B. $\sphericalangle \alpha$ und $\sphericalangle \beta$ in Bild 7) besitzen stets gemeinsame Nebenwinkel. In Bild 7 ist z. B. $\sphericalangle \beta$ ein gemeinsamer Nebenwinkel von $\sphericalangle \alpha$ und von $\sphericalangle \gamma$. Daher ergänzt $\sphericalangle \beta$ sowohl $\sphericalangle \alpha$ als auch $\sphericalangle \gamma$ zu 180°:

$$\alpha + \beta = 180° \text{ und } \gamma + \beta = 180°.$$

Das ist nur möglich, wenn $\alpha = \gamma$ ist.

Es gilt der **Scheitelwinkelsatz**:

Scheitelwinkel sind maßgleich.

Aufgaben und Beispiele

Zum Einstieg

Bild 8 zeigt einen Gleisplan für eine Modelleisenbahn. An den Weichen und an der Kreuzung treten Winkel auf. Vergleiche diese Winkel miteinander!

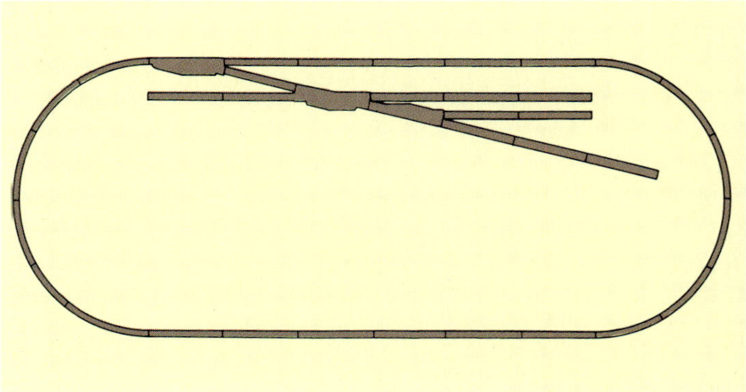
Bild 8

1. Schlage in einem Atlas nach, um die folgenden Aufgaben zu lösen!

a) Wo gibt es an der deutschen Grenze weitere Dreiländerecke?

b) Wie viele Gebiete stoßen am Nordpol (Südpol) zusammen?

c) Welche Gebiete, die am Nordpol zusammenstoßen, sind benachbart, welche nicht?

2. Warum sind die Winkel in Bild 9 keine benachbarten Winkel?

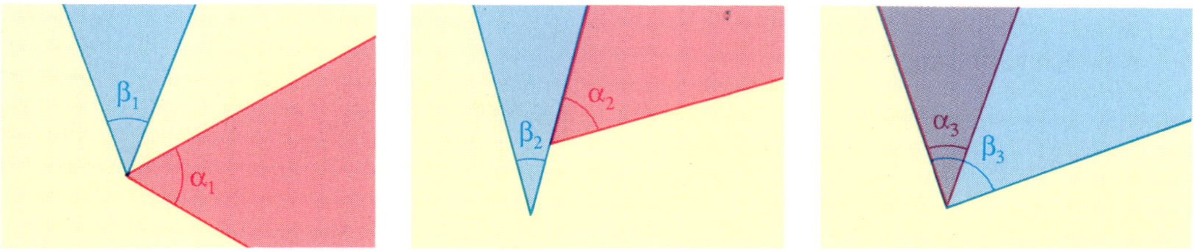

Bild 9

3. Zwei Geraden schneiden sich in einem Punkt S und bilden miteinander die Winkel $\sphericalangle\,\alpha$, $\sphericalangle\,\beta$, $\sphericalangle\,\gamma$ und $\sphericalangle\,\delta$. Welche Winkel sind Nebenwinkel, welche sind Scheitelwinkel?

4. Bestimme in den Figuren von Bild 10 möglichst viele Paare von
a) Nebenwinkeln; **b)** Scheitelwinkeln!

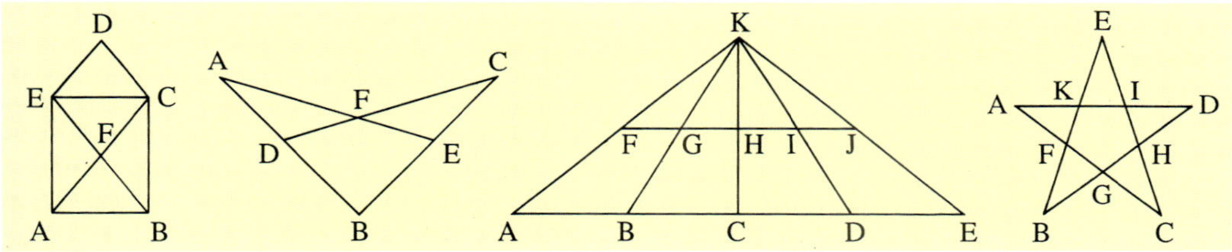

Bild 10

5. Begründe, warum die Winkelpaare in Bild 11 weder Neben- noch Scheitelwinkel sind!

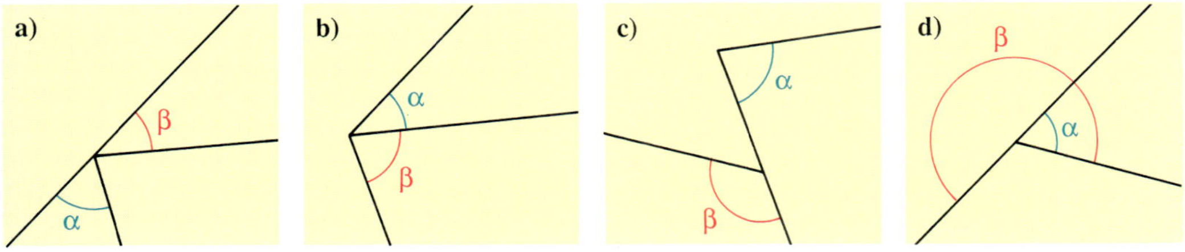

Bild 11

6. Zeichne Winkel mit folgenden Maßen!
a) 8° **b)** 30° **c)** 70° **d)** 88° **e)** 90° **f)** 145° **g)** 123° **h)** 56° **i)** 135° **j)** 160°

7. Zeichne zu den Winkeln von Aufgabe 6 alle Nebenwinkel!

8. Bestimme die Maße der in Aufgabe 7 gezeichneten Nebenwinkel durch Messen! Überprüfe das Ergebnis durch Rechnung!

9. Bestimme, ohne zu zeichnen und ohne zu messen, die Maße der Nebenwinkel!
a) 33° **b)** 67° **c)** 42° 30′ **d)** 109° 30′ **e)** 109° **f)** 144° **g)** 53° 50′ **h)** 5° 30′

10. a) Zeichne zu den Winkeln von Aufgabe 6 die Scheitelwinkel!
b) Überprüfe, ob der in Aufgabe 6 gezeichnete Winkel und sein Scheitelwinkel jeweils gleich groß sind!

II. Stufenwinkel und Wechselwinkel

1. Zur Einführung

Bild 12 zeigt einen kleinen Ausschnitt aus einem Stadtplan. Die Leibnizallee kreuzt die Gaußstraße und die Hilbertstraße; die Leibnizallee bildet mit den beiden anderen Straßen eine **Doppelkreuzung**.

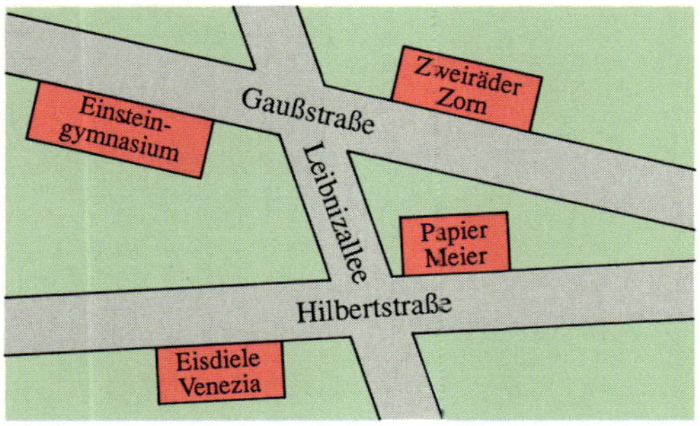

Bild 12

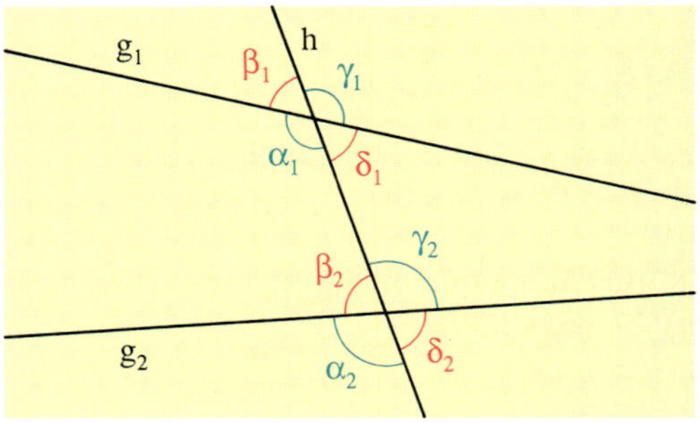

Bild 13

Bild 13 ähnelt dem Bild 12. Den drei Straßen entsprechen die Geraden g_1, g_2 und h. h bildet mit den beiden anderen Geraden eine Doppelkreuzung; h schneidet g_1 und g_2. Wir nennen h **schneidende** Gerade, g_1 und g_2 nennen wir **geschnittene** Geraden. Die Geraden bilden miteinander verschiedene Winkel. Von diesen haben wir acht eingezeichnet, um sie miteinander zu vergleichen.

2. Stufenwinkel

Das Einsteingymnasium und die Eisdiele Venezia liegen auf der **gleichen** Seite der Leibnizallee (Bild 12). Außerdem liegen die beiden Gebäude auf **entsprechenden** Seiten der beiden anderen Straßen; sie liegen nämlich jeweils auf der südlichen Straßenseite.

Ähnliche Beziehungen bestehen zwischen Winkeln in Bild 13. $\sphericalangle \alpha_1$ und $\sphericalangle \alpha_2$ liegen auf der **gleichen** Seite der **schneidenden** Geraden h und auf **entsprechenden** Seiten der **geschnittenen** Geraden g_1 und g_2. Solche Winkel nennt man **Stufenwinkel**.

Beispiele

1) Stufenwinkel sind auch $\sphericalangle \beta_1$ und $\sphericalangle \beta_2$, $\sphericalangle \gamma_1$ und $\sphericalangle \gamma_2$ sowie $\sphericalangle \delta_1$ und $\sphericalangle \delta_2$.
2) $\sphericalangle \alpha_1$ und $\sphericalangle \delta_2$ liegen zwar auf entsprechenden Seiten der geschnittenen Geraden g_1 und g_2; sie liegen aber auf verschiedenen Seiten der schneidenden Geraden h und sind deshalb keine Stufenwinkel.
3) $\sphericalangle \alpha_1$ und $\sphericalangle \beta_2$ sind keine Stufenwinkel, da sie nicht auf entsprechenden Seiten der geschnittenen Geraden g_1 und g_2 liegen.

3. Wechselwinkel

Das Einsteingymnasium und das Schreibwarengeschäft Meier liegen auf **verschiedenen** Seiten der Leibnizallee und auf **entgegengesetzten** Seiten der beiden anderen Straßen (Bild 12): Das Gymnasium liegt südlich der Gaußstraße, und das Schreibwarengeschäft liegt nördlich der Hilbertstraße.

Ähnliche Beziehungen bestehen zwischen Winkeln in Bild 13. $\sphericalangle \alpha_1$ und $\sphericalangle \gamma_2$ liegen auf **verschiedenen** Seiten der **schneidenden** Geraden h und auf **entgegengesetzten** Seiten der **geschnittenen** Geraden g_1 und g_2. Solche Winkel nennt man **Wechselwinkel**.

Beispiele

Wechselwinkel sind auch $\sphericalangle \beta_1$ und $\sphericalangle \delta_2$, $\sphericalangle \gamma_1$ und $\sphericalangle \alpha_2$ sowie $\sphericalangle \delta_1$ und $\sphericalangle \beta_2$.

4. Zusammenhänge zwischen Stufenwinkeln, Wechselwinkeln und Scheitelwinkeln

Bild 14 zeigt noch einmal zwei Geraden g_1 und g_2, die von einer Geraden h geschnitten werden. Außerdem sind drei Winkel $\sphericalangle \alpha$, $\sphericalangle \beta$ und $\sphericalangle \gamma$ gekennzeichnet. $\sphericalangle \alpha$ und $\sphericalangle \beta$ sind Wechselwinkel, $\sphericalangle \beta$ und $\sphericalangle \gamma$ sind Scheitelwinkel, $\sphericalangle \alpha$ und $\sphericalangle \gamma$ sind Stufenwinkel. Es gilt also:

> Sind $\sphericalangle \alpha$ und $\sphericalangle \beta$ Wechselwinkel, so ist der Scheitelwinkel von $\sphericalangle \beta$, also $\sphericalangle \gamma$, Stufenwinkel von $\sphericalangle \alpha$.

Bild 15 zeigt entsprechend:

> Sind $\sphericalangle \alpha$ und $\sphericalangle \beta$ Wechselwinkel, so ist der Scheitelwinkel von $\sphericalangle \alpha$, also $\sphericalangle \delta$, Stufenwinkel von $\sphericalangle \beta$.

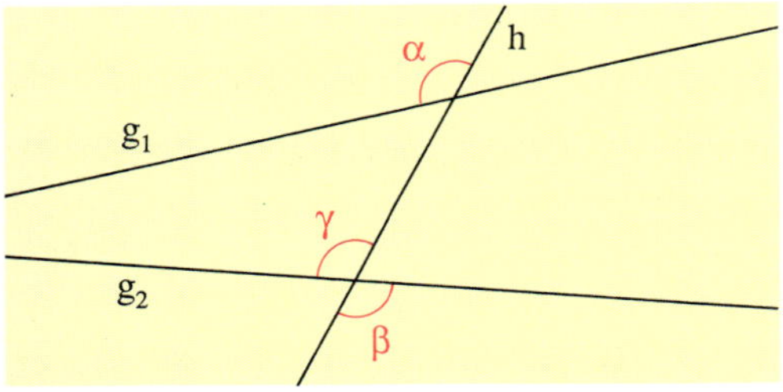

Bild 14

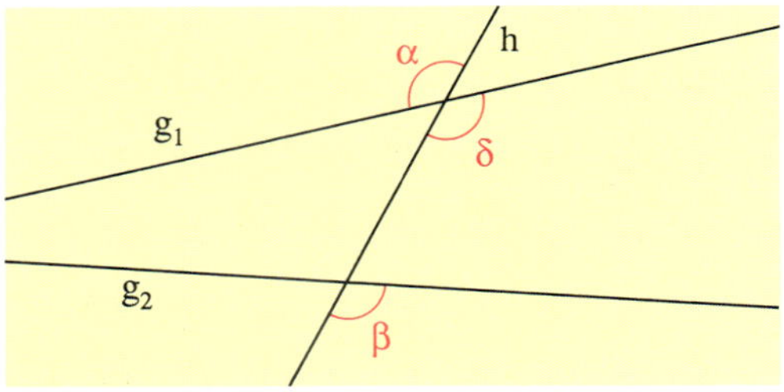

Bild 15

5. Stufenwinkel an parallelen Geraden

Bild 16 zeigt eine Doppelkreuzung mit den nicht parallelen Geraden g_1 und g_2. Man erkennt unmittelbar, dass für die Stufenwinkel $\sphericalangle \alpha$ und $\sphericalangle \beta$ gilt: $\alpha \neq \beta$.

Sind die Geraden g_1 und g_2 jedoch parallel (Bild 17), so gilt für die Stufenwinkel $\sphericalangle \alpha$ und $\sphericalangle \beta$ offensichtlich $\alpha = \beta$. Es gilt der **Stufenwinkelsatz**:

> Liegen Stufenwinkel an parallelen Geraden, so sind sie maßgleich.

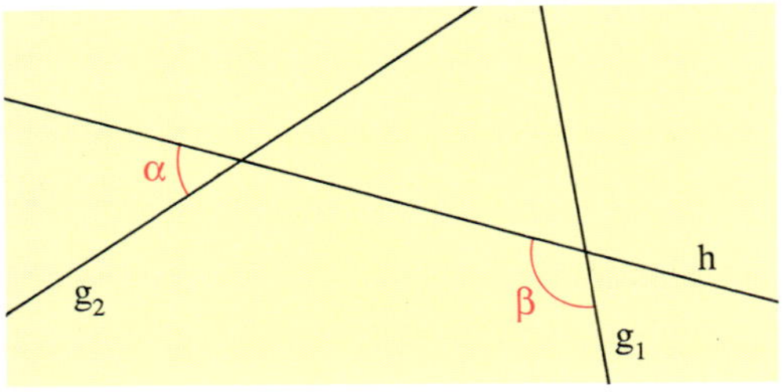

Bild 16

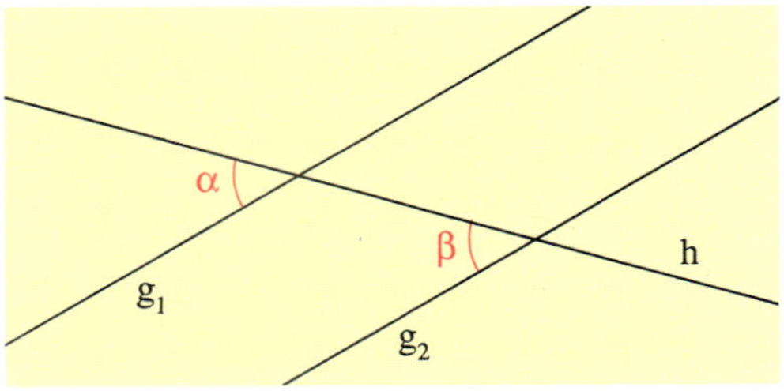

Bild 17

6. Wechselwinkel an parallelen Geraden

Da zwischen Wechselwinkeln und Stufenwinkeln ein enger Zusammenhang besteht, ist zu vermuten, dass auch Wechselwinkel maßgleich sind, wenn sie an parallelen Geraden liegen. Man kann dies durch entsprechende Messungen überprüfen (Bilder 18 und 19).

Bild 18

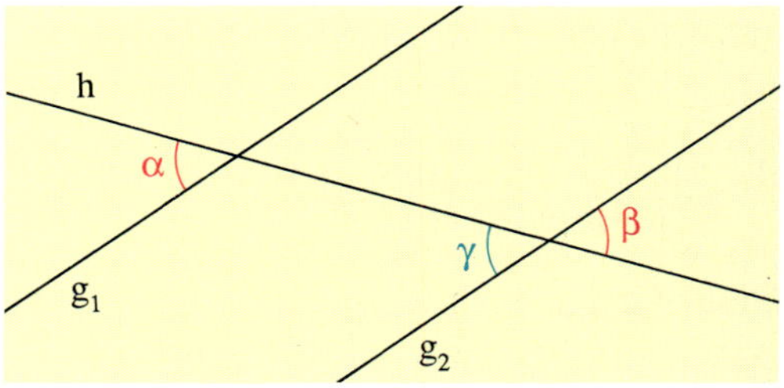

Bild 19

Man kann diese Vermutung folgendermaßen begründen (Bild 19):

$\sphericalangle\,\alpha$ und $\sphericalangle\,\gamma$ sind Stufenwinkel.
Da sie an parallelen Geraden liegen, sind sie maßgleich: $\alpha = \gamma$.
$\sphericalangle\,\gamma$ und $\sphericalangle\,\beta$ sind Scheitelwinkel und daher maßgleich: $\gamma = \beta$.
Also muss auch gelten: $\alpha = \beta$.

Es gilt der **Wechselwinkelsatz**:

Liegen Wechselwinkel an parallelen Geraden, so sind sie maßgleich.

Aufgaben und Beispiele

Zum Einstieg
Bild 20 zeigt einen Ausschnitt aus einem Gleisplan einer Modelleisenbahn.
a) Welche Winkel sind gleich groß?
b) Wie liegen diese Winkel zueinander?

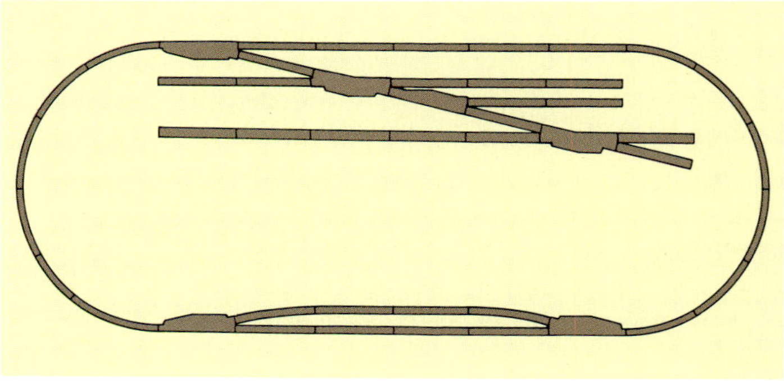
Bild 20

1. Die folgenden Fragen beziehen sich auf Bild 12 auf Seite 106.
a) Wie liegen das Fahrradgeschäft und die Eisdiele zueinander?
b) Wie liegen das Fahrradgeschäft und das Schreibwarengeschäft zueinander?
c) Wie liegen das Fahrradgeschäft und das Gymnasium zueinander?
d) Wie liegen das Schreibwarengeschäft und die Eisdiele zueinander?

2. Warum sind die folgenden Winkel in Bild 13 auf Seite 106 keine Stufenwinkel?
a) $\sphericalangle\alpha_1$ und $\sphericalangle\gamma_2$ **b)** $\sphericalangle\beta_1$ und $\sphericalangle\alpha_2$ **c)** $\sphericalangle\beta_2$ und $\sphericalangle\gamma_1$ **d)** $\sphericalangle\alpha_2$ und $\sphericalangle\delta_2$ **e)** $\sphericalangle\alpha_1$ und γ_1

3. Zeichne drei Geraden, so dass ein Dreieck entsteht! Gib alle Paare von Stufenwinkeln und Wechselwinkeln an!

4. Zeichne vier Geraden, so dass ein Parallelogramm entsteht! Gib alle Paare von Stufenwinkeln und Wechselwinkeln an!

5. Sind folgende Aussagen wahr? Begründe deine Antwort!
a) Sind $(\sphericalangle\alpha|\sphericalangle\beta)$ und $(\sphericalangle\beta|\sphericalangle\gamma)$ Stufenwinkelpaare, so ist auch $(\sphericalangle\alpha|\sphericalangle\gamma)$ ein Stufenwinkelpaar.
b) Ist $(\sphericalangle\alpha|\sphericalangle\beta)$ ein Wechselwinkelpaar, so ist auch $(\sphericalangle\beta|\sphericalangle\alpha)$ ein Wechselwinkelpaar.

6. Zeichne zwei parallele Geraden g_1 und g_2 im Abstand von 3 cm! Zeichne Geraden, die g_1 unter folgenden Winkeln schneiden, und miss die zugehörigen Stufenwinkel sowie die zugehörigen Wechselwinkel!
a) 12° **b)** 33° **c)** 47° **d)** 125° **e)** 90°

7. Ergänze die folgende Tabelle in deinem Heft und bilde jeweils „Wenn – dann – Aussagen"!

Beispiel

Bild 21 zeigt ein Beispiel für die Aufgabe a); in diesem Fall sind $\sphericalangle\alpha$ und $\sphericalangle\gamma$ Wechselwinkel. In das freie Feld ist „Wechselwinkel" einzutragen.

Die zugehörige „Wenn – dann-Aussage" ist: Wenn $\sphericalangle\alpha$ und $\sphericalangle\beta$ Stufenwinkel und $\sphericalangle\beta$ und $\sphericalangle\gamma$ Scheitelwinkel sind, dann sind $\sphericalangle\alpha$ und $\sphericalangle\gamma$ Wechselwinkel.

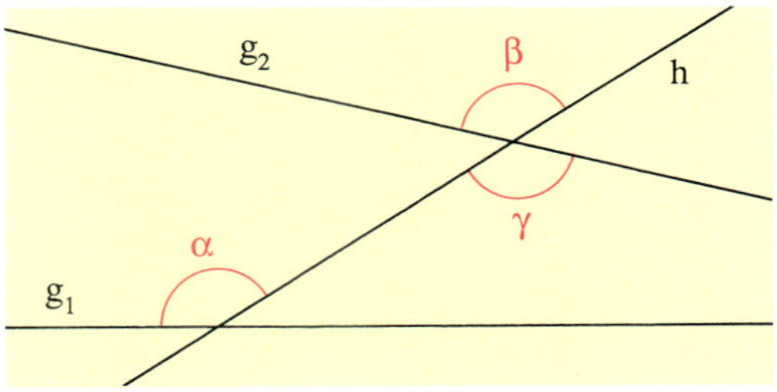

Bild 21

	a)	b)	c)	d)
$(\sphericalangle\alpha\|\sphericalangle\beta)$	Stufenwinkel	Scheitelwinkel	Wechselwinkel	Scheitelwinkel
$(\sphericalangle\beta\|\sphericalangle\gamma)$	Scheitelwinkel	Wechselwinkel	Scheitelwinkel	Stufenwinkel
$(\sphericalangle\alpha\|\sphericalangle\gamma)$				

8. Zeige, ohne zu messen, dass für die Winkel im Parallelogramm von Bild 22 gilt:
a) $\alpha = \gamma$, **b)** $\beta = \delta$!

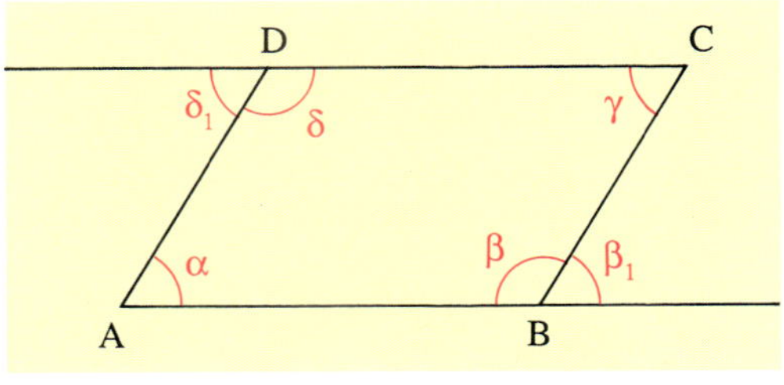

Bild 22

9. $\sphericalangle\alpha$, $\sphericalangle\beta$, $\sphericalangle\gamma$ und $\sphericalangle\delta$ heißen „Innenwinkel des Parallelogramms". Formuliere auf Grund des Ergebnisses von Aufgabe 8 eine Aussage über die Innenwinkel eines Parallelogramms!

III. Winkel bei Dreiecken

1. Zur Einführung

Susannes Großvater benutzt im Büro beim Zeichnen zwei Dreiecke aus Holz (Bild 23).

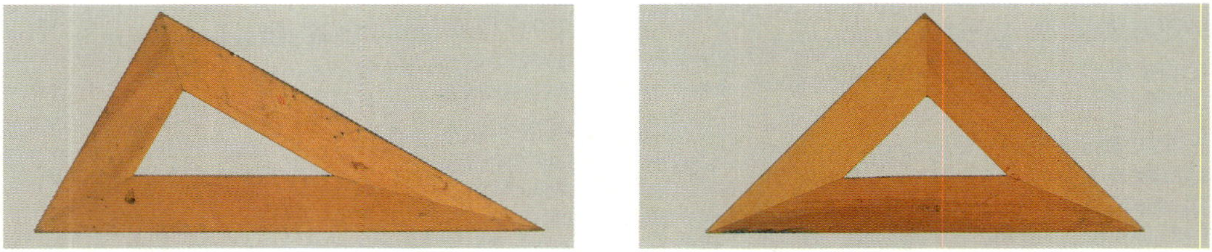

Bild 23

Susanne wundert sich, dass der Großvater mit diesen Dreiecken nicht nur gerade Linien, sondern häufig auch Winkel zeichnet. „Die Winkel, die ich zeichnen muss, haben meist bestimmte Größen. Miss einmal nach, wie groß die Winkel meiner Dreiecke sind."

Bei dem einen Dreieck findet Susanne Winkel von 30°, 60° und 90°; bei dem anderen findet sie zwei Winkel von 45° und einen Winkel von 90°. Es fällt ihr auf, dass die Winkel zusammen jeweils 180° ergeben:

$$30° + 60° + 90° = 180° \quad \text{und} \quad 45° + 45° + 90° = 180°.$$

Ist das Zufall, oder ist das auch bei anderen Dreiecken so?

2. Innenwinkel und Außenwinkel eines Dreiecks

Bevor wir auf diese Frage näher eingehen, müssen wir die Winkel, die Susanne gemessen hat, noch genauer kennzeichnen. Legt man ein Holzdreieck an eine Gerade an, so sind dadurch zwei Winkel festgelegt (Bild 24): ein Winkel **innerhalb** des Dreiecks ($\sphericalangle \alpha$) und ein Winkel **außerhalb** des Dreiecks ($\sphericalangle \alpha_1$).

$\sphericalangle \alpha$ heißt **Innenwinkel**, $\sphericalangle \alpha_1$ heißt **Außenwinkel** des Dreiecks. Ein Innenwinkel und ein anliegender Außenwinkel bilden zusammen einen gestreckten Winkel; sie sind also Nebenwinkel.

Susanne hat die Innenwinkel der Holzdreiecke gemessen.

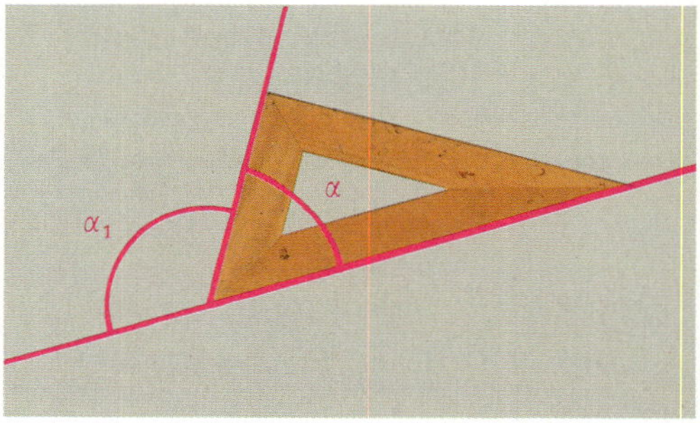

Bild 24

3. Wir messen die Innenwinkel in verschiedenen Dreiecken

Wir wollen nun untersuchen, wie groß die Summe der Innenwinkelmaße bei anderen Dreiecken ist. Für die Dreiecke in Bild 25 haben wir alle Innenwinkel gemessen und die Maße addiert.

Obwohl die einzelnen Innenwinkel unterschiedlich groß sind, ist in allen Dreiecken die Summe der Innenwinkelmaße gleich oder ungefähr gleich 180°, also gleich dem Maß eines gestreckten Winkels.

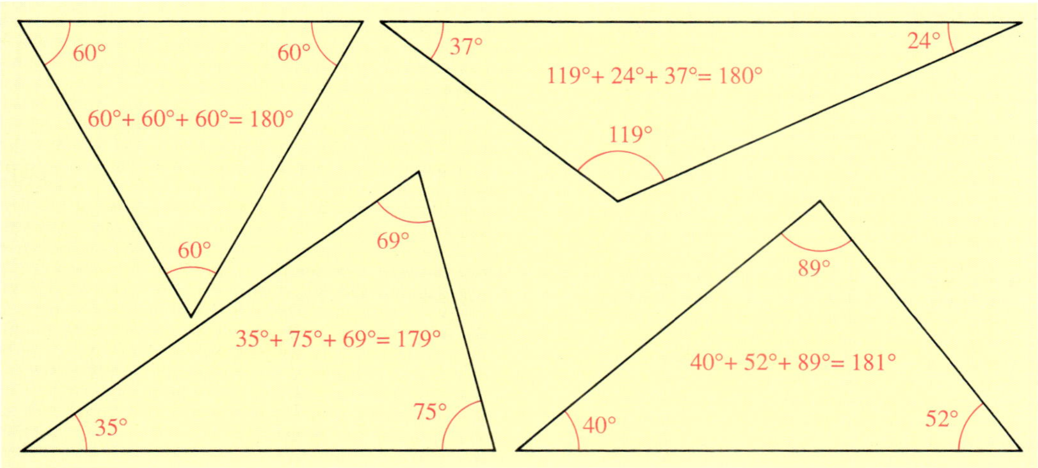

Bild 25

Zu diesem überraschenden Ergebnis kommt man auch bei der Untersuchung anderer Dreiecke. Die Vermutung liegt nahe, dass die geringfügigen Abweichungen von 180° bei den beiden unteren Dreiecken darauf zurückzuführen sind, dass man mit dem Winkelmesser Bruchteile eines Grades nicht genau messen kann. Daher erscheint es berechtigt, den **Innenwinkelsatz** für Dreiecke festzuhalten:

In jedem Dreieck beträgt die Summe der Innenwinkelmaße 180°.

4. Wie groß sind die Außenwinkel eines Dreiecks?

Den Innenwinkelsatz kann man auch so deuten: Jeder Innenwinkel eines Dreiecks wird durch die beiden anderen Innenwinkel zu 180° ergänzt; z. B. gilt:

$$\alpha + (\beta + \gamma) = 180°.$$

$\sphericalangle \alpha$ wird aber auch durch jeden seiner Nebenwinkel (z. B. durch $\sphericalangle \alpha_1$ in Bild 26) zu 180° ergänzt:

$$\alpha + \alpha_1 = 180°.$$

Aus den beiden Gleichungen ergibt sich:

$$\alpha_1 = \beta + \gamma.$$

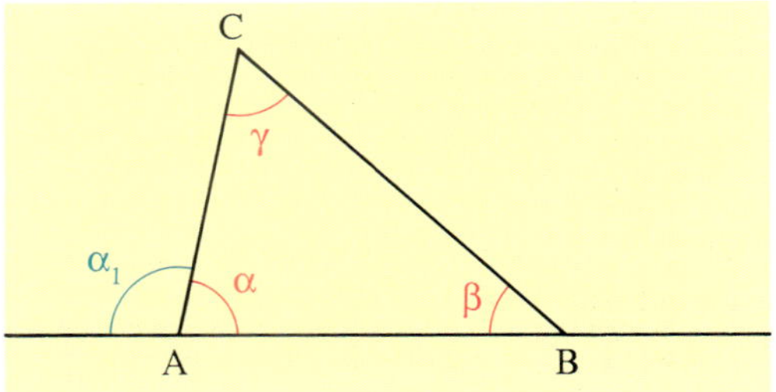

Bild 26

Dies bedeutet, dass der Außenwinkel $\sphericalangle \alpha_1$ genauso groß ist wie die beiden nicht anliegenden Innenwinkel zusammen. Es gilt der **Außenwinkelsatz**:

In jedem Dreieck ist das Maß jedes Außenwinkels gleich der Summe der Maße der nicht anliegenden Innenwinkel.

5. Gleichseitige Dreiecke

Bild 27 zeigt, wie man ein Dreieck mit gleich langen Seiten (1,2 cm) zeichnen kann:

(1) Man zeichnet einen Strahl mit dem Anfangspunkt A.
(2) Der Kreis um A mit dem Radius r = 1,2 cm schneidet den Strahl im Punkt B.
(3) Der Kreis um B mit dem gleichen Radius schneidet den Kreis um A in zwei Punkten; einen davon nennt man C.
(4) Man verbindet C mit A und mit B.

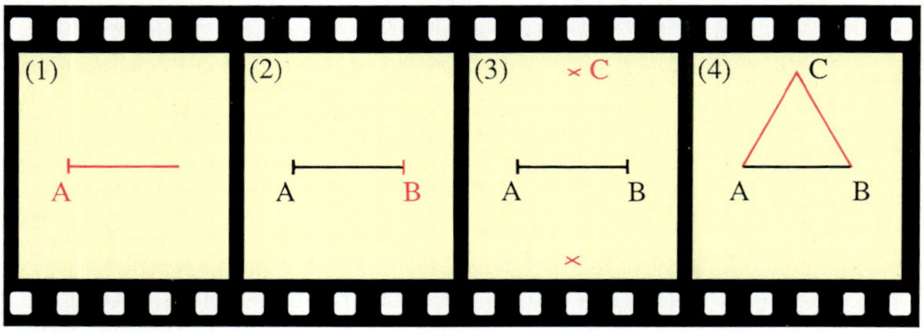

Bild 27

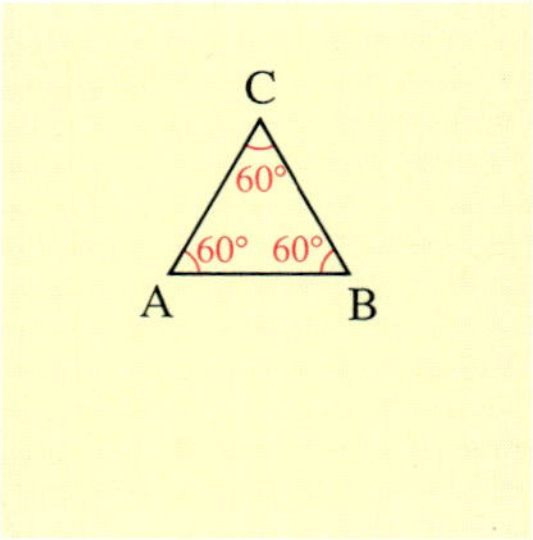

Bild 28

Das Dreieck ABC hat drei gleich lange Seiten; es ist ein **„gleichseitiges Dreieck“**.

Ein Dreieck, dessen Seiten alle gleich lang sind, heißt „gleichseitiges Dreieck“.

Misst man in gleichseitigen Dreiecken die Innenwinkel, so stellt man fest, dass diese ebenfalls gleich groß sind; jeder hat das Maß 60° (Bild 28).

In jedem gleichseitigen Dreieck haben alle Innenwinkel das Maß 60°.

6. Gleichschenklige Dreiecke

Bild 29 zeigt, wie man ein Dreieck mit zwei gleich langen Seiten zeichnen kann. Die beiden Seiten sollen die Länge r = 2 cm haben; sie sollen einen Winkel von 44° einschließen.

(1) Man zeichnet einen Winkel ($\gamma = 44°$) mit dem Scheitelpunkt C.
(2) Der Kreis um C mit dem Radius r = 2 cm schneidet die beiden Schenkel von $\sphericalangle \gamma$ in den Punkten A und B.
(3) Man verbindet A mit B.

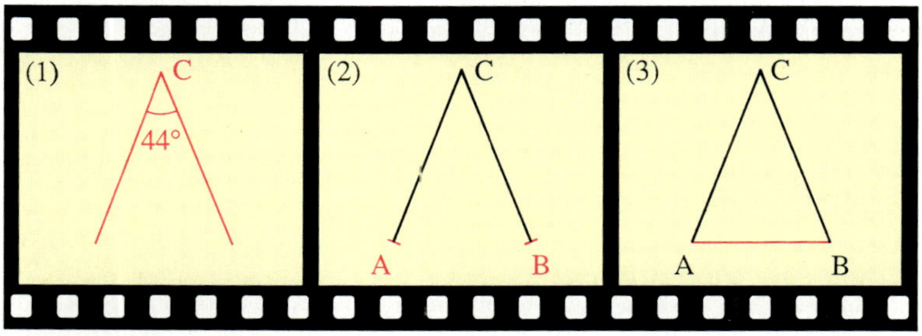

Bild 29

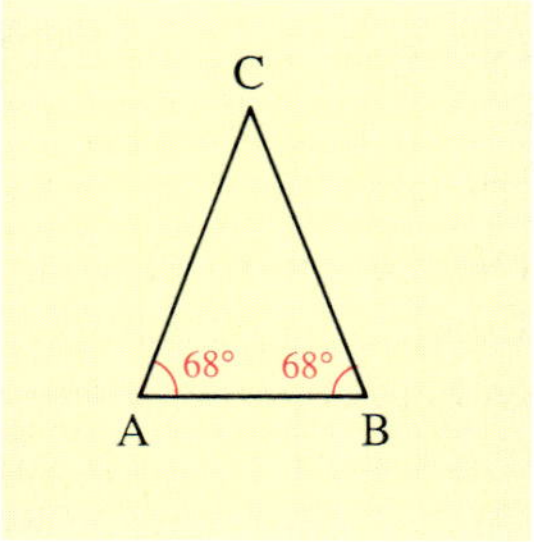

Bild 30

Das Dreieck ABC hat zwei gleich lange Seiten; es ist ein **„gleichschenkliges Dreieck“**.

Ein Dreieck, in dem mindestens zwei Seiten gleich lang sind, heißt „gleichschenkliges Dreieck“.
Die gleich langen Seiten heißen „Schenkel“, die dritte Seite heißt „Basis“.
Die aus einem Schenkel und der Basis gebildeten Winkel heißen „Basiswinkel“.

Misst man in gleichschenkligen Dreiecken die Basiswinkel, so stellt man fest, dass diese gleich groß sind (Bild 30). Es gilt der **Basiswinkelsatz**:

In jedem gleichschenkligen Dreieck sind die Basiswinkel gleich groß.

Aufgaben und Beispiele

Innen- und Außenwinkel bei Dreiecken

1. Zeichne das Dreieck ABC und bestimme die Maße aller Innen- und Außenwinkel!

a) A(0|0); B(9|0); C(4|7) **b)** A(3|6); B(8|2); C(5|0) **c)** A(1|4); B(7|4); C(3|9)
d) A(3|4); B(0|0); C(4|3) **e)** A(6|8); B(2|5); C(6|7) **f)** A(8|4); B(3|7); C(4|5)

2. Zeichne ein Dreieck mit den angegebenen Maßen und beschreibe mit Worten, wie dabei vorzugehen ist! Miss bei den Dreiecken alle Innen- und Außenwinkel und berechne die Summe aller Innenwinkelmaße (zweier Innenwinkelmaße)!

Beispiel

a = 3 cm, b = 4 cm, c = 5 cm

Zeichne die Strecke $\overline{AB}$ mit der Länge c = 5 cm. Zeichne dann um A einen Kreis mit dem Radius b = 4 cm und um b einen Kreis mit dem Radius a = 3 cm. Die beiden Kreise schneiden sich in zwei Punkten; nenne einen davon C und verbinde C mit A und mit B. ABC ist das gesuchte Dreieck (Bild 31).

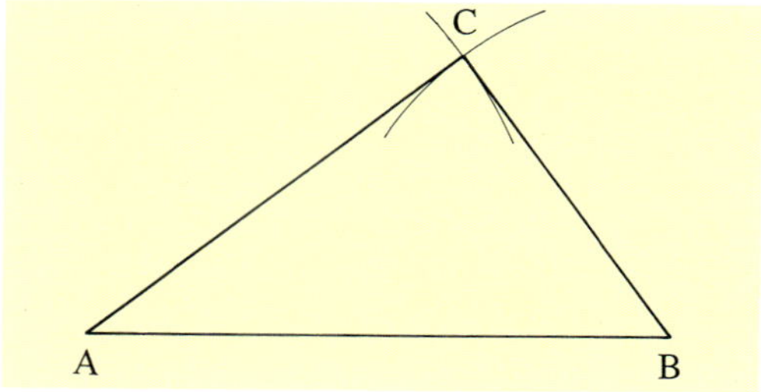

Bild 31

Für die Innen- und Außenwinkel erhält man beim Messen:
$\alpha = 37°$, $\alpha_1 = \alpha_2 = 143°$, $\beta = 53°$, $\beta_1 = \beta_2 = 127°$, $\gamma = \gamma_1 = \gamma_2 = 90°$.

Durch Addition der Winkelmaße erhält man:
$\alpha + \beta + \gamma = 180°$, $\alpha + \beta = 90°$, $\alpha + \gamma = 127°$, $\beta + \gamma = 143°$.

a) $\gamma = 78°$; a = 9 cm; b = 7 cm **b)** a = 7 cm; b = 5 cm; c = 9 cm **c)** $\alpha = 40°$; b = 7 cm; c = 6
d) $\alpha = 50°$; $\gamma = 110°$; b = 4,5 cm **e)** $\beta = 60°$; b = 9 cm; c = 10 cm **f)** $\alpha = 40°$; a = 3,3 cm; c = 5
g) $\beta = 30°$; $\gamma = 75°$; a = 9,5 cm **h)** $\alpha = 80°$; $\beta = 87°$; c = 2 cm **i)** $\alpha = 30°$; $\beta = 90°$; $\gamma = 60°$

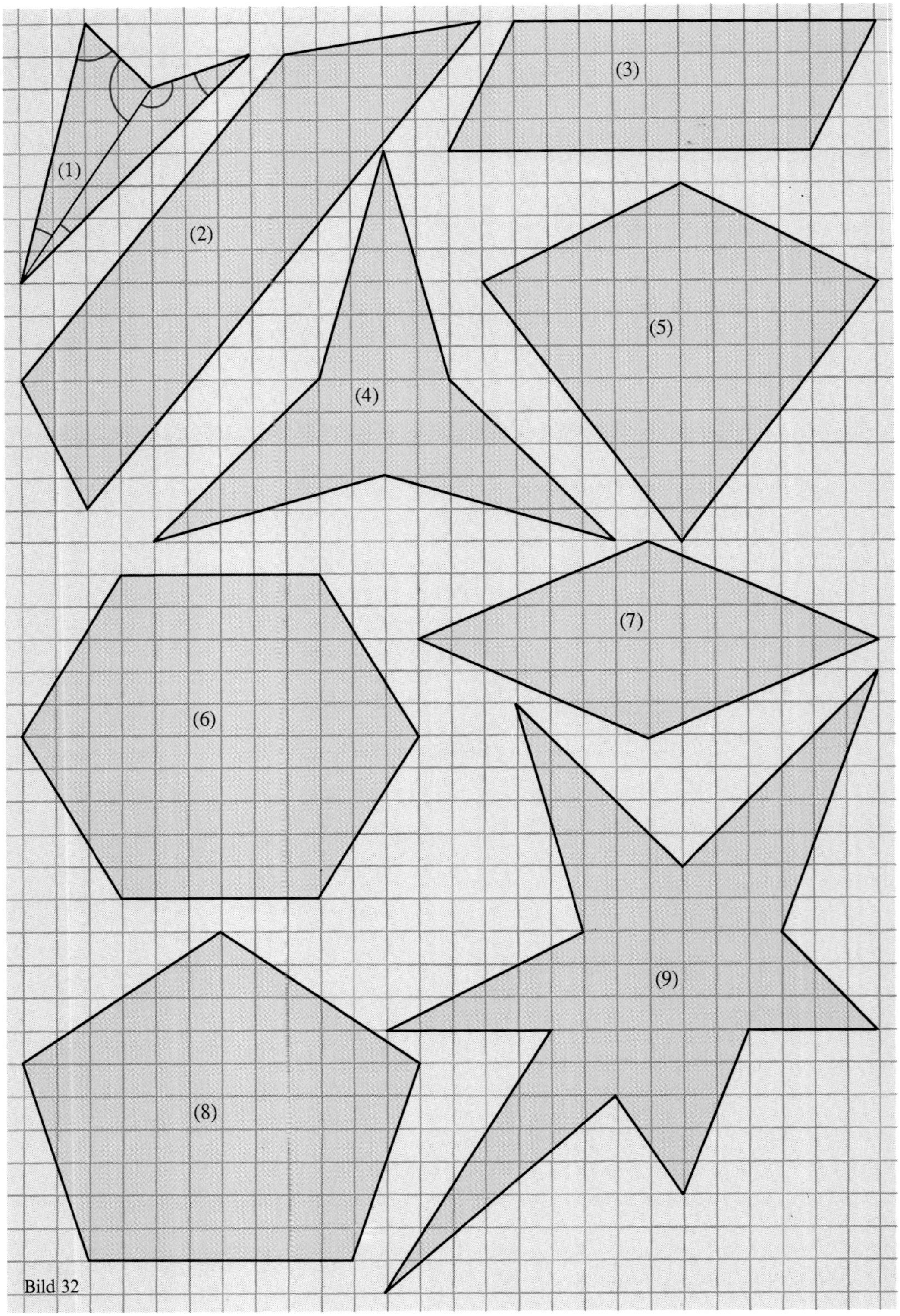

Bild 32

3. Zeichne drei verschieden große Dreiecke mit den angegebenen Maßen! Miss den dritten Winkel und vergleiche mit dem berechneten Winkelmaß!

a) $\alpha = 35°, \beta = 42°$ **b)** $\alpha = 85°, \gamma = 60°$ **c)** $\beta = 108, \gamma = 24°$

Gleichseitige und gleichschenklige Dreiecke

4. Zeichne ein gleichseitiges Dreieck mit der angegebenen Seitenlänge und bestimme die Maße aller Innen- und Außenwinkel!

a) 3 cm **b)** 4,5 cm **c)** 7 cm **d)** 12 cm **e)** 8,7 cm **f)** 6,2 cm

5. Zeichne ein gleichschenkliges Dreieck mit den angegebenen Maßen und bestimme die Maße aller Innen- und Außenwinkel!

a) $a = b = 8$ cm, $\gamma = 20°$ **b)** $a = b = 8$ cm, $\gamma = 120°$ **c)** $a = b = 5$ cm, $\gamma = 120°$
d) $a = b = 10$ cm, $\beta = 45°$ **e)** $b = c = 3$ cm, $\alpha = 75°$ **f)** $a = c = 7$ cm, $b = 5$ cm

Vielecke

6. Zeichne ein Rechteck mit einer Diagonalen und überlege dir dann, wie groß die Summe der Innenwinkelmaße eines Rechtecks ist! Begründe deine Antwort!

7. In Bild 32[1)] auf Seite 114 sind mehrere Figuren gezeichnet.
a) Wähle einige Figuren aus; bestimme durch Messung die Summe der Innenwinkelmaße!
b) Welche Aussagen kannst du auf Grund deiner Messungen machen?
c) Übertrage die Figuren von Bild 32[1)] auf Seite 114 in dein Heft. Teile jede Figur durch Diagonalen in möglichst wenige Dreiecke ein! Überlege dir auf Grund deines Wissens über Dreiecke, wie groß die Summe der Innenwinkelmaße bei der betreffenden Figur sein muss!

8. Wie groß ist jeweils die Summe der Innenwinkelmaße bei folgenden Figuren?
a) Viereck
b) Siebeneck
c) Neunundneunzigeck
d) Vieleck mit n Ecken
e) Zahnrad mit 23 Zähnen (Bild 33)

9. Wie kann man die Summe der Innenwinkelmaße bei einem Siebeneck (Sechzehneck, Neunundneunzigeck, Vieleck mit $n+1$ Ecken) bestimmen, wenn man die Summe der Innenwinkelmaße bei einem Sechseck (Fünfzehneck, Achtundneunzigeck, Vieleck mit n Ecken) bereits kennt?

Bild 33

[1)] Bei einigen Figuren von Bild 32 treten überstumpfe Winkel auf. Figurenwinkel dürfen jedoch nicht größer als 180° sein. Man kann bei solchen Figuren durch geeignete Diagonalen die überstumpfen Winkel so unterteilen, dass jeder Teilwinkel kleiner als 180° ist. Bei Figur (1) ist eine solche Diagonale bereits eingezeichnet.

§ 6 Einführung in das Beweisen

I. Kritische Überprüfung unseres bisherigen Vorgehens

1. Der Innenwinkelsatz ist ein Lehrsatz

Bei den bisherigen Untersuchungen haben wir einige Eigenschaften von Figuren in Merksätzen aufgeschrieben und besonders hervorgehoben. Der Mathematiker nennt solche Aussagen **Lehrsätze** oder kurz **Sätze**. Einer der wichtigsten Lehrsätze, die wir bisher gefunden haben, ist der **Innenwinkelsatz für Dreiecke**:

In jedem Dreieck beträgt die Summe der Innenwinkelmaße 180°.

Wir werden künftig alle Lehrsätze rot unterlegen, um sie besonders deutlich hervorzuheben.

2. Warum halten wir den Innenwinkelsatz für zutreffend?

Unser bisheriges Vorgehen lässt sich in vier Schritte zerlegen:

(1) Wir haben ein Dreieck gezeichnet oder ein bereits gezeichnetes Dreieck benutzt.

(2) Wir haben die Innenwinkel gemessen und die Winkelmaße addiert.

(3) Wir haben solche Messungen mit verschiedenen Dreiecken wiederholt.

(4) Da wir bei allen Messungen ungefähr 180° erhalten haben, haben wir den Satz als zutreffend angesehen.

Wir wollen untersuchen, ob dieses Vorgehen einer kritischen Prüfung standhält.

3. Kann man genau zeichnen?

Wenn wir mit einem Bleistift an der Kante eines Lineals entlangfahren (Bild 1), erwarten wir, dass die Kante des Lineals gerade ist und dass die Bleistiftspitze eine Strecke zeichnet.

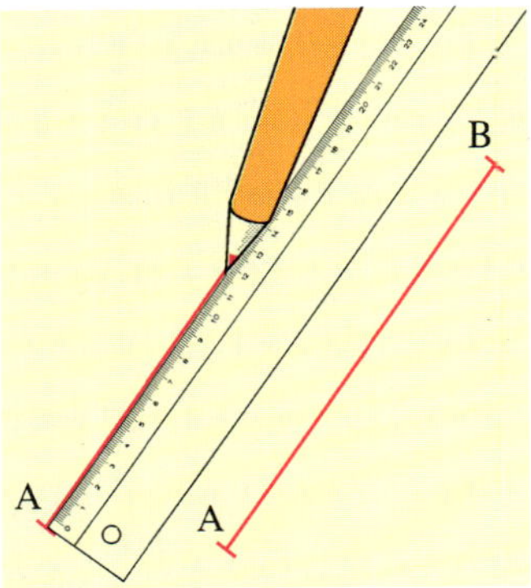

Bild 1

Bild 2

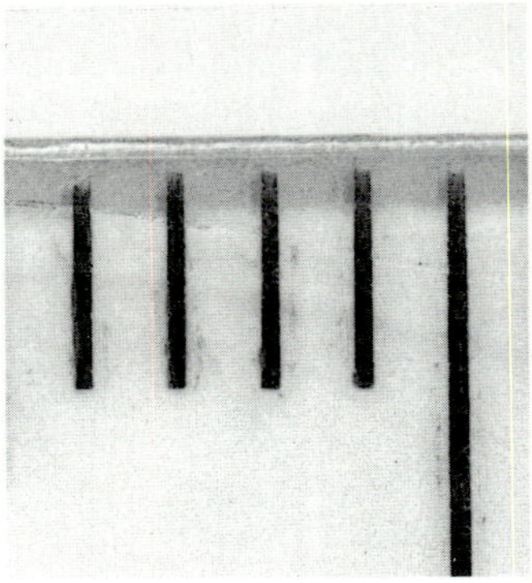

Bild 3

Unter dem Mikroskop erscheint jedoch ein Stück einer solchen Strecke als breiter Streifen (Bild 2), und auch die Kante eines Lineals erweist sich keineswegs als gerade. Die Zeichnung einer Figur stimmt also nicht mit unserer Vorstellung von dieser Figur überein.

Genaue geometrische Figuren gibt es nur in unserer Vorstellung. Es ist grundsätzlich unmöglich, geometrische Figuren genau zu zeichnen.

Dennoch sollte man stets versuchen, so genau wie möglich zu zeichnen.

4. Kann man genau messen?

Wie das Zeichnen der Dreiecke hält auch das Messen der Innenwinkel einer kritischen Prüfung nicht stand. Hierfür gibt es mehrere Gründe:

1) Auch die Skala des Geodreiecks ist irgendwann einmal gezeichnet worden. Sicher ist man dabei besonders sorgfältig gewesen; dennoch war auch bei dieser Zeichnung eine gewisse Zeichenungenauigkeit unvermeidbar.

2) Da die Skalenstriche des Winkelmessers im Abstand von 1° gezeichnet sind, lassen sich dazwischen liegende Winkelmaße nur schätzen.

3) Selbst wenn sich der Schenkel eines auszumessenden Winkels und ein Skalenstrich des Winkelmessers bei Betrachtung mit dem bloßen Auge zu decken scheinen, kann sich unter dem Mikroskop dennoch eine geringfügige Abweichung zeigen (Bild 4).

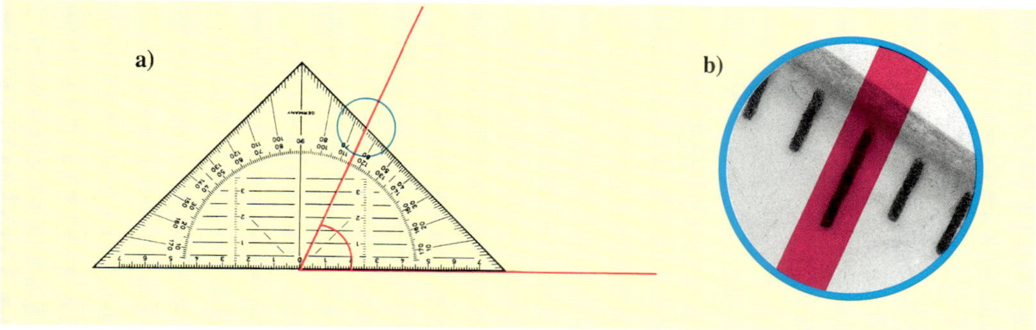

Bild 4

Die gleichen Überlegungen gelten für Längenmessungen. Wir fassen zusammen:

Jede Messung weist eine gewisse Messungenauigkeit auf. Es ist grundsätzlich unmöglich, genau zu messen.

5. Gilt der Innenwinkelsatz für alle Dreiecke?

Der Innenwinkelsatz beginnt so: „In jedem Dreieck …“. Damit ist gemeint: „In jedem beliebigen Dreieck …“. Gilt der Innenwinkelsatz wirklich in jedem beliebigen Dreieck?

Alle Dreiecke, bei denen wir die Innenwinkel gemessen haben, passen ganz auf eine Buch- oder Heftseite. Wir können uns aber auch ganz andere Dreiecke vorstellen. Gilt auch für diese Dreiecke der Innenwinkelsatz?

Beispiele

1) Ein Dreieck, von dem ein Eckpunkt nicht auf das Zeichenblatt passt.
2) Das Dreieck, das drei Eckfahnen eines Fußballplatzes miteinander bilden.[1)]
3) Das Dreieck, das die jeweils höchsten Gebäude in Aachen, Essen und Krefeld miteinander bilden.[1)]
4) Das Dreieck, das die Sonne, die Erde und die Venus zu einem bestimmten Zeitpunkt miteinander bilden.[1)]

Bei den Beispielen 1) bis 3) könnte man die Innenwinkel messen. Dagegen ist eine Messung der Winkel bei Beispiel 4) nicht durchführbar. Wir können uns also Dreiecke **vorstellen**, bei denen wir die Gültigkeit des Innenwinkelsatzes **durch Messungen nicht überprüfen** können.

Es gibt aber noch einen viel trifftigeren Grund dafür, dass wir die Gültigkeit des Innenwinkelsatzes **durch Messungen nicht überprüfen** können: Da es **unendlich viele** Dreiecke gibt, ist es grundsätzlich nicht möglich, die Winkel eines **jeden** Dreiecks zu messen.

Auch der dritte Schritt, die Wiederholung der Messung mit verschiedenen Dreiecken, hält also einer kritischen Prüfung nicht stand.

6. Beträgt die Winkelsumme exakt 180°?

Im Innenwinkelsatz heißt es weiter: „... beträgt die Summe der Innenwinkelmaße 180°“. Damit ist gemeint, dass diese Summe genau 180° beträgt. Auf Grund unserer Messungen ist jedoch nur gesichert, dass die Summe der Innenwinkelmaße **ungefähr** 180° beträgt.

Andererseits können wir in Sonderfällen nachweisen, dass die Summe der Innenwinkelmaße **genau** 180° beträgt.

Zerlegt man z.B. ein Rechteck ABCD in die beiden Teildreiecke ABD und BCD (Bild 5), so entstehen bei B und bei D insgesamt vier Teilwinkel, von denen je zwei als Wechselwinkel maßgleich sind. Daher entfallen von den vier rechten Winkeln des Rechtecks auf jedes Teildreieck offensichtlich zwei rechte Winkel, also **genau** 180°.

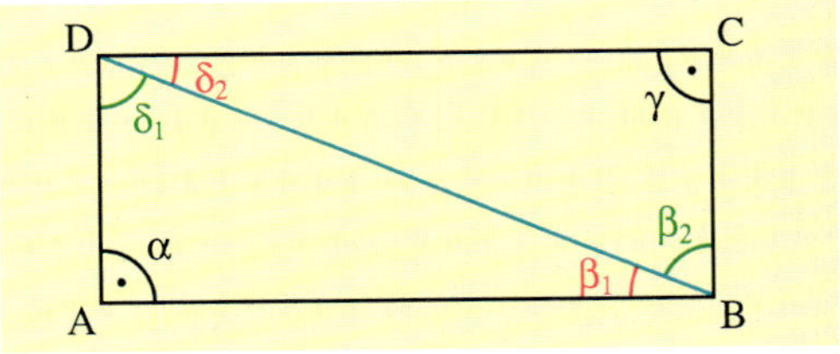

Bild 5

Wegen dieses **Sonderfalls** haben wir uns beim Innenwinkelsatz für Dreiecke auf **genau** 180° festgelegt.

7. Zusammenfassung

Durch Messungen lässt sich also nicht zweifelsfrei bestätigen, dass die Aussage des Innenwinkelsatzes wahr ist. Allgemein gilt:

Es ist grundsätzlich unmöglich, durch Messungen herauszufinden, ob eine geometrische Aussage wahr oder falsch ist.

Messungen können in der Geometrie lediglich zu **Vermutungen** führen. Auf Vermutungen kann man allerdings auch auf andere Weise stoßen, z.B. durch die Untersuchung von **Sonderfällen** oder dadurch, dass man sich Zeichnungen ansieht.

[1)] Bei diesem Beispiel müsste man genau festlegen, wo die Eckpunkte liegen sollen.

Aufgaben und Beispiele

1. Nenne Sätze aus anderen Gebieten der Mathematik (Teilbarkeitslehre, Bruchrechnung)!

2. Zeichne mit einem gut angespitzten Bleistift eine geometrische Figur und betrachte dann deine Zeichnung mit einer starken Lupe! Was beobachtest du?

3. Gib alle dir bekannten Gründe dafür an, dass man Längen nicht genau messen kann!

4. Gib alle dir bekannten Gründe dafür an, dass man mit dem Geodreieck Parallelen nicht genau zeichnen kann!

5. Welche Sätze in § 5 haben wir nicht nur durch Messungen überprüft?

6. In § 5 haben wir bereits einige Aussagen begründet, ohne Messungen durchzuführen. Suche einen solchen Satz und seine Begründung heraus!

7. Wie stellt ein Handwerker fest, ob die Kanten eines Gegenstandes gerade sind?

Bild 6

II. Der Beweis des Innenwinkelsatzes

1. Wie kann man einen Lehrsatz begründen?

Im vorigen Abschnitt haben wir ausführlich begründet, dass es grundsätzlich nicht möglich ist, durch Messungen herauszufinden, ob eine geometrische Aussage (z. B. der Innenwinkelsatz für Dreiecke) wahr ist oder nicht. Wir haben aber schon mehrfach gesehen, dass man geometrische Aussagen auch begründen kann.

Beispiele

1) Den **Scheitelwinkelsatz** haben wir dadurch begründet, dass wir ihn auf den Nebenwinkelsatz zurückgeführt haben (Seite 104).

2) Den **Wechselwinkelsatz** haben wir entsprechend auf den Stufenwinkelsatz zurückgeführt (Seite 108).

3) Dass der **Innenwinkelsatz** für rechtwinklige Dreiecke zutrifft, haben wir durch Zerlegung eines Rechteckes und mithilfe des Wechselwinkelsatzes begründet (Seite 118).

Wir wollen im Folgenden versuchen, den Innenwinkelsatz **allgemein** zu begründen.

2. Unterstützung der Begründung durch eine Zeichnung

Auch bei der Begründung einer geometrischen Aussage ist es hilfreich, sich auf eine Zeichnung zu stützen. Damit unsere Begründung für **alle** Dreiecke gültig ist, dürfen wir bei den einzelnen Begründungsschritten keine Eigenschaft benutzen, die nur das gezeichnete Dreieck besitzt. Wäre dieses zufällig rechtwinklig, so dürften wir diese Eigenschaften nicht verwenden, da nicht alle Dreiecke rechtwinklig sind. Um nicht unbewusst gegen diese Bedingung zu verstoßen, sollte man kein Dreieck mit besonderen Eigenschaften zeichnen (Bild 7).

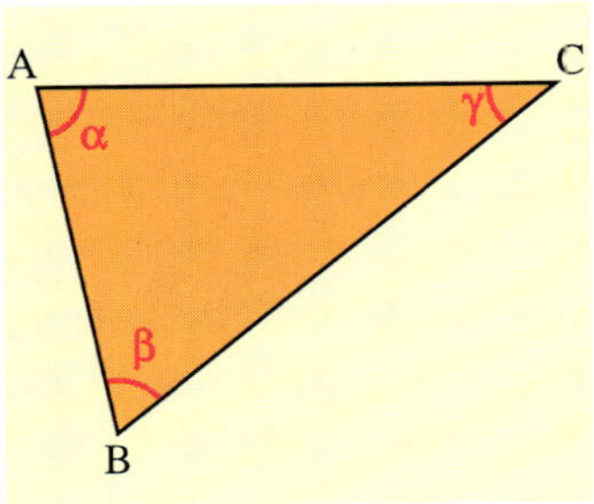

Bild 7

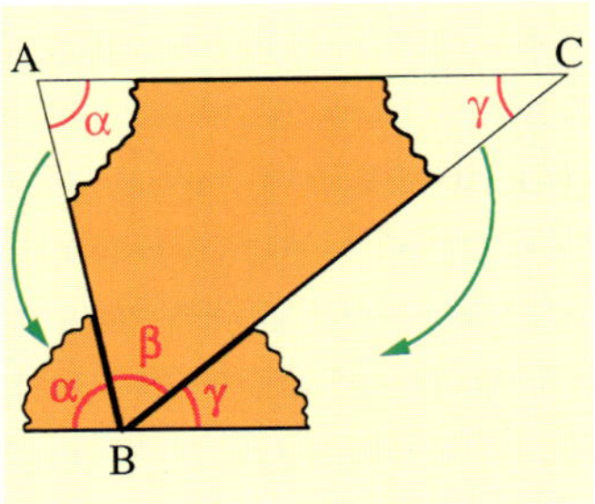

Bild 8

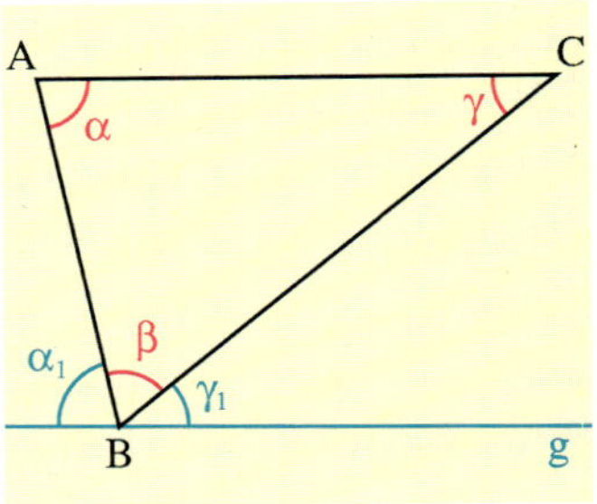

Bild 9

3. Die Begründung des Innenwinkelsatzes

Legt man die Innenwinkel eines Dreiecks aneinander, so hat man den Eindruck, dass sie zusammen einen gestreckten Winkel bilden, dessen Schenkel parallel zur gegenüberliegenden Dreiecksseite sind (Bild 8). Wir betrachten deshalb eine ähnliche Figur, indem wir in dem Dreieck ABC von Bild 7 durch den Punkt B die Parallele zur Strecke $\overline{AC}$ zeichnen (Bild 9). g bildet mit den Seiten $\overline{AB}$ und $\overline{BC}$ die Winkel $\sphericalangle\,\alpha_1$ und $\sphericalangle\,\gamma_1$. $\sphericalangle\,\alpha$ und $\sphericalangle\,\alpha_1$ sowie $\sphericalangle\,\gamma$ und $\sphericalangle\,\gamma_1$ sind Wechselwinkel an Parallelen; daher gilt:

$$\alpha_1 = \alpha \quad \text{und} \quad \gamma_1 = \gamma.$$

$\sphericalangle\,\alpha_1$, $\sphericalangle\,\beta$ und $\sphericalangle\,\gamma_1$ bilden zusammen einen gestreckten Winkel; daher gilt

$$\alpha_1 + \beta + \gamma_1 = 180°.$$

Da $\alpha_1 = \alpha$ und $\gamma_1 = \gamma$ ist, darf man α_1 durch α und γ_1 durch γ ersetzen:

$$\alpha + \beta + \gamma = 180°; \quad \text{genau das war zu zeigen.}$$

Um uns bewusst zu machen, dass wir **bei der Begründung keine Messungen** und **keine Besonderheiten der Zeichnung** benutzt haben und dass alle Überlegungen **für jedes beliebige Dreieck** gelten, wiederholen wir die Begründung in einer übersichtlichen Kurzform (Bild 10):

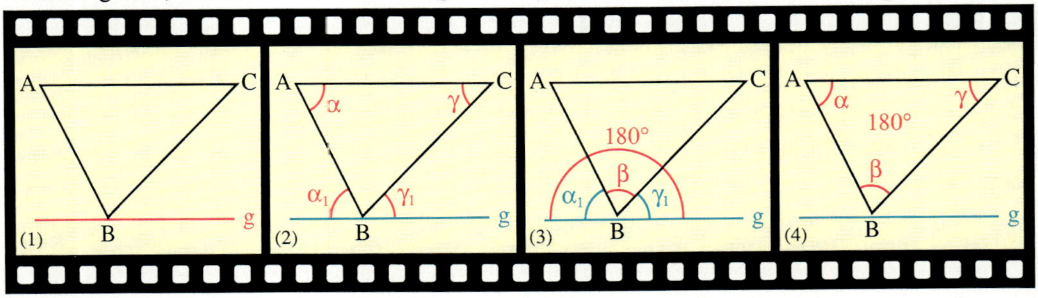

Bild 10

	Schritt	Begründung des Schrittes
(1)	Die Gerade g ist die Parallele zur Strecke $\overline{AC}$ durch B.	Durch einen Punkt gibt es zu einer Strecke genau eine Parallele.
(2)	$\alpha_1 = \alpha$ und $\gamma_1 = \gamma$	$\sphericalangle\, \alpha_1$ und $\sphericalangle\, \alpha$ sowie $\sphericalangle\, \gamma_1$ und $\sphericalangle\, \gamma$ sind Wechselwinkel an Parallelen.
(3)	$\alpha_1 + \beta + \gamma_1 = 180°$	$\sphericalangle\, \alpha_1$, $\sphericalangle\, \beta$ und $\sphericalangle\, \gamma_1$ bilden zusammen einen gestreckten Winkel.
(4)	$\alpha + \beta + \gamma = 180°$	Dies ergibt sich aus (2) und (3).

Wir haben also den Innenwinkelsatz dadurch begründet, dass wir ihn auf andere Aussagen zurückgeführt haben. Eine solche Begründung nennt man einen **Beweis**.

4. Was haben wir nun erreicht?

Haben wir nun zweifelsfrei nachgewiesen, dass die Aussage des Innenwinkelsatzes wahr ist?

Die Übersicht zeigt, dass wir die Begründung in der geforderten Form erbracht haben. Wir haben keine Messungen benutzt und uns nicht auf besondere Eigenschaften eines bestimmten Dreiecks gestützt.

Dennoch tauchen neue Zweifel auf, wenn wir auf die Begründungen der einzelnen Schritte blicken. So haben wir beispielsweise im zweiten Schritt eine Aussage über Wechselwinkel benutzt. Haben wir diese Aussage nur durch Messungen erhalten oder haben wir sie auch begründet?

Um unseren Beweis des Innenwinkelsatzes abzuschließen, scheint es erforderlich zu sein, alle dabei benutzten Aussagen in gleicher Weise zu begründen. Wir gehen hierauf im nächsten Paragraphen ein.

5. Die Bedeutung von Messungen

Die Möglichkeit, Sätze beweisen zu können, ist ein besonderes Kennzeichen der Mathematik. Gerade hierdurch unterscheidet sich die Mathematik von anderen Wissenschaften.

Auch wenn für die Mathematik Beweise eine besondere Bedeutung haben, müssen wir uns doch darüber im klaren sein, dass Messungen außerhalb der Mathematik eine wichtige Rolle spielen.

Beispiele

1) Will ein Ingenieur eine Brücke errichten, so muss er sie so stark bauen, dass sie den zu erwartenden Belastungen sicher standhält. Die Gesetze der Statik, die er bei den notwendigen Berechnungen anwendet, stützen sich unter anderem auf Messungen.

2) Um die Behauptung zu überprüfen, der Wasserstand des Rheins sei im letzten Sommer höher gewesen als in den Vorjahren, ist man auf die Auswertung von Messungen angewiesen.

In der Geometrie ist es manchmal möglich, Sachverhalte durch Messungen zu **finden**. Erst wenn es gelungen ist, eine so gefundene Vermutung zu beweisen, ist gesichert, dass es sich um einen gültigen Satz handelt.

Aufgaben und Beispiele

1. Welche der folgenden Aussagen können im Sinne der Mathematik bewiesen werden? Wie kann man bei anderen Aussagen feststellen, ob sie wahr oder falsch sind?

a) Montags zwischen 6 und 8 Uhr fahren in jeder Stunde 4000 Fahrzeuge über die Deutzer Brücke in Köln.

b) In jedem Dreieck ist das Maß eines Außenwinkels gleich der Summe der Maße der nicht anliegenden Innenwinkel.

c) Im Juli gibt es in London mehr Niederschläge als in Paris.

d) Ist eine Zahl durch 6 teilbar, dann ist sie auch durch 2 und durch 3 teilbar.

e) Die Durchschnittstemperaturen in Düsseldorf sind im Oktober höher als im April.

f) Mit 18 Jahren wird man volljährig.

g) In Deutschland beträgt die Richtgeschwindigkeit auf Autobahnen $130 \frac{\text{km}}{\text{h}}$.

h) Auf dem Ruhrschnellweg beträgt die Durchschnittsgeschwindigkeit in der Hauptverkehrszeit $25{,}7 \frac{\text{km}}{\text{h}}$.

Bild 11

2. Nenne drei Eigenschaften, die nur bestimmte, jedoch nicht alle Dreiecke besitzen!

3. Nimm zu folgenden Aussagen Stellung!

a) Der Innenwinkelsatz wurde nur für nicht rechtwinklige Dreiecke bewiesen; er gilt daher nicht für rechtwinklige Dreiecke.

b) Der Beweis des Innenwinkelsatzes gilt nicht für gleichschenklige Dreiecke.

c) Der Beweis des Innenwinkelsatzes gilt nicht für alle Dreiecke, da nur **ein** Dreieck gezeichnet wurde.

d) Der Beweis des Innenwinkelsatzes zeigt für kein Dreieck zweifelsfrei, dass die Summe der Innenwinkelmaße 180° ist, da man Dreiecke nicht genau zeichnen kann.

4. Führe den Beweis für den Innenwinkelsatz, indem du

a) eine Parallele zu $\overline{AB}$ zeichnest;

b) Bild 12 und den Außenwinkelsatz benutzt!

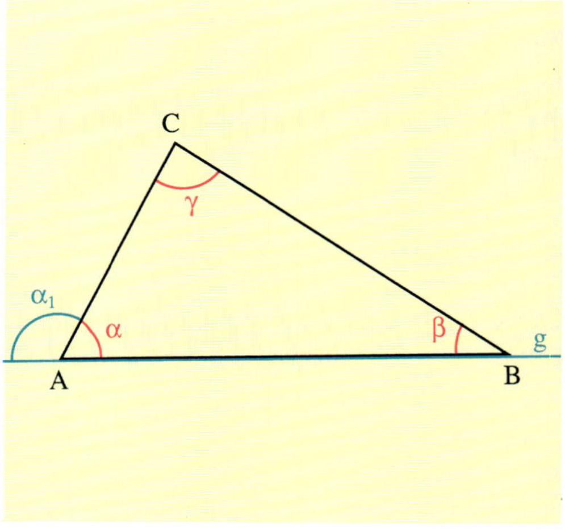

Bild 12

5. Zum Beweis eines dir bekannten Satzes über Dreiecke gehören folgende Überlegungen:

(1) $\gamma_1 = 180° - \gamma$

(2) $\alpha + \beta + \gamma = 180°$, also $\alpha + \beta = 180° - \gamma$

(3) $\gamma_1 = \alpha + \beta$

a) Zeichne eine Beweisfigur!

b) Welcher Satz wird bewiesen?

c) Begründe alle Beweisschritte!

§ 7 Ordnen und Ergänzen der Winkelsätze

I. Beweis weiterer Sätze

1. Beweis des Wechselwinkelsatzes

Zum Beweis des Innenwinkelsatzes haben wir den **Wechselwinkelsatz** benutzt:

Liegen Wechselwinkel an parallelen Geraden, so sind sie maßgleich.

Beweis: Wir setzen voraus, dass die Geraden g_1 und g_2 parallel sind (Bild 1).

(1) $\alpha = \gamma$; denn $\sphericalangle\alpha$ und $\sphericalangle\gamma$ sind Stufenwinkel an parallelen Geraden.

(2) $\gamma = \beta$; denn $\sphericalangle\gamma$ und $\sphericalangle\beta$ sind Scheitelwinkel.

(3) $\alpha = \beta$; nach (1) und (2).

Diesen Beweis haben wir – nicht ganz so übersichtlich – bereits auf Seite 108 geführt.

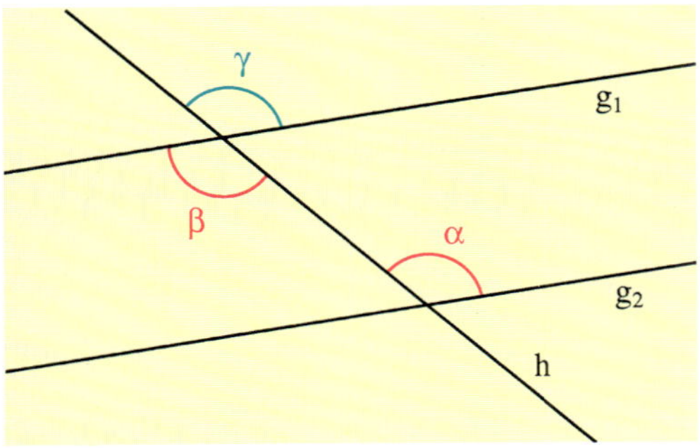

Bild 1

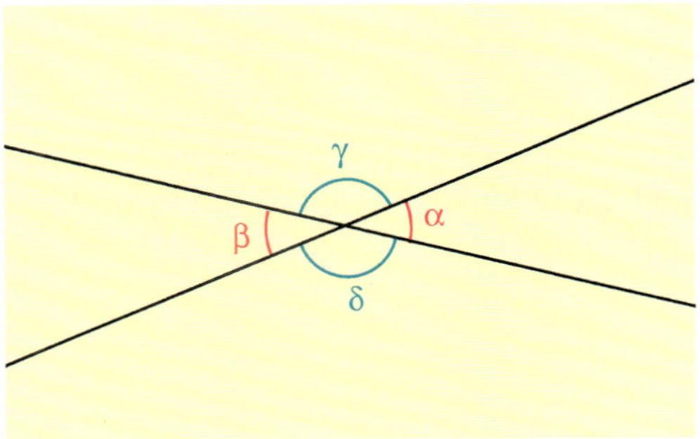

Bild 2

2. Beweis des Scheitelwinkelsatzes

Zum Beweis des Wechselwinkelsatzes haben wir den **Scheitelwinkelsatz** benutzt:

Scheitelwinkel sind maßgleich.

Beweis: Wir betrachten die Scheitelwinkel $\sphericalangle\alpha$ und $\sphericalangle\beta$ (Bild 2).

(1) $\alpha = 180° - \gamma$; denn $\sphericalangle\alpha$ und $\sphericalangle\gamma$ sind Nebenwinkel.

(2) $\beta = 180° - \gamma$; denn $\sphericalangle\beta$ und $\sphericalangle\gamma$ sind Nebenwinkel.

(3) $\alpha = \beta$; nach (1) und (2).

3. Beweis des Nebenwinkelsatzes

Zum Beweis des Scheitelwinkelsatzes haben wir den **Nebenwinkelsatz** benutzt:

> Nebenwinkel ergänzen sich zu 180°.

Beweis: Die Nebenwinkel $\sphericalangle \alpha$ und $\sphericalangle \beta$ sind Teilwinkel des gestreckten Winkels $\sphericalangle \gamma$ (Bild 3); daher gilt

$$\alpha + \beta = \gamma.$$

Da $\sphericalangle \gamma$ ein gestreckter Winkel ist, gilt

$$\gamma = 180°.$$

Hieraus ergibt sich

$$\alpha + \beta = 180°.$$

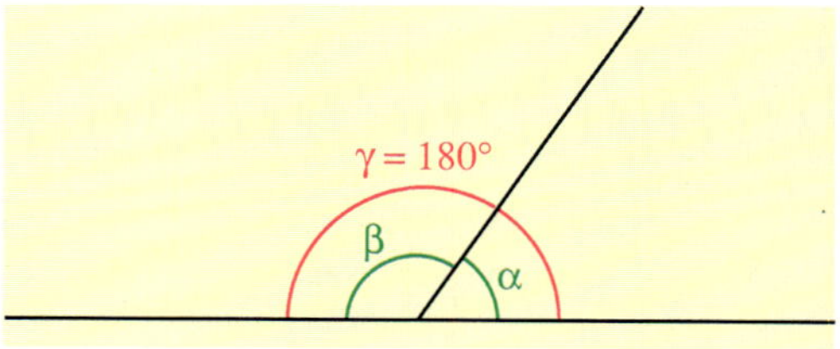

Bild 3

4. Kann man alle Sätze beweisen?

Zum Beweis des Nebenwinkelsatzes haben wir weitere noch nicht bewiesene Sätze benutzt, den **Satz über gestreckte Winkel**:

> Das Maß eines gestreckten Winkels beträgt 180°.

und den **Satz über die Winkelzerlegung**:

> Das Maß eines in Teilwinkel zerlegten Winkels ist gleich der Summe der Teilwinkelmaße.

Jeder Beweis eines Satzes führt offensichtlich auf mindestens einen weiteren noch nicht bewiesenen Satz. Wir müssen uns deshalb fragen:

Ist es überhaupt möglich, **alle** Sätze zu beweisen?

Um auf diese Frage besser eingehen zu können, wollen wir uns zunächst eine Übersicht über alle bisher geführten Beweise verschaffen (Bild 4).

In dieser Übersicht ist jeder Satz mit allen Sätzen durch eine Linie verbunden, die zu seinem Beweis benutzt wurden. Ferner sind in der ersten Reihe alle Sätze angegeben, die wir zwar bei unseren Beweisen benutzt, bisher aber noch nicht bewiesen haben. Neben den Sätzen über gestreckte Winkel und über Winkelzerlegung sind dies zwei weitere Sätze:

Zum Beweis des Innenwinkelsatzes für Dreiecke haben wir den **Parallelensatz** benutzt:

> Durch einen Punkt gibt es zu einer Strecke (Halbgeraden, Geraden) genau eine Parallele.

Zum Beweis des Wechselwinkelsatzes haben wir den **Stufenwinkelsatz** benutzt:

> Liegen Stufenwinkel an parallelen Geraden, so sind sie maßgleich.

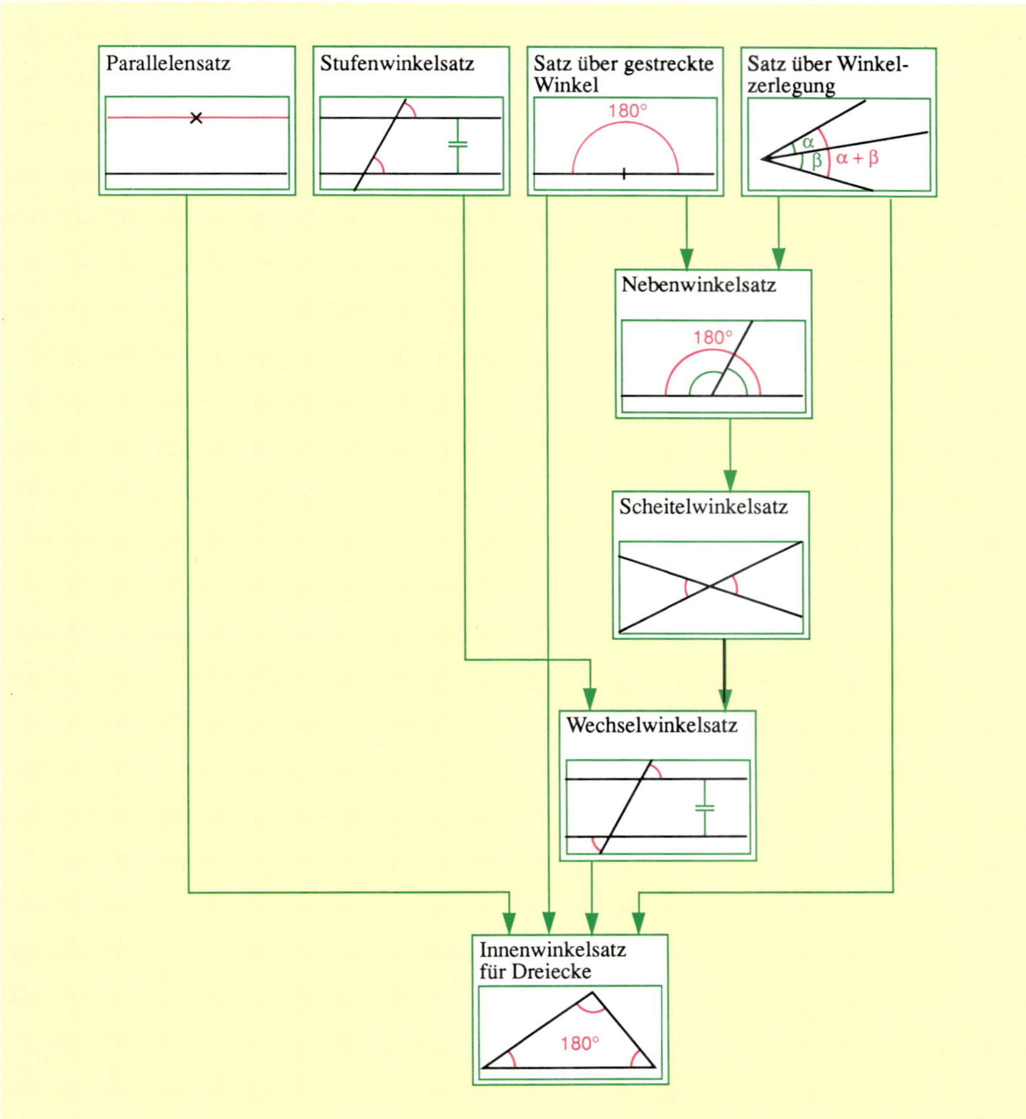

Bild 4

5. Nicht jeden Satz darf man zum Beweis eines anderen Satzes verwenden

Die in Bild 4 dargestellten Sätze enthalten mit jedem Satz **alle** Sätze, die beim Beweis des betreffenden Satzes benutzt worden sind. Eine solche Menge von Sätzen wollen wir ein **Gefüge** nennen. Unsere oben gestellte Frage, ob es möglich sei, alle Sätze zu beweisen, lässt sich dann etwas genauer formulieren:

Gibt es Gefüge, in denen man **alle** Sätze beweisen kann?

Könnten wir alle Sätze in Bild 4 beweisen, so müssten wir die vier in der oberen Reihe angegebenen Sätze beweisen können, ohne das Gefüge durch neue Sätze zu erweitern.

Bei jedem derartigen Beweis dürften wir keinen Satz benutzen, der mit dem zu beweisenden Satz durch eine Linie verbunden ist.

Beispiel

Um den Stufenwinkelsatz zu beweisen, dürften wir weder den Wechselwinkelsatz noch den Innenwinkelsatz benutzen; denn diese beiden Sätze wurden selber mit Hilfe des Stufenwinkelsatzes bewiesen. Dagegen dürften wir die anderen Sätze aus der ersten Reihe sowie den Nebenwinkelsatz und den Scheitelwinkelsatz verwenden.

6. Eine unlösbare Aufgabe

Nehmen wir einmal an, wir könnten auf diese Art einen der vier Sätze aus der ersten Reihe von Bild 4 beweisen, so könnten wir eine neue Übersicht zeichnen, die nur noch drei unbewiesene Sätze in der ersten Reihe enthalten würde.

Wir müssten dann entsprechend versuchen, einen dieser drei Sätze zu beweisen. Danach stünden nur noch zwei Sätze und schließlich nur noch ein Satz in der ersten Reihe.

Spätestens dann aber müssten wir bei unserem Versuch, **alle** Sätze dieses Gefüges zu beweisen, scheitern: Dieser letzte Satz könnte nicht mit Hilfe der anderen Sätze bewiesen werden, da er selbst zum Beweis dieser Sätze benutzt wurde. Zum gleichen Ergebnis kommen wir bei **jedem** Gefüge. Wir erkennen:

Es ist nicht möglich, sämtliche Sätze eines Gefüges zu beweisen.

7. Ausgangssätze und Folgesätze

Wir können jetzt etwas genauer erklären, was man unter **„Beweisen"** versteht. Wir haben den Wechselwinkelsatz beispielsweise dadurch bewiesen, dass wir ihn mithilfe logischer Schlüsse auf den Stufenwinkelsatz und auf den Scheitelwinkelsatz zurückgeführt haben.

Beweisen heißt, einen Satz durch logische Schlüsse auf andere Sätze zurückführen.

Es ist offensichtlich, dass man das Zurückführen auf andere Sätze nicht beliebig fortsetzen kann. Man muss vielmehr irgendwo beginnen. In jedem Gefüge gibt es deshalb bewiesene und unbewiesene Sätze.

Die unbewiesenen Sätze heißen **Ausgangssätze**, die bewiesenen Sätze heißen **Folgesätze**. Die Ausgangssätze heißen auch **Grundsätze** oder **Axiome**. Folgesätze werden bewiesen, indem man sie auf Ausgangssätze und/oder andere Folgesätze zurückführt (Bild 5).

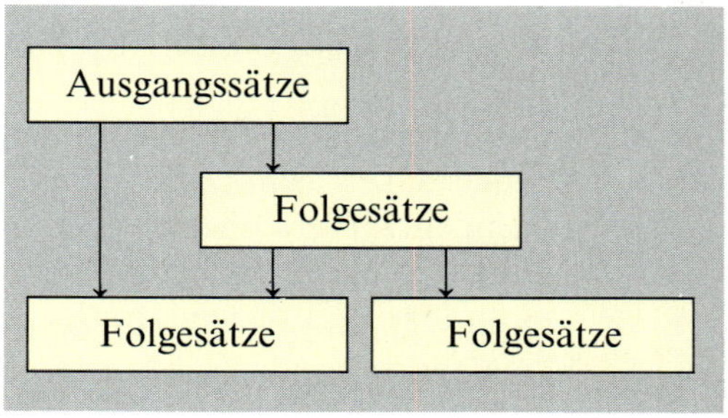

Bild 5

Die Entwicklung eines Gefüges nennt man **lokales Ordnen**.

Aufgaben und Beispiele

Zum Einstieg
Frau Krause geht mit ihrer Tochter Beate in ein Cafe. Dort sitzt bereits ihr Bruder, Herr Schulze, mit seinem Sohn Peter.
a) Schreibe die Verwandtschaftsbeziehungen zwischen den vier Personen z.B. so auf: „Frau Krause ist Mutter von Beate". Insgesamt gibt es 12 solche Sätze.
b) Nenne drei dieser Sätze, aus denen man die anderen herleiten kann!
c) Nummeriere die Sätze und schreibe dann auf, wie sie auseinander hervorgehen!

Bild 6

Übungen zu den Beweisen

1. Wiederhole den Beweis des Wechselwinkelsatzes mit den folgenden Winkelpaaren (Bild 7)!
a) $(\sphericalangle\beta_1 | \sphericalangle\delta_2)$ **b)** $(\sphericalangle\gamma_1 | \sphericalangle\alpha_2)$ **c)** $(\delta_1 | \sphericalangle\beta_2)$

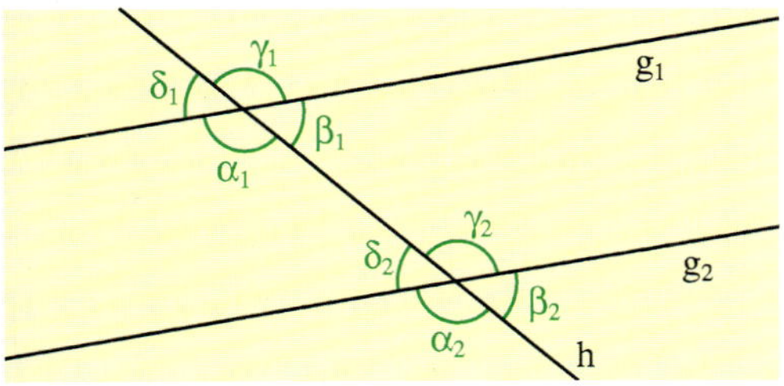

Bild 7

2. Wiederhole den Beweis des Scheitelwinkelsatzes, indem du statt $\sphericalangle\gamma$ dessen Scheitelwinkel $\sphericalangle\delta$ als Hilfswinkel benutzt (Bild 2 auf Seite 123)!

Lokales Ordnen

3. a) Schneide aus Karton rechteckige Kärtchen (3 cm × 4 cm)! Schreibe wie bei dem Muster in Bild 8 den Namen eines Satzes auf ein solches Kärtchen; füge eine Zeichnung hinzu!
b) Fertige für alle Sätze, die wir behandelt haben, solche Kärtchen an!
c) Ordne die Kärtchen so, dass der Zusammenhang der von uns geführten Beweise erkennbar wird, und übertrage diese Ordnung in dein Heft!

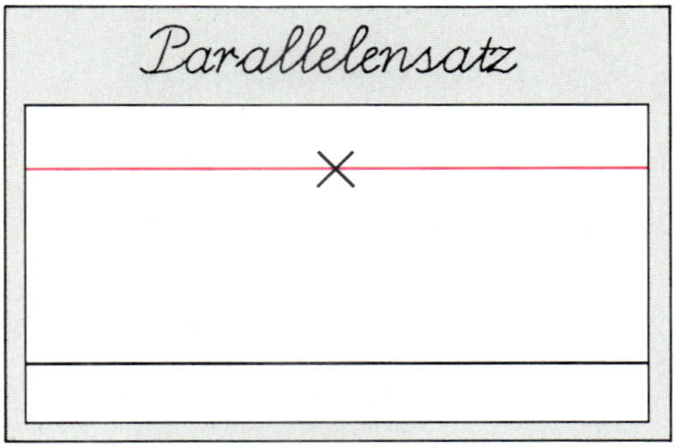

Bild 8

4. Nehmen wir einmal an, dass es möglich wäre, einzelne Ausgangssätze des in Bild 4 auf Seite 125 dargestellten Gefüges zu beweisen, ohne das Gefüge zu erweitern. Welche Sätze dürften zu einem Beweis der folgenden Sätze benutzt werden, welche nicht?
a) Parallelensatz
b) Satz über die Winkelzerlegung

5. Wähle statt des Stufenwinkelsatzes den Wechselwinkelsatz als Ausgangssatz! Beweise den Stufenwinkelsatz und ordne das Gefüge wie in Bild 4 auf Seite 125!

Andere Gefüge

6. Auch die folgenden Sätze lassen sich zu einem Gefüge ordnen; dabei stehen a, b und c für natürliche Zahlen.
(1) a ist Vielfaches von b.
(2) b ist Vielfaches von c.
(3) c ist Teiler von a.
(4) b ist Teiler von a.
(5) a ist Vielfaches von c.
a) Welche Sätze kann man als Ausgangssätze wählen?
b) Ordne das Gefüge wie in Bild 4 auf Seite 125!
c) Könnten auch andere Sätze als Ausgangssätze gewählt werden?

7. Verfahre wie in Aufgabe 6 mit den folgenden Sätzen!
(1) Andreas ist jünger als Bernd.
(2) Bernd ist jünger als Claudia.
(3) Andreas ist jünger als Claudia.
(4) Bernd ist größer als Andreas.
(5) Bernd ist größer als Claudia.
(6) Claudia ist älter als Andreas.
(7) Andreas ist kleiner als Bernd.
(8) Bernd ist älter als Andreas.
(9) Claudia ist älter als Bernd.
(10) Andreas ist kleiner als Claudia.
(11) Claudia ist größer als Andreas.
(12) Claudia ist kleiner als Bernd.

8. a) Welche Folgesätze können aus den folgenden Ausgangssätzen erschlossen werden?
(1) g ist parallel zu h.
(2) g ist senkrecht zu k.
(3) l ist parallel zu k.
b) Stelle das Gefüge wie in Bild 4 auf Seite 125 dar!
c) Welche anderen Sätze des Gefüges könnte man als Ausgangssätze wählen?

II. Einordnung der restlichen Sätze aus § 5

1. Beweis des Außenwinkelsatzes

In jedem Dreieck ist die Summe der Maße zweier Innenwinkel gleich dem Maß des nicht anliegenden Außenwinkels.

Beweis: Wir führen den Beweis für die Innenwinkel $\sphericalangle\alpha$ und $\sphericalangle\beta$ sowie für den Außenwinkel $\sphericalangle\gamma_1$ (Bild 9):

(1) $\alpha+\beta+\gamma=180°$, also $\alpha+\beta=180°-\gamma$ (Innenwinkelsatz für Dreiecke);
(2) $\gamma_1+\gamma=180°$, also $\gamma_1 = 180°-\gamma$ (Nebenwinkelsatz);
(3) $\alpha+\beta=\gamma_1$ (nach (1) und (2)).

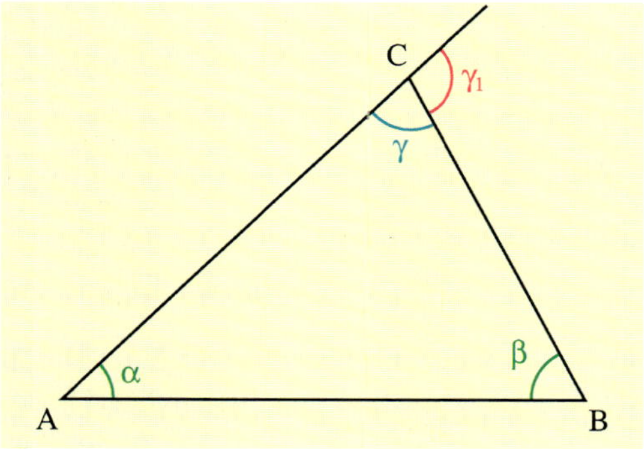

Bild 9

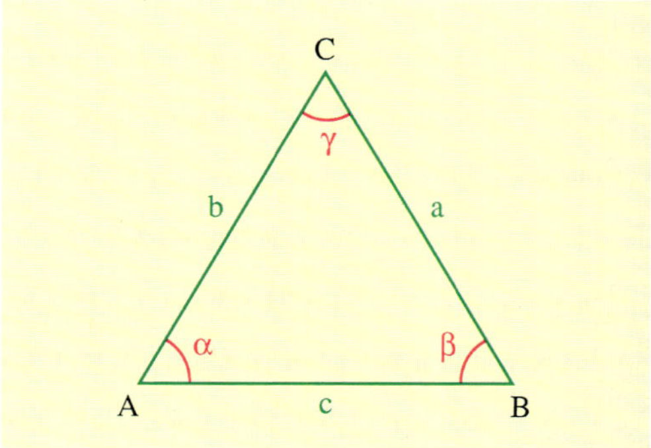

Bild 10

2. Beweis des Satzes über die Winkel in gleichseitigen Dreiecken

In gleichseitigen Dreiecken hat jeder Innenwinkel das Maß 60°.

Beweis (Bild 10):

(1) $\beta = \alpha$	(ABC ist gleichschenklig mit der Basis $\overline{AB}$.)
(2) $\gamma = \alpha$	(ABC ist gleichschenklig mit der Basis $\overline{AC}$.)
(3) $\alpha + \beta + \gamma = \alpha + \alpha + \alpha = 3 \cdot \alpha$	(nach (1) und (2))
(4) $\alpha + \beta + \gamma = 180°$	(Innenwinkelsatz für Dreiecke)
(5) $3 \cdot \alpha = 180°$, also $\alpha = 60°$	(nach (3) und (4))
(6) $\beta = 60°$ und $\gamma = 60°$	(nach (1), (2) und (5))

Zum Beweis dieses Satzes haben wir bei den Schritten (1) und (2) einen weiteren Satz benutzt, den **Basiswinkelsatz**:

In gleichschenkligen Dreiecken sind die Basiswinkel gleich groß.

Versucht man auch diesen Satz zu beweisen, so stößt man auf Schwierigkeiten. Außer im Satz über das gleichseitige Dreieck ist bisher nämlich in keinem Satz von Seitenlängen die Rede. Wir stellen deshalb den Beweis dieses Satzes zurück und ordnen ihn als weiteren Ausgangssatz in unser Gefüge ein.

3. Beweis des Innenwinkelsatzes für Vierecke

In einem Viereck beträgt die Summe der Innenwinkelmaße 360°.

Beweis: Um den Satz auf die bereits bewiesenen Sätze zurückführen zu können, unterteilen wir das Viereck ABCD durch eine Diagonale in zwei Dreiecke (Bild 11).

(1) $\alpha = \alpha_1 + \alpha_2$ und $\gamma = \gamma_1 + \gamma_2$
(Winkelzerlegung)

(2) $\alpha_1 + \beta + \gamma_1 = 180°$ und
$\alpha_2 + \gamma_2 + \delta = 180°$
(Innenwinkelsatz für Dreiecke)

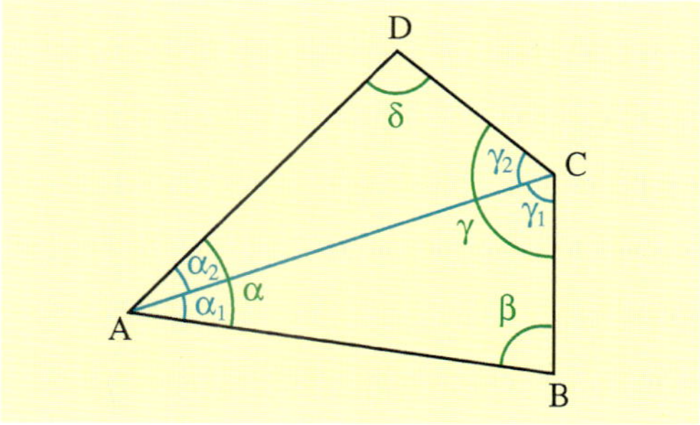

Bild 11

(3) $\alpha + \beta + \gamma + \delta = \alpha_1 + \alpha_2 + \beta + \gamma_1 + \gamma_2 + \delta$ (nach (1))
$= (\alpha_1 + \beta + \gamma_1) + (\alpha_2 + \gamma_2 + \delta)$
$= 180° + 180°$ (nach (2))
$= 360°$

4. Erweitern des Gefüges

Ordnet man den Basiswinkelsatz und die in diesem Kapitel bewiesenen Sätze in das bisherige Schema ein, so ergibt sich Bild 12 (Seite 130).

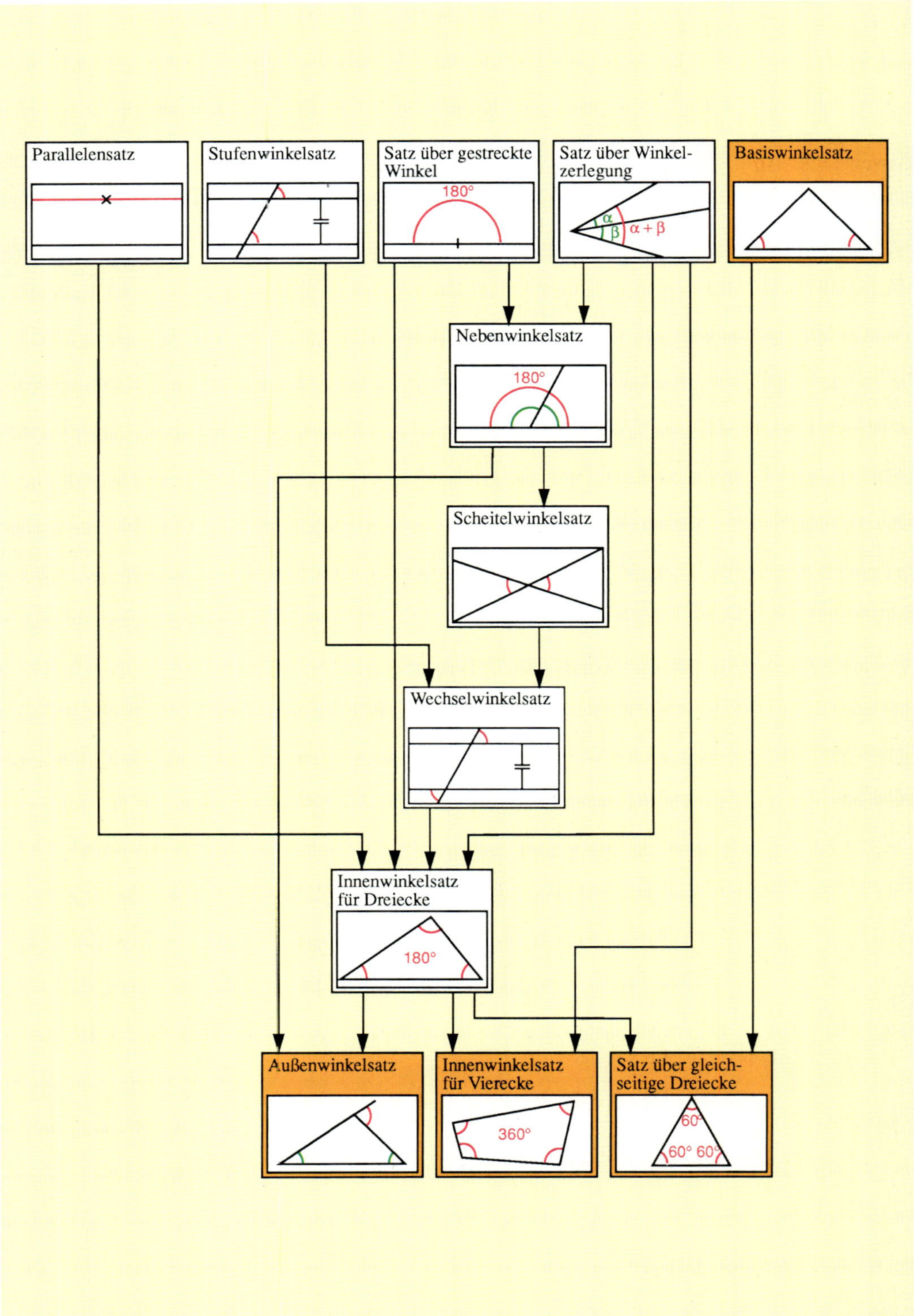
Parallelensatz
Stufenwinkelsatz
Satz über gestreckte Winkel
180°
Satz über Winkelzerlegung
α
β
α + β
Basiswinkelsatz
Nebenwinkelsatz
180°
Scheitelwinkelsatz
Wechselwinkelsatz
Innenwinkelsatz für Dreiecke
180°
Außenwinkelsatz
Innenwinkelsatz für Vierecke
360°
Satz über gleichseitige Dreiecke
60°
60° 60°

Bild 12

Aufgaben und Beispiele

1. Beantworte folgende Fragen zu Bild 12 auf Seite 130!
a) Warum darf der Basiswinkelsatz nicht auf gleicher Höhe mit dem Innenwinkelsatz eingeordnet werden?
b) Warum dürfen der Nebenwinkelsatz und der Wechselwinkelsatz nicht auf gleicher Höhe eingeordnet werden?
c) Warum sind die drei Sätze in der letzten Reihe auf gleicher Höhe angeordnet?
d) Warum kann keiner der drei untersten Sätze höher angeordnet werden?

2. Welche Folgesätze in Bild 12 auf Seite 130 müssten gestrichen werden, wenn man auf den folgenden Ausgangssatz verzichten wollte?
a) Basiswinkelsatz
b) Parallelensatz
c) Stufenwinkelsatz
d) Winkelzerlegungssatz

3. a) Formuliere einen Innenwinkelsatz für Fünfecke und beweise ihn. Zerlege dazu das Fünfeck in ein Dreieck und in ein Viereck!
b) Formuliere und beweise entsprechend einen Innenwinkelsatz für Sechsecke!
c) Zeichne das Schema von Bild 12 auf Seite 130 ab und ordne die beiden Sätze ein!
d) Beweise die beiden Sätze, indem du das Fünfeck (Sechseck) von einer Ecke aus in Dreiecke unterteilst! Wie viele Dreiecke entstehen?
e) Ordne die beiden Sätze nach dem Beweis von d) in das Schema von Bild 12 auf Seite 130 ein!

4. Gib für jeden Folgesatz in Bild 12 auf Seite 130 an, welche Sätze zu seinem Beweis unmittelbar benutzt worden sind! Von welchen weiteren Sätzen des Gefüges hängt die Gültigkeit des betreffenden Folgesatzes ab?

Beispiel

Zum Beweis des Wechselwinkelsatzes werden in diesem Gefüge unmittelbar nur der Stufen- und der Scheitelwinkelsatz benutzt. Die Gültigkeit des Wechselwinkelsatzes hängt in diesem Gefüge aber auch vom Nebenwinkelsatz, vom Satz über gestreckte Winkel und vom Satz über Winkelzerlegung ab.

5. a) Beweise den Außenwinkelsatz mit Hilfe der Beweisfigur von Bild 13! Dabei soll die Gerade g parallel zur Strecke $\overline{AB}$ sein.
b) Wie müsste Bild 12 von Seite 130 auf Grund dieses Beweises geändert werden?

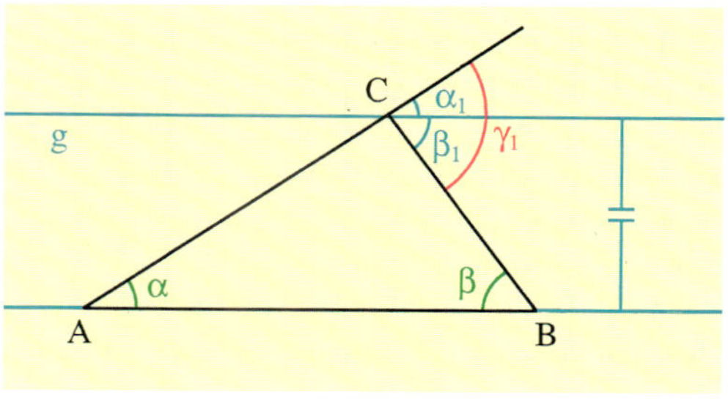

Bild 13

III. Kreise und Geraden

1. Zur Einführung

Bei einer Prüfung im Geräteturnen fordert der Sportlehrer eine mehrteilige Übung. Um diese Übung ausführen zu können, muss man genau wissen, was mit den einzelnen Übungsteilen gemeint ist.

Auch den Scheitelwinkelsatz **„Scheitelwinkel sind maßgleich"** kann man nur verstehen, wenn man die Bedeutung der Wörter **Scheitelwinkel** und **maßgleich** kennt. Was „maßgleich" bedeutet, wurde bereits in der 6. Klasse erklärt. Was „Scheitelwinkel" bedeutet, haben wir auf Seite 103 angegeben:

Bild 14

Zwei Winkel mit gemeinsamem Scheitelpunkt, deren Schenkel jeweils paarweise eine Gerade bilden, heißen „Scheitelwinkel".

2. Definieren

Eine solche Erklärung eines Begriffs nennt man eine **Definition**. In dieser Definition haben wir den Begriff „Scheitelwinkel" mit Hilfe anderer Begriffe erklärt: „Winkel", „Scheitelpunkt", „Schenkel" und „Gerade". Wir haben also den neuen Begriff auf andere Begriffe zurückgeführt.

In diesem Buch haben wir bereits mehrfach Begriffe definiert.

Beispiele

1) Den Begriff „Nebenwinkel" haben wir auf die Begriffe „benachbarte Winkel", „freie Schenkel" und „Gerade" zurückgeführt (Seite 103).
2) Den Begriff „gleichseitiges Dreieck" haben wir auf die Begriffe „Dreieck", „Seite" und „gleich lang" zurückgeführt (Seite 112).

Definieren heißt also, Begriffe auf andere Begriffe zurückzuführen.

Zur besseren Unterscheidung unterlegen wir **Sätze rot** und **Definitionen blau**.

Wie beim Beweisen ist es auch beim Definieren nicht möglich, alle Begriffe unbegrenzt auf andere Begriffe zurückzuführen. Wir benötigen vielmehr **Grundbegriffe**, die wir nicht definieren können.

Beispiele: Punkt, Gerade, senkrecht.

3. Wichtige Begriffe bei Kreisen

Bild 15 zeigt eine Reihe von Begriffen, die bei Kreisen eine Rolle spielen. Beachte dabei, dass wir den Kreis mit dem Mittelpunkt M und dem Radius r mit K(M; r) bezeichnen! Beachte ferner, dass der Radius keine Strecke sondern die Länge einer Strecke ist!

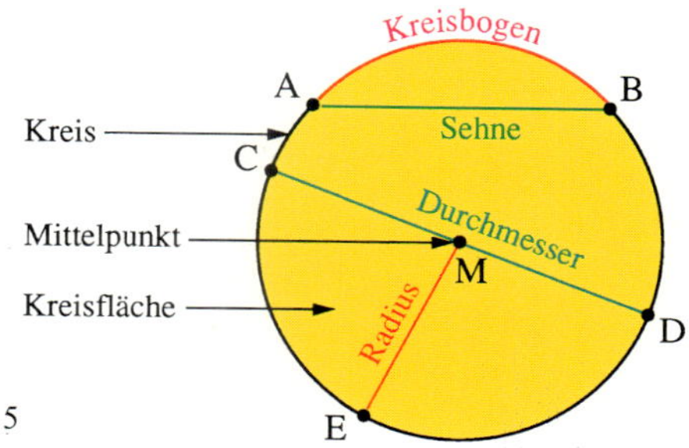

Bild 15

4. Verschiedene Lagen zweier Kreise

Der folgenden Übersicht kannst du entnehmen, welche Lage zwei Kreise $K_1(M_1; r_1)$ und $K_2(M_2; r_2)$ mit dem Mittelpunktsabstand $d = |\overline{M_1M_2}|$ zueinander haben können.

Lage der Kreise K_1 und K_2	Bedingung	$r_1 > r_2$	$r_1 = r_2$	$r_1 < r_2$
Die Kreisflächen haben keinen Punkt gemeinsam.	$d > r_1 + r_2$	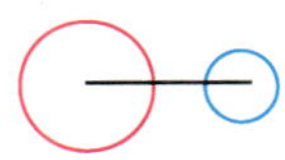	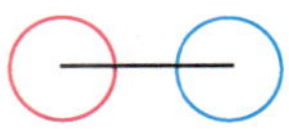	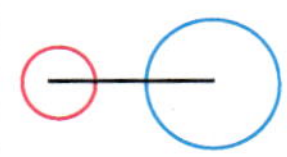
Die Kreise berühren sich von **außen** im Punkt B.	$d = r_1 + r_2$	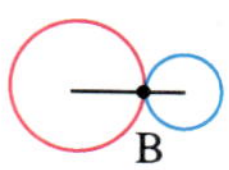	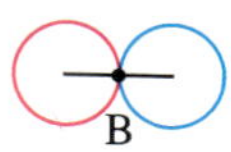	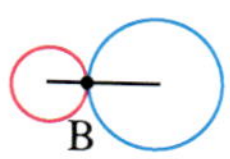
Die Kreise schneiden sich in den Punkten P_1 und P_2.	$d < r_1 + r_2$	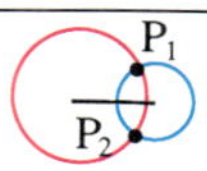 $d > r_1 - r_2$	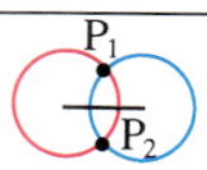 $d > 0$	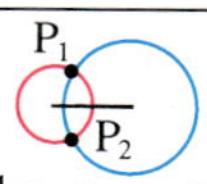 $d > r_2 - r_1$
Die Kreise berühren sich von **innen** im Punkt B.	$d = r_1 - r_2$ oder $d = r_2 - r_1$	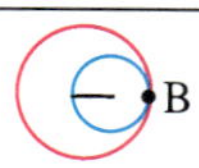 $d = r_1 - r_2$		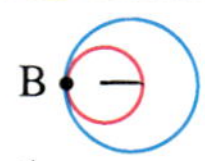 $d = r_2 - r_1$
Ein Kreis liegt ganz im Inneren des anderen.	$d < r_1 - r_2$ oder $d < r_2 - r_1$	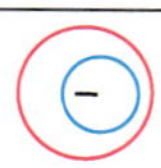 $d < r_1 - r_2$		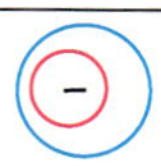 $d < r_2 - r_1$
Die beiden Kreise fallen zusammen.	$d = r_1 - r_2$ $= 0$		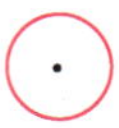	

Zwei Kreise können also keinen, einen, zwei oder alle Punkte gemeinsam haben. Die letzte Möglichkeit entfällt, wenn die Kreise verschieden sind. Es gilt der Satz:

Zwei verschiedene Kreise K_1 und K_2 haben höchstens zwei Punkte gemeinsam.

Diesen Satz können wir mit Hilfe der bisherigen Sätze nicht beweisen. Wir fassen ihn deshalb als weiteren Grundsatz auf.

5. Geraden und Kreise

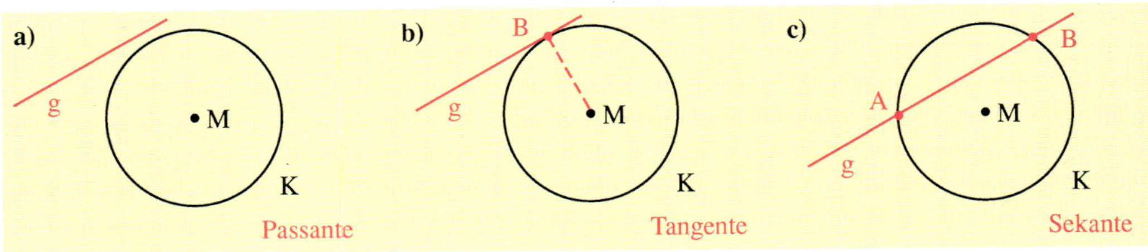

Bild 16

In Bild 16 sind jeweils ein Kreis und eine Gerade dargestellt. Wir erkennen, dass ein Kreis und eine Gerade keinen, einen oder zwei Punkte gemeinsam haben können:

Haben ein Kreis K mit dem Mittelpunkt M und eine Gerade g

keinen Punkt	genau einen Punkt	zwei Punkte

gemeinsam, dann heißt die Gerade

Passante[1] (Bild 16a)	Tangente[2] (Bild 16b)	Sekante[3] (Bild 16c).

Der Punkt B, den eine Tangente und ein Kreis gemeinsam haben, heißt Berührpunkt; die Strecke $\overline{BM}$ heißt Berührhalbmesser.

Die Aussage über die Anzahl der Schnittpunkte halten wir in folgendem Satz fest:

Eine Gerade g und ein Kreis K haben höchstens zwei Punkte gemeinsam.

Wir fassen auch diesen Satz als Grundsatz auf.

6. Eine wichtige Eigenschaft von Tangenten

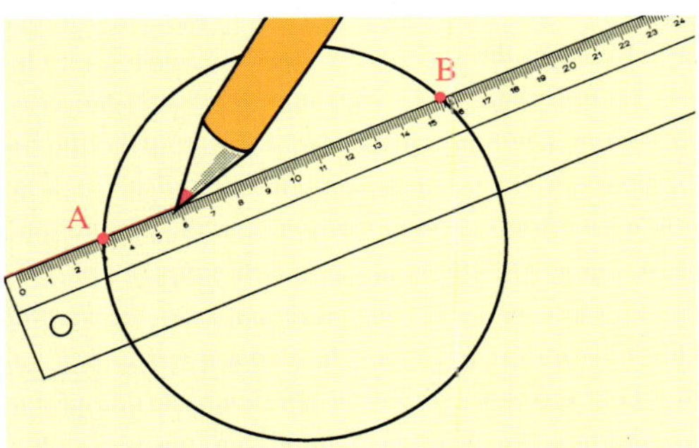

Bild 17

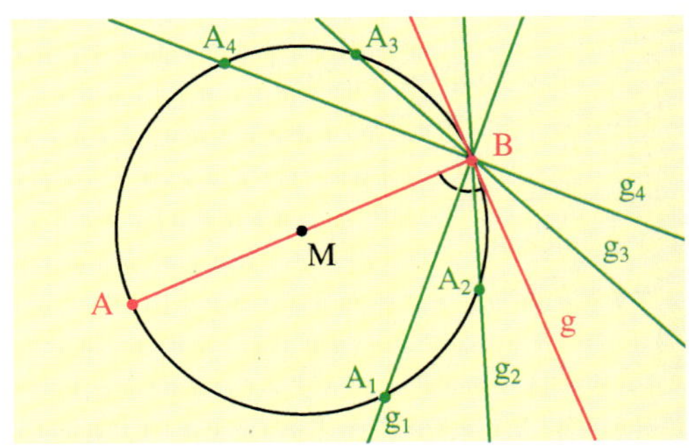

Bild 18

Es ist kein Problem, eine Sekante (Bild 17) oder eine Passante zu zeichnen. Dagegen ist es nicht so einfach, die Tangente zu zeichnen, die den Kreis K im Punkt B berührt. Durch B gibt es unendlich viele Geraden; welche davon ist die Tangente?

---

[1] passant (frz.): vorübergehend [2] tangens (lat.): berührend [3] secans (lat.): schneidend

Bild 18 zeigt, dass alle Geraden, die mit dem Berührhalbmesser keinen rechten Winkel bilden, den Kreis in B und in einem weiteren Punkt schneiden. Diese Geraden sind also Sekanten. Tangente ist offensichtlich die Gerade g, die auf $\overline{MB}$ senkrecht steht.

Steht eine Gerade g in einem Punkt B des Kreises K senkrecht auf dem Halbmesser $\overline{MB}$, so ist die Gerade g Tangente an den Kreis K im Berührpunkt B.

Auch diesen Satz fassen wir als Grundsatz auf.

7. Die Konstruktion der Tangente

Auf Grund dieses Satzes lässt sich nun leicht eine Tangentenkonstruktion angeben.

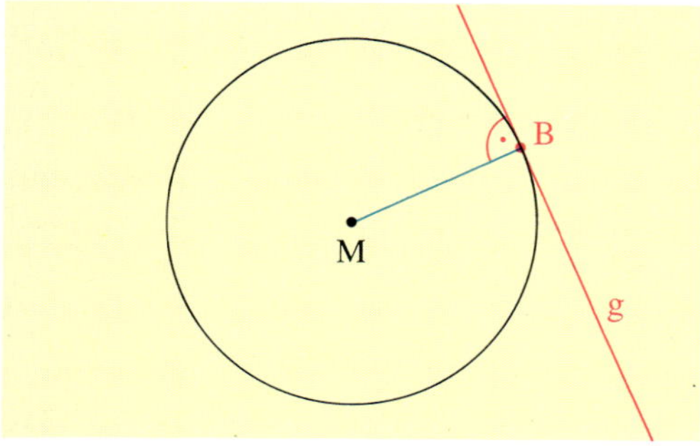

Bild 19

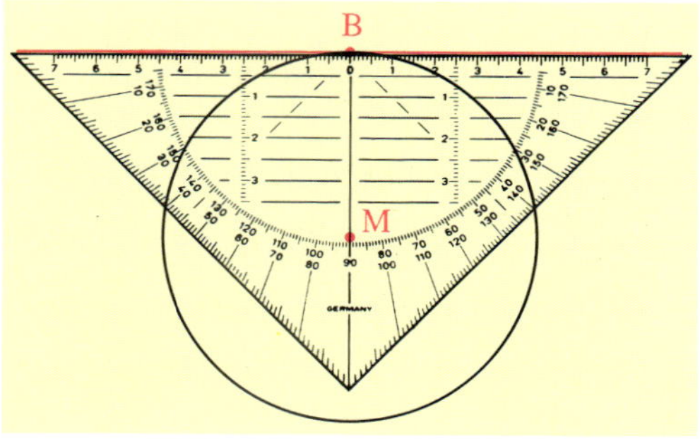

Bild 20

Wir verbinden B mit M. $\overline{MB}$ ist der Berührhalbmesser; die Senkrechte g auf $\overline{MB}$ ist die gesuchte Tangente (Bild 19).

Bild 20 zeigt, wie man die Tangente mit dem Geodreieck in einem Schritt zeichnet.

Aufgaben und Beispiele

Definitionen

1. Prüfe, ob die folgenden Aussagen Sätze oder Definitionen sind!
a) Ein Quadrat ist ein Rechteck.
b) Ein Rechteck ist ein Parallelogramm.
c) Ein Viereck, in dem alle Innenwinkel das Maß 90° haben, ist ein Rechteck.
d) Ein Rechteck mit gleich langen Seiten ist ein Quadrat.
e) In einem Rechteck sind die gegenüberliegenden Seiten gleich lang.

2. Definiere die folgenden Begriffe!
a) rechtwinkliges Dreieck **b)** Parallelogramm **c)** g ist Parallele zu h
d) Quadrat **e)** Rechteck **f)** Schnittpunkt zweier Geraden

3. Definiere die folgenden Begriffe!
a) Kreis, Mittelpunkt, Radius **b)** Kreisfläche **c)** Kreisbogen **d)** Sehne

Lage zweier Kreise

4. Beschreibe, ohne zu zeichnen, wie die Kreise mit den Radien r_1 und r_2 und dem Mittelpunktsabstand d zueinander liegen! Begründe deine Antwort!

	a)	b)	c)	d)	e)	f)
r_1	3 cm	5 cm	3 cm	8 cm	5 cm	3 cm
r_2	4 cm	2 cm	4 cm	2 cm	2 cm	7 cm
d	10 cm	4 cm	7 cm	0 cm	6 cm	3 cm

Tangenten, Sekanten und Passanten

5. Zeichne den Kreis K(M; 5 cm) mit M(0|1) und die folgenden Geraden: g_1 durch P(1|3) und Q(6|5), g_2 durch Q und R(7|3) und g_3 durch S(7|0) und T(1|8)! Was für Geraden sind g_1, g_2 und g_3 in Bezug auf den Kreis K?

6. a) Zeichne einen Kreis und eine Sekante s! Konstruiere die zu s parallelen Tangenten an den Kreis! Beachte, dass der Berührpunkt B durch eine Konstruktion zu bestimmen ist!
b) Zeichne einen Kreis und eine Passante p! Konstruiere die Tangenten an den Kreis, die zu der Passante parallel sind!

7. Zeichne eine Gerade g und einen Punkt M, der nicht auf g liegt! Zeichne den Kreis um M, der die Gerade g als Tangente hat!

8. Zeichne zwei Parallelen g und h sowie einen Kreis, der beide Geraden als Tangenten hat! Wie viele derartige Kreise gibt es? Wo liegen deren Mittelpunkte?

9. a) Zeichne einen Kreis K(M; 2,5 cm)! Wähle auf K einen Punkt A und zeichne die Sekante s durch A und M! Zeichne die Gerade g, die in M auf s senkrecht steht!
b) Zeichne mehrere Parallelen zu g!
c) Zeichne auch die Parallele zu g durch A! Welche Eigenschaft hat diese Gerade? Begründe deine Feststellung!

10. a) Zeichne einen Kreis K(M; 2,8 cm) und darauf die Punkte A und B! Konstruiere die Tangenten, die den Kreis K in A und in B berühren! Beschreibe die Konstruktion!
b) Zeichne zu $\overline{AB}$ die Mittelsenkrechte[1]! Was stellst du fest?
c) Formuliere auf Grund deiner Feststellungen einen Satz!

11. Zeichne den Kreis K(M; 2,5 cm) mit M(4|3) und eine Sekante s durch M! Die Schnittpunkte von s und K seien A und B. Zeichne die Kreise K_1(A; 3 cm) und K_2(B; 4 cm) und bezeichne einen der Schnittpunkte von K_1 und K_2 mit C. Konstruiere in C die Tangenten an K_1 und K_2! Was fällt dir auf? Begründe deine Feststellung!

[1] Die Mittelsenkrechte der Strecke $\overline{AB}$ ist diejenige Gerade, die durch den Mittelpunkt von $\overline{AB}$ geht und auf $\overline{AB}$ senkrecht steht.

IV. Winkel am Kreis

1. Mittelpunktswinkel

Das **Kreisdiagramm** in Bild 21 zeigt, welchen Anteil die einzelnen Kontinente an der gesamten Landfläche der Erde haben. Diese Anteile sind durch unterschiedlich große **Sektoren** dargestellt.

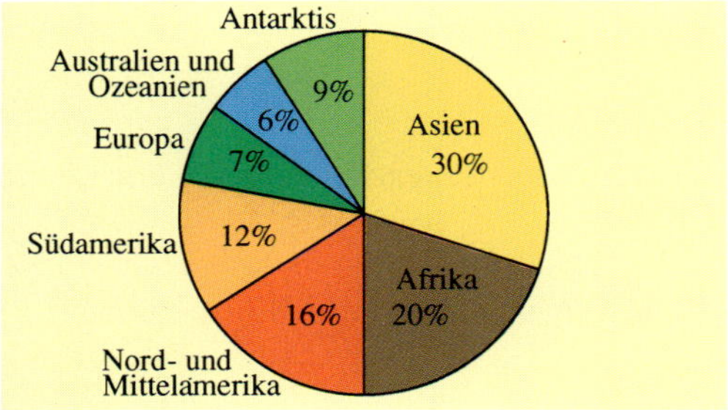

Bild 21

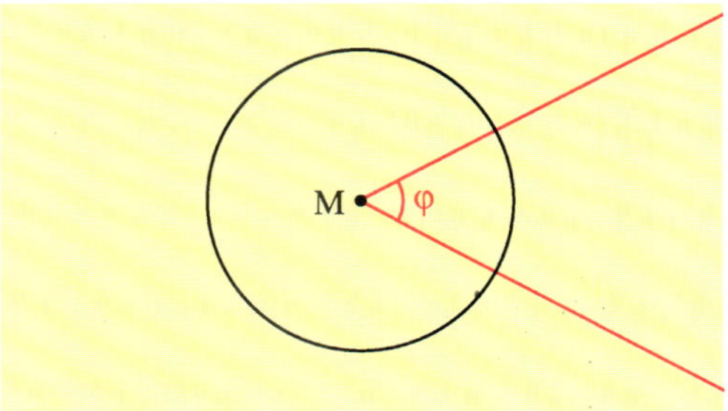

Bild 22

Die Größe der einzelnen Sektoren wird jeweils durch den **Mittelpunktswinkel** (Bild 22) bestimmt.

> Ein Winkel, dessen Scheitelpunkt mit dem Mittelpunkt eines Kreises zusammenfällt, heißt „Mittelpunktswinkel" des Kreises.

2. Umfangswinkel und Sehnentangentenwinkel

Bild 23 zeigt verschiedene Winkel, deren Scheitelpunkt S auf einem Kreis liegt.

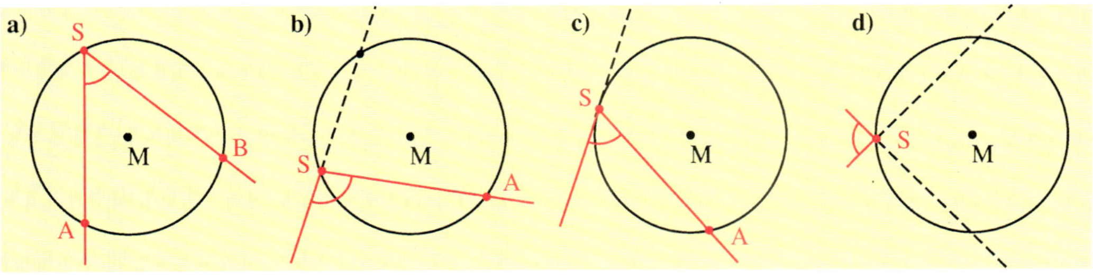

Bild 23

In Bild 23a schneidet **jeder** Schenkel den Kreis in einem weiteren Punkt. Wir definieren:

> Ein Winkel, dessen Scheitelpunkt auf einem Kreis liegt und dessen Schenkel den Kreis schneiden, heißt „Umfangswinkel" des Kreises.

Die anderen Winkel in Bild 23 sind **keine** Umfangswinkel; in den Bildern 23b und 23c schneidet nur ein Schenkel den Kreis in einem weiteren Punkt. In Bild 23d schneidet kein Schenkel des Winkels den Kreis in einem weiteren Punkt.

Der Winkel in Bild 23c weist eine Besonderheit auf: Der nicht schneidende Schenkel liegt auf einer **Tangente**. Da der andere Schenkel eine **Sehne** enthält, heißt der Winkel **Sehnentangentenwinkel**.

> Ein Winkel, bei dem der Scheitelpunkt auf einem Kreis und ein Schenkel auf einer Tangente liegt und der andere Schenkel den Kreis schneidet, heißt „Sehnentangentenwinkel" des Kreises.

3. Winkel über einem Bogen

Durch zwei verschiedene Punkte eines Kreises werden **zwei Bögen** festgelegt; man nennt sie **entgegengesetzte Bögen**.

Beispiel Der Kreis in Bild 24 wird durch die Punkte A und B in zwei Bögen zerlegt.

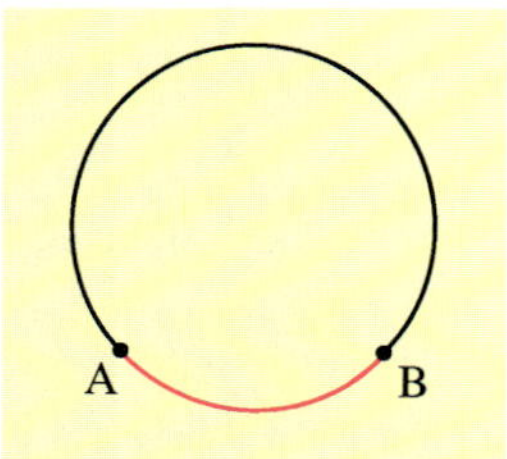

Bild 24

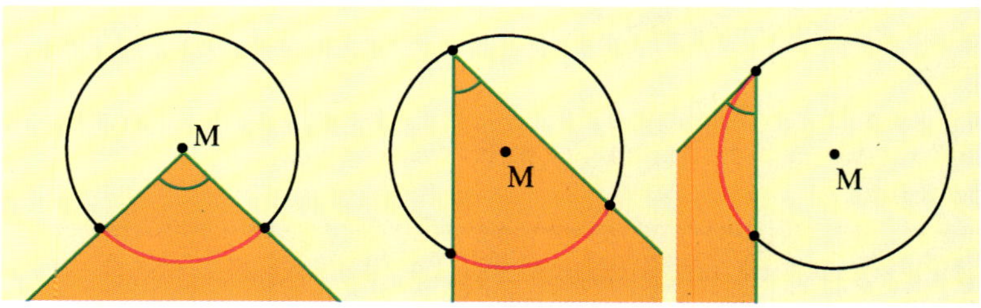

Bild 25

Jedem Mittelpunktswinkel, jedem Umfangswinkel und jedem Sehnentangentenwinkel lässt sich eindeutig derjenige Bogen zuordnen, der zwischen den Schenkeln des betreffenden Winkels liegt (rote Bögen in Bild 25). Über demselben Bogen gibt es **unendlich viele** Umfangswinkel, **einen** Mittelpunktswinkel und **zwei** Sehnentangentenwinkel (Bild 26.)

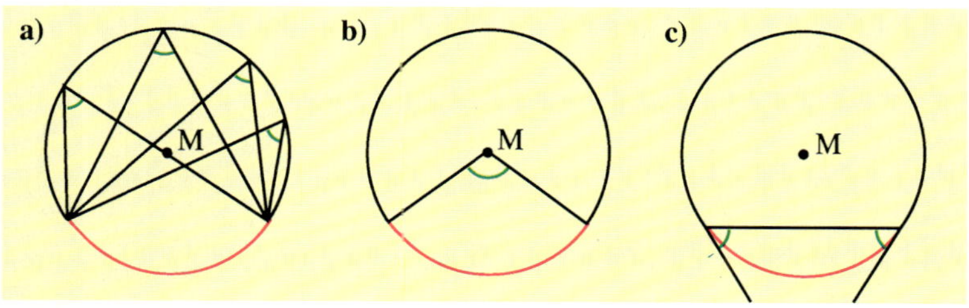

Bild 26

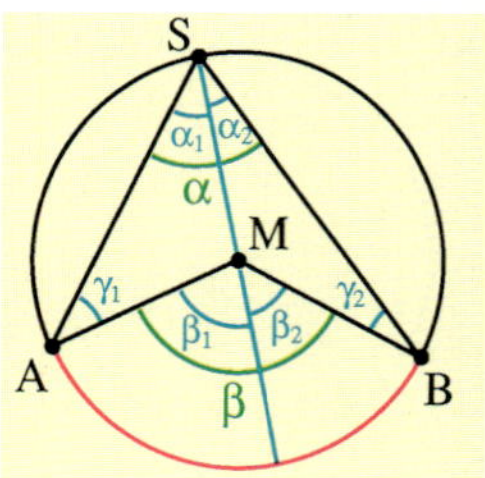

Bild 27

4. Der Mittelpunktswinkelsatz

Zeichnet man zu einem Bogen den Mittelpunktswinkel und einige Umfangswinkel, so stößt man auf den **Mittelpunktswinkelsatz**:

> Ein Mittelpunktswinkel ist doppelt so groß wie ein Umfangswinkel über demselben Kreisbogen.

Beweis: Wir führen den Beweis für den Fall, dass der Kreismittelpunkt M innerhalb des Umfangswinkels liegt, und zeichnen als Hilfslinie die Strecke $\overline{MS}$ (Bild 27). Wir erhalten dadurch zwei gleichschenklige Dreiecke AMS und BMS. Für diese gilt nach dem Basiswinkelsatz $\alpha_1 = \gamma_1$ und $\alpha_2 = \gamma_2$.

Nach dem Außenwinkelsatz ist $\beta_1 = \alpha_1 + \gamma_1$ sowie $\beta_2 = \alpha_2 + \gamma_2$ und folglich

$\beta_1 = 2\alpha_1$ sowie $\beta_2 = 2\alpha_2$. Also gilt
$\beta = \beta_1 + \beta_2 = 2 \cdot \alpha_1 + 2 \cdot \alpha_2 = 2 \cdot (\alpha_1 + \alpha_2) = 2 \cdot \alpha$, q.e.d.[1]

5. Der Satz des Thales[2]

Jeder Durchmesser eines Kreises bestimmt zwei Mittelpunktswinkel von 180°. Alle zugehörigen Umfangswinkel müssen halb so groß sein; sie sind also rechte Winkel (Bild 28).

Satz des Thales:
Jeder Umfangswinkel über einem Durchmesser ist ein rechter Winkel.

Der Satz des Thales (Bild 28) ist also ein Sonderfall des Mittelpunktswinkelsatzes.

Ist eine Strecke $\overline{AB}$ Durchmesser eines Kreises, so heißt dieser Kreis auch **Thaleskreis** über der Strecke $\overline{AB}$. Man zeichnet den Thaleskreis über einer Strecke $\overline{AB}$, indem man um den Mittelpunkt M der Strecke $\overline{AB}$ den Kreis durch die Punkte A und B zeichnet (Bild 29).

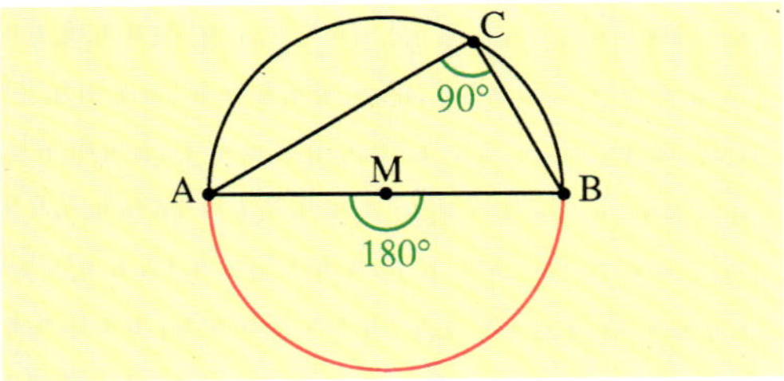

Bild 28

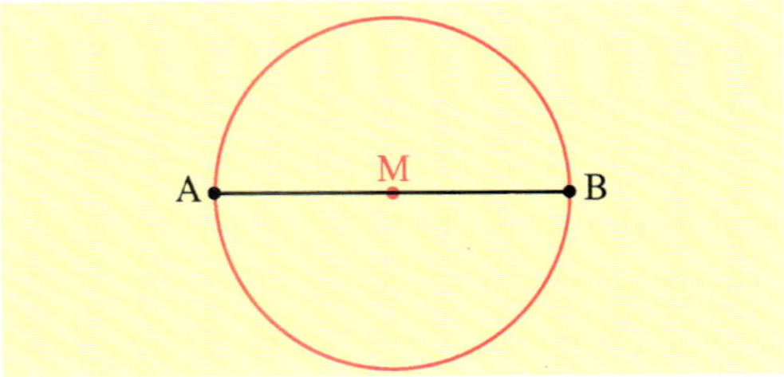

Bild 29

Man benutzt den Satz des Thales häufig zur Konstruktion rechter Winkel.

1. Beispiel

Von welchen Punkten der Parallelen g zur Strecke $\overline{AB}$ aus sieht man die Endpunkte der Strecke $\overline{AB}$ unter einem rechten Winkel (Bild 30)?
Da die Strecke $\overline{AB}$ von allen Punkten ihres Thaleskreises aus unter einem rechten Winkel erscheint, sind die Schnittpunkte P_1 und P_2 der Geraden g mit dem Thaleskreis über der Strecke $\overline{AB}$ die gesuchten Punkte.

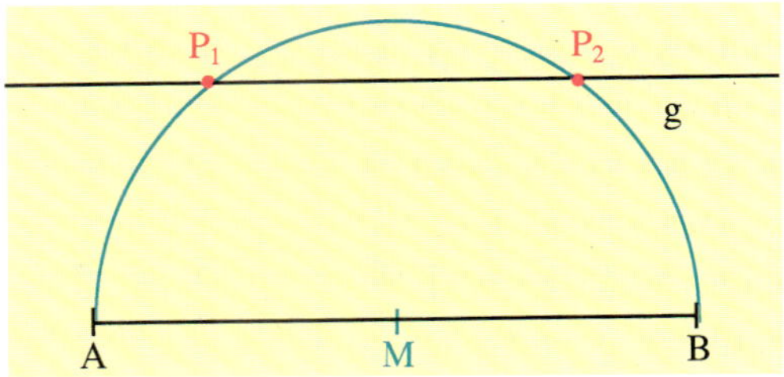

Bild 30

[1] q.e.d., quod erat demonstrandum (lat.): was zu zeigen war.
[2] Thales von Milet (um 600 v. Chr.), griech. Gelehrter.

2. Beispiel

Von einem Punkt P außerhalb des Kreises K(M; r) aus soll eine Tangente an den Kreis konstruiert werden.

Ist B ein Berührpunkt, so bildet die Strecke $\overline{MB}$ mit der Tangente einen rechten Winkel; daher liegt jeder Berührpunkt auf dem Thaleskreis über der Strecke $\overline{PM}$.

Es gibt zwei Lösungen: B_1 und B_2 (Bild 31).

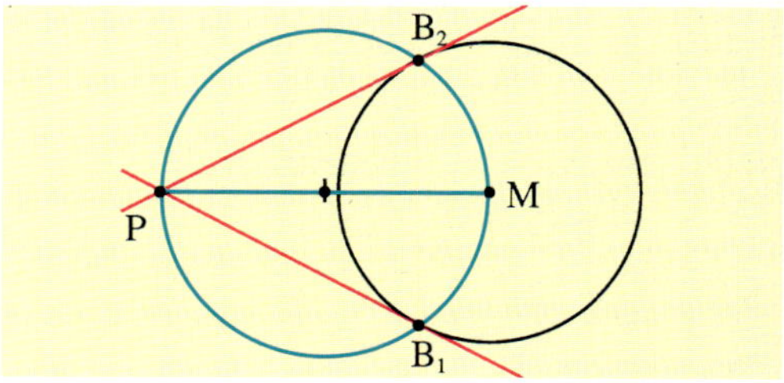

Bild 31

6. Der Umfangswinkelsatz

Der Mittelpunktswinkelsatz gilt für **jeden** Umfangswinkel über demselben Bogen. Aus dieser Tatsache ergibt sich unmittelbar der **Umfangswinkelsatz** (Bild 32):

Umfangswinkel über demselben Bogen sind maßgleich.

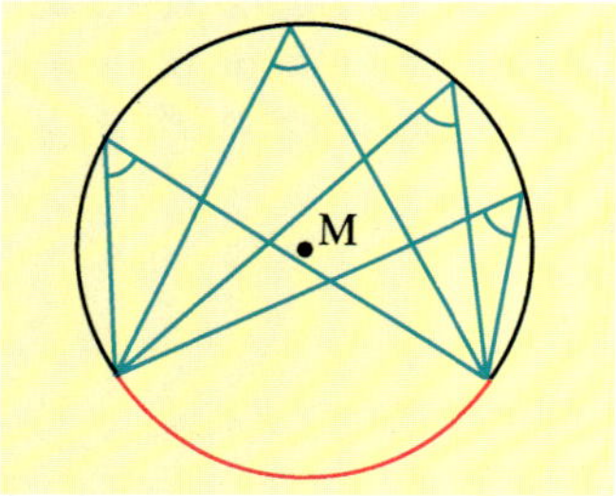

Bild 32

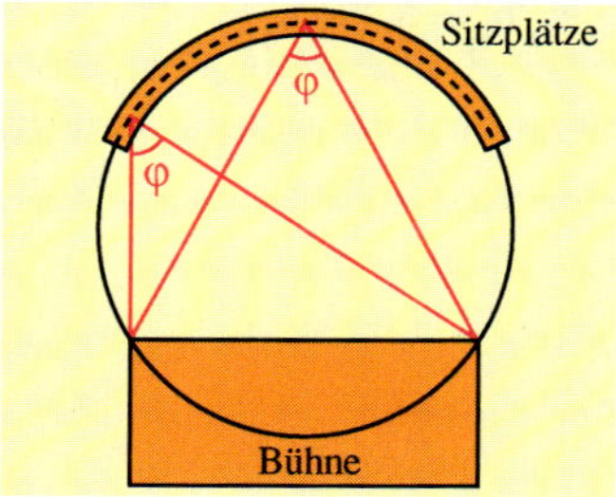

Bild 33

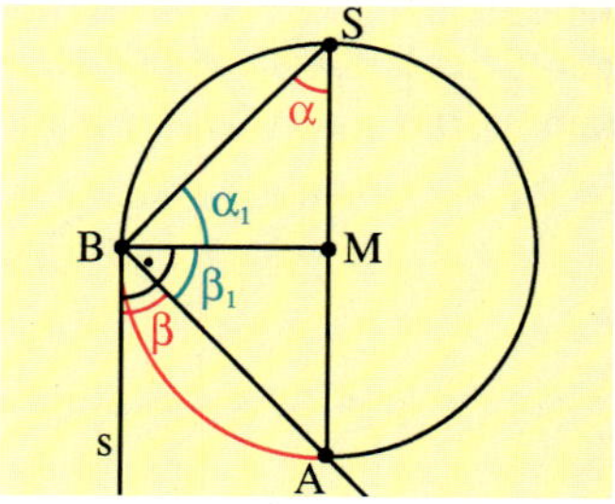

Bild 34

Der Umfangswinkelsatz wird gelegentlich bei der Konstruktion der Sitzreihen in einem Freilichttheater angewandt. Man ordnet die Sitzplätze kreisförmig an. Dadurch erscheint die Bühne von allen Plätzen aus unter gleich großen Winkeln (Bild 33).

7. Der Sehnentangentenwinkelsatz

Sehnentangentenwinkel und Umfangswinkel über demselben Bogen sind maßgleich.

Beweis: Da nach dem Umfangswinkelsatz alle Umfangswinkel über demselben Bogen maßgleich sind, dürfen wir den Beweis mit einem besonderen Umfangswinkel führen. Wir wählen den Scheitelpunkt S des Umfangswinkels $\sphericalangle \alpha$ so, dass die Strecke $\overline{AS}$ ein Durchmesser ist (Bild 34). Es gilt dann:

(1) $\beta = 90° - \beta_1$ (die Tangente steht senkrecht auf dem Berührhalbmesser);

(2) $\alpha_1 = 90° - \beta_1$ (nach dem Satz des Thales ist $\sphericalangle ABS$ ein rechter Winkel);

(3) $\alpha_1 = \beta$ (nach (1) und (2));

(4) $\alpha = \alpha_1$ (nach dem Basiswinkelsatz);

(5) $\alpha = \beta$ (nach (3) und (4)).

Aufgaben und Beispiele

Zum Einstieg

In Bild 35 sind drei Kreise K_1, K_2, K_3 und mehrere Winkel gezeichnet.

a) Zähle alle Winkel auf!

b) Wo liegen ihre Scheitelpunkte?

c) Welche Schenkel sind Sehnen, welche Schenkel sind Tangenten?

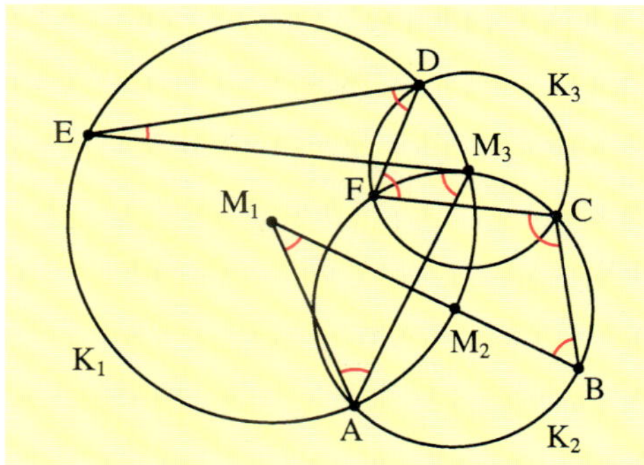

Bild 35

Finden und Begründen der Sätze

1. a) Zeichne einen Kreis K(M; 3 cm), eine 4,8 cm lange Sehne $\overline{AB}$ und eine 5,2 cm lange Sehne $\overline{AC}$!

b) Zeichne vier weitere Umfangswinkel über demselben Bogen wie ∢BAC!

c) Miss alle gezeichneten Winkel und vergleiche sie mit dem Mittelpunktswinkel ∢ BMC!

d) Zeichne und miss die Sehnentangentenwinkel über dem gleichen Bogen!

2. a) Zeichne in einen Kreis K(M; 3,5 cm) eine 5,2 cm lange Sehne $\overline{AB}$ sowie die Tangenten in A und in B!

b) Zeichne den Mittelpunktswinkel und fünf Umfangswinkel über demselben Bogen!

c) Miss die Sehnentangentenwinkel, den Mittelpunktswinkel und die Umfangswinkel und vergleiche die Ergebnisse miteinander!

3. Beweise den Mittelpunktswinkelsatz für die folgenden Fälle!

a) Der Mittelpunkt M liegt auf einem Schenkel des Umfangswinkels (Bild 36a).

b) Der Mittelpunkt liegt außerhalb des Umfangswinkels (Bild 36b).

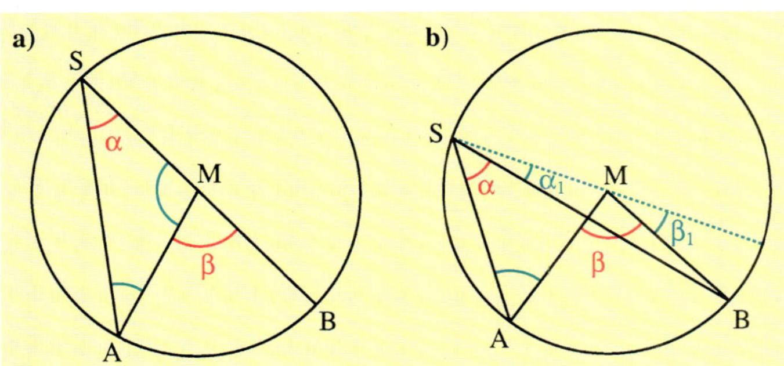

Bild 36

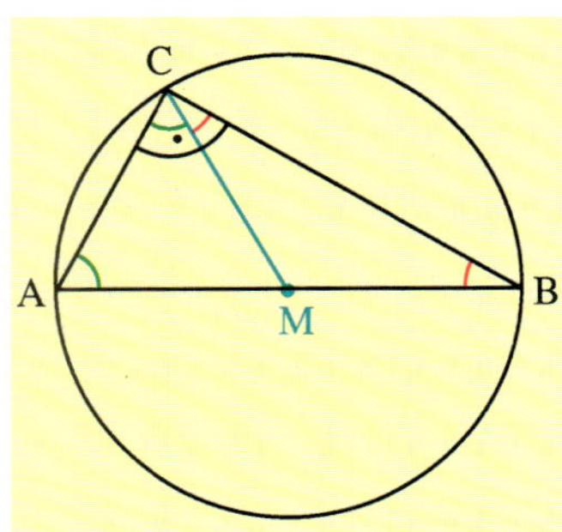

Bild 37

4. Beweise den Satz des Thales, ohne den Mittelpunktswinkelsatz zu benutzen! Verwende die Beweisfigur in Bild 37!

Anwendungen

5. Zeichne eine 5 cm lange Strecke $\overline{AB}$. Zeichne dann nur mit dem Geodreieck 6 Punkte des Thaleskreises über dieser Strecke!

6. Zeichne einen Kreis, der zu einer Sehne der Länge s und zu einem Sehnentangentenwinkel vom Maß φ gehört!

	a)	b)	c)	d)	e)	f)	g)
s (in cm)	3	4	3,5	6,2	5,7	2,8	3,4
φ	40°	30°	47°	72°	64°	27°	38°

7. Berechne die Maße der in Bild 38 angegebenen Winkel!

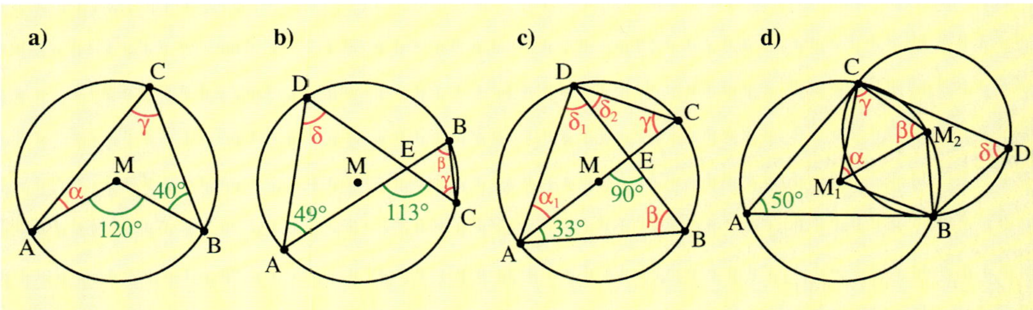

Bild 38

Bögen mit gleichem Sehwinkel

8. Zeichne den Kreisbogen, von dem aus die 5 cm lange Strecke $\overline{AB}$ unter einem Winkel mit dem folgenden Maß erscheint!

Anleitung: Der zugehörige Mittelpunktswinkel bildet mit der Strecke $\overline{AB}$ ein gleichschenkliges Dreieck. Von diesem ist die Basis gegeben. Die Basiswinkel kannst du berechnen.

a) 30° **b)** 45° **c)** 60° **d)** 75° **e)** 90°

9. a) Zeichne ein Rechteck ABCD mit den Seitenlängen 5 cm und 4 cm!
b) Zeichne wie in Aufgabe 8 außerhalb des Rechtecks ABCD den Kreisbogen, von dem aus die Seite $\overline{AB}$ ($\overline{BC}$) unter einem Winkel von 40° erscheint!
c) Gibt es einen Punkt, von dem aus beide Seiten unter einem Winkel von 40° erscheinen? Wie weit ist dieser Punkt von B entfernt?

10. Vom Standort P eines Schiffes aus erscheinen die Leuchttürme A(0|3) und B(5|0) unter einem Winkel von $\alpha = 55{,}3°$; die Leuchttürme B(5|0) und C(9|3) erscheinen unter einem Winkel von $\beta = 90°$ (Bild 39). Bestimme durch eine Zeichnung die Koordinaten von P!

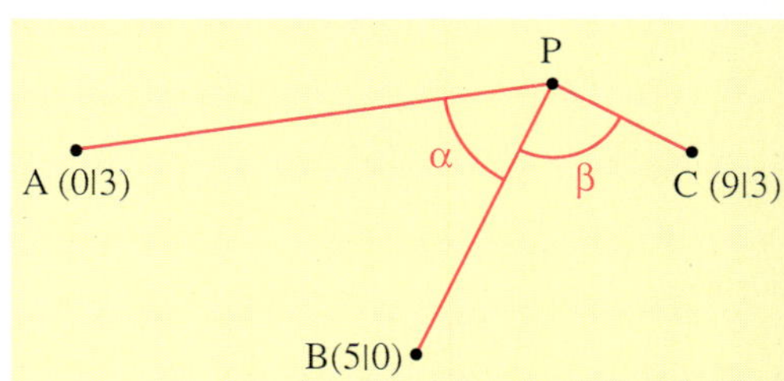

Bild 39

Tangentenkonstruktionen

11. Es sei M(0|0) und A(8|0). Zeichne den Kreis K(M; 3,2 cm) und konstruiere die Tangenten von A an den Kreis!

12. Gegeben sind die Kreise $K_1(M_1;\ r_1)$ und $K_2(M_2;\ r_2)$ mit dem Mittelpunktsabstand d. Bild 40 zeigt die **gemeinsamen Tangenten** beider Kreise; die roten Geraden nennt man **äußere Tangenten** die grünen Geraden nennt man **innere Tangenten** Konstruiere die gemeinsamen Tangenten zu den folgenden Kreisen!

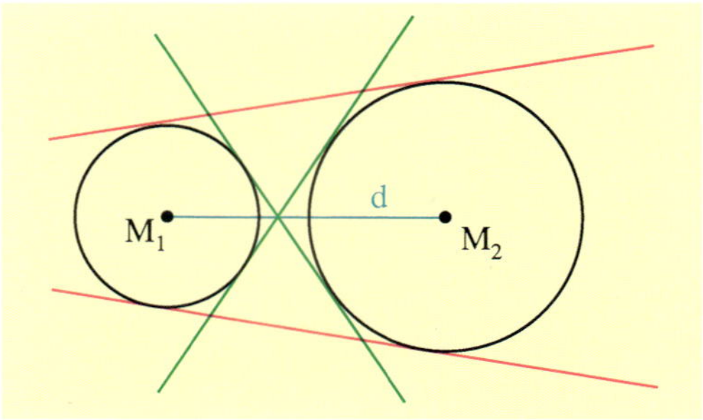

Bild 40

Beispiel

$r_1 = 1{,}5$ cm; $r_2 = 2{,}5$ cm und $d = 6$ cm

Konstruktion der **gemeinsamen äußeren Tangenten** (Bild 41):

Man zeichnet zunächst den Hilfskreis $K_3(M_2;\ r_3)$ mit $r_3 = r_2 - r_1$. Dann zeichnet man von M_1 aus die Tangenten an den Kreis K_3. Die M_2 abgewandten Parallelen zu diesen Tangenten im Abstand r_1 sind die gesuchten äußeren Tangenten.

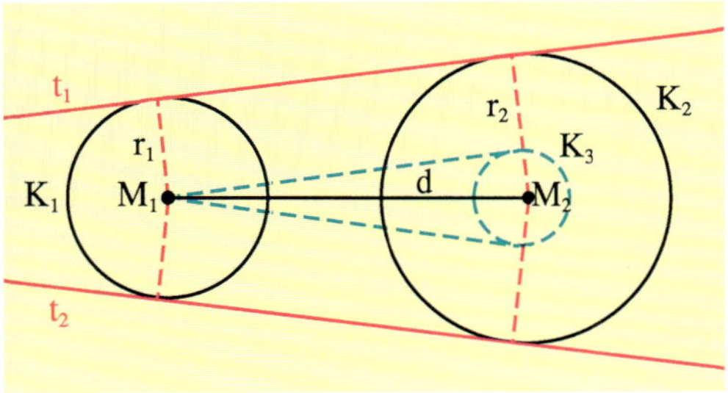

Bild 41

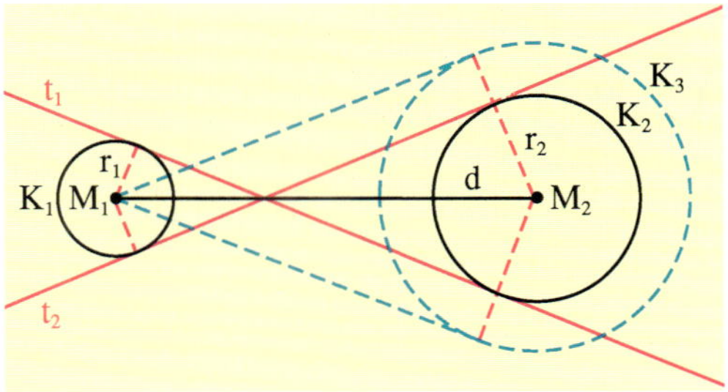

Bild 42

Konstruktion der **gemeinsamen inneren Tangenten** (Bild 42):

Man zeichnet zunächst den Hilfskreis $K_3(M_2;\ r_3)$ mit $r_3 = r_2 + r_1$. Dann zeichnet man von M_1 aus die Tangenten an den Kreis K_3. Die M_2 zugewandten Parallelen zu diesen Tangenten im Abstand r_1 sind die gesuchten inneren Tangenten.

	a)	b)	c)	d)	e)	f)	g)	h)
d (in cm)	8	6,5	7	4	3,5	2	5	5,5
r_1 (in cm)	2	2	1	1	1	1	3	1,5
r_2 (in cm)	4	2	3	3	3	3	4	2,5

13. Begründe die Richtigkeit der Konstruktion in Aufgabe 12!

V. Die Umkehrung eines Satzes

1. Zur Einführung

Zu einer Geraden g kann man mit dem Geodreieck eine parallele Gerade h zeichnen (Bild 43). Größere Abstände von g und h muss man durch zu g parallele Hilfslinien (g_1, g_2, g_3, g_4 in Bild 44) überbrücken.

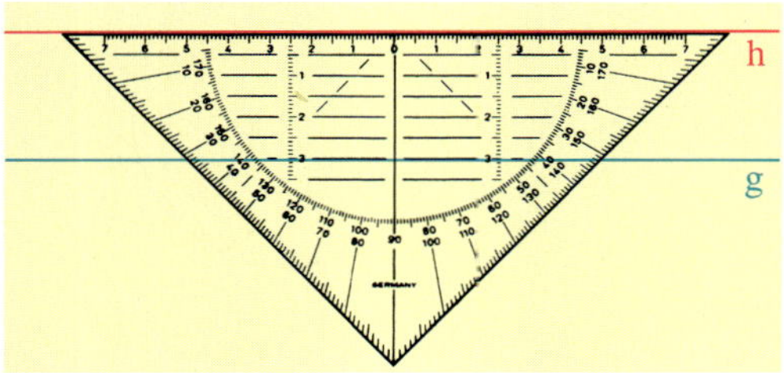

Bild 43

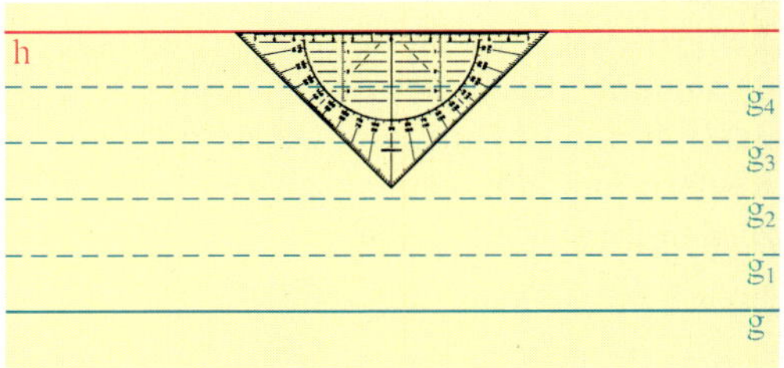

Bild 44

2. Die Konstruktion von Parallelen durch Verschiebung eines Dreiecks

Parallelen kann man auch zeichnen, indem man ein Dreieck längs der Kante eines Lineals verschiebt (Bild 45).

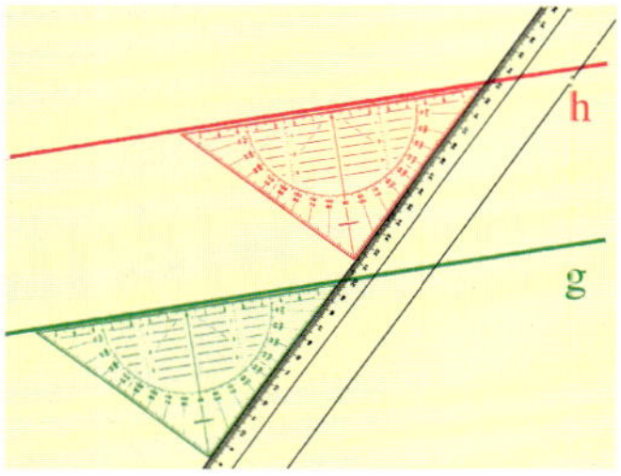

Bild 45

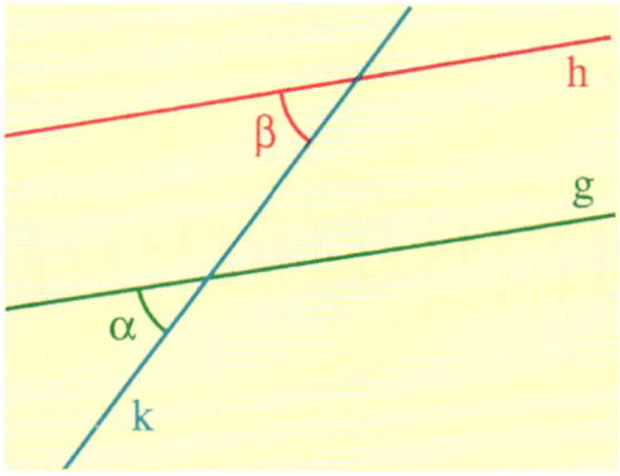

Bild 46

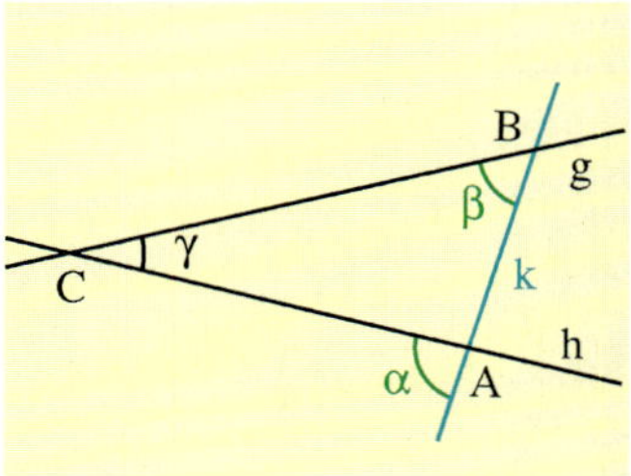

Bild 47

Wie lässt sich beweisen, dass man bei diesem Verfahren wirklich parallele Geraden erhält? Bild 46 enthält die wesentlichen Linien von Bild 45. k entspricht dabei der Linealkante; g und h entsprechen der langen Dreieckskante in der Ausgangs- bzw. Endlage. Die Stufenwinkel $\sphericalangle\alpha$ und $\sphericalangle\beta$ entsprechen einem Winkel des Dreiecks, daher gilt $\alpha = \beta$.

Bei dieser Konstruktion sind also die schneidende Gerade k und eine der geschnittenen Geraden (nämlich g) vorgegeben. Die andere geschnittene Gerade (nämlich h) wird dann so gezeichnet, dass die Stufenwinkel $\sphericalangle\alpha$ und $\sphericalangle\beta$ maßgleich sind. Die so gezeichnete Gerade h soll parallel zur Geraden g sein.

3. Der Kehrsatz des Stufenwinkelsatzes

Mit dem Stufenwinkelsatz lässt sich das **nicht** begründen. Bei diesem Satz wird nämlich **vorausgesetzt**, dass die geschnittenen Geraden parallel sind, und **behauptet**, dass dann die Stufenwinkel maßgleich sind. Bei der Konstruktion durch Verschiebung ist es genau umgekehrt. Man stützt sich auf den **Kehrsatz des Stufenwinkelsatzes**:

Wenn Stufenwinkel maßgleich sind, dann liegen sie an parallelen Geraden.

Beweis: Wären die Geraden g und h nicht parallel, so müssten sie sich in einem Punkt C schneiden, wie es in Bild 47 dargestellt ist. Für das Dreieck ABC gilt nach dem Außenwinkelsatz $\alpha = \beta + \gamma$. Auf Grund der Voraussetzung $\alpha = \beta$ ergibt sich $\beta = \beta + \gamma$. Dies ist nur möglich, wenn $\gamma = 0°$ ist. Daher können sich g und h nicht schneiden; die Geraden sind parallel zueinander. Die in Bild 47 dargestellte Situation ist also nicht zutreffend.

4. Die Umkehrung eines Satzes

Der Zusammenhang zwischen einem Satz und seiner **Umkehrung** wird durch die folgende ausführliche Wenn-dann-Schreibweise besonders deutlich:

Stufenwinkelsatz

Wenn gilt:

$\sphericalangle\alpha$ und $\sphericalangle\beta$ sind Stufenwinkel an den **parallelen** Geraden g und h,

dann gilt auch:

$\sphericalangle\alpha$ und $\sphericalangle\beta$ sind **maßgleiche** Stufenwinkel an den Geraden g und h.

Umkehrung des Stufenwinkelsatzes

Wenn gilt:

$\sphericalangle\alpha$ und $\sphericalangle\beta$ sind **maßgleiche** Stufenwinkel an den Geraden g und h,

dann gilt auch:

$\sphericalangle\alpha$ und $\sphericalangle\beta$ sind Stufenwinkel an den **parallelen** Geraden g und h.

Wir ersetzen die farbig unterlegten Aussagen durch Variable:

Satz

Wenn gilt [A], dann gilt auch [B].

Umkehrung des Satzes

Wenn gilt [B], dann gilt auch [A].

Man nennt die **Wenn-Aussage** die Voraussetzung, die **Dann-Aussage** die Behauptung des Satzes. Bei der Umkehrung eines Satzes wird also aus der Voraussetzung die Behauptung und aus der Behauptung die Voraussetzung.

Man kehrt einen Satz um, indem man die Voraussetzung und die Behauptung miteinander vertauscht.

Beispiel

	Nebenwinkelsatz	Umkehrung des Nebenwinkelsatzes
Voraussetzung:	$\sphericalangle\alpha$ und $\sphericalangle\beta$ sind Nebenwinkel.	$\alpha + \beta = 180°$.
Behauptung:	$\alpha + \beta = 180°$.	$\sphericalangle\alpha$ und $\sphericalangle\beta$ sind Nebenwinkel.

Die Umkehrung des Nebenwinkelsatzes lässt sich auch so formulieren:

Beträgt die Summe zweier Winkelmaße 180°, dann sind die zugehörigen Winkel Nebenwinkel.

Diese Aussage ist sicherlich **falsch**; zwei Winkel könnten sich zu 180° ergänzen, ohne benachbart zu sein. Die Umkehrung des Nebenwinkelsatzes ist also **kein gültiger Satz**.

Dagegen ist die Umkehrung des Stufenwinkelsatzes ein gültiger Satz, also eine wahre Aussage.

Man kann zwar **jeden** Satz umkehren, die Umkehrung eines Satzes muss aber kein gültiger Satz sein, wie das Beispiel des Nebenwinkelsatzes zeigt. Ist jedoch – wie beim Stufenwinkelsatz – die Umkehrung eines Satzes ebenfalls ein Satz, so nennen wir sie **Kehrsatz** des Satzes.

Beispiele

Der Stufenwinkelsatz besitzt einen Kehrsatz, der Nebenwinkelsatz jedoch nicht.

5. Genau-dann-wenn-Sätze

Wenn ein Satz einen Kehrsatz besitzt, dann können wir den Satz und seinen Kehrsatz mit Hilfe der Formulierung „genau dann, wenn" zu einem einzigen Satz zusammenfassen. Den Stufenwinkelsatz und seinen Kehrsatz können wir zu folgendem **Genau-dann-wenn-Satz** zusammenfassen:

Stufenwinkel sind genau dann maßgleich, wenn sie an parallelen Geraden liegen.

Dagegen lässt sich der Nebenwinkelsatz nicht zu einem Genau-dann-wenn-Satz erweitern, da er keinen Kehrsatz besitzt.

Enthält also ein Satz die Formulierung „genau dann, wenn", dann wissen wir:

(1) Es gilt der entsprechende **Wenn-dann-Satz**.

(2) Es gilt auch der Kehrsatz dieses Satzes.

6. Innenwinkel und Seitenlängen

Vergleicht man in einem Dreieck Seitenlängen und Winkelgrößen miteinander (Bild 48), so stößt man auf den folgenden Satz:

In jedem Dreieck liegt der größeren Seite der größere Winkel gegenüber.

Beweis: Da $a < b$ ist, schneidet der Kreis um C mit dem Radius a die Strecke $\overline{AC}$ in einem Punkt D (Bild 49). BCD ist ein gleichschenkliges Dreieck; daher gilt nach dem Basiswinkelsatz $\delta = \beta - \beta_1$ und folglich $\delta < \beta$. $\measuredangle\delta$ ist Außenwinkel des Dreiecks ABD; daher gilt $\delta = \alpha + \beta_1$ und folglich $\alpha < \delta$. Aus $\alpha < \delta$ und $\delta < \beta$ folgt $\alpha < \beta$.

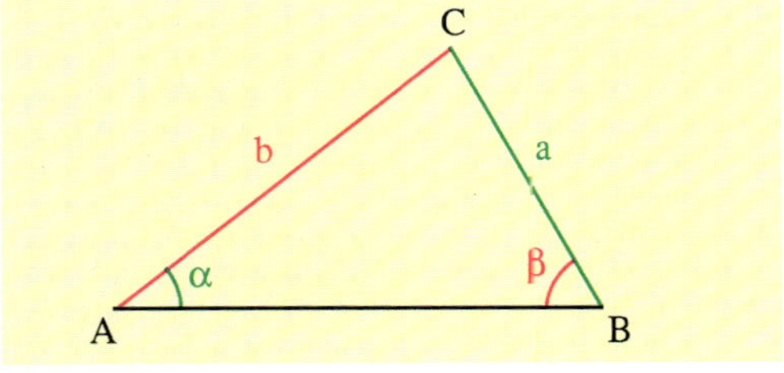

Bild 48

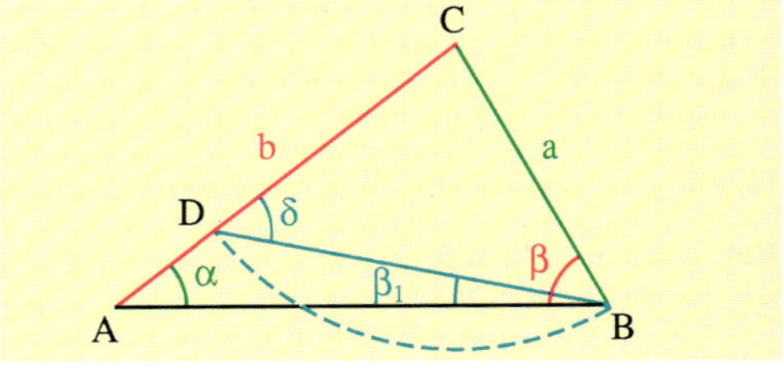

Bild 49

Damit haben wir gezeigt: Ist $a < b$, dann ist auch $\alpha < \beta$.

Kehren wir diesen Satz um, so erhalten wir die Aussage: Ist $\alpha < \beta$, dann ist auch $a < b$. Auch diese Aussage ist wahr. Der Satz besitzt also einen **Kehrsatz**:

In jedem Dreieck liegt dem größeren Winkel die größere Seite gegenüber.

Beweis: Wir setzen voraus $\alpha < \beta$. Für die Längen der gegenüberliegenden Seiten gilt dann entweder $a = b$ oder $a > b$ oder $a < b$. Eine weitere Möglichkeit gibt es nicht.

Wäre $a = b$, dann müsste nach dem Basiswinkelsatz $\alpha = \beta$ sein; dies widerspricht der Voraussetzung $\alpha < \beta$ und ist deshalb nicht möglich.

Wäre $a > b$, dann müsste nach dem Satz von Seite 146 auch $\alpha > \beta$ sein. Auch dies widerspricht der Voraussetzung $\alpha < \beta$ und ist deshalb nicht möglich.

Da sowohl $a = b$ als auch $a > b$ auszuschließen sind, kann nur $a < b$ richtig sein, q.e.d.

Aufgaben und Beispiele

Zum Einstieg

Jedes Kind in Bild 50 nennt einen Satz mit der Form „Wenn …, dann …“.

a) Bilde aus jedem Satz einen neuen Satz, indem du den „Wenn-Satz“ mit dem „Dann-Satz“ vertauschst!

b) Welche so gebildete Aussage ist wahr, welche nicht?

Bild 50

Zeichnen von Parallelen

1. Zeichne zunächst eine Gerade h und dann zwei Geraden g_1 und g_2, die mit h Stufenwinkel vom Maß α bilden! Prüfe mit dem Geodreieck, ob g_1 und g_2 parallel zueinander sind!
a) $\alpha = 20°$ **b)** $\alpha = 45°$ **c)** $\alpha = 75°$ **d)** $\alpha = 90°$

2. Gegeben sind eine Gerade g und ein nicht darauf liegender Punkt P.
a) Zeichne mit dem Geodreieck eine Gerade k, die auf g senkrecht steht und durch P geht! Zeichne dann eine Gerade h, die auf k senkrecht steht und ebenfalls durch P geht!
b) Begründe, warum die Gerade h die Parallele zu g durch P ist!

Umkehrungen und Kehrsätze

3. Gib folgende Aussagen in der „Wenn-dann-Form" an und kehre sie dann um! Welche Umkehrungen sind wahre Aussagen?
a) Im Sommer ist es warm.
b) Bei schlechtem Wetter fahren viele Autos mit Licht.
c) Sonntags ist schulfrei.
d) Jede durch 9 teilbare Zahl ist durch 3 teilbar.
e) Jede Meise ist ein Vogel.
f) Jede gerade Quadratzahl ist durch 4 teilbar.

4. Tante Luise ist zu Besuch. An einem Morgen jammert sie: „Bei Vollmond bekomme ich nachts kein Auge zu." Ihre Nichte Martina sagt darauf: „Aber gestern nacht war doch Neumond." Ist Tante Luise damit widerlegt?

5. Gib folgende Sätze zunächst in der „Wenn-dann-Form" an und kehre sie dann um! Welche Umkehrungen sind wahre Aussagen? Begründe deine Antworten!
a) Scheitelwinkelsatz **b)** Wechselwinkelsatz **c)** Außenwinkelsatz

6. a) Formuliere den Kehrsatz des Basiswinkelsatzes!
b) Überprüfe seine Gültigkeit mit Hilfe einer Zeichnung für ein selbst gewähltes Beispiel! Kennzeichne dabei die in der Voraussetzung genannten Stücke grün! Kennzeichne mit roter Farbe alle Stücke, die du zur Überprüfung des Satzes messen musst!
c) Fasse den Basiswinkelsatz und seinen Kehrsatz zu einem „Genau-dann-wenn-Satz" zusammen!

7. Formuliere und beweise den Kehrsatz des Thalessatzes! Benutze dabei den Kehrsatz des Basiswinkelsatzes (Aufgabe 6) als weiteren Ausgangssatz! Fasse Satz und Kehrsatz zu einem „Genau-dann-wenn-Satz" zusammen!

Anleitung: Zeichne im rechtwinkligen Dreieck ABC (Bild 51) eine Strecke $\overline{CD}$ so ein, dass der Winkel ∢ ACD zum Winkel ∢ BAC maßgleich ist!
Zeige dann, dass die Dreiecke ADC und BCD gleichschenklig sind!

8. Verfahre wie in Aufgabe 7 mit dem Satz über die Winkel in gleichseitigen Dreiecken (Seite 129)!

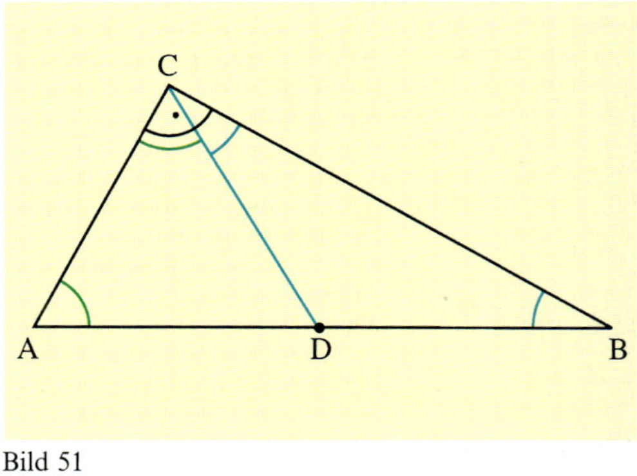

Bild 51

9. Untersuche, ob die folgenden Aussagen wahr sind! Zerlege sie dazu in zwei „Wenn-dann-Aussagen"!
a) Unterricht findet genau dann statt, wenn keine Ferien sind.
b) Gisela wird genau dann versetzt, wenn sie keine „fünf" bekommt.
c) Die Straße ist genau dann nass, wenn es gerade geregnet hat.
d) Ein Viereck ist genau dann ein Quadrat, wenn alle Seiten gleich lang sind.
e) Eine Summe ist genau dann gerade, wenn beide Summanden gerade sind.
f) Ein Produkt ist genau dann ungerade, wenn beide Faktoren ungerade sind.
g) Ein Dreieck ist genau denn rechtwinklig, wenn sich zwei Innenwinkel zu 90° ergänzen.

§ 8 Der Begriff der Kongruenz

I. Kongruente Figuren

1. Zur Einführung

Julia setzt ein Puzzle aus 500 Teilen zusammen. Es sind nur noch wenige Teile übrig, aber mit diesen Teilen hat sie große Mühe, da alle hellblau gefärbt sind. Sie gehören nämlich zu einem Stück Himmel. Bei solchen Teilen kann man sich nur nach der Form richten.

Bild 1

Bild 2

Bild 1 zeigt einen Ausschnitt aus dem Puzzle, in dem nur noch ein Teil fehlt. Bild 2 zeigt die noch nicht benutzten hellblauen Teile. Julia sucht ein Teil, das die gleiche Form wie die Lücke hat und genau in die Lücke passt. Die Lücke und das gesuchte Teil müssen **deckungsgleich**, sie müssen **kongruent**[1)] sein.

2. Kongruente Figuren

Allgemein nennt man zwei ebene Figuren, die die gleiche Form und die gleiche Größe haben, **kongruent**. Kongruente Figuren unterscheiden sich höchstens durch ihre Lage voneinander.

Beispiele

1) Die Oberfläche eines Würfels (Bild 3 auf Seite 150) besteht aus sechs Quadraten, die alle die gleiche Form und die gleiche Größe haben. Diese Quadrate sind also kongruent.

2) Die Oberfläche eines Quaders (Bild 4) besteht aus sechs Rechtecken. Diese sind – von Sonderfällen abgesehen – nur dann kongruent, wenn sie einander gegenüberliegen.

3) Die Oberfläche bei einer geraden quadratischen Pyramide (Bild 5) besteht aus einem Quadrat und vier Dreiecken. Die Dreiecke sind zueinander kongruent. Die Dreiecke sind aber nicht zu dem Quadrat kongruent.

4) Auch Strecken können kongruent sein. So sind alle zueinander parallelen Kanten eines Quaders kongruent. Zwei nicht parallele Kanten sind im Allgemeinen unterschiedlich lang. Sie sind daher nicht kongruent.

---

1) congruens (lat.): übereinstimmend, passend, gleichförmig

3. Das Zeichen „$\cong$"

Sind zwei Figuren F_1 und F_2 kongruent, so schreiben wir

$F_1 \cong F_2$; gelesen: „F_1 ist kongruent F_2".

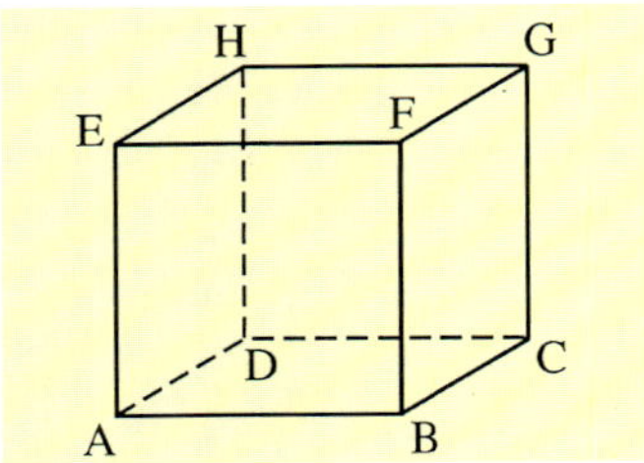

Bild 3

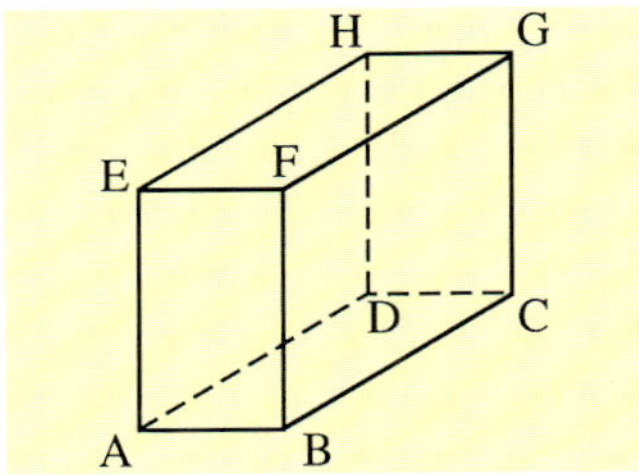

Bild 4

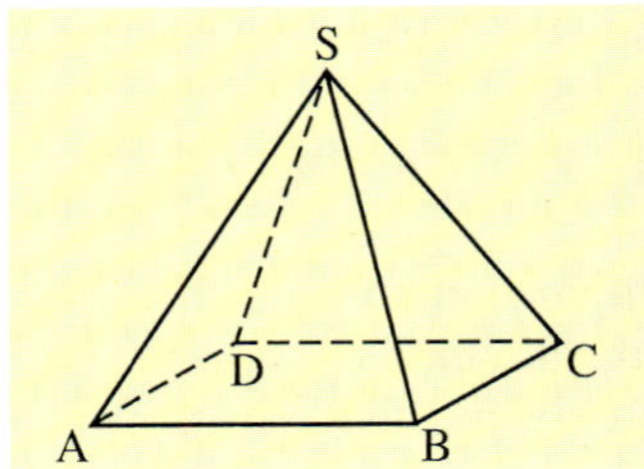

Bild 5

Beispiele

1) Bei dem Würfel in Bild 3 gilt ABCD $\cong$ ABFE.

2) Bei dem Quader in Bild 4 gilt ABCD $\cong$ EFGH und – von Sonderfällen abgesehen – ABCD $\ncong$ ABFE (gelesen: „ABCD ist nicht kongruent ABFE").

3) Bei der Pyramide in Bild 5 gilt ABS $\cong$ BCS und ABS $\ncong$ ABCD.

4) Bei dem Quader in Bild 4 gilt $\overline{AB} \cong \overline{EF} \cong \overline{DC} \cong \overline{HG}$. Von Sonderfällen abgesehen ist $\overline{AB} \ncong \overline{AE}$.

4. Kongruenz bei Gegenständen

Ähnlich wie bei dem Puzzleteil und der Lücke können wir bei beweglichen Figuren oder Gegenständen prüfen, ob sie kongruent sind oder nicht.

Beispiele

1) Peter hat von seinem Onkel zwei Zehnermarken der Deutschen Post bekommen (Bild 6). Zuerst will er die eine Marke zu seinen Tauschmarken legen. Als er jedoch die beiden Marken aufeinanderlegt, erkennt er, dass sie verschieden gezähnt sind. Die beiden Marken sind nicht kongruent.

Bild 6

2) In einem Kaufhaus werden an einem Wühltisch Turnschuhe zu einem Sonderpreis angeboten. Susanne hat einen linken Schuh in ihrer Größe gefunden. Nun sucht sie den zugehörigen rechten Schuh. Zum Vergleich legt sie jeweils zwei Schuhe mit den Sohlen aufeinander. Susanne sucht also Schuhe mit kongruenten Sohlen (Bild 7).

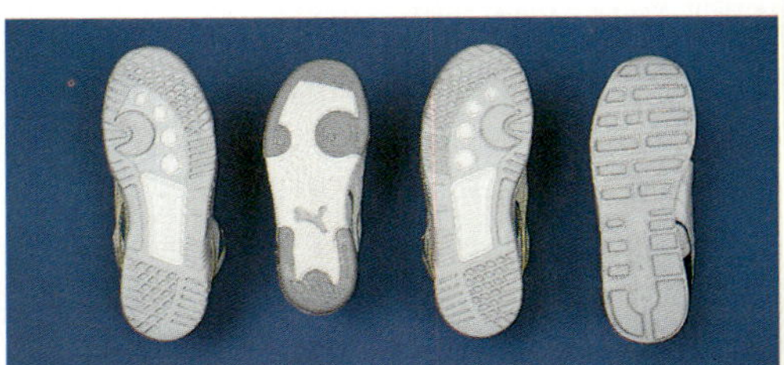

Bild 7

5. Vergleich mit Transparentpapier

Auch bei zwei nicht beweglichen Figuren kann man prüfen, ob sie kongruent sind oder nicht, indem man beide Figuren mit einer beweglichen Figur vergleicht.

Man kann dazu beispielsweise eine der beiden Figuren zunächst auf ein Transparentpapier übertragen; dadurch erhält man auf dem Transparentpapier eine zur ersten Figur kongruente Figur. Anschließend versucht man, das Transparentpapier so zu legen, dass sich die übertragene Figur mit der zweiten Figur deckt.

Beispiel

In Bild 8 wird jeweils die blaue Figur mit einer grünen Figur verglichen. In zwei der drei Fälle ist es dazu erforderlich, das Transparentpapier zu wenden.

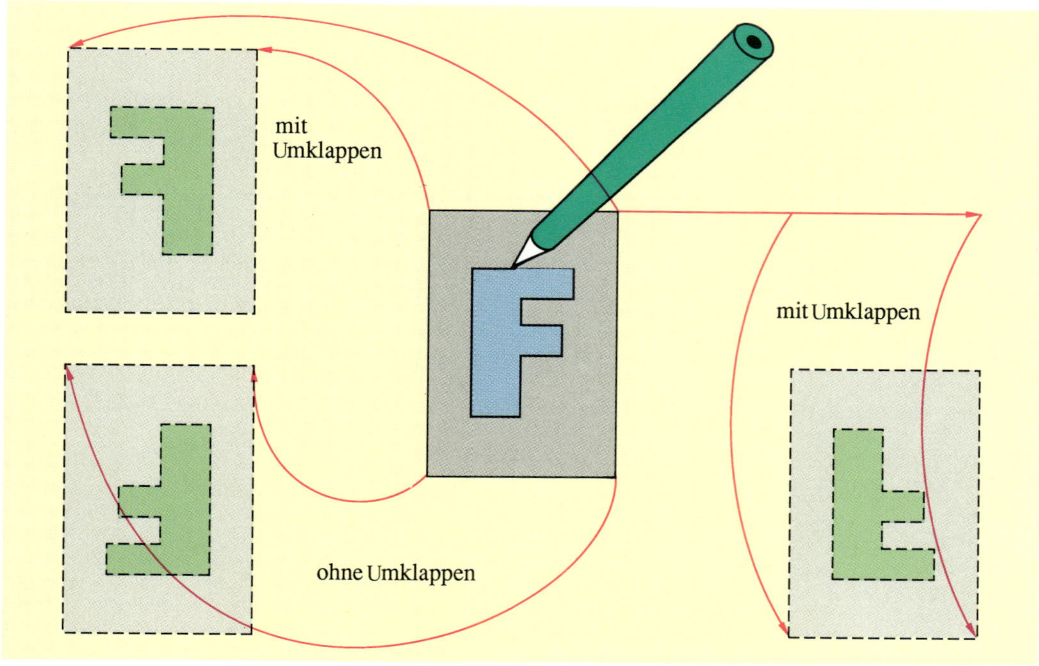

Bild 8

Beachte: Wie bei diesem Beispiel und auch beim Beispiel mit den Turnschuhen kann es bei Kongruenzuntersuchungen häufig erforderlich sein, vor dem Vergleich eine der Figuren umzuklappen.

6. Definition des Begriffs der Kongruenz

Strecken und Winkel sind genau dann kongruent, wenn sie maßgleich sind.

Wenn zwei geradlinig begrenzte ebene Figuren F_1 und F_2, also zwei **Vielecke**, kongruent sind, haben sie selbstverständlich auch den gleichen Flächeninhalt. Vielecke gleichen Flächeninhalts brauchen aber nicht kongruent zu sein.

Beispiel

Die Rechtecke ABCD und EFGH in Bild 9 haben beide den Flächeninhalt $12\,cm^2$, sie sind aber offensichtlich nicht kongruent.

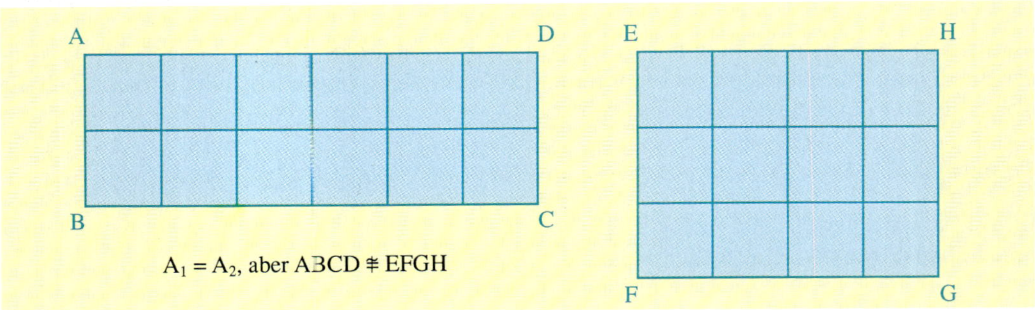

Bild 9

Bei Vielecken müssen vielmehr **alle** einander entsprechenden Winkel und **alle** einander entsprechenden Strecken maßgleich, also kongruent sein, damit die Figuren nicht nur die gleiche Größe, sondern auch die gleiche Form haben, also kongruent sind.

Strecken und Winkel sind genau dann kongruent, wenn sie maßgleich sind.

Zwei Vielecke F_1 und F_2 sind genau dann kongruent, wenn sämtliche Strecken und sämtliche Winkel von F_1 kongruent (also maßgleich) sind zu den entsprechenden Strecken bzw. Winkeln von F_2.

Beispiel

Bei den Dreiecken ABC und DEF in Bild 10 sind die einander entsprechenden Strecken jeweils in der gleichen Farbe gezeichnet. Für die Längen dieser Strecken gilt:

$$a = d, \quad b = e \quad \text{und} \quad c = f.$$

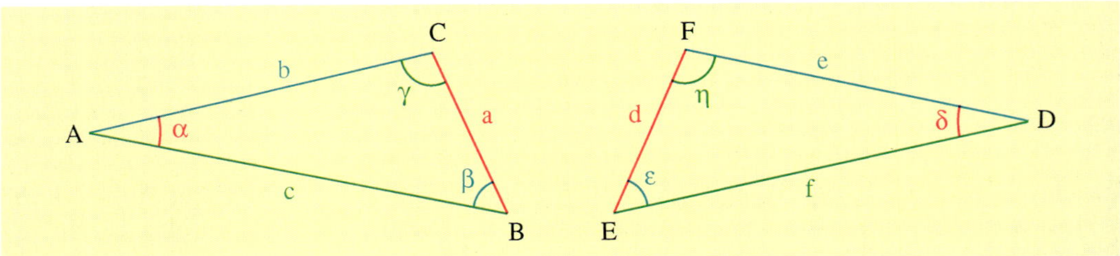

Bild 10

Auch die einander entsprechenden Winkel sind jeweils in gleicher Farbe gezeichnet. Für ihre Maße gilt:

$$\alpha = \delta, \quad \beta = \varepsilon \quad \text{und} \quad \gamma = \eta.$$

Die Dreiecke ABC und DEF sind also kongruent. Hiervon kann man sich durch einen Vergleich mit einem Blatt Transparentpapier leicht überzeugen.

Aufgaben und Beispiele

Zum Einstieg

Bei Familie Martens ist eingebrochen worden. Wohnungstür und Fenster sind aber nicht aufgebrochen worden. Also hat der Dieb einen Nachschlüssel für die Wohnungstür gehabt. Einige Tage später wird ein Verdächtiger gefasst, der auch mehrere verschiedene Schlüssel bei sich hat. Könnte er der Dieb gewesen sein?

Bild 11

1. Welche Flächen sind bei der schönen alten Haustür (Bild 12) kongruent?

2. Tangram ist ein altes chinesisches Puzzlespiel aus sieben Teilen (Bild 13). Stelle selbst ein solches Puzzle her!

a) Welche Figuren stellen die einzelnen Puzzleteile dar?
b) Welche Flächen (Winkel, Strecken) sind kongruent?

Bild 12

Bild 13

c) Lege mit allen sieben Teilen des Puzzles ein Rechteck (Parallelogramm, Dreieck)!
d) Nimm Stellung zu der Behauptung: Wenn zwei Flächen aus kongruenten Teilflächen zusammengelegt sind, dann sind auch die Flächen kongruent!

3. Zeichne die Dreiecke ABC und DEF und prüfe, ob sie kongruent sind. Begründe, warum sie nicht kongruent sind, oder benenne die einander entsprechenden Strecken und Winkel!

a) A(1|2); B(4|2); C(2|4); D(9|2); E(6|2); F(8|4).
b) A(2|0); B(4|2); C(2|5); D(9|4); E(4|4); F(7|2).
c) A(2|7); B(6|7); C(4|3); D(8|3); E(5|3); F(6,5|0).

4. Zeichne die Fünfecke ABCDE, FGHIK und LMNOP! Untersuche sie wie die Dreiecke in Aufgabe 3!

A(10|5); B(12|2); C(17|2); D(17|7); E(13|9).
F(3|13); G(8|13); H(10|10); I(8|20); K(3|18).
L(14|17); M(19|15); N(22|17); O(22|22); P(17|22).

5. Sandra soll entscheiden, unter welchen Bedingungen zwei Vierecke derselben Art kongruent sind. Sie will dazu möglichst wenig Seiten und Winkel messen.

a) zwei Quadrate **b)** zwei Rechtecke **c)** zwei Parallelogramme **d)** zwei Rauten

6. Beschreibe einen Quader, bei dem zwei nicht gegenüberliegende Seitenflächen kongruent sind und der trotzdem kein Würfel ist! Was kann man über die Kongruenz der Kanten eines solchen Quaders aussagen?

II. Der Kongruenzsatz SSS

1. Zur Einführung

Es ist kein Zufall, dass wir uns in der Geometrie so häufig mit **Dreiecken** befassen. Hierfür gibt es verschiedene Gründe. So lässt sich jedes ebene Vieleck in Dreiecke zerlegen. Bild 14 zeigt drei verschiedene Zerlegungen eines Siebenecks in Dreiecke.

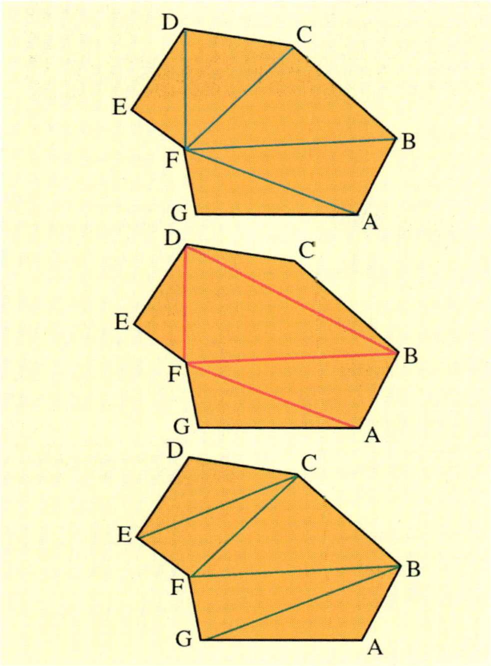

Bild 14

Bild 15

Dreieckige Formen treten aber auch in der Technik häufig als Konstruktionselemente auf. So haben z. B. die Verstrebungen bei Stahlkonstruktionen – bei Brücken, bei Dächern, bei Kränen – oft dreieckige Konstruktionselemente (Bild 15).

Warum dies so ist, kann man leicht erkennen, wenn man mit einem Metallbaukasten ein Dreieck (Bild 16) und ein Viereck (Bild 17) baut.

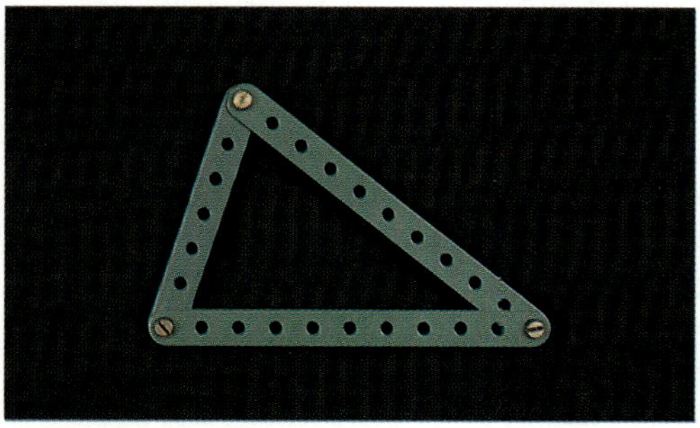

Bild 16

Bild 17

Das Dreieck ist stabil, selbst wenn die Schrauben nur locker angezogen sind. Dagegen kann man die Stäbe des Vierecks gegeneinander verscheren; obwohl die Kantenlängen bleiben, verändern sich die Winkelgrößen. Erst wenn man einen weiteren Stab als Diagonale einfügt (Bild 18), ist auch diese Figur stabil. Sie besteht dann aus zwei Dreiecken.

Bild 18

2. Was bedeutet die Formstabilität von Dreiecken?

Wenn man drei Stäbe zu einem Dreieck zusammenfügt, dann lässt sich die Figur nicht mehr verändern, sie ist formstabil. Durch die drei Stäbe sind die Seitenlängen des Dreiecks bestimmt. Da das Dreieck formstabil ist, sind durch die Seitenlängen auch die Winkelgrößen festgelegt. Für Vierecke gilt dies nicht.

Baut man ein zweites Dreieck aus Stäben, deren Längen mit denen des ersten Dreiecks übereinstimmen (Bild 19), so sind die beiden Dreiecke zueinander **kongruent**. Die Kongruenz der Dreiecke ergibt sich also schon durch die Übereinstimmung der Seitenlängen.

Bild 19

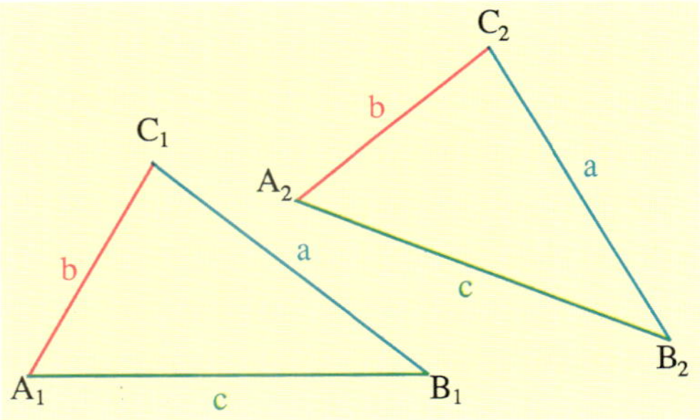

Bild 20

3. Was bedeutet dies für die Geometrie?

Übertragen wir diese Einsicht auf die Geometrie, so kommen wir zu folgender Vermutung: Stimmen zwei Dreiecke in den Längen entsprechender Seiten überein (Bild 20), so haben sie **dieselbe Form** und **dieselbe Größe**, insbesondere auch **dieselben Winkelmaße**, sie sind also kongruent. Man sagt, ein Dreieck ist durch die Länge seiner Seiten bis auf die Lage (in der Ebene oder im Raum) **eindeutig** festgelegt.

Wir erinnern uns, dass nach der Definition der Kongruenz (Seite 152) zwei geradlinig begrenzte ebene Figuren als **kongruent** bezeichnet werden, wenn sie in den Maßen **aller** Seiten und **aller** Winkel übereinstimmen. Unsere vorstehenden Überlegungen lassen vermuten, dass es bei Dreiecken für die Untersuchung auf Kongruenz nicht erforderlich ist, alle sechs Stücke auf Maßgleichheit zu überprüfen. Es genügt vielmehr ein Vergleich der Seitenlängen. Sind die entsprechenden Seiten maßgleich, dann ist die Maßgleichheit der entsprechenden Winkel offenbar „automatisch“ mitgegeben.

4. Die Konstruktion eines Dreiecks aus drei Seitenlängen

Die Vermutung, dass ein Dreieck bereits durch die Längen seiner drei Seiten eindeutig festgelegt ist, wollen wir durch eine Konstruktion bestätigen.

Beispiel

Gesucht ist ein Dreieck mit $a = 2{,}4$ cm; $b = 3{,}6$ cm und $c = 4$ cm (Bild 21).

Wir zeichnen die Seite $\overline{AB}$ mit der Länge 4 cm. Da der Punkt C von A aus 3,6 cm und von B aus 2,4 cm entfernt sein soll, zeichnen wir um A den Kreis mit dem Radius 3,6 cm und um B den Kreis mit dem Radius 2,4 cm. Die Kreise schneiden sich in zwei Punkten C_1 und C_2. Wir verbinden C_1 und C_2 jeweils mit A und B. Dadurch erhalten wir die Dreiecke ABC_1 und ABC_2.

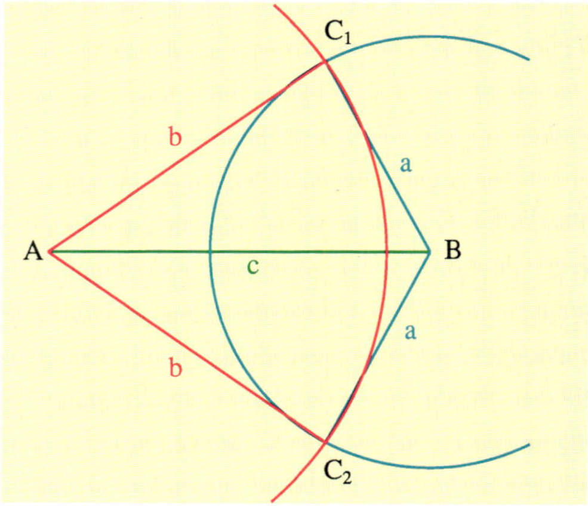

Bild 21

Der Zeichnung entnimmt man, dass sämtliche Strecken und Winkel des Dreiecks ABC_1 maßgleich zu den entsprechenden Strecken und Winkeln des Dreiecks ABC_2 sind. Daher sind die Dreiecke kongruent.

5. Der Kongruenzsatz SSS

Würde man die Konstruktion an einer anderen Stelle der Zeichenebene durchführen oder mit einer anderen Seite beginnen, so würden sich ausnahmslos Dreiecke ergeben, die untereinander kongruent sind. Wir könnten dies z. B. dadurch zeigen, dass wir die Dreiecke durch Verschiebungen, Drehungen oder Spiegelungen aufeinander abbilden.

Alle Dreiecke, die man aus den gegebenen Stücken konstruieren kann, sind also zueinander kongruent. Sie haben nicht nur die gleichen Seitenlängen, sondern auch die gleichen Winkelmaße. Es gilt der **Kongruenzsatz SSS**:

Zwei Dreiecke sind schon kongruent, wenn die drei Seiten des einen Dreiecks maßgleich sind zu den entsprechenden Seiten des anderen Dreiecks.

Beachte, dass wir hier den Kongruenzsatz SSS nicht auf andere Sätze zurückgeführt, also nicht bewiesen haben!

Bemerkungen:

1) Die Bezeichnung „SSS" bezieht sich auf die drei Seiten der Dreiecke.
2) Die entsprechende Konstruktionsaufgabe für Dreiecke heißt **Grundaufgabe SSS**.
3) Wie die einführenden Überlegungen zeigen, gilt für Vierecke kein entsprechender Satz.

6. Ist die Grundaufgabe SSS immer lösbar?

Ist die Grundaufgabe SSS immer lösbar, wenn drei **beliebige** Seitenlängen gegeben sind?

Beispiel

$a = 2\,\text{cm}$; $b = 1{,}5\,\text{cm}$ und $c = 4\,\text{cm}$

Bild 22 zeigt, dass sich die beiden Kreise nicht schneiden, weil die Summe der beiden Seitenlängen a und b zu klein ist. Es gibt also kein derartiges Dreieck.

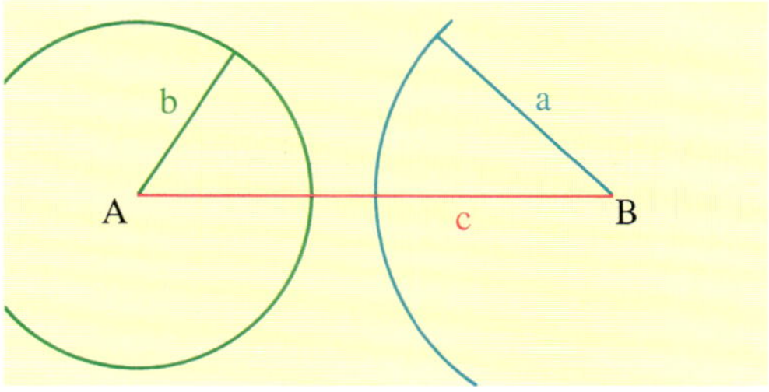

Bild 22

Selbst wenn $a + b = c$ ist (Bild 23), kommt kein Dreieck zustande, weil die beiden Kreise sich dann in einem Punkt C berühren, der auf der Strecke $\overline{AB}$ liegt. Damit sich die beiden Kreise in zwei Punkten C_1 und C_2 außerhalb der Strecke $\overline{AB}$ schneiden, muss also gelten:

$$a + b > c.$$

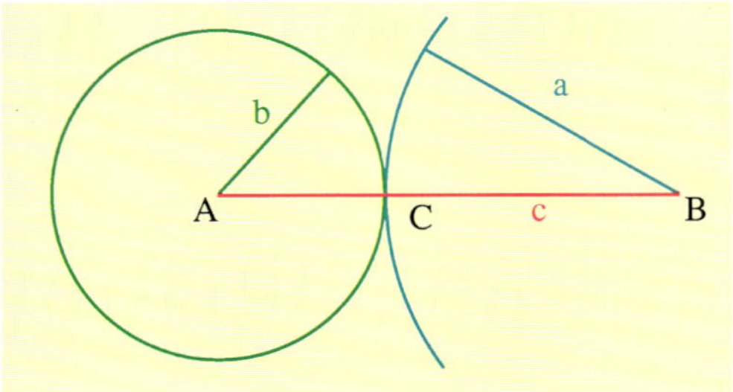

Bild 23

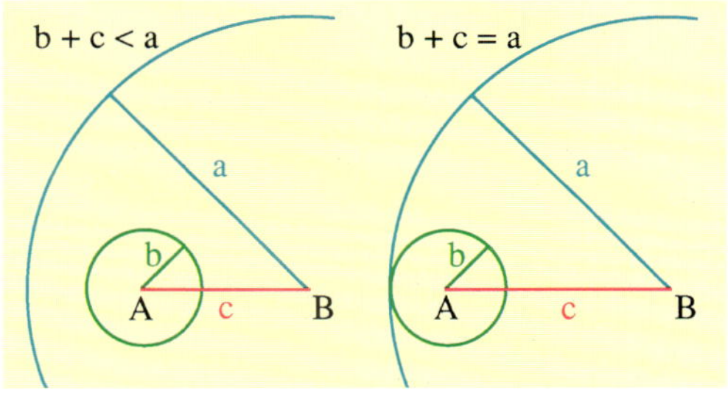

Bild 24

Wie Bild 24 zeigt, genügt aber auch diese Bedingung noch nicht. Damit sich die beiden Kreise jeweils schneiden, muss darüber hinaus gelten:

$$a - b < c, \quad \text{also} \quad b + c > a$$

und entsprechend auch

$$b - a < c, \quad \text{also} \quad a + c > b.$$

Diese Bedingungen heißen **Dreiecksungleichungen:**

$$\mathbf{a + b > c}, \quad \mathbf{b + c > a} \quad \text{und} \quad \mathbf{a + c > b}.$$

Sie sagen aus, dass die direkte Verbindung zwischen zwei Punkten kürzer ist als der „Umweg" über einen dritten Punkt. Ein Dreieck ist aus drei Seitenlängen nur dann konstruierbar, wenn die Dreiecksungleichungen erfüllt sind.

7. Festlegung eines Dreiecks durch andere Stücke

Kann man ein Dreieck auch aus anderen Stücken konstruieren? Reichen vielleicht weniger als drei Stücke für eine eindeutige Konstruktion aus? Wir betrachten vier Beispiele.

Beispiele

1) Bild 25 zeigt zwei nicht kongruente Dreiecke mit $c = 3$ cm. Die Länge einer einzelnen Seite reicht zur eindeutigen Konstruktion eines Dreiecks also offensichtlich nicht aus.
2) Bild 26 zeigt, dass auch die Längen von zwei Seiten nicht ausreichen; beide Dreiecke haben die Seitenlängen $b = 2{,}5$ cm und $c = 3$ cm, sind aber nicht kongruent.
3) Bild 27 zeigt zwei nicht kongruente Dreiecke mit $c = 3$ cm und $\gamma = 62°$. Die Maße einer Seite und des ihr gegenüberliegenden Winkels reichen also zur eindeutigen Konstruktion eines Dreiecks ebenfalls nicht aus.
4) Für die Dreiecke AB_1C_1 und AB_2C_2 von Bild 28 gilt $\alpha = 40°$, $\beta = 80°$ und daher nach dem Winkelsummensatz auch $\gamma = 60°$. Obwohl diese beiden Dreiecke sogar in den Größen **aller** entsprechenden Winkel übereinstimmen, sind sie **nicht** kongruent.

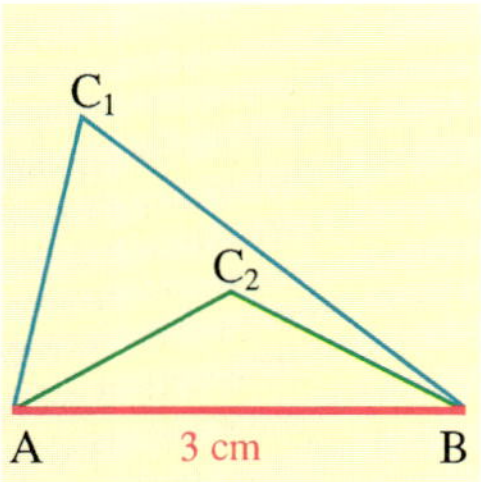

Bild 25

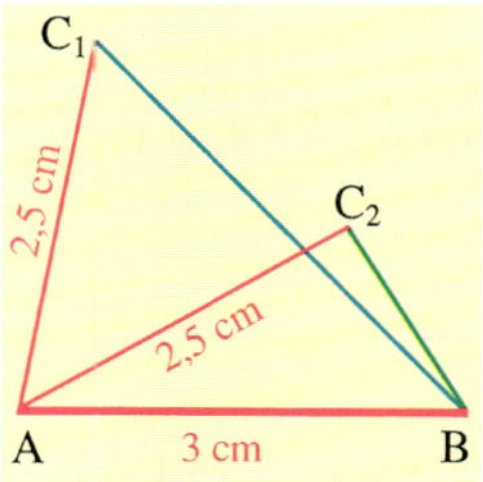

Bild 26

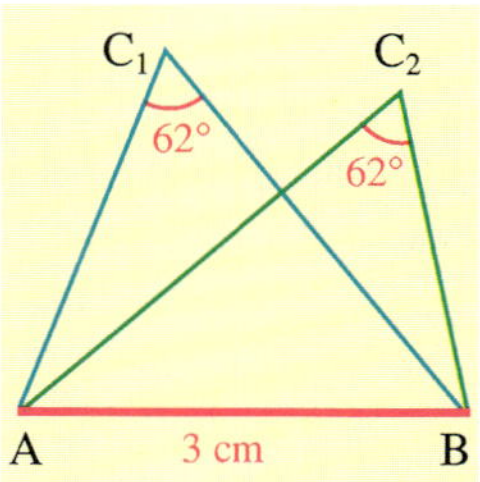

Bild 27

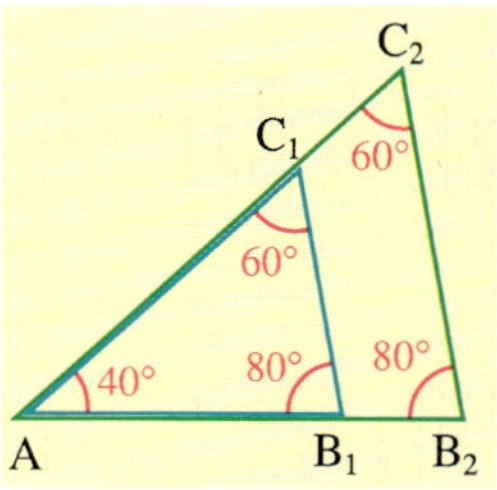

Bild 28

8. Konstruktionsbedingungen für Dreiecke

Aus den Beispielen ergibt sich:

Zur eindeutigen Konstruktion eines Dreiecks müssen mindestens drei Stücke gegeben sein; darunter muss wenigstens eine Seitenlänge sein.

In folgender Tabelle und in Bild 29 sind alle möglichen Fälle zusammengefasst und durch eine Kombination der Buchstaben S (Seitenlänge) und W (Winkelmaß) gekennzeichnet.

Symbol	Gegeben sind die Maße der folgenden Stücke
SSS	drei Seiten
SWS	zwei Seiten und der eingeschlossene Winkel
SSW	zwei Seiten und ein nicht eingeschlossener Winkel
WSW	eine Seite und die beiden anliegenden Winkel
SWW	eine Seite, ein anliegender und ein nicht anliegender Winkel

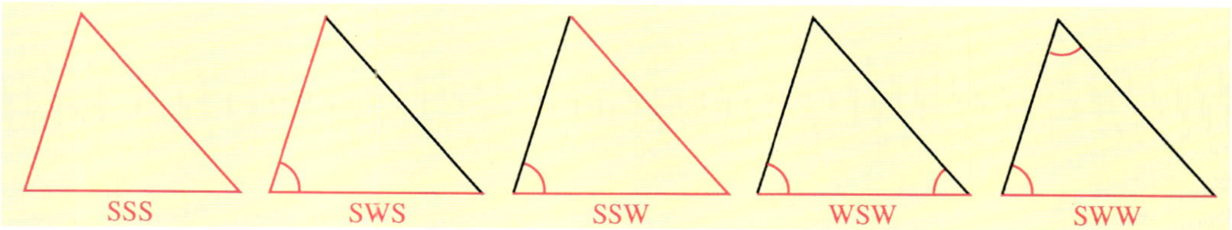

Bild 29

Aufgaben und Beispiele

Zum Einstieg

Ein Dachflächenfenster ist 1,30 m lang. Es ist so aufgeklappt, dass unten ein Spalt von 50 cm entsteht. Wie groß ist der Öffnungswinkel?

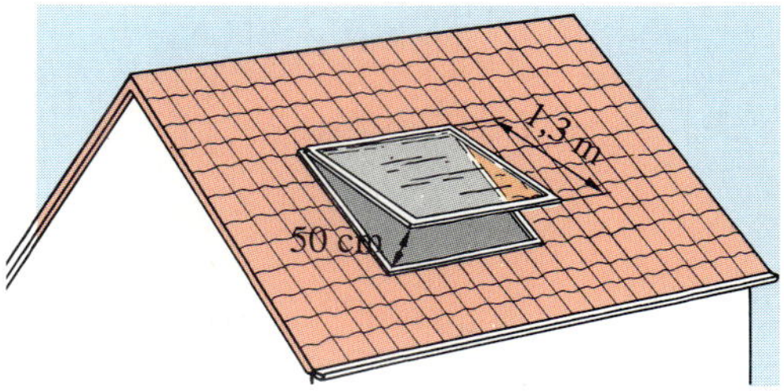

Bild 30

Dreiecke überall

1. Zeichne
a) ein Viereck, **b)** ein Fünfeck, **c)** ein Sechseck!
Teile es auf verschiedene Arten in Dreiecke ein! Wie viele Dreiecke erhält man mindestens?

2. Zeichne ein regelmäßiges Sechseck und zerlege es durch Diagonalen, also durch Strecken zwischen den Eckpunkten, in vier Dreiecke! Wie viele grundsätzlich verschiedene Lösungen findest du?

3. Einen Würfel, dessen Kanten in den Ecken gegeneinander beweglich sind, kann man verscheren (Bild 31). Kann man das Verscheren verhindern, indem man Diagonalen einzieht

a) in zwei Würfelflächen,
b) in drei Würfelflächen?

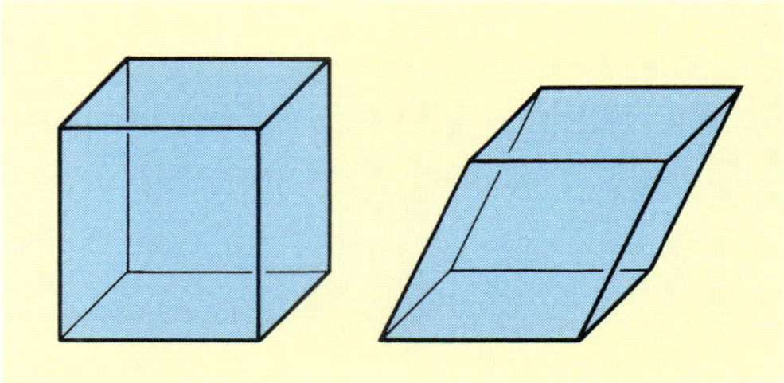
Bild 31

4. Gegeben sind die Punkte $A_1(0|0)$; $B_1(5|0)$; $A_2(4|2)$; $B_2(7|6)$ und $C(0|5)$. Zeichne die Dreiecke A_1B_1C und A_2B_2C! Bestätige durch Ausmessen aller Seiten und aller Winkel, dass die Dreiecke kongruent sind!

Dreieckskonstruktionen

5. Konstruiere, falls es möglich ist, ein Dreieck mit den angegebenen Maßen! Beschreibe die Konstruktion und miss die Größen der drei Innenwinkel!
a) $a = 3{,}2$ cm; $b = 5{,}7$ cm; $c = 3{,}5$ cm **b)** $a = 6$ cm; $b = 3{,}4$ cm; $c = 5$ cm
c) $a = 5{,}4$ cm; $b = 7{,}3$ cm; $c = 4$ cm **d)** $a = 4{,}5$ cm; $b = 7{,}7$ cm; $c = 4{,}2$ cm

6. Konstruiere ein gleichschenkliges Dreieck mit den folgenden Maßen und beschreibe die Konstruktion! Welche der gezeichneten Dreiecke sind zueinander kongruent?
a) $a = 6$ cm; $c = 4$ cm (Basis $\overline{AB}$) **b)** $a = 6$ cm; $c = 4$ cm (Basis $\overline{BC}$)
c) $a = 4$ cm; $c = 6$ cm (Basis $\overline{AC}$) **d)** $a = 4$ cm; $c = 6$ cm (Basis $\overline{AB}$)

7. Wie groß sind die Winkel, die in Bild 32 die Dachgaube mit dem Dach bildet?

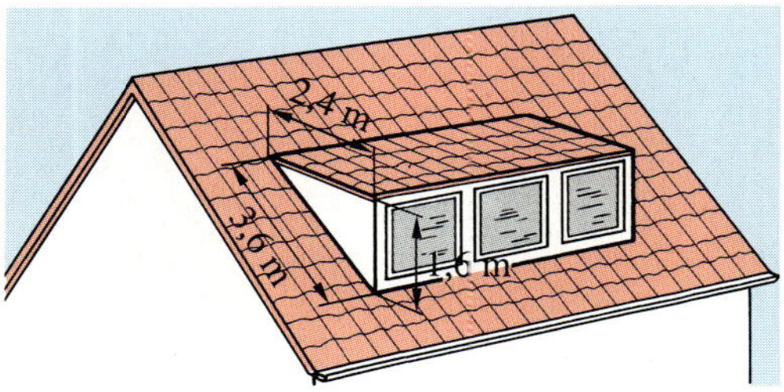

Bild 32

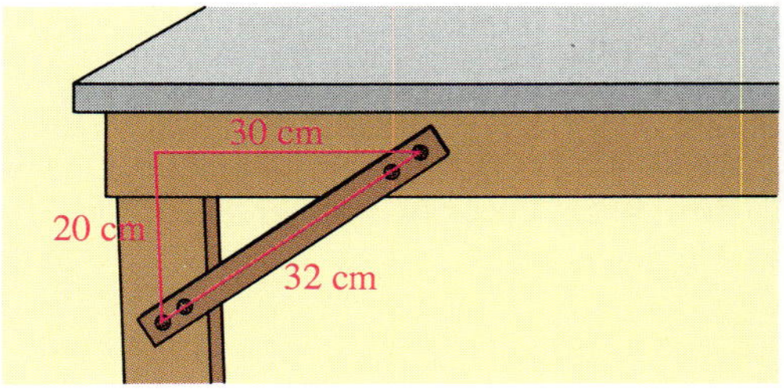

Bild 33

8. Sven hat einen Tisch gebaut und an jedem Tischbein eine Verstrebung angebracht (Bild 33). Thorsten meint: „Das Tischbein steht aber schief.“ Hat er recht?

9. Karen wohnt im Meisenweg. Dort, wo der Meisenweg in die Hauptstraße einmündet, steht ein Verkehrszeichen „Vorfahrt achten“. Es hat die Form eines gleichseitigen Dreiecks. Eine Kante der weißen Innenfläche ist 58 cm lang. Der rote Rand ist 8 cm breit, der schmale weiße Außenrand 1 cm. Wie lang sind die Außenkanten des Verkehrszeichens ungefähr? Du darfst dabei außer acht lassen, dass die Ecken eines Verkehrszeichens abgerundet sind.

10. a) Anna behauptet: Ein Dreieck mit den Seitenlängen 2 cm, 3 cm und 4 cm hat einen stumpfen Winkel. Hat sie recht?
b) Maximilian behauptet: Ein Dreieck mit den Seitenlängen 4 cm, 6 cm und 8 cm hat einen stumpfen Winkel. Hat er recht?
c) Was fällt dir auf, wenn du die Dreiecke aus a) und b) miteinander vergleichst? Formuliere deine Vermutung in einem Satz und überprüfe sie an drei weiteren Dreiecken!

Untersuchungen zu Konstruierbarkeit und Kongruenz

11. Versuche ein Dreieck aus den angegebenen Stücken zu konstruieren! Beginne mit der in Klammern angegebenen Seite! Zeichne die zur Konstruktion notwendigen Kreise vollständig ein! Wie liegen sie zueinander?
a) $a = 7$ cm; $b = 2{,}5$ cm; $c = 3{,}5$ cm $(\overline{BC})$ **b)** $a = 5$ cm; $b = 3$ cm; $c = 1{,}5$ cm $(\overline{AB})$
c) $a = 7$ cm; $b = 3$ cm; $c = 4$ cm $(\overline{BC})$ **d)** $a = 5$ cm; $b = 3$ cm; $c = 2$ cm $(\overline{AB})$

12. Prüfe ohne Zeichnung, ob es Dreiecke mit den folgenden Seitenlängen gibt!
a) $a = 3$ cm; $b = 4$ cm; $c = 5$ cm **b)** $a = 5$ m; $b = 5$ m; $c = 5$ m
c) $a = 2$ dm; $b = 3$ dm; $c = 6$ dm **d)** $a = 2$ cm; $b = 5$ cm; $c = 6$ cm
e) $a = 2$ m; $b = 5$ m; $c = 2$ m **f)** $a = 1$ km; $b = 2$ km; $c = 3$ km

13. Gegeben sind $a = 8$ cm und $b = 3$ cm. Wie groß muss c mindestens sein, damit sich aus den drei Stücken ein Dreieck konstruieren lässt? Wie groß darf c höchstens sein?

14. Zeichne je zwei nicht kongruente Dreiecke mit den folgenden Maßen!
a) $a = 4$ cm; $b = 4{,}8$ cm **b)** $b = 3{,}6$ cm; $\beta = 70°$ **c)** $a = 5$ cm; $c = 3$ cm
d) $a = 4$ cm; $\beta = 55°$ **e)** $b = 5{,}2$ cm; $\gamma = 110°$ **f)** $c = 4{,}5$ cm; $\gamma = 75°$

III. Die weiteren Kongruenzsätze

1. Zur Einführung

Durch einen See soll von B nach C ein Kabel verlegt werden. Ein Vermessungstrupp soll die Entfernung der unmittelbar am Ufer gelegenen Punkte B und C bestimmen (Bild 34). Dazu wählen die Vermessungsingenieure im Gelände einen Punkt A, sodass die Entfernungen $c = |\overline{AB}|$ und $b = |\overline{AC}|$ leicht zu bestimmen sind. Außerdem messen sie die Größe α von $\sphericalangle$ BAC. Sie erhalten folgende Messwerte:

$$b = 2\,\text{km}, \quad c = 3\,\text{km} \quad \text{und} \quad \alpha = 66°.$$

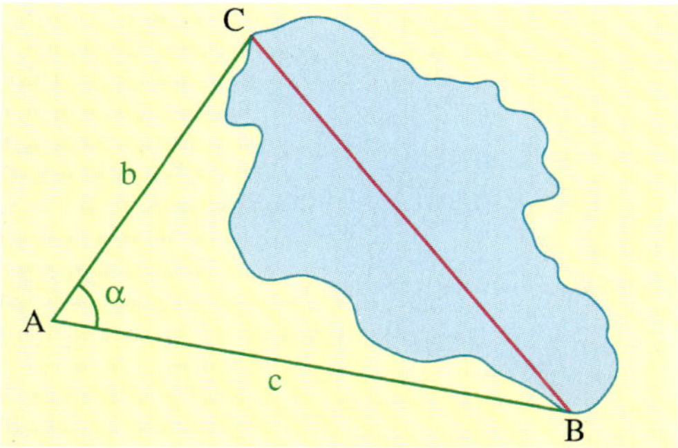

Bild 34

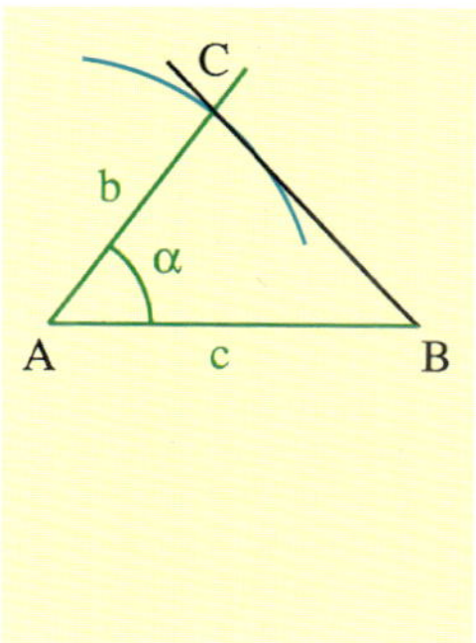

Bild 35a

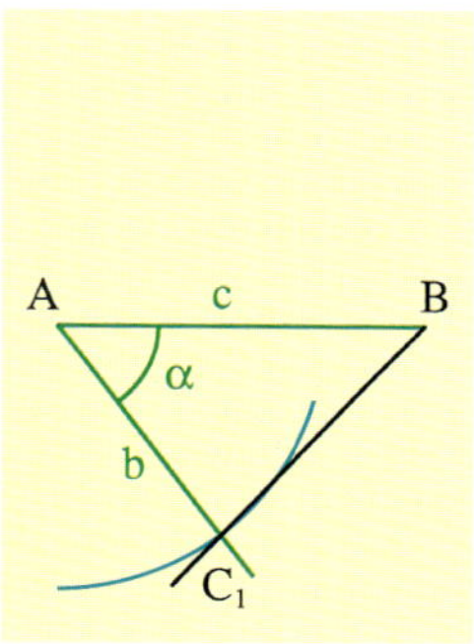

Bild 35b

2. Die Grundaufgabe SWS

Die gesuchte Entfernung kann man nun durch eine Zeichnung im Maßstab 1:100000 bestimmen. Dazu muss man ein Dreieck konstruieren, von dem die Längen zweier Seiten und die Größe des eingeschlossenen Winkels gegeben sind:

$$b = 2\,\text{cm}, \quad c = 3\,\text{cm} \quad \text{und} \quad \alpha = 66°.$$

Zur Lösung dieser **Grundaufgabe SWS** zeichnen wir zunächst die Strecke $\overline{AB}$ mit der Länge $c = 3$ cm (Bild 35a). Dann tragen wir in A an $\overline{AB}$ den Winkel mit $\alpha = 66°$ an. Den so entstehenden neuen Schenkel von $\sphericalangle\alpha$ nennt man, weil auf ihm noch kein Punkt des Dreiecks festgelegt ist, seinen **freien Schenkel**. Um A zeichnen wir den Kreis K(A; b) mit dem Radius $b = 2$ cm. Dieser Kreis schneidet den freien Schenkel von $\sphericalangle\alpha$ in genau einem Punkt C. Wir verbinden B mit C und erhalten ein Dreieck ABC, das den Bedingungen der Aufgabe genügt. Durch Messen der Strecke $\overline{BC}$ ermittelt man $a \approx 2{,}9$ cm. Die Punkte B und C sind also ungefähr 2,9 km voneinander entfernt.

3. Der Kongruenzsatz SWS

Hätten wir $\sphericalangle\alpha$ in Bild 35a zur anderen Seite der Strecke $\overline{AB}$ angetragen, dann wäre das Dreieck ABC_1 entstanden (Bild 35b). Man kann sich leicht davon überzeugen, dass sämtliche Seiten und Winkel des Dreiecks ABC maßgleich zu den entsprechenden Seiten und Winkeln des Dreiecks ABC_1 sind. Die Dreiecke ABC und ABC_1 sind also **kongruent**.

Auch wenn wir die Konstruktion an einer anderen Stelle der Zeichenebene durchführen würden, erhielten wir stets Dreiecke, die zum Dreieck ABC kongruent sind.

Für die Durchführbarkeit der Konstruktion gibt es nur eine Einschränkung: Der gegebene Winkel muss auf Grund des Innenwinkelsatzes kleiner als 180° sein.

Es gilt also ein weiterer Kongruenzsatz, der **Kongruenzsatz SWS**:

Zwei Dreiecke sind schon kongruent, wenn zwei Seiten des einen Dreiecks und der von ihnen eingeschlossene Winkel maßgleich sind zu den entsprechenden Stücken des anderen Dreiecks.

4. Der Kongruenzsatz SsW

Die **Grundaufgabe SSW** besteht darin, ein Dreieck zu konstruieren, von dem die Maße zweier Seiten und eines von diesen Seiten **nicht** eingeschlossenen Winkels gegeben sind.

Beispiele

1) $c = 4$ cm; $a = 3$ cm; $\alpha = 45°$ (Bild 36)

2) $c = 2{,}5$ cm; $a = 3{,}5$ cm; $\alpha = 45°$ (Bild 37)

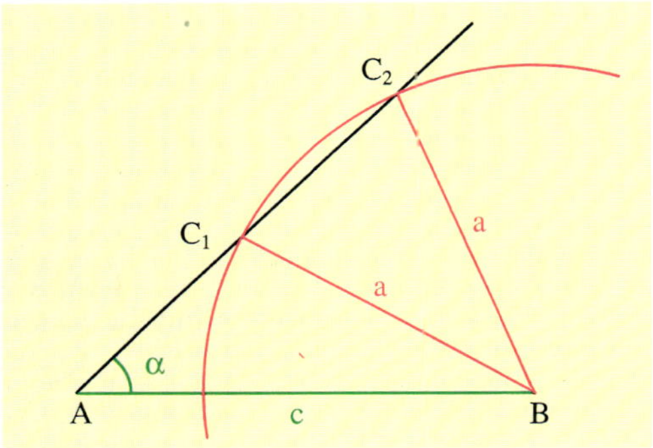

Bild 36

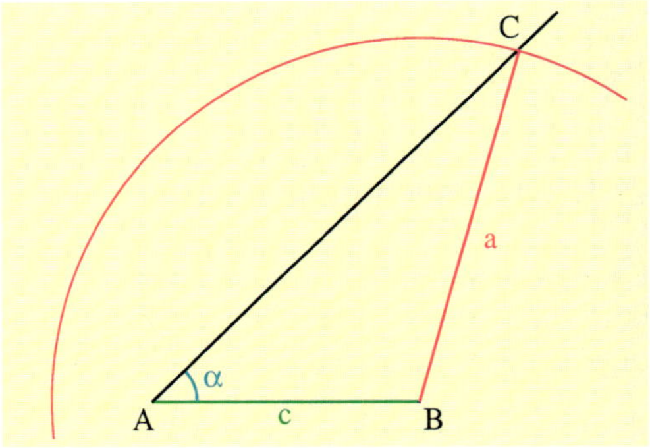

Bild 37

Wir zeichnen die Seite $\overline{AB}$ mit der Länge c und tragen $\measuredangle\, \alpha$ in A an $\overline{AB}$ an. Der Kreis K(B; a) schneidet den freien Schenkel von $\measuredangle\, \alpha$ bei 1) in zwei Punkten C_1 und C_2, bei 2) dagegen nur im Punkt C.

Der Grund dafür ist offensichtlich: Bei 1) ist $a < c$, bei 2) ist jedoch $a > c$.

Bild 38 zeigt, daß bei der Grundaufgabe SSW insgesamt fünf Fälle auftreten können. Ist $a > c$ oder $a = c$, so gibt es genau eine Lösung. Ist dagegen $a < c$, so kann es zwei Lösungen, eine Lösung oder gar keine Lösung geben. Die Aufgabe ist genau dann (bis auf die Lage) eindeutig lösbar, wenn für die gegebenen Stücke gilt: Der Winkel liegt der größeren Seite gegenüber, oder die beiden Seiten sind gleich lang; der Winkel liegt also nicht der kleineren Seite gegenüber. Wir können dies durch ein großes „S" und durch ein kleines „s" kennzeichnen: SsW.

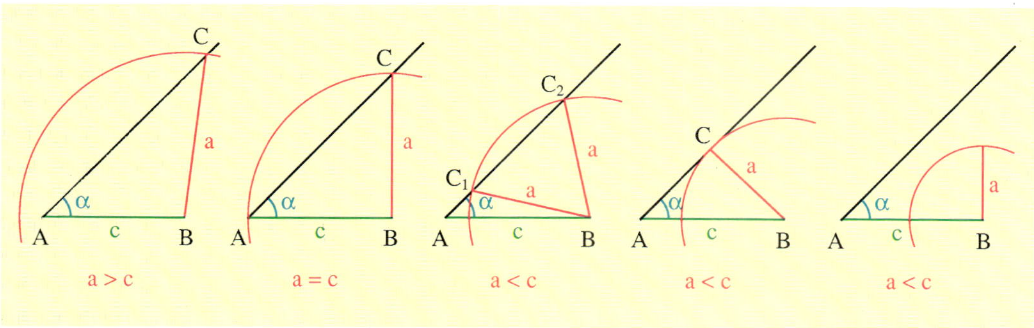

Bild 38

Es gilt der **Kongruenzsatz SsW**:

> Zwei Dreiecke sind schon kongruent, wenn zwei Seiten und der Winkel des einen Dreiecks, der der längeren (oder wenigstens nicht kürzeren) Seite gegenüberliegt, maßgleich sind zu den entsprechenden Stücken des anderen Dreiecks.

5. Der Kongruenzsatz WSW

Die **Grundaufgabe WSW** besteht darin, ein Dreieck zu konstruieren, von dem die Maße einer Seite und der beiden anliegenden Winkel gegeben sind.

Beispiel

$c = 5\,\text{cm}$; $\alpha = 50°$; $\beta = 35°$ (Bild 39)

Wir zeichnen die Seite $\overline{AB}$ mit der Länge c. An $\overline{AB}$ tragen wir $\sphericalangle\,\alpha$ in A und (zur gleichen Seite) $\sphericalangle\,\beta$ in B an. Die freien Schenkel der beiden Winkel schneiden sich im Punkt C. Das Dreieck ABC genügt den Bedingungen der Aufgabe.

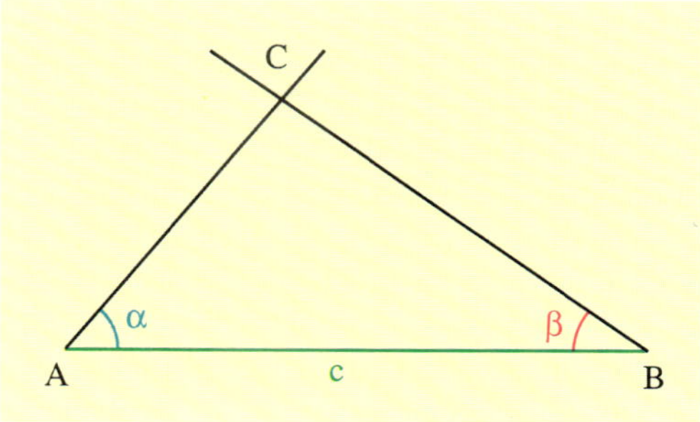

Bild 39

Die Konstruktion lässt sich genau dann ausführen, wenn α und β zusammen kleiner als 180° sind: $\alpha + \beta < 180°$.

Es gilt der **Kongruenzsatz WSW**:

> Zwei Dreiecke sind schon kongruent, wenn eine Seite und die beiden anliegenden Winkel des einen Dreiecks maßgleich sind zu den entsprechenden Stücken des anderen Dreiecks.

6. Der Kongruenzsatz SWW

Die **Grundaufgabe SWW** besteht darin, ein Dreieck zu konstruieren, von dem die Maße einer Seite, eines anliegenden Winkels und des gegenüberliegenden Winkels gegeben sind.

Beispiel

c = 5 cm; $\alpha = 50°$; $\gamma = 70°$ (Bild 40)

Wir zeichnen die Seite $\overline{AB}$ mit der Länge c und tragen $\sphericalangle \alpha$ in A an $\overline{AB}$ an. Auf seinem freien Schenkel legen wir einen Punkt C_1 beliebig fest. Wir tragen $\sphericalangle \gamma$ in C_1 an $\overline{C_1A}$ so an, dass sein freier Schenkel den Strahl s(A, B) schneidet. Zu diesem freien Schenkel zeichnen wir die Parallele durch B; sie schneidet den Strahl $s(A, C_1)$ in C. Das Dreieck ABC genügt den Bedingungen der Aufgabe.

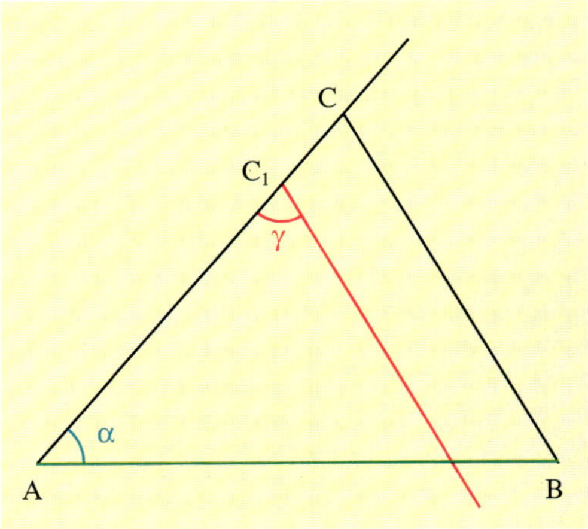

Bild 40

Die Konstruktion lässt sich genau dann ausführen, wenn α und γ zusammen kleiner als 180° sind: $\alpha + \gamma < 180°$.

Es gilt der **Kongruenzsatz SWW**:

Zwei Dreiecke sind schon kongruent, wenn eine Seite, ein daran anliegender und der der Seite gegenüberliegende Winkel des einen Dreiecks maßgleich sind zu den entsprechenden Stücken des anderen Dreiecks.

Dieser Satz lässt sich auf Grund des Innenwinkelsatzes auf den Kongruenzsatz WSW zurückführen.

7. Zusammenfassung

Wir haben fünf Kongruenzsätze kennengelernt:

SSS, **SsW**, **SWS**, **WSW** und **SWW**.

Bei den Kongruenzsätzen WSW und SWW hat man jeweils zwei Winkelmaße gegeben; das dritte Winkelmaß kann man mit Hilfe des Innenwinkelsatzes leicht berechnen. Die beiden Kongruenzsätze werden deshalb auch häufig nur als ein Kongruenzsatz gezählt; man sagt dann, dass es **vier** Kongruenzsätze gibt.

Wir haben die Kongruenzsätze nicht bewiesen; wir haben sie nur durch Dreieckskonstruktionen verdeutlicht. In unserem Aufbau der Geometrie sind die Kongruenzsätze daher **Grundsätze**.

Aufgaben und Beispiele

Zum Einstieg

Von zwei Leuchttürmen L_1 und L_2 wird ein Schiff S angepeilt. Man misst $\alpha_1 = 42°$ und $\alpha_2 = 55°$ (Bild 41). Die Leuchttürme sind 7 km voneinander entfernt. Wie weit ist das Schiff von L_1 und wie weit ist es von L_2 entfernt?

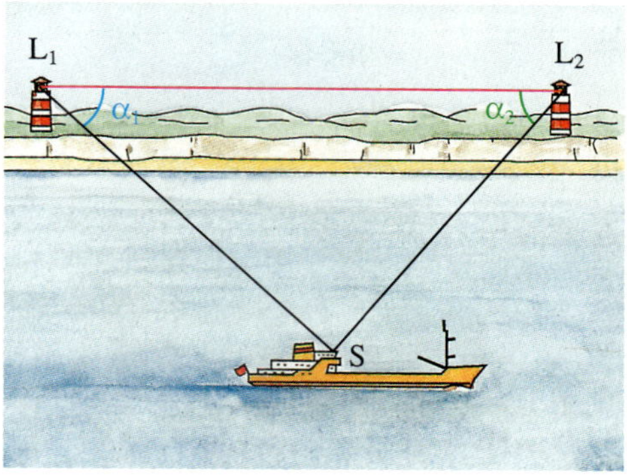

Bild 41

Dreieckskonstruktionen

Zu den Aufgaben 1 bis 3: Nenne zuerst die Grundaufgabe, nach der du das Dreieck konstruierst! Bestimme ferner aus deiner Zeichnung die fehlenden Seitenlängen und die fehlenden Winkelmaße!

1. Konstruiere ein Dreieck aus den folgenden Stücken! Fertige eine Konstruktionsbeschreibung an!

a) $a = 6{,}5\,\text{cm};\; b = 4\,\text{cm};\; \gamma = 78°$
b) $a = 5{,}4\,\text{cm};\; \beta = 121°;\; c = 4{,}1\,\text{cm}$
c) $a = 3{,}2\,\text{cm};\; b = 5{,}7\,\text{cm};\; c = 3{,}5\,\text{cm}$
d) $a = 5{,}5\,\text{cm};\; \alpha = 52°;\; \beta = 63°$
e) $a = 4\,\text{cm};\; c = 4{,}5\,\text{cm};\; \gamma = 72°$
f) $a = 3{,}2\,\text{cm};\; b = 6{,}7\,\text{cm};\; \beta = 125°$
g) $\alpha = 45°;\; b = 4{,}5\,\text{cm};\; \gamma = 56°$
h) $b = 4{,}6\,\text{cm};\; \beta = 37°;\; \gamma = 74°$

2. Konstruiere ein gleichschenkliges Dreieck aus den folgenden Stücken!

a) $b = 6{,}3\,\text{cm};\; \gamma = 35°$ (Basis $\overline{AB}$)
b) $a = 4{,}2\,\text{cm};\; \beta = 70°$ (Basis $\overline{AB}$)
c) $c = 4\,\text{cm};\; \beta = 72°$ (Basis $\overline{AB}$)
d) $c = 5\,\text{cm};\; \gamma = 50°$ (Basis $\overline{AB}$)
e) $c = 3\,\text{cm};\; \alpha = 115°$ (Basis $\overline{BC}$)
f) $b = 3{,}2\,\text{cm};\; \beta = 37°$ (Basis $\overline{AC}$)
g) $c = 6{,}1\,\text{cm};\; a = 3{,}2\,\text{cm}$ (Basis $\overline{BC}$)
h) $\alpha = 75°;\; a = 4{,}8\,\text{cm}$ (Basis $\overline{AC}$)

3. Konstruiere ein rechtwinkliges Dreieck aus den folgenden Stücken! In Klammern steht die Seite, die dem rechten Winkel gegenüberliegen soll.

a) $a = 6{,}1\,\text{cm};\; b = 5{,}8\,\text{cm}$ (Seite $\overline{AB}$)
b) $a = 5\,\text{cm};\; \alpha = 42°$ (Seite $\overline{AB}$)
c) $b = 5{,}2\,\text{cm};\; \gamma = 60°$ (Seite $\overline{AC}$)
d) $a = 5{,}8\,\text{cm};\; c = 3{,}5\,\text{cm}$ (Seite $\overline{BC}$)
e) $b = 6\,\text{cm};\; \alpha = 45°$ (Seite $\overline{AC}$)
f) $c = 4{,}6\,\text{cm};\; \beta = 43°$ (Seite $\overline{BC}$)

4. a) Zeichne den Kreis, der zu einer Sehne $\overline{AB}$ mit der Länge $c = 5\,\text{cm}$ und einem Sehnentangentenwinkel mit $\gamma = 50°$ gehört!
b) Von einem Dreieck weiß man: $c = 5\,\text{cm};\; \gamma = 50°$. Was sagt a) über die Lage des Eckpunktes C aus? Führe die Konstruktion aus a) zu Ende, wenn $\beta = 70°$ gilt!
c) Warum nennt man die in dieser Aufgabe durchgeführte Konstruktion „Konstruktion mit Hilfe des Umfangswinkels“? Nach welchem Kongruenzsatz ist das von dir konstruierte Dreieck eindeutig bestimmt?

5. Konstruiere ein Dreieck mit Hilfe des Umfangswinkels (Vergleiche Aufgabe 4 auf Seite 165!)! Fertige dazu eine Konstruktionsbeschreibung an!

a) $c = 4\,cm$; $\gamma = 33°$; $\alpha = 40°$
b) $c = 5{,}5\,cm$; $\gamma = 35°$; $\beta = 20°$
c) $a = 7\,cm$; $\alpha = 60°$; $\gamma = 30°$
d) $b = 6\,cm$; $\beta = 45°$; $\gamma = 100°$

Untersuchungen zur Konstruierbarkeit und Kongruenz

6. Konstruiere ein Dreieck aus den gegebenen Stücken! Welche der gezeichneten Dreiecke sind zueinander kongruent? Begründe deine Antwort!

a) $c = 5\,cm$; $\alpha = 60°$; $\beta = 40°$
b) $c = 5\,cm$; $\alpha = 40°$; $\beta = 60°$
c) $a = 5\,cm$; $\beta = 40°$; $\gamma = 60°$
d) $a = 5\,cm$; $\alpha = 60°$; $\beta = 40°$

7. Versuche ein Dreieck aus den gegebenen Stücken zu konstruieren! Beschreibe, wie der um B gezeichnete Kreis und der freie Schenkel von $\sphericalangle\,\alpha$ zueinander liegen! Erhältst du kein Dreieck, ein Dreieck oder zwei nicht kongruente Dreiecke? Welche spezielle Form haben die Dreiecke in a) und b)?

a) $c = 4\,cm$; $a = 4\,cm$; $\alpha = 40°$
b) $c = 5\,cm$; $a = 4\,cm$; $\alpha = 53°$
c) $c = 5\,cm$; $a = 3\,cm$; $\alpha = 53°$
d) $c = 5\,cm$; $a = 4{,}4\,cm$; $\alpha = 53°$

8. Überlege möglichst ohne Konstruktion, ob sich aus den gegebenen Stücken ein Dreieck konstruieren lässt! Ist das Dreieck im Fall der Konstruierbarkeit bis auf die Lage eindeutig bestimmt? Begründe deine Antworten! In welchen Fällen ist eine Begründung ohne Konstruktionsversuch nicht möglich?

a) $a = 7{,}2\,cm$; $b = 2{,}6\,cm$; $\gamma = 67°$
b) $c = 7{,}8\,cm$; $a = 9\,cm$; $\alpha = 34°$
c) $a = 5{,}3\,cm$; $b = 4{,}2\,cm$; $\beta = 51°$
d) $c = 7{,}9\,cm$; $\alpha = 83°$; $\beta = 101°$
e) $a = 4{,}7\,cm$; $\alpha = 43°$; $\beta = 54°$
f) $b = 3{,}7\,cm$; $c = 6\,cm$; $\beta = 38°$
g) $b = 10{,}6\,cm$; $\beta = 98°$; $\gamma = 69°$
h) $\alpha = 51°$; $\beta = 61°$; $\gamma = 71°$
i) $\alpha = 49°$; $\beta = 59°$; $\gamma = 69°$
j) $\alpha = 33°$; $\beta = 111°$; $\gamma = 36°$

Anwendungen

9. Um die Breite eines Flusses zu bestimmen, hat man an einem Ufer eine Strecke $\overline{S_1S_2}$ von 400 m Länge abgesteckt und am anderen Ufer einen Punkt P durch einen Vermessungsstab markiert. Man ermittelt 59° als Maß von $\sphericalangle\,S_2S_1P$ und 71° als Maß von $\sphericalangle\,PS_2S_1$ (Bild 42). Wie weit ist P von S_2 entfernt?

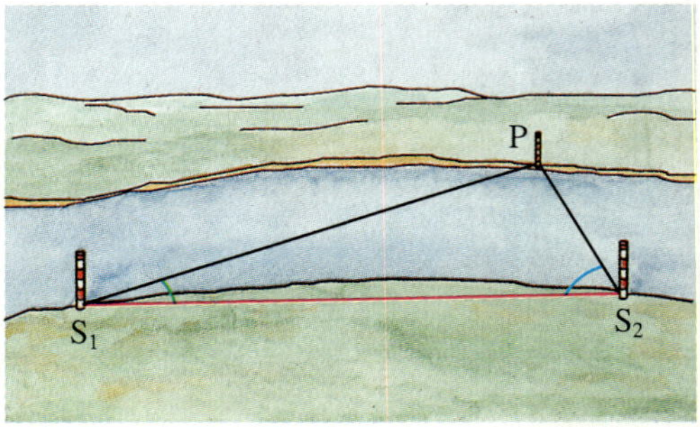

Bild 42

10. Die Sackgassen Eulensteig und Amselweg gehen unter einem Winkel von 37° vom Waldplatz ab. Der Eulensteig ist 620 m lang, der Amselweg 430 m. Zwischen ihren Enden soll eine gerade Verbindungsstraße gebaut werden. Wie lang wird sie, und wie groß ist der Winkel zwischen der neuen Straße und dem Eulensteig?

11. Bestimme Sonnenhöhe oder Schattenlänge bei den folgenden Aufgaben!

Beispiel

Ein Schornstein, der 75 m hoch ist, wirft einen 70 m langen Schatten auf ebener Erde. Wie hoch steht die Sonne?

Unter der Sonnenhöhe versteht man den Winkel, unter dem die Sonnenstrahlen auf ebenen Boden auftreffen.

Wir zeichnen eine Planfigur (Bild 43) und heben die geometrischen Angaben gut hervor. Dabei führen wir auch Bezeichnungen für die Ecken ein.

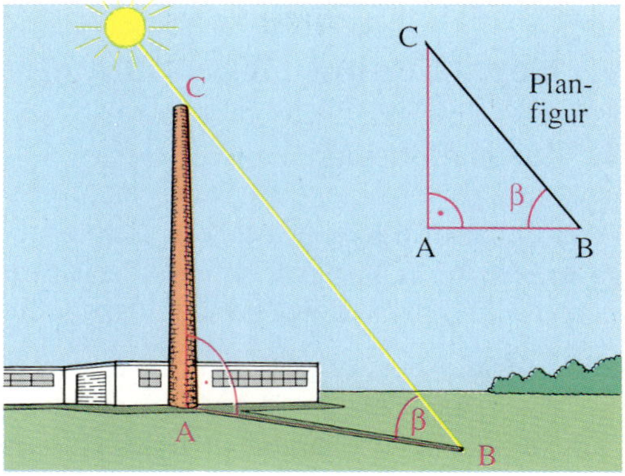

Bild 43

Das Dreieck ABC kann nach der Grundaufgabe SWS konstruiert werden. Man fertigt die Konstruktionszeichnung im Maßstab 1:1000 an, d.h., dass 10 m der wirklichen Länge 1 cm in der Zeichnung entsprechen. Zum Schluss misst man $\sphericalangle \beta$.

a) Fertige die Konstruktionszeichnung für das Beispiel an! Wie hoch steht also die Sonne?
b) Eine Tanne ist 25 m hoch und wirft einen Schatten von 30 m. Berechne die Sonnenhöhe!
c) Die Türme des Kölner Domes sind 160 m hoch. Welche Schatten werfen sie, wenn die Sonne 35° hoch steht?
d) Ein Leitungsmast wirft einen Schatten von 6 m. Die Sonne steht 50° hoch. Wie lang ist der Mast?

12. Moorhusen ist mit Fischerholm und Nordstedt durch je eine gerade Straße verbunden. Moorhausen und Fischerholm sind 1,7 km voneinander entfernt, Moorhusen und Nordstedt 2,5 km. Die Straßen gehen unter einem Winkel von 59° vom Moorhusener Marktplatz ab. Wie lang wird die geplante direkte Verbindungsstraße von Fischerholm nach Nordstedt?

13. Ein Haus mit einem Grundriss von 10 m × 12 m hat ein Satteldach mit 40° Dachneigung (Bild 44).

a) Wie hoch ist der Dachstuhl ungefähr?

b) Der Bauherr möchte das Dachgeschoss später ausbauen. Dabei ist der Raum erst ab einer Höhe von 90 cm nutzbar. Wie breit ist ungefähr auf jeder Seite der Streifen, der nicht genutzt werden kann?

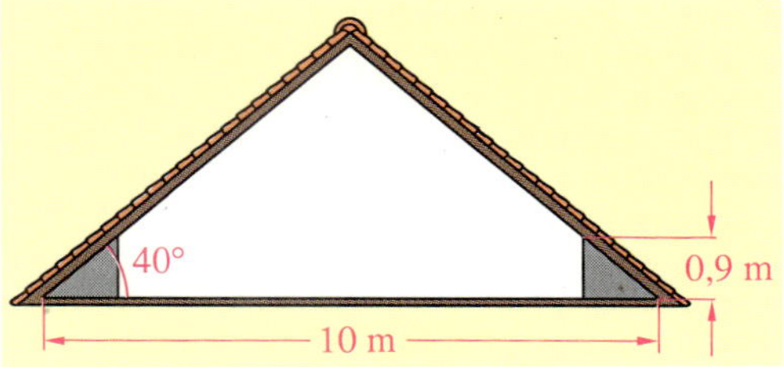

Bild 44

c) Bei der Berechnung der Wohnfläche darf die Fläche bis zu einer Raumhöhe von 2 m nur zur Hälfte angerechnet werden. Welche Wohnfläche hat das Dachgeschoss ungefähr, wenn noch 3 m² für das Treppenhaus und den Schornstein verloren gehen?

§ 9 Die Behandlung von Dreiecken mit Hilfe der Kongruenzsätze

I. Begriffe und Bezeichnungen

1. Zur Einführung

Herr Schmidt überlegt, ob er es sich leisten kann, das Satteldach auf seinem Haus (Bild 1) zu erneuern. Er hat gehört, dass die Kosten pro Quadratmeter Dachfläche ungefähr 80 € betragen. Daher versucht er herauszufinden, wie groß seine Dachfläche ist.

Die Länge a der waagerechten Dachkante ist gleich der Länge seines Hauses. Diese kann er ebenso wie die Breite b des Hauses am Erdboden messen. Er misst $a = 12$ m und $b = 10$ m. Um die Länge c der schrägen Dachkante zu bestimmen, müsste er auf das Dach klettern. Das ist ihm jedoch zu gefährlich. Auch vom Dachboden aus (Bild 2) kann er die Länge c nicht messen, da der untere Teil der Dachfläche durch senkrechte Mauern abgetrennt ist. Er kann jedoch die Höhe des Dachstuhls messen; er findet $h = 3{,}5$ m.

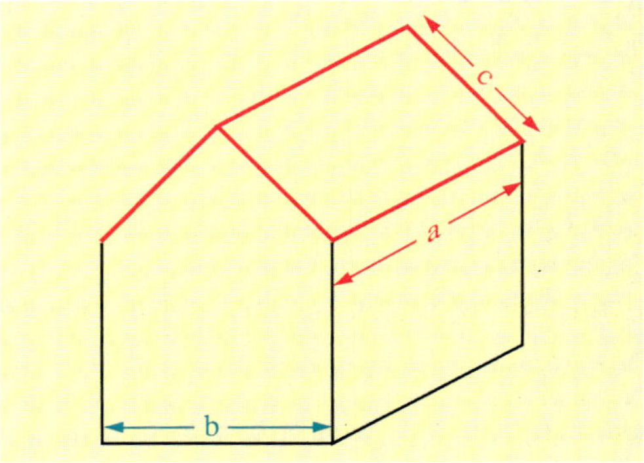

Bild 1

Herr Schmidt will nun das Problem zeichnerisch lösen, indem er in verkleinertem Maßstab zeichnet. 1 cm in dieser Zeichnung entspricht 1 m in der Wirklichkeit. Er zeichnet also ein gleichschenkliges Dreieck, dessen Basis 10 cm lang ist und das 3,5 cm hoch ist. Die Schenkel dieses Dreiecks sind ca. 6,1 cm lang; also gilt ungefähr: $c = 6{,}10$ m.

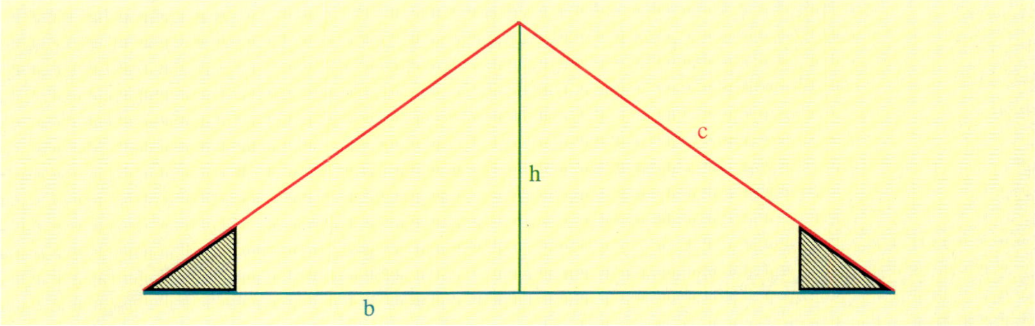

Bild 2

Die gesamte Dachfläche beträgt folglich etwa

$$2 \cdot a \cdot c = 2 \cdot 12 \cdot 6{,}10\ \text{m}^2 = 146{,}4\ \text{m}^2.$$

Die Dachreparatur wird also ungefähr $146{,}4 \cdot 80$ €, also rund 11 700 € kosten.

Herr Schmidt hat zum Zeichnen des Dreiecks eine **Hilfslinie** benutzt.

2. Die Höhen eines Dreiecks

Das **Lot** von einem Eckpunkt auf die Gerade durch die beiden anderen Eckpunkte heißt **Höhe** des Dreiecks ABC. Die Höhen eines Dreiecks werden von einem Eckpunkt (A, B oder C) und von einem **Höhenfußpunkt** (H_a, H_b bzw. H_c) begrenzt. Ihre **Längen** werden mit $\mathbf{h_a}$, $\mathbf{h_b}$ bzw. $\mathbf{h_c}$ bezeichnet.

Beispiel

Bild 3 zeigt zwei Höhen eines Dreiecks ABC. Beachte, dass H_c hier außerhalb des Dreiecks liegt!

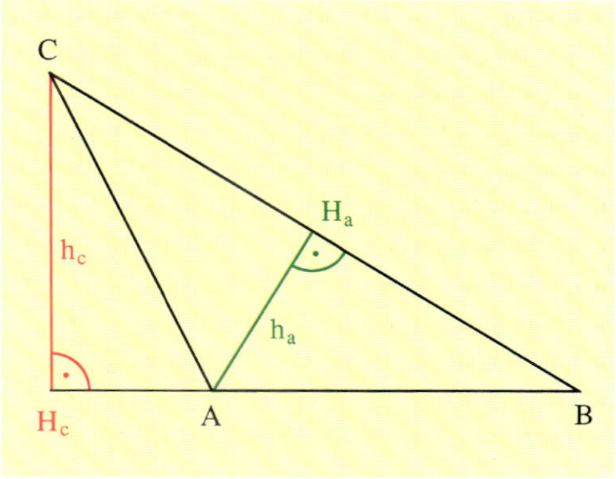

Bild 3

3. Die Seitenhalbierenden eines Dreiecks

Die **Strecke** von einem Eckpunkt (A, B oder C) zum Mittelpunkt (M_a, M_b bzw. M_c) der gegenüberliegenden Seite heißt **Seitenhalbierende** des Dreiecks ABC. Ihre **Längen** werden mit $\mathbf{s_a}$, $\mathbf{s_b}$ bzw. $\mathbf{s_c}$ bezeichnet.

Beispiel

In Bild 4 ist $\overline{BM_b}$ eine Seitenhalbierende, ihre Länge ist s_b.

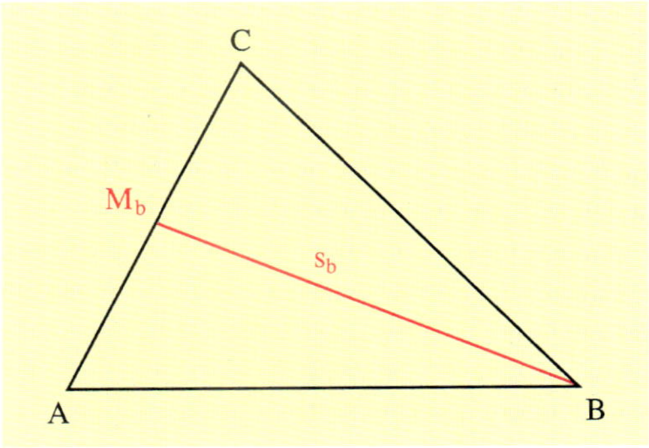

Bild 4

4. Die Mittelsenkrechten eines Dreiecks

Die Senkrechte durch den Mittelpunkt (M_a, M_b oder M_c) einer Dreiecksseite heißt **Mittelsenkrechte** des Dreiecks ABC. Eine solche **Gerade** wird mit $\mathbf{m_a}$, $\mathbf{m_b}$ bzw. $\mathbf{m_c}$ bezeichnet.

Beispiel

In Bild 5 ist die Gerade m_c die Mittelsenkrechte zur Seite $\overline{AB}$.

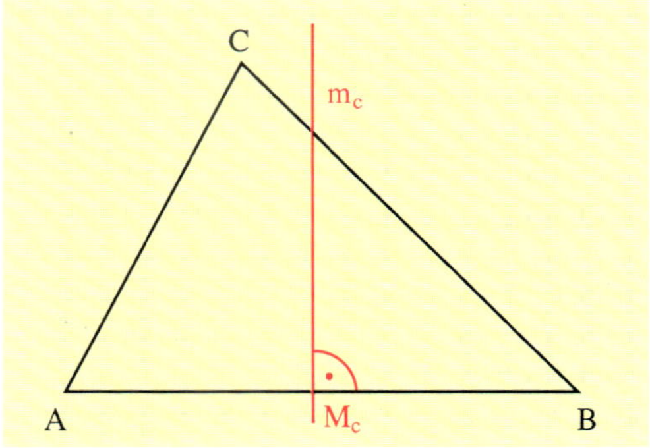

Bild 5

5. Die Winkelhalbierenden eines Dreiecks

Ein vom Scheitelpunkt eines Winkels ausgehender Strahl, der den Winkel in zwei gleich große Teilwinkel teilt, heißt **Winkelhalbierende des Winkels**.

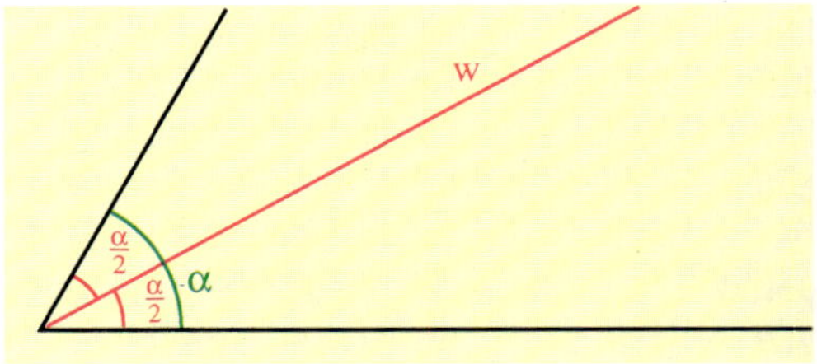

Bild 6

Beispiel

In Bild 6 ist die Halbgerade w Winkelhalbierende des Winkels $\sphericalangle \alpha$.

In einem Dreieck schneidet die Winkelhalbierende eines Innenwinkels die gegenüberliegende Seite in einem Punkt (W_α, W_β bzw. W_γ). Die **Strecken** $\overline{AW_\alpha}$, $\overline{BW_\beta}$ und $\overline{CW_\gamma}$ heißen **Winkelhalbierende des Dreiecks** ABC. Ihre **Längen** werden mit $\mathbf{w_\alpha}$, $\mathbf{w_\beta}$ bzw. $\mathbf{w_\gamma}$ bezeichnet.

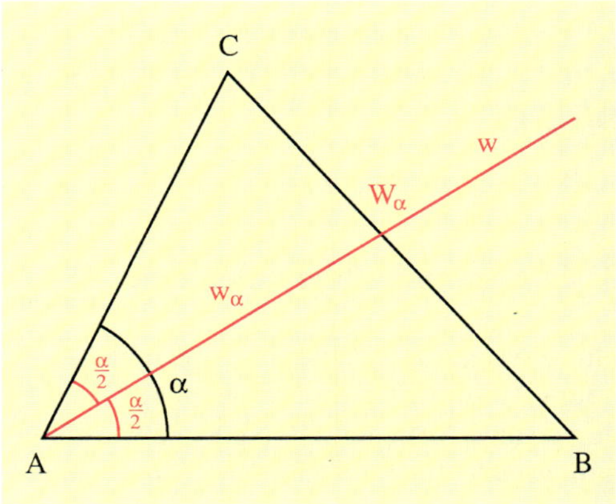

Bild 7

Beispiel

In Bild 7 ist der Strahl w mit dem Anfangspunkt A Winkelhalbierende von $\sphericalangle \alpha$. w schneidet die Strecke $\overline{BC}$ im Punkt W_α. Die Strecke $\overline{AW_\alpha}$ ist eine Winkelhalbierende des Dreiecks ABC. Ihre Länge ist w_α.

Beachte:

1) Die Winkelhalbierende eines Winkels ist ein **Strahl**, die Winkelhalbierenden in einem Dreieck sind dagegen **Strecken**.

2) Die Höhen, die Seitenhalbierenden und die Winkelhalbierenden in einem Dreieck sind **Strecken**. Dagegen sind die Mittelsenkrechten in einem Dreieck **Geraden**.

6. Rechtwinklige Dreiecke

In einem rechtwinkligen Dreieck nennt man die dem rechten Winkel gegenüberliegende Seite **Hypotenuse**[1], die beiden anderen Seiten nennt man **Katheten**[2]. Beachte die Schreibweisen: „Ka**th**ete" und „Hypotenuse"!

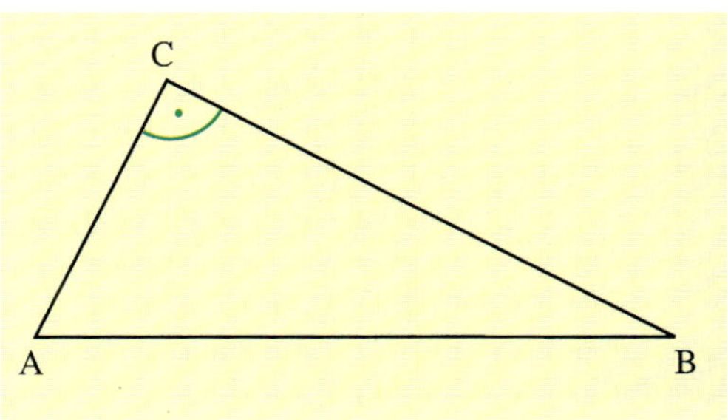

Bild 8

Beispiel

In Bild 8 ist $\overline{AB}$ die Hypotenuse, $\overline{AC}$ und $\overline{BC}$ sind Katheten des Dreiecks. Die Hypotenuse $\overline{AB}$ ist die längste Seite dieses Dreiecks.

[1] hypo (griech.): unter; teinein (griech.): spannen
[2] kathetos (griech.): Senkblei

Allgemein gilt der Satz:

In jedem rechtwinkligen Dreieck ist die Hypotenuse die längste Seite.

Beweis: Der rechte Winkel ist größer als jeder der beiden anderen Innenwinkel. Wie wir in § 7 auf Seite 147 bewiesen haben, liegt dem größeren Winkel auch die größere Seite gegenüber. Also ist die Hypotenuse länger als jede Kathete.

Aufgaben und Beispiele

1. Werden die Bezeichnungen formal richtig gebraucht? Korrigiere sie gegebenenfalls!

a) $\alpha = 30°$ **b)** $\overline{AC} = 4$ cm **c)** $\sphericalangle \gamma = 45°$ **d)** $\beta = \sphericalangle FGH$ **e)** $d = 3{,}8$ km

f) $h_a = 8$ cm **g)** $\overline{CM_c} = 4$ cm **h)** $m_a = 5$ cm **i)** $w_\alpha = \overline{AW_\alpha}$ **j)** $h_b = w_\beta$

k) $h_c \perp \overline{AB}$ **l)** $h_c \parallel m_c$ **m)** $m_a \perp m_b$ **n)** $h_c \perp s_a$ **o)** $\sphericalangle ABC = 20°$

2. Definiere für ein Dreieck folgende Begriffe!

a) Höhe **b)** Winkelhalbierende **c)** Mittelsenkrechte **d)** Seitenhalbierende

3. Zeichne ein rechtwinkliges Dreieck und beschreibe die Konstruktion!

a) Kathetenlängen $a = 5$ cm und $b = 8$ cm

b) Kathetenlänge $b = 4$ cm und Hypotenusenlänge $a = 6$ cm

c) Hypotenusenlänge $b = 7$ cm und $\alpha = 35°$

d) Kathetenlänge $c = 5$ cm und $\beta = 50°$

4. Gibt es Dreiecke mit den folgenden Eigenschaften? Begründe deine Antwort!

a) ein rechtwinkliges gleichschenkliges Dreieck

b) ein rechtwinkliges gleichseitiges Dreieck

c) ein rechtwinkliges gleichschenkliges Dreieck mit $\beta = 50°$

d) ein rechtwinkliges Dreieck mit der Kathetenlänge $c = 6$ cm und der Hypotenusenlänge $a = 4$ cm

5. a) Zeichne ein Dreieck mit $c = 6$ cm; $\alpha = 45°$ und $\beta = 70°$! Zeichne von C aus die Seitenhalbierende und die Höhe ein! In welcher Reihenfolge liegen, von A aus gesehen, die Fußpunkte dieser Strecken? Zeichne ein anderes Dreieck, bei dem dies genau umgekehrt ist!

b) Zeichne ein anderes Dreieck mit $b = 7$ cm, $a = 6{,}5$ cm und $\beta = 70°$! Zeichne von A aus die Höhe, die Seitenhalbierende und die Winkelhalbierende ein! In welcher Reihenfolge liegen, von B aus gesehen, die Fußpunkte dieser Strecken? Zeichne ein Dreieck, bei dem dies genau umgekehrt ist!

6. Zeichne in ein Dreieck mit $c = 5$ cm, $a = 5{,}5$ cm und $b = 4$ cm alle Winkelhalbierenden ein. Was fällt dir auf?

7. Führe die folgenden Konstruktionen sehr genau aus! Zeichne in ein Dreieck mit den Seitenlängen $c = 9$ cm, $a = 10$ cm und $b = 6$ cm alle Höhen, alle Mittelsenkrechten und alle Seitenhalbierenden jeweils mit einer anderen Farbe ein! Was fällt dir auf?

II. Beweisen mit Hilfe der Kongruenzsätze

1. Zur Einführung

Peter und Sebastian vergleichen ihre Hausaufgaben. In ein beliebiges Dreieck sollten sie eine Höhe, eine Seitenhalbierende und eine Winkelhalbierende einzeichnen. Peter hat drei verschiedene Strecken gezeichnet (Bild 9), Sebastian nur eine einzige (Bild 10).

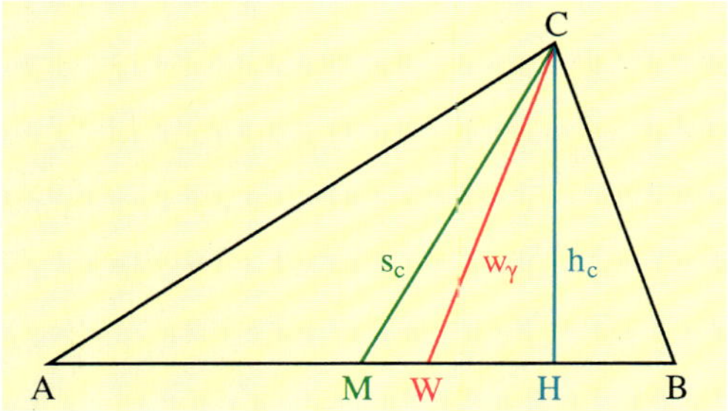

Bild 9

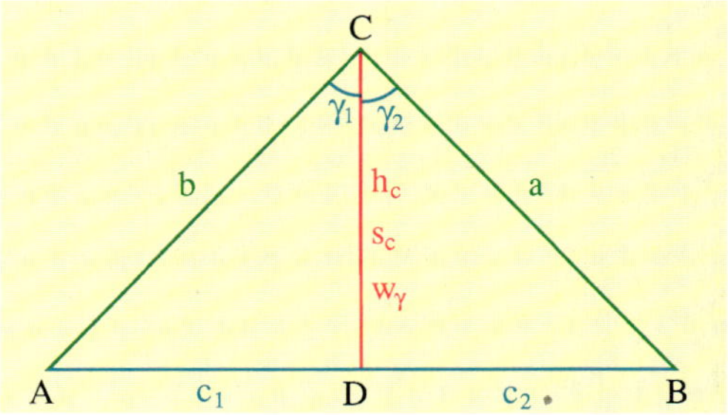

Bild 10

2. Höhe, Seitenhalbierende und Winkelhalbierende bei gleichschenkligen Dreiecken

Auch Sebastians Lösung (Bild 10) ist richtig. Die Strecke $\overline{CD}$ ist zugleich Höhe, Seitenhalbierende und Winkelhalbierende, da das Dreieck ABC eine besondere Form hat: Es ist gleichschenklig.

In jedem gleichschenkligen Dreieck ist die Höhe auf der Basis auch Seitenhalbierende und Winkelhalbierende.

Beweis: Wir **setzen voraus**, dass die Strecke $\overline{CD}$ die Höhe auf der Basis $\overline{AB}$ ist (Bild 10). Daher gilt $\overline{CD} \perp \overline{AB}$ und $a = b$.

$\overline{CD}$ ist auch Seitenhalbierende, wenn $c_1 = c_2$ ist; $\overline{CD}$ ist auch Winkelhalbierende, wenn $\gamma_1 = \gamma_2$ ist. Wir **behaupten**, dass diese Gleichungen erfüllt sind.

Die Strecke $\overline{CD}$ zerlegt das Dreieck ABC in die **Teildreiecke** ACD und BCD. Für diese Teildreiecke gilt:

(1) $a = b$ (nach Voraussetzung);

(2) $\sphericalangle$ ADC und $\sphericalangle$ BDC sind rechte Winkel (nach Voraussetzung $\overline{CD} \perp \overline{AB}$); sie liegen der Hypotenuse, also der größeren Seite, gegenüber und sind gleich groß.

(3) $\overline{CD} = \overline{CD}$ (gemeinsame Seite beider Teildreiecke).

Daher gilt nach dem Kongruenzsatz SsW: ACD $\cong$ BCD. Da die Dreiecke kongruent sind, stimmen sie in allen entsprechenden Stücken überein.

Deshalb gilt:

$$c_1 = c_2 \quad \text{und} \quad \gamma_1 = \gamma_2, \quad \text{q.e.d.}$$ [1]

[1] q.e.d.; „quod erat demonstrandum" (lat.): „was zu beweisen war"

3. Ein weiteres Beispiel, der Basiswinkelsatz

Bei dem gerade geführten Beweis haben wir uns auf einen Kongruenzsatz gestützt. Auch andere geometrische Sätze lassen sich mit Hilfe der Kongruenzsätze beweisen.

Als ein weiteres Beispiel für diese Beweismethode beweisen wir den **Basiswinkelsatz**, den wir bisher als Grundsatz aufgefasst haben (vergleiche Seite 129).

In gleichschenkligen Dreiecken sind die Basiswinkel gleich groß.

Beweis: Wir beweisen den Satz für ein gleichschenkliges Dreieck ABC mit der Basis $\overline{AB}$.

Für dieses Dreieck (Bild 11) gilt die

Voraussetzung: a = b.

Die entsprechenden Seiten des Dreiecks sind **grün** gezeichnet.

Wir haben zu zeigen, dass die

Behauptung: $\alpha = \beta$

erfüllt ist. Die entsprechenden Winkel des Dreiecks sind **rot** gekennzeichnet.

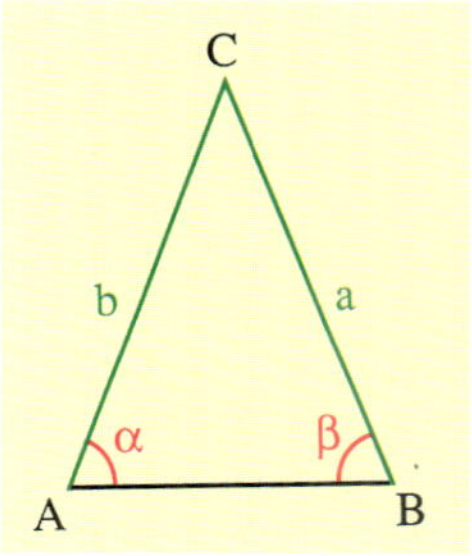

Bild 11

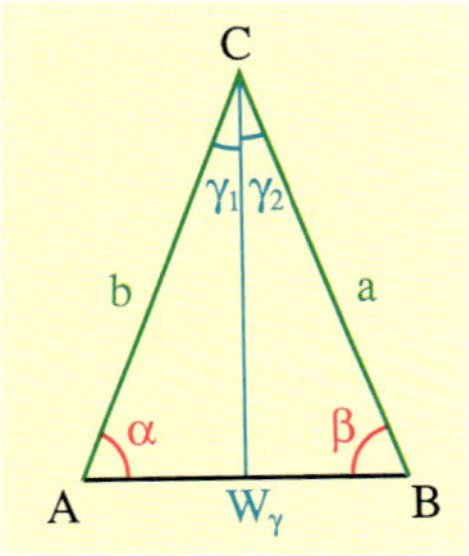

Bild 12

Um einen Kongruenzsatz anwenden zu können, zerlegen wir das Dreieck ABC durch eine geeignete Hilfslinie in zwei Teildreiecke.

Als Hilfslinie eignen sich die Höhe, die Seitenhalbierende oder die Winkelhalbierende durch C. Wir wählen die Winkelhalbierende $\overline{CW_\gamma}$ und zeichnen diese Hilfslinie **blau** ein (Bild 12).

Für die Teildreiecke $AW_\gamma C$ und $BW_\gamma C$ gilt dann:

(1) a = b (nach Voraussetzung);

(2) $\gamma_1 = \gamma_2$ ($\overline{CW_\gamma}$ ist Winkelhalbierende des Dreiecks ABC);

(3) $\overline{CW_\gamma} = \overline{CW_\gamma}$ (gemeinsame Seite beider Teildreiecke).

Also gilt $AW_\gamma C \cong BW_\gamma C$ nach dem Kongruenzsatz SWS und daher auch $\alpha = \beta$, q.e.d.

4. Satzfigur und Beweisfigur

Die Figur in Bild 11 veranschaulicht den zu beweisenden Satz; sie heißt deshalb **Satzfigur**. Das Dreieck ABC haben wir für den Beweis durch eine geeignete Hilfslinie in zwei Teildreiecke zerlegt (Bild 12). Wir haben dadurch die Satzfigur zu einer **Beweisfigur** erweitert.

Das Auffinden geeigneter Hilfslinien ist oft der schwierigste Teil eines Beweises. Es ist zweckmäßig, die Hilfslinien so zu wählen, dass **kongruente Teildreiecke** entstehen; diese müssen die in dem zu beweisenden Satz genannten Seiten bzw. Winkel enthalten.

Als Hilfslinien eignen sich neben **Höhen**, **Seitenhalbierenden**, **Mittelsenkrechten** und **Winkelhalbierenden** auch **Parallelen** (wie beim Beweis des Innenwinkelsatzes für Dreiecke) und **Diagonalen** (wie beim Beweis des Innenwinkelsatzes für Vierecke).

Beachte: Wir zeichnen in Beweisfiguren alle in der Voraussetzung genannten Stücke **grün**, alle in der Behauptung genannten Stücke **rot** und alle Hilfslinien **blau**.

5. Eine Anleitung für Beweise mit Hilfe der Kongruenzsätze

(1) Schreibe auf, was **vorausgesetzt** wird und was **behauptet** wird!
(2) Zeichne eine Satzfigur! Erweitere sie, falls erforderlich, zu einer Beweisfigur!
(3) Zeige, dass für Teildreiecke der Beweisfigur die Voraussetzungen eines Kongruenzsatzes erfüllt sind, weil sie in den Maßen von drei einander entsprechenden Stücken übereinstimmen!
(4) Die Teildreiecke stimmen dann auch in den Maßen der anderen einander entsprechenden Stücke überein.

6. Ein Satz über Parallelogramme

Als weiteres Beispiel für einen Beweis mit Hilfe der Kongruenzsätze wählen wir einen Satz über Parallelogramme, dessen Inhalt dir bereits bekannt ist. Ein **Parallelogramm** ist ein Viereck, bei dem jeweils die einander gegenüberliegenden Seiten parallel zueinander sind.

Beispiel

In jedem Parallelogramm sind die einander gegenüberliegenden Seiten gleich lang.

Beweis: Für das Parallelogramm ABCD (Bild 13) wird **vorausgesetzt**:

$$\overline{AB} \parallel \overline{DC} \quad \text{und} \quad \overline{BC} \parallel \overline{AD}.$$

Es wird **behauptet**:

$$a = c \quad \text{und} \quad b = d.$$

Wir erweitern die Satzfigur durch die Diagonale $\overline{BD}$ zu einer Beweisfigur (Bild 14).

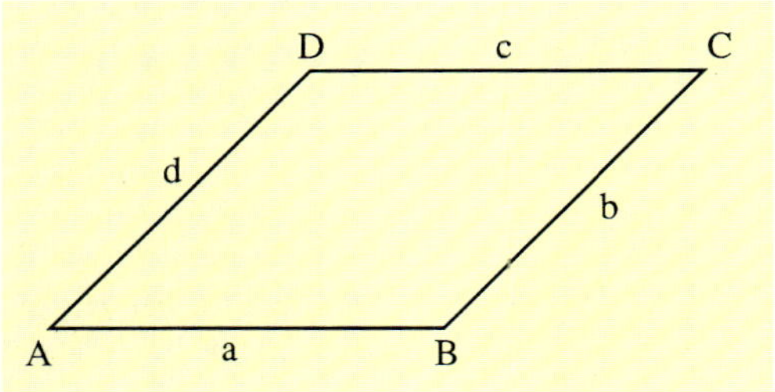

Bild 13

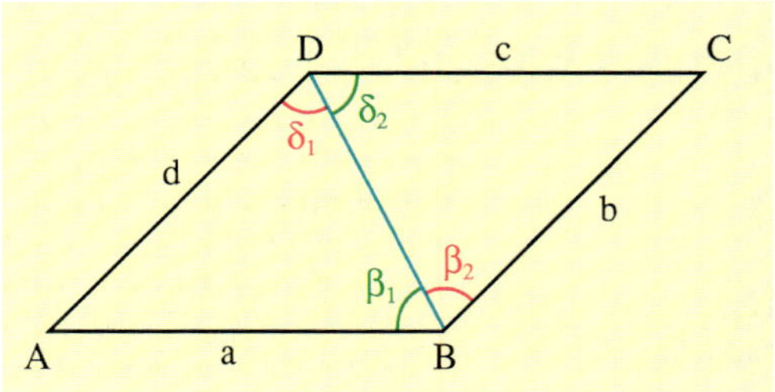

Bild 14

Die Beweisfigur enthält die Teildreiecke ABD und CBD; es gilt:

(1) $\beta_1 = \delta_2$ (Wechselwinkel an Parallelen);
(2) $\beta_2 = \delta_1$ (Wechselwinkel an Parallelen);
(3) $\overline{BD} = \overline{BD}$ (gemeinsame Seite beider Dreiecke).

Daher ist ABD ≅ CDB nach dem Kongruenzsatz WSW; folglich gilt

$$a = c \quad \text{und} \quad b = d, \quad \text{q.e.d.}$$

Aufgaben und Beispiele

Zum Einstieg

Bild 15 zeigt eine Spirale aus gleichseitigen Dreiecken. Eine solche Spirale entsteht, indem man auf den Seiten eines gleichseitigen Ausgangsdreiecks gegen den Uhrzeigersinn von jeder Ecke aus $\frac{1}{10}$ der ursprünglichen Seitenlänge abträgt und die neuen Punkte miteinander verbindet. Begründe, dass die entstehenden Dreiecke gleichseitig sind! Zeichne dazu den ersten Schritt, der zu der Spirale führt, in dein Heft!

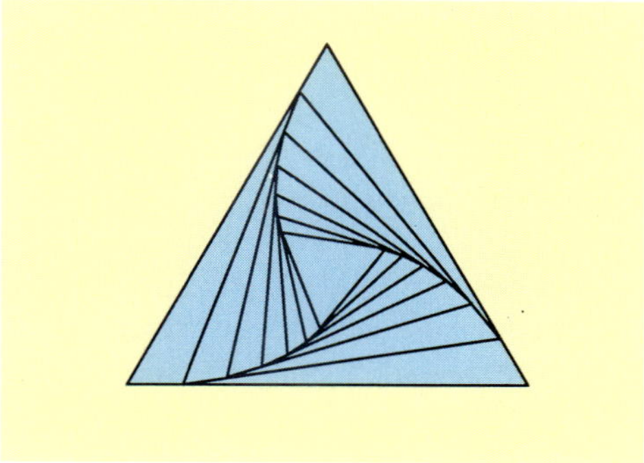

Bild 15

Voraussetzungen und Behauptungen

1. Zerlege die folgenden Aussagen in Voraussetzung und Behauptung. Prüfe, ob die Aussagen wahr sind! Prüfe auch, ob ihre Umkehrungen wahr sind!

Beispiel

Ein Dreieck, in dem die Summe zweier Winkelmaße 84° beträgt, ist stumpfwinklig, d.h., es besitzt einen stumpfen Innenwinkel.

(1) Aussage:

Voraussetzung: Die Summe zweier Winkelmaße beträgt 84°.
Behauptung: Ein Winkelmaß ist größer als 90°.

Berechnung des dritten Winkelmaßes nach dem Innenwinkelsatz: $180° - 84° = 96°$.
Der dritte Winkel ist also größer als 90°.

(2) Umkehraussage:

Voraussetzung: Ein Winkelmaß ist größer als 90°.
Behauptung: Die Summe zweier Winkelmaße beträgt 84°.

Es gibt auch stumpfwinklige Dreiecke, die die Behauptung nicht erfüllen. Bild 16 zeigt ein solches **Gegenbeispiel**.

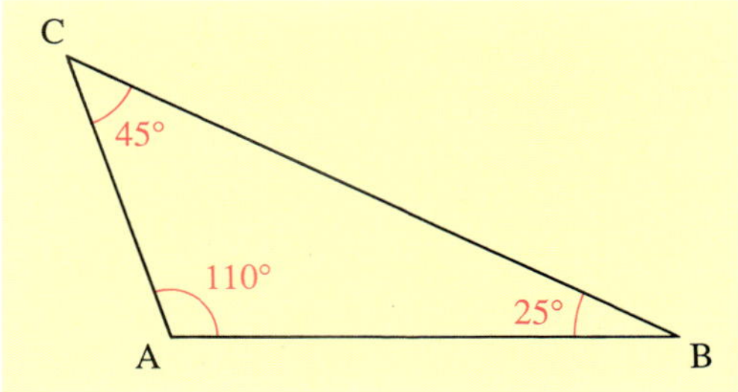

Bild 16

Ist eine Aussage falsch, so genügt für den Nachweis **ein** Gegenbeispiel.

a) Wenn in einem Dreieck die Summe zweier Winkelmaße kleiner als 90° ist, dann ist das Dreieck stumpfwinklig.
b) Ein Dreieck, in dem es zwei Winkel gibt, deren Maße zusammen 112° betragen, ist spitzwinklig, d.h., alle Innenwinkel sind spitze Winkel.
c) Wenn es in einem Dreieck zwei spitze Winkel gibt, die zusammen größer als 90° sind, dann ist das Dreieck spitzwinklig.

2. Verfahre wie in Aufgabe 1!
a) Wenn es in einem Dreieck zwei Winkel von 45° gibt, ist das Dreieck rechtwinklig.
b) Wenn in einem Dreieck die Summe zweier Winkelmaße 90° beträgt, so ist das Dreieck rechtwinklig.
c) Wenn in einem Dreieck $\beta = \gamma = 37°$ ist, so ist es gleichschenklig.

Beweise mit Kongruenzsätzen

3. Zeige, dass ein Dreieck gleichschenklig ist, wenn die folgenden Punkte zusammenfallen! Überlege dazu, welche Stücke zusammenfallen und von welchen Seiten gezeigt werden muss, dass sie die Schenkel des gleichschenkligen Dreiecks sind! Fertige eine Beweisfigur an!
a) H_c und W_γ **b)** H_a und M_a **c)** H_b und M_b **d)** H_a und W_α

4. Beweise den Basiswinkelsatz mit der Seitenhalbierenden zur Basis als Hilfslinie! Orientiere dich an dem Beweis, der im Lehrtext geführt wurde!

5. Beweise: Ein Dreieck ist gleichschenklig, wenn zwei Winkel gleich groß sind! In welcher Beziehung steht diese Aussage zum Basiswinkelsatz?

6. Beweise: Bei einem gleichschenkligen Dreieck mit der Basis $\overline{AB}$ gelten die folgenden Beziehungen.
a) $h_a = h_b$ **b)** $s_a = s_b$ **c)** $w_\alpha = w_\beta$

7. a) Formuliere und beweise den Kehrsatz des Satzes von Aufgabe 6a)!
b) Zeige: Wenn in einem Dreieck alle Höhen gleich lang sind, so ist es gleichseitig!

8. In einem gleichschenklig-rechtwinkligen Dreieck ist die längste Seite doppelt so lang wie die zugehörige Höhe.

9. In einem Parallelogramm halbieren sich die Diagonalen.

10. Trägt man auf den Seiten eines Quadrats von allen Ecken aus im gleichen Umlaufsinn gleich lange Strecken ab, so bilden die Eckpunkte wiederum ein Quadrat.

11. Verlängert man jede Seite eines gleichseitigen Dreiecks im gleichen Umlaufsinn um die gleiche Länge, so bilden die Eckpunkte ein gleichseitiges Dreieck.

12. Ein Dreieck hat genau dann drei gleich lange Seiten, wenn es auch drei gleich große Winkel hat.

13. In jedem Dreieck ist die Seitenhalbierende einer Seite mindestens so lang wie die zur gleichen Seite gehörige Höhe.

14. Beweise die folgenden Aussagen!
a) Liegt eine Höhe außerhalb eines Dreiecks, so ist das Dreieck stumpfwinklig.
b) Liegen alle Höhen innerhalb eines Dreiecks, so ist das Dreieck spitzwinklig.

Kongruente Dreiecke mit Hilfslinien

15. Zeige, dass zwei Dreiecke schon kongruent sind, wenn für sie die folgenden Beziehungen gelten!

Beispiel

Es gelte:

$\alpha = \alpha'; \quad \beta = \beta'; \quad h_c = h_c'.$

Man zeichnet als Satzfigur zwei Dreiecke mit den gegebenen Stücken (Bild 17).

In den Teildreiecken AH_cC und $A'H_c'C'$ gilt:

$\alpha = \alpha'$, $h_c = h_c'$, $\sphericalangle AH_cC$ und $\sphericalangle A'H_c'C'$ sind rechte Winkel.

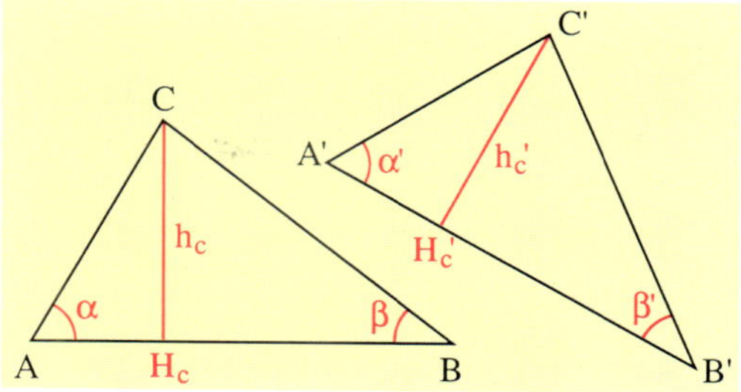

Bild 17

Also sind die Teildreiecke AH_cC und $A'H_c'C'$ nach dem Kongruenzsatz SWW kongruent.

Deshalb stimmen in AH_cC und $A'H_c'C'$ auch alle anderen einander entsprechenden Winkelmaße und Seitenlängen überein; es ist also auch $b = b'$.

Die Dreiecke ABC und A'B'C' sind nach dem Kongruenzsatz SWW kongruent, denn aus den Voraussetzungen und den bisherigen Überlegungen wissen wir:

$\alpha = \alpha', \quad \beta = \beta', \quad b = b'.$

a) $b = b'$; $c = c'$; $h_b = h_b'$
b) $b = b'$; $h_a = h_a'$; $\alpha = \alpha'$
c) $c = c'$; $h_b = h_b'$; $\beta = \beta'$
d) $a = a'$; $b = b'$; $h_c = h_c'$
e) $\alpha = \alpha'$; $\beta = \beta'$; $h_c = h_c'$
f) $\beta = \beta'$; $\gamma = \gamma'$; $h_b = h_b'$
g) $\alpha = \alpha'$; $\gamma = \gamma'$; $w_\alpha = w_\alpha'$
h) $\alpha = \alpha'$; $\beta = \beta'$; $w_\beta = w_\beta'$

16. Zeige, dass zwei gleichschenklige Dreiecke mit der Basis $\overline{AB}$ bzw. $\overline{A'B'}$ schon kongruent sind, wenn für sie die folgenden Beziehungen gelten!

a) $a = a'$; $h_c = h_c'$
b) $\beta = \beta'$; $h_c = h_c'$
c) $c = c'$; $h_a = h_a'$
d) $\gamma = \gamma'$; $h_b = h_b'$
e) $\gamma = \gamma'$; $w_\gamma = w_\gamma'$
f) $b = b'$; $s_c = s_c'$
g) $c = c'$; $h_c = h_c'$
h) $\gamma = \gamma'$; $s_c = s_c'$

17. Zeige, dass zwei rechtwinklige Dreiecke mit der Hypotenuse $\overline{AB}$ bzw. $\overline{A'B'}$ schon kongruent sind, wenn die folgenden Beziehungen gelten!

a) $b = b'$; $h_c = h_c'$
b) $\alpha = \alpha'$; $h_c = h_c'$
c) $a = a'$; $s_b = s_b'$
d) $b = b'$; $w_\alpha = w_\alpha'$
e) $a = a'$; $s_a = s_a'$
f) $\alpha = \alpha'$; $w_\alpha = w_\alpha'$
g) $w_\gamma = w_\gamma'$; $b = b'$
h) $w_\gamma = w_\gamma'$; $\alpha = \alpha'$

18. Verfahre wie in Aufgabe 15! Formuliere bei der Anwendung des Kongruenzsatzes SsW auch immer die Zusatzbedingung, die dafür notwendig ist!

a) $a = a'$; $s_c = s_c'$; $\beta = \beta'$
b) $c = c'$; $\beta = \beta'$; $w_\alpha = w_\alpha'$
c) $b = b'$; $s_b = s_b'$; $\gamma = \gamma'$
d) $b = b'$; $\alpha = \alpha'$; $w_\alpha = w_\alpha'$
e) $\gamma = \gamma'$; $w_\alpha = w_\alpha'$; $h_a = h_a'$
f) $\beta = \beta'$; $w_\beta = w_\beta'$; $h_b = h_b'$
g) $\alpha = \alpha'$; $h_c = h_c'$; $s_c = s_c'$
h) $b = b'$; $s_b = s_b'$; $h_b = h_b'$

III. Die Grundkonstruktionen und ihre Begründung

1. Zur Einführung

Will man ein Gebäude, eine Maschine oder ein Möbelstück bauen, so muss man zunächst einen maßstabgerechten Plan zeichnen (Bild 18). Solche Pläne enthalten viele geometrische Figuren, die wir bereits kennen: Geraden, Strecken, Winkel, Dreiecke, Vierecke, Kreise.

Die Herstellung einer solchen Zeichnung nennt man eine **Konstruktion**. Bei Konstruktionen können recht komplizierte Zeichnungen entstehen. In der Regel lassen sie sich jedoch auf wenige einfache **Grundaufgaben** oder **Grundkonstruktionen** zurückführen.

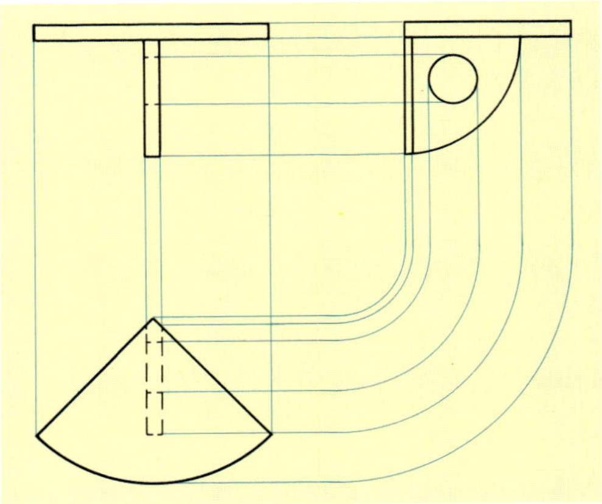

Bild 18

2. Halbieren einer Strecke, Zeichnen der Mittelsenkrechten mit dem Geodreieck

Den Mittelpunkt einer Strecke kann man durch Ausmessen mit Hilfe eines Geodreiecks bestimmen (Bild 19). Zeichnet man durch diesen Punkt die Senkrechte zur gegebenen Strecke (Bild 20), so erhält man die Mittelsenkrechte der Strecke.

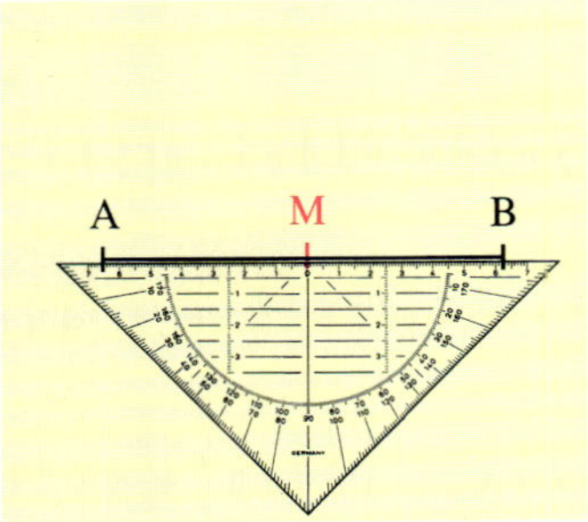

Bild 19

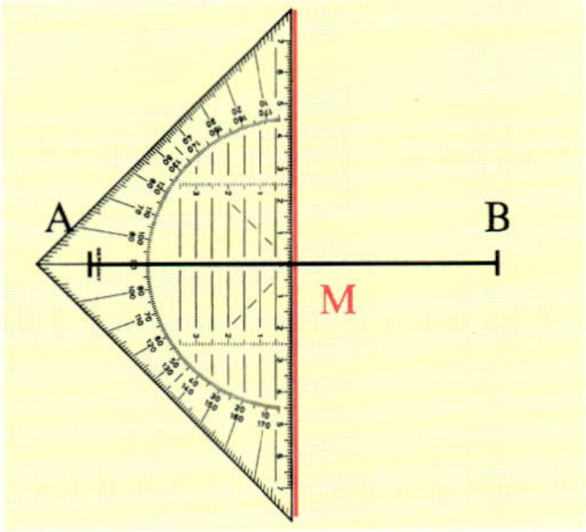

Bild 20

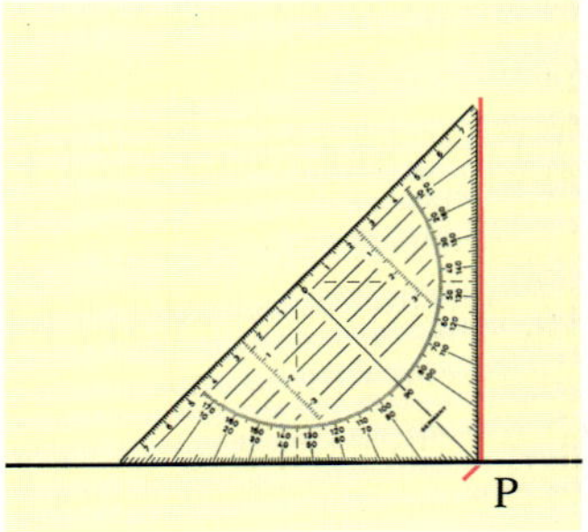

Bild 21

Häufig wird das Geodreieck zum Zeichnen der Senkrechten so benutzt wie in Bild 21. Dieses Verfahren ist jedoch nicht zu empfehlen, weil man an der rechtwinkligen Ecke leicht mit dem Stift abrutscht. Außerdem muss man das Geodreieck neu anlegen, wenn man die Gerade über den Punkt P hinaus zeichnen will.

3. Konstruktion mit Zirkel und Lineal

Schon im Altertum wurden Konstruktionsaufgaben gelöst. Dabei hat man als Hilfsmittel nur das **Lineal** und den **Zirkel** benutzt. Wie kann man hiermit eine Strecke halbieren und die Mittelsenkrechte zeichnen (Bild 22)?

Um die Endpunkte der Strecke $\overline{AB}$ zeichnen wir je einen Kreis mit dem gleichen Radius r, sodass sich die beiden Kreise in zwei Punkten P und Q schneiden. Die Gerade durch P und Q ist die gesuchte Mittelsenkrechte. Ihr Schnittpunkt M mit der Strecke $\overline{AB}$ ist der Mittelpunkt dieser Strecke.

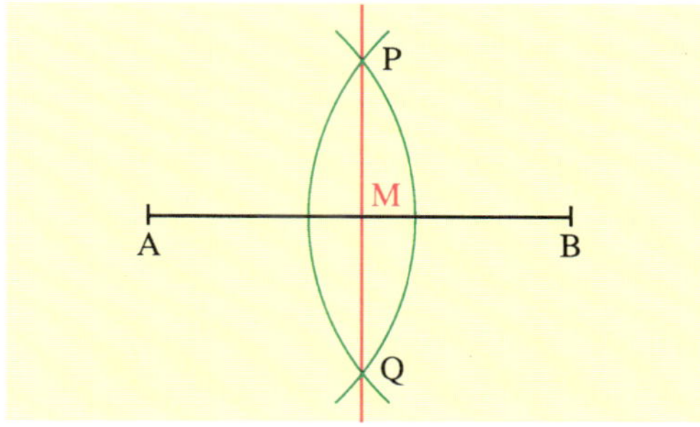

Bild 22

4. Begründung der Konstruktion

Die Punkte P und Q in Bild 22 sind jeweils von A und von B gleich weit entfernt. Wir müssen zeigen, dass die Punkte P und Q auf der Mittelsenkrechten der Strecke $\overline{AB}$ liegen und deshalb die Gerade durch P und Q die Strecke $\overline{AB}$ halbiert. Dazu beweisen wir den **Satz von der Mittelsenkrechten**:

Jeder Punkt, der von A und von B gleich weit entfernt ist, liegt auf der Mittelsenkrechten der Strecke $\overline{AB}$.

Beweis: Wir betrachten die Dreiecke APQ und BPQ. Beide Dreiecke sind gleichschenklig, denn die Strecken $\overline{AP}$, $\overline{AQ}$, $\overline{BP}$ und $\overline{BQ}$ sind auf Grund der Konstruktion gleich lang (Bild 23).

Ferner besitzen die beiden Dreiecke eine gemeinsame Seite, nämlich die Seite $\overline{PQ}$. Also sind die Dreiecke APQ und BPQ kongruent (SSS). Daher sind auch die Winkel $\sphericalangle$ APQ und $\sphericalangle$ BPQ maßgleich.

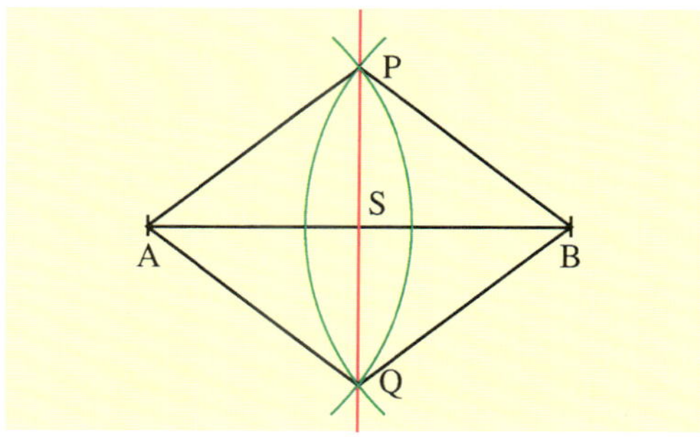

Bild 23

Die Strecke $\overline{PQ}$ schneidet die Strecke $\overline{AB}$ im Punkt S. Die Dreiecke APS und BPS stimmen nicht nur in einem Winkel, sondern auch in den anliegenden Seiten überein:

$\overline{AP} \cong \overline{BP}$ (nach Konstruktion)
$\overline{PS} \cong \overline{PS}$ (gemeinsame Seite)

Also sind die Dreiecke APS und BPS kongruent (SWS). Daher sind die Nebenwinkel $\sphericalangle$ ASP und $\sphericalangle$ BSP maßgleich und folglich rechte Winkel; die Strecke $\overline{PQ}$ steht also auf $\overline{AB}$ senkrecht. Außerdem sind die Strecken $\overline{AS}$ und $\overline{BS}$ maßgleich; S ist also der Mittelpunkt und $\overline{PQ}$ die Mittelsenkrechte von $\overline{AB}$; q.e.d.

Der Satz über die Mittelsenkrechte einer Strecke $\overline{AB}$ besitzt einen **Kehrsatz**:

Jeder Punkt der Mittelsenkrechten einer Strecke $\overline{AB}$ ist von A und von B gleich weit entfernt.

Den Beweis kannst du leicht selber führen (Aufgabe 12).

5. Errichten der Senkrechten

Bild 24 zeigt, wie man die Grundaufgabe **Errichten der Senkrechten** auf einer Geraden g in einem Punkt P der Geraden mit dem Geodreieck löst.

Bild 25 zeigt die Lösung mit Zirkel und Lineal: Wir zeichnen um P einen Kreis, der die Gerade g in zwei Punkten A und B schneidet. Die Mittelsenkrechte der Strecke $\overline{AB}$ ist die gesuchte Senkrechte.

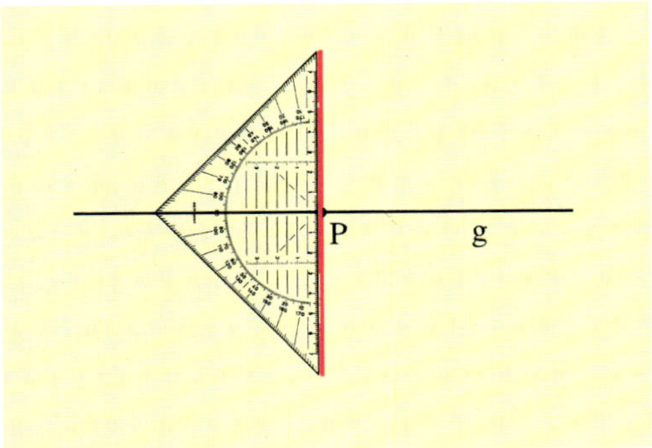

Bild 24

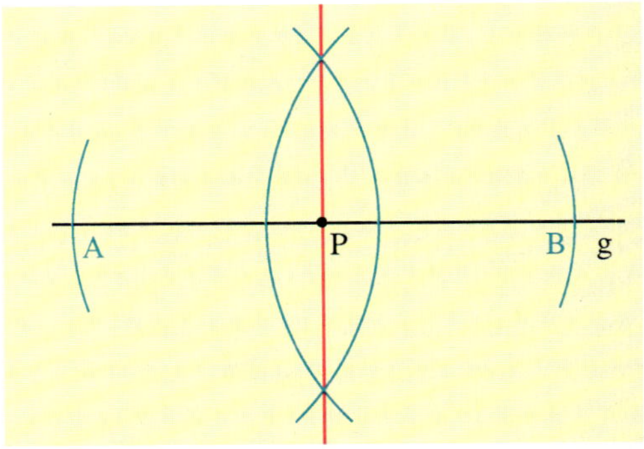

Bild 25

6. Fällen des Lotes

Bild 26 zeigt, wie man die Grundaufgabe **Fällen des Lotes** von einem Punkt P auf eine nicht durch P gehende Gerade g mit dem Geodreieck ausführt.

Bild 27 zeigt die Lösung mit Zirkel und Lineal: Wir zeichnen um P einen Kreis, der die Gerade g in zwei Punkten A und B schneidet. Das gesuchte Lot liegt auf der Mittelsenkrechten der Strecke $\overline{AB}$.

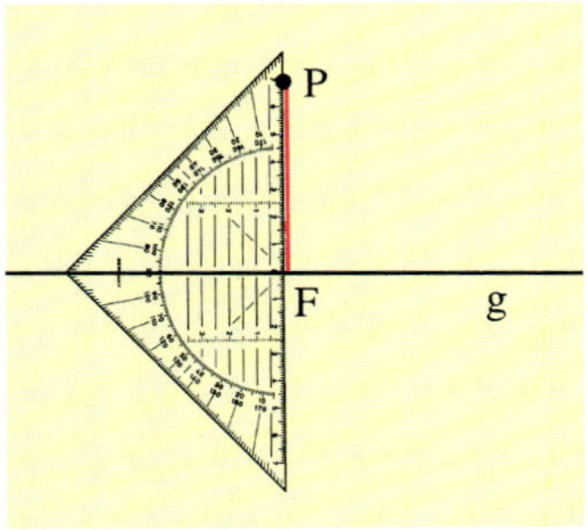

Bild 26

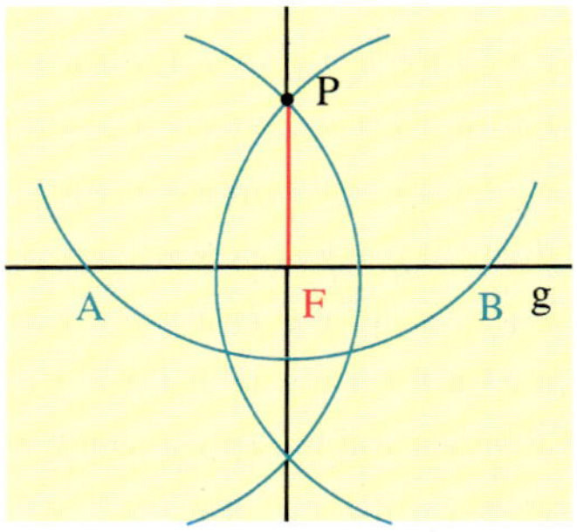

Bild 27

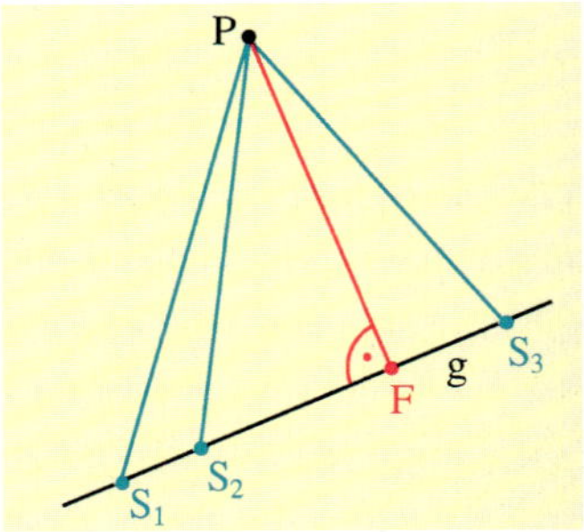

Bild 28

Der Punkt P ist von den einzelnen Punkten der Geraden g unterschiedlich weit entfernt (Bild 28); die kürzeste Entfernung hat er offensichtlich vom Fußpunkt F des Lotes. Es gilt der **Satz vom kürzesten Abstand**:

> Die kürzeste Entfernung eines Punktes P von einer Geraden g ist gleich der Länge des Lotes von P auf g.

Beweis: Der Punkt P bildet mit dem Lotfußpunkt F und einem beliebigen Punkt S der Geraden g ein rechtwinkliges Dreieck (Bild 28). In diesem Dreieck ist $\overline{PS}$ die Hypotenuse. Diese Seite ist für jeden von F verschiedenen Punkt S länger als das Lot $\overline{PF}$; q.e.d.

Man definiert deshalb:

Der Abstand eines Punktes P von einer Geraden g ist die Länge des Lotes von P auf g. Liegt P auf g, so ist der Abstand null.

7. Halbieren eines Winkels; Zeichnen der Winkelhalbierenden

Die Bilder 29 und 30 zeigen, wie man diese Grundaufgabe mit dem Geodreieck ausführt.

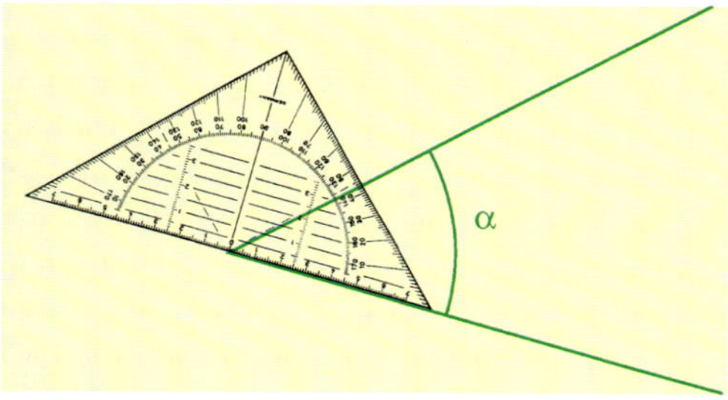

Bild 29

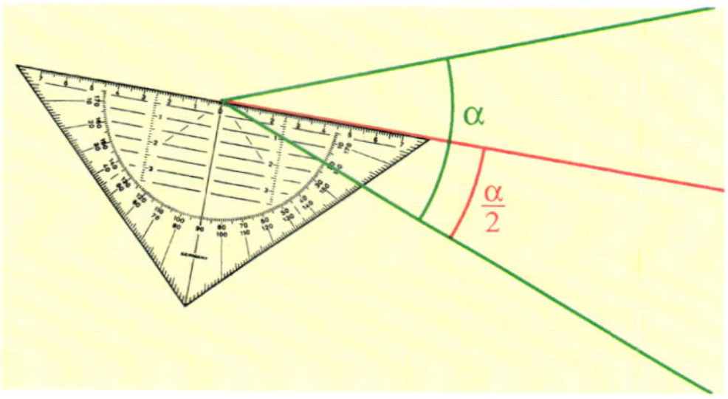

Bild 30

Bild 31 zeigt die Lösung mit Zirkel und Lineal. Wir zeichnen um den Scheitelpunkt des Winkels einen Kreis mit beliebigem Radius. Der Kreis schneidet die beiden Schenkel des Winkels in A und in B. Um A und um B zeichnen wir je einen Kreis mit dem gleichen Radius. Diese Kreise schneiden sich in zwei Punkten P und Q. Der Strahl vom Scheitelpunkt S durch P geht auch durch Q und ist die gesuchte Winkelhalbierende. Wählt man für alle drei Kreise den gleichen Radius, so fallen die Punkte S und Q zusammen.

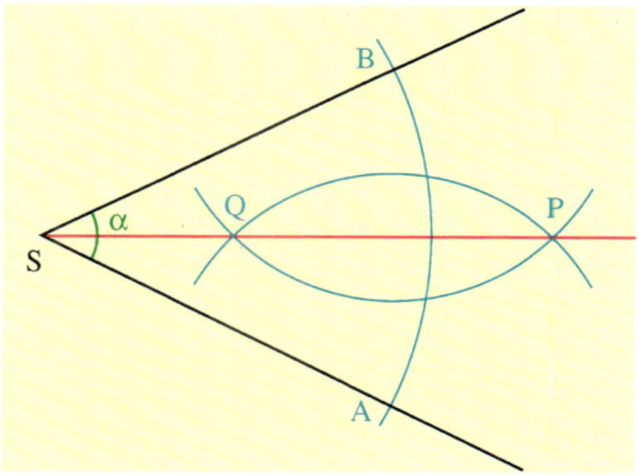

Bild 31

Zur Begründung dieser Konstruktion können wir uns auf den **Satz von der Winkelhalbierenden** stützen:

Jeder Punkt, der von beiden Schenkeln eines Winkels gleichen Abstand hat, liegt auf der Winkelhalbierenden des Winkels.

Auch dieser Satz besitzt einen **Kehrsatz**:

Jeder Punkt der Winkelhalbierenden eines Winkels hat von beiden Schenkeln des Winkels gleichen Abstand.

Beide Sätze lassen sich ähnlich wie die Sätze über die Mittelsenkrechte einer Strecke beweisen. Aufgabe 14 auf Seite 185 enthält eine Anleitung zu diesen Beweisen.

8. Zeichnen der Parallelen

Wie man die Grundaufgabe **Zeichnen der Parallelen** zu einer Geraden g durch einen außerhalb der Geraden liegenden Punkt P mit dem Geodreieck ausführt, haben wir bereits auf Seite 144 dargestellt. Dort haben wir auch die **Konstruktion durch Verschiebung** kennengelernt.

Bild 32 zeigt eine mögliche Lösung mit Zirkel und Lineal: Wir fällen von P das Lot auf die Gerade und errichten dann in P die Senkrechte auf dem Lot. Diese Senkrechte ist die gesuchte Parallele.

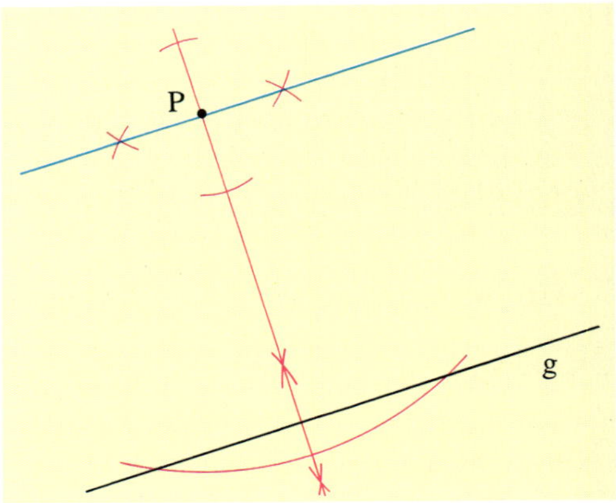

Bild 32

9. Die Beschreibung von Konstruktionen

Zur Beschreibung von Konstruktionen benutzt man bestimmte **Redewendungen**. Auf der hinteren Umschlagseite sind die üblichen Redewendungen zusammengestellt. Wie wendet man diese Redewendungen an?

Beispiel

Bild 33 zeigt in einer Bilderfolge, wie man zu einem gegebenen Kreis den Mittelpunkt konstruieren kann.

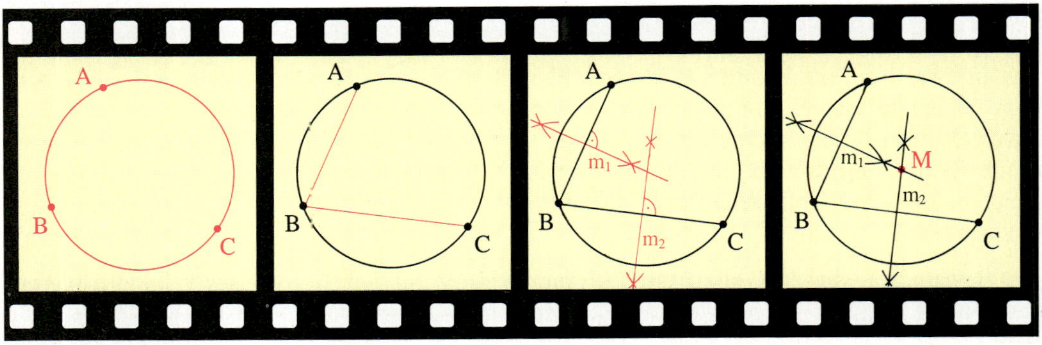

Bild 33

Konstruktionsbeschreibung:

(1) Gegeben ist ein Kreis. Auf dem Kreis legen wir drei verschiedene Punkte A, B und C fest.

(2) Wir zeichnen die Sehnen $\overline{AB}$ und $\overline{BC}$.

(3) Wir konstruieren die Mittelsenkrechte m_1 von $\overline{AB}$ und die Mittelsenkrechte m_2 von $\overline{BC}$.

(4) m_1 und m_2 schneiden sich in einem Punkt M.

M ist der Mittelpunkt des gegebenen Kreises.

Aufgaben und Beispiele

Zum Einstieg

In der Nähe der Orte Rehwalde und Hasenow wird eine neue Erdgasleitung projektiert (Bild 34).

Wie sollen die (geradlinigen) Verbindungsleitungen zu den Ortszentren geplant werden, wenn jede möglichst kurz sein soll?

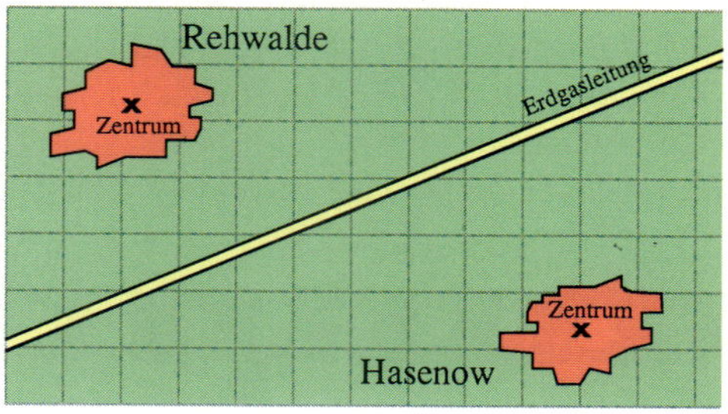

Bild 34

Konstruktionen und Konstruktionsbeschreibungen

1. Zeichne zu einer Strecke der Länge a die Mittelsenkrechte einmal mit dem Geodreieck und einmal mit Zirkel und Lineal! Welche Vorteile und Nachteile haben die beiden Konstruktionsarten?

a) a = 6 cm **b)** a = 4,2 cm **c)** a = 7,6 cm **d)** a = 5,7 cm **e)** a = 16,3 cm

2. Errichte in den Endpunkten einer Strecke mit der Länge a die Senkrechten! Verwende dazu das Geodreieck! Führe die Konstruktion dann auch mit Zirkel und Lineal durch! Vergleiche deine Lösung mit der auf Seite 180 beschriebenen Grundkonstruktion!

a) a = 2,8 cm **b)** a = 3,7 cm **c)** a = 7,3 cm

3. Übertrage die Figur aus Bild 35 in dein Heft und zeichne eine Gerade durch P, die senkrecht zu der gegebenen geraden Linie ist! Welche Grundkonstruktion wird hier angewendet?

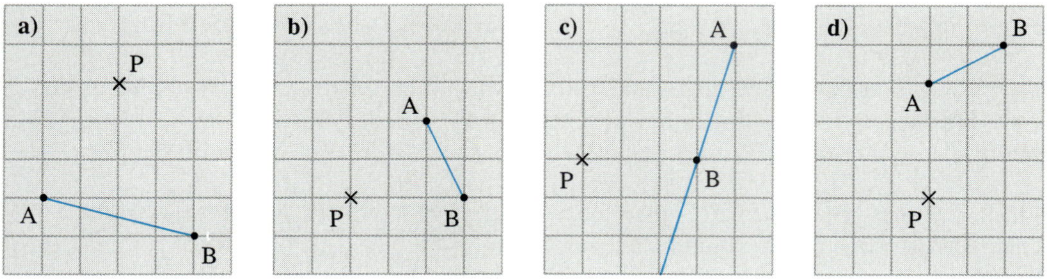

Bild 35

4. Wie kann man von einem Punkt P das Lot auf eine Gerade g fällen, wenn der Fußpunkt des Lotes nicht mehr auf das Zeichenblatt fällt? Beschreibe die Konstruktion für den Teil des Lotes, der noch auf das Zeichenblatt fällt!

5. Warum kann man auf einer Geraden oder auf einem Strahl keine Mittelsenkrechte errichten?

6. a) Gegeben sind eine Gerade g und ein Punkt P, der nicht auf g liegt. Fälle von P das Lot auf g! Nenne den Fußpunkt des Lotes F! Errichte auf g eine Senkrechte, die nicht durch P verläuft! Nenne die Senkrechte h! Bezeichne den Schnittpunkt von g und h mit H! Konstruiere auf h einen Punkt Q, der auf der gleichen Seite von g liegt wie P und für den gilt: $|\overline{PF}| = |\overline{HQ}|$! Zeichne eine Gerade durch P und Q! Was für eine Linie hast du gezeichnet?

b) Was für eine Linie wird in Bild 36 konstruiert? Fertige eine Konstruktionsbeschreibung an!

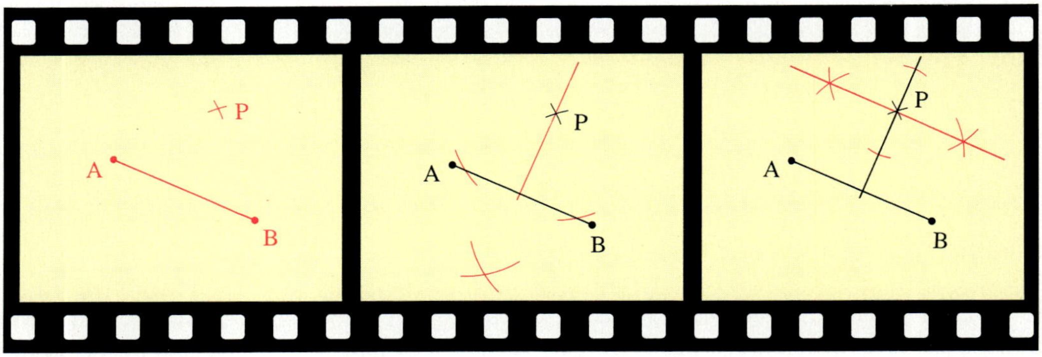

Bild 36

7. Zeichne zu einer Geraden g eine Parallele mit dem Abstand d! Wie viele solcher Parallelen gibt es?

a) d = 3 cm **b)** d = 4,6 cm **c)** d = 5,1 cm

8. Von einem Dreieck weiß man: $h_c = 4$ cm. Was sagt dies über die Lage des Punktes C in Bezug auf die Seite $\overline{AB}$ aus?

9. Konstruiere ein Dreieck aus folgenden Stücken, ohne zu rechnen! Beschreibe die Konstruktion! Wie wurde die gegebene Höhenlänge verwendet?

a) $\alpha = 50°$; $\gamma = 70°$; $h_c = 3$ cm **b)** $\alpha = 15°$; $\beta = 38°$; $h_a = 3{,}8$ cm

c) $\alpha = 56°$; $\beta = 117°$; $h_c = 4{,}1$ cm **d)** $\alpha = 17°$; $\gamma = 26°$; $h_b = 4{,}1$ cm

10. In Westerhude verläuft eine Landstraße parallel zum geradlinigen Deich. Sie ist 400 m vom Deich entfernt. Es soll ein Verbindungsweg von der Straße zum Deich angelegt werden, der unter einem Winkel von 30° auf den Deich trifft. Wie lang wird der Weg?

11. Bei einem Geländespiel sollen zwei Gruppen an zwei 400 m voneinander entfernten Punkten starten. Der Spielleiter will das gemeinsame Ziel so festlegen, dass es mindestens 500 m und höchstens 700 m von den Startpunkten entfernt ist. Die Entfernung soll natürlich für beide Gruppen gleich groß sein. Fertige eine Skizze an!

Bild 37

Konstruktionen und Begründungen

12. a) Formuliere den Satz von der Mittelsenkrechten (Seite 179) als Wenn-dann-Satz!
b) Formuliere den Kehrsatz dieses Satzes als Wenn-dann-Satz!
c) Beweise diesen Kehrsatz! Verwende Bild 38!

13. a) Zeichne einen Winkel mit $\alpha = 50°$ und dem Scheitelpunkt S! Zeichne um S den Kreis mit dem Radius 4 cm. Der Kreis schneidet die beiden Schenkel des Winkels in A und B. Zeichne um A und um B je einen Kreis mit dem Radius 5 cm. Nenne den Schnittpunkt der Kreise, der innerhalb des Winkels liegt P! Zeichne den Strahl von S durch P!
b) Ist der Strahl von S durch P die Winkelhalbierende? Untersuche dazu die Dreiecke SAP und SBP auf Kongruenz!

14. a) Bild 39 zeigt die Satzfigur des Satzes von der Winkelhalbierenden (Seite 181). Beweise den Satz, indem du die Kongruenz der Dreiecke SAP und SBP nachweist!
b) Beweise auch den Kehrsatz! Eine Satz- und Beweisfigur findest du, indem du Bild 39 geeignet änderst.

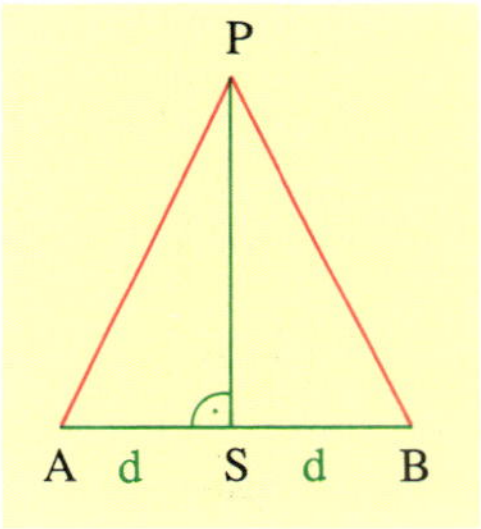

Bild 38

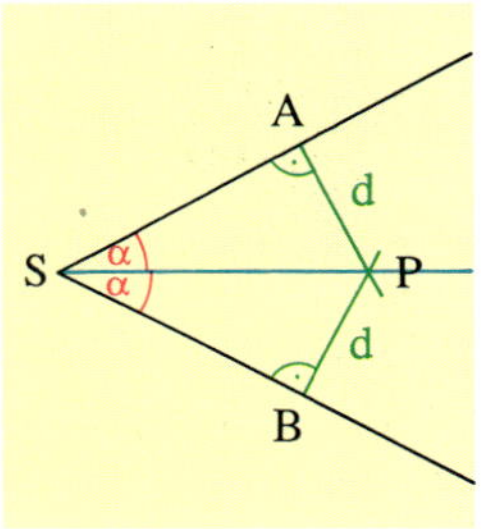

Bild 39

15. Susanne und Stefan wollen Winkelhalbierende mit anderen Verfahren konstruieren. Führe die Konstruktion aus! Sind Winkelhalbierende entstanden? Begründe deine Antwort!
a) Susannes Vorschlag: Ich zeichne um den Scheitelpunkt S des Winkels einen Kreis mit beliebigem Radius. Der Kreis schneidet die beiden Schenkel des Winkels in A und in B. In A und in B errichte ich die Senkrechten auf den Schenkeln des Winkels. Die beiden Senkrechten schneiden sich in einem Punkt P. Ich zeichne den Strahl von S durch P.
b) Stefans Vorschlag: Ich fange an wie Susanne. Ich verbinde A und B und konstruiere den Mittelpunkt M der Strecke $\overline{AB}$. Ich zeichne den Strahl vom Scheitelpunkt S durch M.

16. a) Teile mit Zirkel und Lineal einen Winkel mit dem Maß 115° in vier gleich große Teilwinkel!
b) Nenne Winkelteilungen, die du auf ähnliche Art erzeugen kannst!
c) Warum lässt sich ein Winkel auf diese Weise nicht dritteln, also nicht in drei gleich große Teilwinkel zerlegen?

17. Maren schlägt ein Verfahren zur Winkeldrittelung mit Zirkel und Lineal vor. Führe die Konstruktion aus und beurteile, ob das Verfahren richtig oder falsch ist!
Marens Vorschlag: Ich zeichne um den Scheitelpunkt S des Winkels einen Kreis mit beliebigem Radius. Der Kreis schneidet die beiden Schenkel des Winkels in A und B. Ich verbinde A mit B und teile die Strecke in drei gleiche Teile. Die Teilungspunkte nenne ich C und D. Ich zeichne Strahlen von S durch C und durch D. Damit habe ich drei gleich große Teilwinkel erhalten.[3)]

[3)] Die Mathematiker Niels Henrik Abel (1802 – 1829) und Evariste Galois (1811 – 1832) haben bewiesen, dass sich ein beliebiger Winkel mit Zirkel und Lineal nicht dritteln lässt.

IV. Weitere Sätze über Dreiecke

1. Zur Einführung

In der Antarktis (Bild 40) sollen drei Forschungsstationen A, B und C mit einem Hubschrauber aus einem gemeinsamen Depot versorgt werden. Wo muss das Depot angelegt werden, damit es von allen drei Stationen gleich weit entfernt ist?

Bild 40

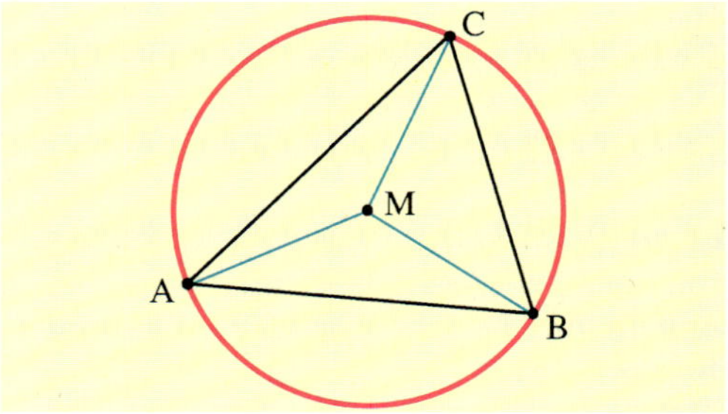

Bild 41

In Bild 41 sind die Forschungsstationen als Punkte dargestellt. Sie bilden die Eckpunkte eines Dreiecks. Damit das Depot von allen Stationen A, B und C gleich weit entfernt ist, müsste es im Mittelpunkt M eines Kreises liegen, der durch die Punkte A, B und C geht.

Ein solcher Kreis heißt **Umkreis des Dreiecks**.

2. Wie findet man den Mittelpunkt des Umkreises?

Wenn es einen solchen Umkreis gibt, dann muss sein Mittelpunkt M von A, von B und von C gleich weit entfernt sein; er muss daher auf der Mittelsenkrechten jeder Dreiecksseite liegen. Es müsste deshalb der folgende Satz gelten:

> Die drei Mittelsenkrechten eines Dreiecks schneiden sich in einem Punkt M. M ist der Mittelpunkt des Umkreises.

Beweis: Die Seiten $\overline{AB}$ und $\overline{AC}$ des Dreiecks ABC (Bild 42) sind nicht parallel; daher sind auch ihre Mittelsenkrechten m_c und m_b nicht parallel und schneiden sich deshalb in einem Punkt M. Nach dem Satz über die Mittelsenkrechten gilt:

Da M auf m_c liegt, ist M von A und von B gleich weit entfernt.
Da M auf m_b liegt, ist M von A und von C gleich weit entfernt.

Also ist M auch von B und von C gleich weit entfernt; daher liegt M nach dem Kehrsatz des Satzes von der Mittelsenkrechten auch auf der Mittelsenkrechten m_a der Seite $\overline{BC}$ des Dreiecks ABC; q.e.d.

Zu einem gegebenen Dreieck ABC findet man also den Umkreismittelpunkt, indem man zu zwei Seiten des Dreiecks die Mittelsenkrechten zeichnet. Diese schneiden sich im gesuchten Punkt M (Bild 43). Da diese Konstruktion bei jedem Dreieck möglich ist, besitzt jedes Dreieck einen Umkreis.

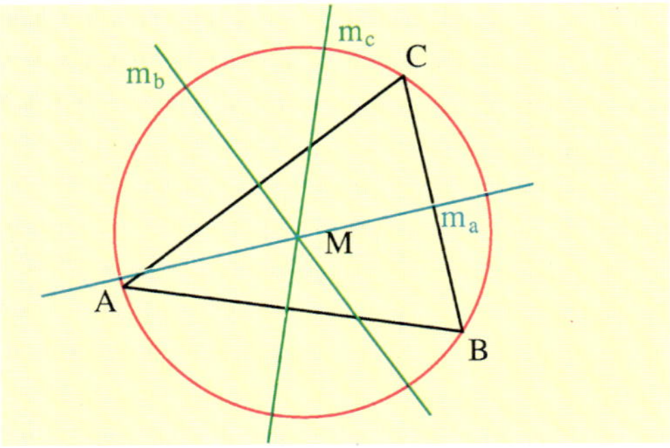

Bild 42

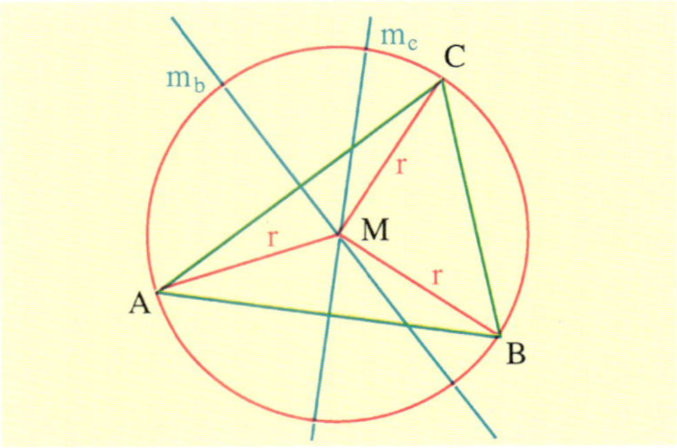

Bild 43

3. Der Inkreis eines Dreiecks

Bild 44 zeigt ein Dreieck mit einem Kreis, der alle drei Seiten des Dreiecks berührt. Ein solcher Kreis heißt **Inkreis** des Dreiecks. Wir wollen untersuchen, ob jedes Dreieck einen Inkreis besitzt. Außerdem wollen wir überlegen, wie man den Mittelpunkt des Inkreises bestimmen kann.

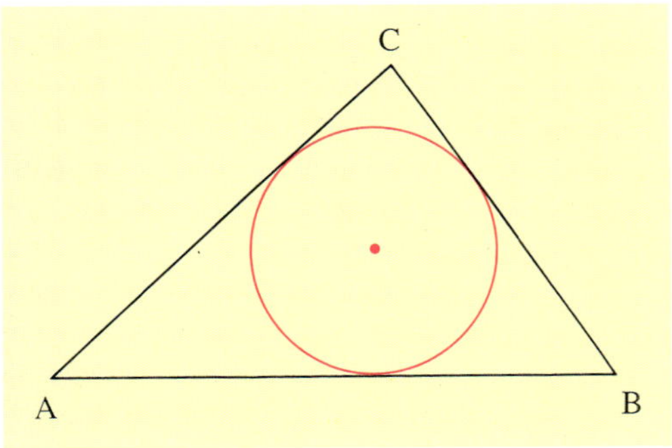

Bild 44

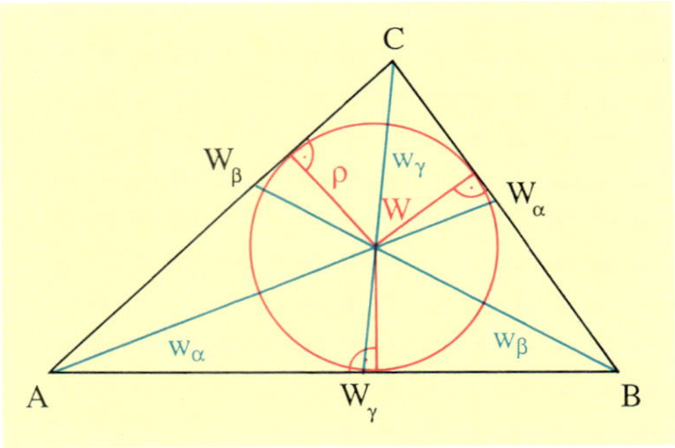

Bild 45

Wenn ein Dreieck einen Inkreis besitzt, dann muss sein Mittelpunkt von $\overline{AC}$, von $\overline{BC}$ und von $\overline{AB}$ gleich weit entfernt sein; er muss daher auf der Winkelhalbierenden jedes Winkels liegen. Es müsste deshalb der folgende Satz gelten:

Die drei Winkelhalbierenden eines Dreiecks schneiden sich in einem Punkt W. W ist der Mittelpunkt des Inkreises.

Beweis: Die Winkel ∢ CAB und ∢ ABC des Dreiecks ABC (Bild 45) sind größer als 0° und kleiner als 180°; daher sind ihre Winkelhalbierenden w_α und w_β nicht parallel und schneiden sich deshalb in einem Punkt W. Nach dem Satz über die Winkelhalbierenden gilt:

Da W auf w_α liegt, ist W von $\overline{AB}$ und von $\overline{AC}$ gleich weit entfernt.
Da W auf w_β liegt, ist W von $\overline{AB}$ und von $\overline{BC}$ gleich weit entfernt.

Also ist W auch von $\overline{AC}$ und von $\overline{BC}$ gleich weit entfernt; daher liegt W nach dem Kehrsatz des Satzes über die Winkelhalbierenden auch auf der Winkelhalbierenden w_γ des Winkels ∢ ACB des Dreiecks ABC; q.e.d.

Zu einem gegebenen Dreieck ABC findet man also den Inkreismittelpunkt, indem man zu zwei Winkeln des Dreiecks die Winkelhalbierenden zeichnet. Diese schneiden sich im gesuchten Punkt W (Bild 46). Da diese Konstruktion bei jedem Dreieck möglich ist, besitzt jedes Dreieck einen Inkreis.

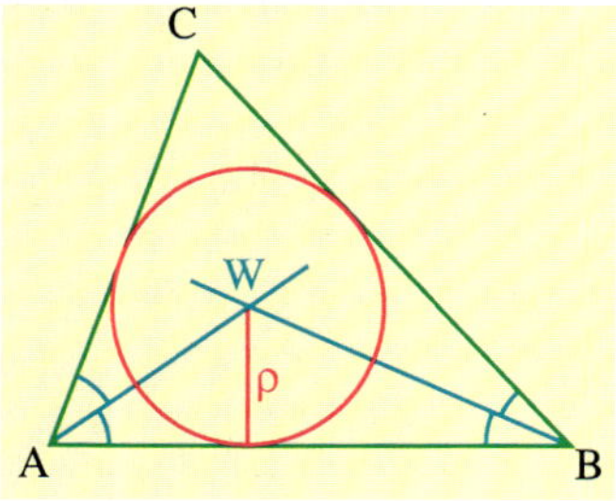

Bild 46

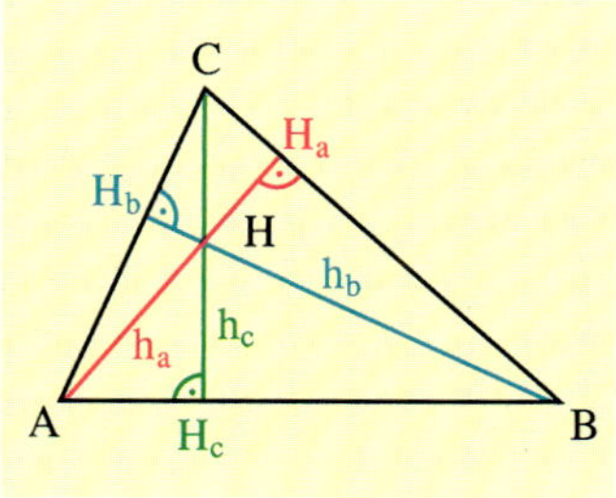

Bild 47

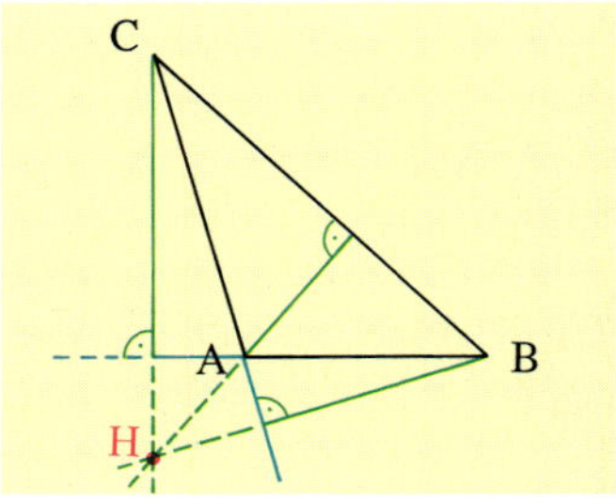

Bild 48

4. Der Höhenschnittpunkt eines Dreiecks

Bild 47 zeigt, dass sich auch die Höhen eines Dreiecks in **einem** Punkt H schneiden. Dieser **Höhenschnittpunkt** kann auch außerhalb des Dreiecks liegen (Bild 48).

Die drei Höhen eines Dreiecks schneiden sich im Höhenschnittpunkt H.

Dieser Satz lässt sich auf den Satz über den Schnittpunkt der Mittelsenkrechten zurückführen (Aufgabe 10).

5. Der Schwerpunkt eines Dreiecks

Es ist nun sicher nicht überraschend, dass für die Seitenhalbierenden eines Dreiecks gilt:

Die drei Seitenhalbierenden eines Dreiecks schneiden sich in einem Punkt S.

Bild 49 veranschaulicht diesen Sachverhalt. Auf einen Beweis verzichten wir.

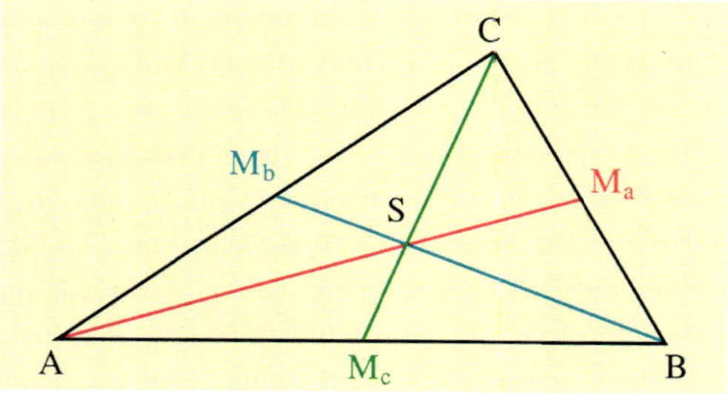

Bild 49

Bild 50

Der Punkt S hat auch eine **physikalische Bedeutung**; er ist der **Schwerpunkt** des Dreiecks. Unterstützt man ein Dreieck aus Pappe in diesem Punkt, so bleibt es im Gleichgewicht (Bild 50).

Aufgaben und Beispiele

Zum Einstieg

Julia hat bei einem Glaser ein dreieckiges Abfallstück verspiegeltes Glas ganz billig kaufen können. Sie will daraus einen Spiegel machen, indem sie das Glas auf eine kreisrunde Sperrholzplatte so aufklebt, dass die Ecken genau auf dem Kreisrand liegen. Welchen Durchmesser muss die Sperrholzplatte haben, wenn die Spiegelkanten 37 cm, 57 cm und 59 cm lang sind?

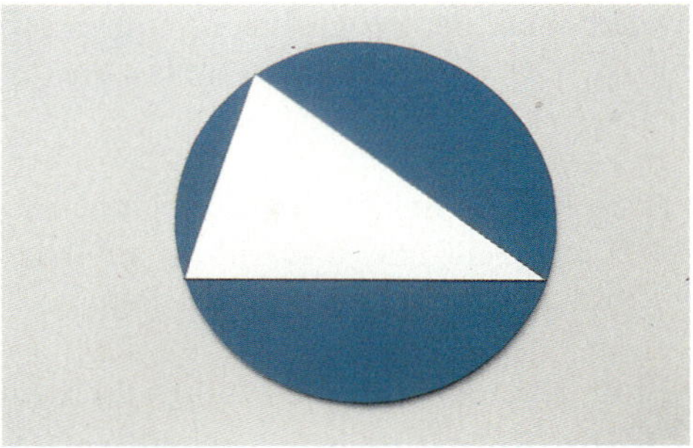

Bild 51

Anwendungen

1. Karin hat zu Ostern eine Tischdecke in Form eines gleichseitigen Dreiecks mit einer Kantenlänge von 80 cm bestickt. Passt diese Decke auf einen runden Tisch von 1 m Durchmesser oder hängen die Ecken über?

2. In einem Park stehen drei Bäume, die voneinander 30 m, 50 m bzw. 70 m entfernt sind. Es soll ein vierter Baum gepflanzt werden, der von allen drei Bäumen gleich weit entfernt sein soll. Wie weit steht er von den anderen Bäumen entfernt?

3. Markus hat ein dreieckiges Blech mit den Kantenlängen 44 cm, 39 cm und 33 cm im Keller gefunden. Er will daraus eine möglichst große Kreisfläche ausschneiden, um daraus eine kleine Schale herzustellen.

4. Dagmar möchte für ihr Bord eine Lampe mit rundem Fuß kaufen. Wie groß darf der Radius des Fußes höchstens sein, damit die Lampe auf das Bord passt (Bild 52)? Muss Dagmar auch noch andere Maße der Lampe beachten?

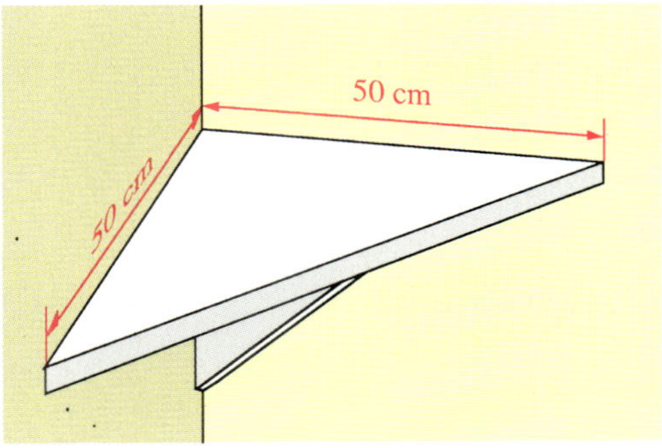

Bild 52

5. Im Rahmen der Restaurierung von Schloss Maxburg soll auch der Park wieder in seiner alten Form angelegt werden. Wo sich heute eine ungepflegte Wiese in Form eines gleichseitigen Dreiecks mit der Kantenlänge 50 m befindet, ist früher einmal ein kreisförmiges Blumenbeet gewesen, das die Kanten des Dreiecks gerade berührt. Welchen Radius hat das Blumenbeet?

Bild 53

6. Familie Moll will an einer spitz zulaufenden Ecke ihres Grundstücks einen Teich anlegen. Der Winkel an der Grundstücksecke beträgt 70°. Der Abstand des Teiches von den Grundstücksgrenzen soll 1 m betragen. Auf dem Grundstück gibt es auch noch einen geraden Weg, der im gleichen Winkel auf die beiden Grundstücksgrenzen trifft und 10 m lang ist. Der Teich soll direkt bis an den Weg reichen. Wie groß wird der Radius des Teiches?

7. Beim Backen der Weihnachtsplätzchen ist ein dreieckiges Stück Teig mit den Kantenlängen 10 cm, 8 cm und 6 cm übrig geblieben. Kann man daraus ein rundes Plätzchen mit dem Radius 2,5 cm ausstechen, ohne den Teig neu auszurollen?

8. Frau Egert hat zur Dekoration ihres Flurs ein durchsichtiges Glasgefäß in Prismenform mit dreieckiger Grundfläche gekauft. Die Grundfläche ist rechtwinklig und gleichschenklig, eine Kathete ist 30 cm lang. Das Gefäß soll mit bunten Glaskugeln gefüllt werden. Dabei will Frau Egert auch eine große Kugel verwenden, die gerade noch in das Gefäß hineinpasst. Wie groß darf der Radius einer solchen Kugel höchstens sein?

Zum Überlegen

9. In Bild 54 ist ein Ankreis des Dreiecks ABC gezeichnet.
a) Beschreibe, was ein Ankreis ist!
b) Wie kann man den Mittelpunkt des Ankreises finden? Begründe deine Antwort!
c) Zeige, dass auch die Winkelhalbierende des nicht anliegenden Dreieckswinkels durch den Mittelpunkt des Ankreises verläuft!

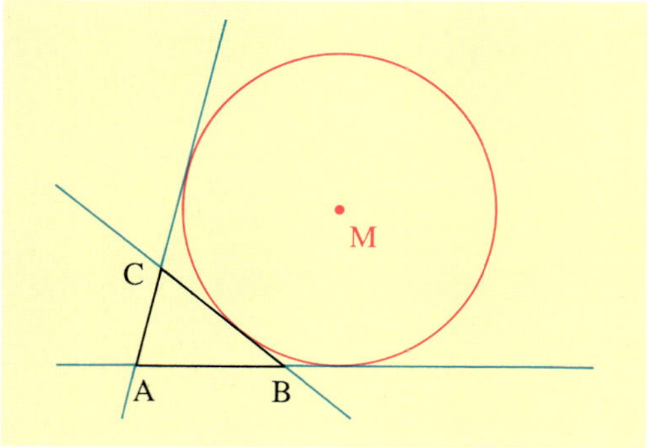

Bild 54

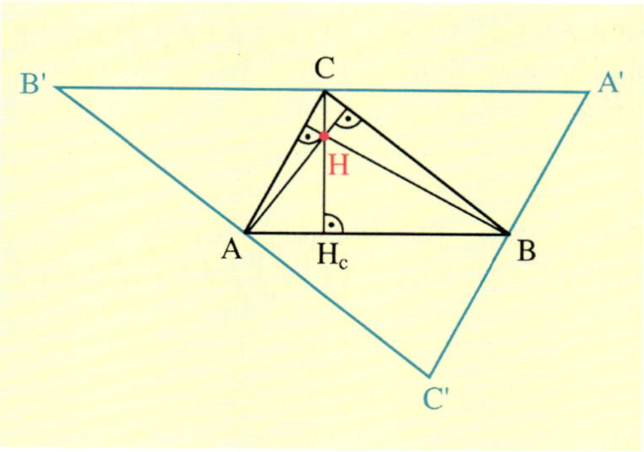

Bild 55

10. Der Satz über den Höhenschnittpunkt (Seite 188) soll bewiesen werden. Dazu ist in Bild 55 durch jede Ecke des Dreiecks ABC eine Parallele zur gegenüberliegenden Seite gezeichnet worden. Dadurch ist das Dreieck A′B′C′ entstanden.
a) Warum steht die Höhe $\overline{CH_c}$ auch auf der Seite $\overline{A'B'}$ senkrecht?
b) Wie lang ist $\overline{CA'}$? Betrachte dazu die Figur ABA′C!
c) Wie lang ist $\overline{B'C}$?
d) Warum liegt $\overline{CH_c}$ auf der Mittelsenkrechten von $\overline{A'B'}$?
e) Was kann man über die beiden anderen Höhen aussagen?
f) Welcher Satz hilft jetzt weiter?
g) Schreibe den Beweis zum Höhenschnittpunktsatz vollständig auf!

V. Weiterführende Dreieckskonstruktionen

1. Zur Einführung

Um die Kosten für eine Dacherneuerung abschätzen zu können (vergleiche Seite 168), muss Herr Schmidt ein gleichschenkliges Dreieck zeichnen, von dem er eine Seite (die Basis mit $b = 10$ cm) und die Höhe ($h = 3{,}5$ cm) kennt.

Ähnlich wie in diesem Beispiel hat man häufig Dreiecke zu konstruieren, von denen nicht nur Seiten oder Innenwinkel gegeben sind.

Neben diesen Stücken können dann Höhen, Seitenhalbierende oder Winkelhalbierende gegeben sein. Diese Linien zerlegen das Dreieck in **Teildreiecke**. Man zeichnet das gesuchte Dreieck, indem man die Grundaufgaben zur Konstruktion von Dreiecken auf geeignete Teildreiecke anwendet.

2. Plan und Planfigur

Um sich den erforderlichen Ablauf der Konstruktion zu überlegen, sollte man zunächst eine **Planfigur** zeichnen. Eine solche Planfigur gibt uns einen Überblick über die gegenseitige Lage der Punkte, Strecken und Winkel, ohne bereits in den Maßen die Bedingungen der Aufgabe zu erfüllen. Wir zeichnen die **gegebenen Stücke** in die Planfigur **grün** ein.

Im sogenannten **Plan (Analysis)** legen wir dann fest, wie die einzelnen Punkte der Figur zeichnerisch ermittelt werden können. Dabei werden wir meist von einem Teildreieck ausgehen, das man nach einer Grundaufgabe konstruieren kann.

Alle anderen Punkte sind dann als **Schnittpunkte** von **Geraden**, **Strahlen**, **Strecken** oder **Kreisen** zu bestimmen.

Beispiel

Konstruiere ein Dreieck aus
$c = 3{,}5$ cm, $\beta = 60°$ und $s_a = 4$ cm!

Planfigur: Bild 56.

Plan: Im Teildreieck ABS_a sind c, β und s_a gegeben. Das Teildreieck kann nach der Grundaufgabe SsW konstruiert werden.

C liegt auf dem Strahl $s(B, S_a)$ und auf dem Kreis um S_a durch B. B ist also der Schnittpunkt von $s(B, S_a)$ mit diesem Kreis.

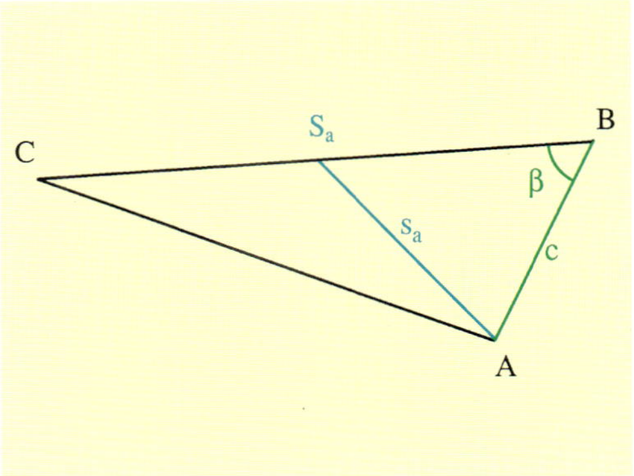

Bild 56

Besonders knapp kann man einen solchen Plan in **Tabellenform** wiedergeben:

Punkte	A; B; S_a	C
festgelegt durch	SsW	**1)** $s(B, S_a)$ **2)** $K(S_a; \frac{a}{2})$

3. Konstruktion und Konstruktionsbeschreibung

An Hand des Planes kann die **Konstruktion** unmittelbar ausgeführt werden. Die Durchführung der Konstruktion wird in der **Konstruktionsbeschreibung** genau festgehalten. Für die Konstruktionsbeschreibung verwendet man die Redewendungen, die in der Tabelle auf der hinteren Umschlagsseite dieses Buches angegeben sind.

Beispiel

(Fortsetzung des Beispiels von Seite 191)

Konstruktion: Bild 57

Konstruktionsbeschreibung:
Aus c, s_a und β konstruiere ich nach der Grundaufgabe SsW das Dreieck ABS_a. Da $s_a > c$ ist, ist diese Konstruktion eindeutig.

$\overline{BS_a}$ verlängere ich über S_a hinaus und zeichne den Kreis um S_a durch B. Dieser Kreis schneidet die Verlängerung im Punkt C.

ABC ist das gesuchte Dreieck.

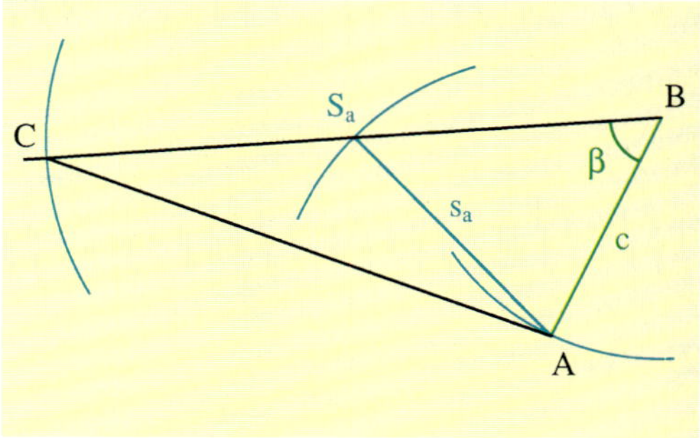

Bild 57

4. Ein weiteres Beispiel

Eine Dreieckskonstruktion mit Hilfe eines Kongruenzsatzes beginnt man in der Regel damit, dass man eine erste Seite des Dreiecks an eine beliebige Stelle der Zeichenebene zeichnet. Ist jedoch von einem Dreieck z.B. der Radius des Umkreises gegeben, so kann es sinnvoll sein, die Konstruktion mit diesem Kreis zu beginnen.

Beispiel

Konstruiere ein Dreieck aus
$r = 2\,\text{cm}$, $c = 3{,}5\,\text{cm}$ und $\beta = 40°$!

Planfigur: Bild 58.

Plan: Man kann mit dem Kreis K(M; r) beginnen und A auf dem Kreis beliebig wählen. B liegt auf K(M; r) und auf dem Kreis um A mit dem Radius c. C liegt auf K(M; r) und auf dem freien Schenkel des in B an $\overline{BA}$ angetragenen Winkels $\sphericalangle\,\beta$.

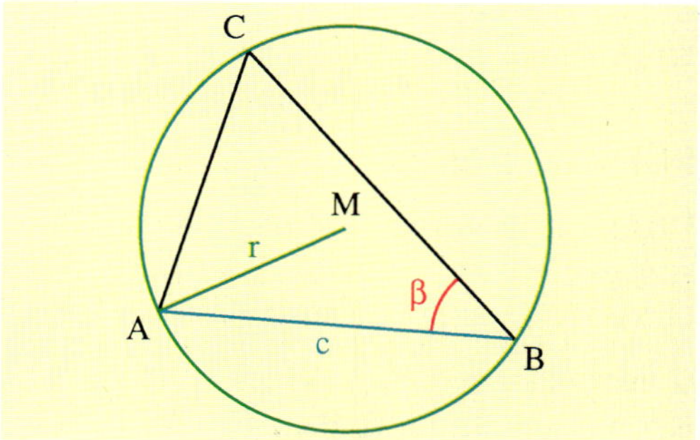

Bild 58

Tabellenform

Punkte	A	B	C
festgelegt durch	beliebig auf K(M; r)	**1)** K(M; r) **2)** K(A; c)	**1)** K(M; r) **2)** freier Schenkel des in B an $\overline{BA}$ angetragenen $\sphericalangle\,\beta$

Aufgaben und Beispiele

Zum Einstieg

Die Leinwand eines Kinos ist 10 m breit. Ein bestimmter Sitzplatz hat von der Leinwand einen senkrechten Abstand von 11,5 m. Zur Leinwandmitte beträgt die Entfernung 12 m.
Wie groß ist bei diesem Sitzplatz der Blickwinkel auf die Leinwand?

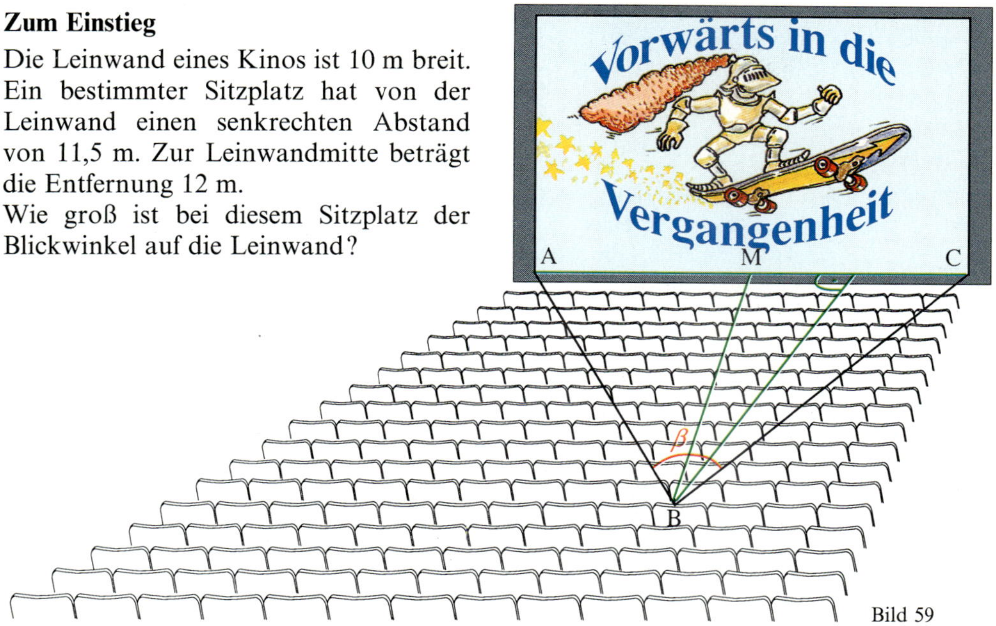

Bild 59

Dreieckskonstruktionen mit Hilfslinien

1. Konstruiere ein Dreieck aus den folgenden Stücken!

a) $\alpha = 52°$; $a = 4{,}6$ cm; $h_c = 2$ cm
b) $c = 5{,}8$ cm; $h_b = 5{,}2$ cm; $\gamma = 44°$
c) $c = 9{,}2$ cm; $\alpha = 71°$; $h_c = 6{,}3$ cm
d) $c = 5$ cm; $\beta = 109°$; $h_c = 5{,}6$ cm
e) $a = 8$ cm; $\gamma = 73°$; $h_a = 6$ cm
f) $b = 4{,}5$ cm; $\gamma = 35°$; $h_b = 5{,}8$ cm
g) $\alpha = 70°$; $\beta = 35°$; $h_c = 6{,}8$ cm
h) $\beta = 35°$; $\gamma = 43°$; $h_a = 3$ cm
i) $\alpha = 47°$; $\beta = 72°$; $h_a = 8{,}3$ cm
j) $\beta = 32°$; $\gamma = 71°$; $h_b = 7{,}6$ cm

2. Konstruiere ein Dreieck aus den folgenden Stücken! Beachte, dass mit einem Winkel auch die Hälfte des Winkels und mit einer Seite auch die Hälfte der Seite gegeben sind!

a) $a = 8{,}5$ cm; $\gamma = 80°$; $w_\gamma = 6$ cm
b) $\beta = 42°$; $\gamma = 80°$; $w_\gamma = 6{,}5$ cm
c) $a = 10{,}5$ cm; $\beta = 60°$; $w_\beta = 6{,}5$ cm
d) $c = 5{,}7$ cm; $\beta = 111°$; $w_\alpha = 6{,}8$ cm
e) $b = 7{,}5$ cm; $s_b = 8$ cm; $\gamma = 125°$
f) $a = 6$ cm; $c = 5$ cm; $s_a = 4$ cm
g) $a = 4{,}5$ cm; $b = 6$ cm; $s_b = 7$ cm
h) $\alpha = 73°$; $b = 3{,}8$ cm; $s_c = 4$ cm
i) $a = 6$ cm; $h_a = 4$ cm; $s_a = 4{,}5$ cm
j) $h_c = 5$ cm; $w_\gamma = 5{,}3$ cm; $\gamma = 70°$

3. Konstruiere ein rechtwinkliges Dreieck aus den folgenden Stücken! Der rechte Winkel muss auch in der Planfigur erkennbar sein.

a) $h_a = 4{,}4$ cm; $c = 5{,}2$ cm (Hyp. $\overline{BC}$)
b) $h_b = 4$ cm; $\gamma = 75°$ (Hyp. $\overline{AC}$)
c) $a = 5{,}8$ cm; $h_c = 4{,}6$ cm (Hyp. $\overline{AB}$)
d) $b = 6{,}9$ cm; $h_a = 5{,}7$ cm (Hyp. $\overline{BC}$)
e) $\gamma = 62°$; $w_\gamma = 4$ cm (Hyp. $\overline{BC}$)
f) $b = 2{,}9$ cm; $w_\gamma = 3$ cm (Hyp. $\overline{AB}$)
g) $b = 3$ cm; $w_\alpha = 4$ cm (Hyp. $\overline{AB}$)
h) $c = 4{,}8$ cm; $w_\beta = 3{,}7$ cm (Hyp. $\overline{AC}$)
i) $b = 3$ cm; $s_c = 3{,}9$ cm (Hyp. $\overline{BC}$)
j) $c = 5$ cm; $s_c = 3{,}9$ cm (Hyp. $\overline{AC}$)

4. Konstruiere ein gleichschenkliges Dreieck aus den folgenden Stücken! Die Schenkel müssen auch in der Planfigur erkennbar sein.

a) $h_b = 2{,}9$ cm; $c = 3{,}8$ cm (Basis $\overline{AC}$)
b) $h_b = 2{,}9$ cm; $c = 3{,}8$ cm (Basis $\overline{AB}$)
c) $\beta = 68°$; $h_b = 4{,}4$ cm (Basis $\overline{AB}$)
d) $\alpha = 77°$; $h_a = 3{,}2$ cm (Basis $\overline{BC}$)
e) $\alpha = 60°$; $w_\beta = 3{,}5$ cm (Basis $\overline{AB}$)
f) $b = 4{,}2$ cm; $w_\beta = 5{,}1$ cm (Basis $\overline{AC}$)
g) $\alpha = 48°$; $w_\gamma = 3{,}8$ cm (Basis $\overline{AB}$)
h) $\gamma = 70°$; $w_\gamma = 5$ cm (Basis $\overline{AB}$)
i) $a = 3$ cm; $s_a = 5$ cm (Basis $\overline{BC}$)
j) $s_b = 2$ cm; $\beta = 110°$ (Basis $\overline{AC}$)

5. Konstruiere ein Dreieck aus den folgenden Stücken!

a) $c = 9{,}5$ cm; $h_c = 8{,}1$ cm; $s_c = 9$ cm
b) $a = 6{,}5$ cm; $h_a = 4{,}5$ cm; $s_a = 7$ cm
c) $\alpha = 59°$; $h_c = 7{,}4$ cm; $w_\alpha = 7{,}7$ cm
d) $\gamma = 112°$; $h_b = 5{,}2$ cm; $w_\gamma = 3$ cm
e) $\alpha = 63°$; $h_c = 6$ cm; $s_c = 6{,}1$ cm
f) $\gamma = 55°$; $s_b = 5{,}8$ cm; $h_b = 5{,}4$ cm

Dreieckskonstruktionen mit Umkreis und Inkreis

6. Konstruiere ein Dreieck aus den folgenden Stücken![1)]

Beispiel

Gegeben: $c = 8$ cm; $\alpha = 62°$; $\varrho = 2$ cm.

Plan:

Punkte	festgelegt durch
A, B	$\overline{AB}$, beliebig
M	**1)** w_α (erfordert Antragen von $\sphericalangle\,\alpha$ in A an $\overline{AB}$) **2)** Parallele zu $\overline{AB}$ im Abstand ϱ
C	**1)** freier Schenkel von $\sphericalangle\,\alpha$ **2)** Tangente von B an $K(M;\varrho)$ (erfordert das Zeichnen des Kreises)

Planfigur:

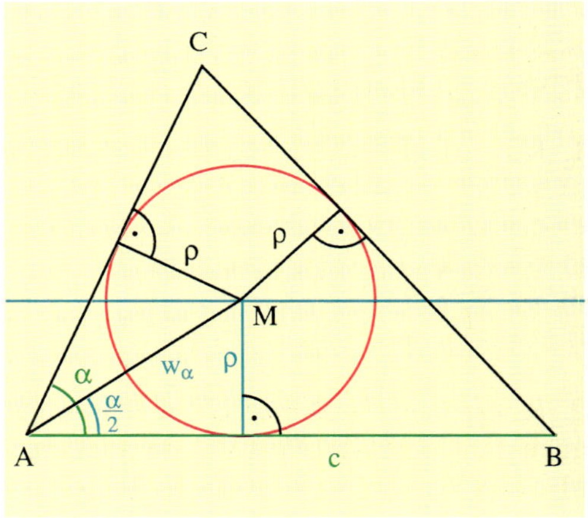

Bild 60

Führe selbst die Konstruktion des Dreiecks durch und beschreibe die Konstruktion!

a) $a = 9{,}8$ cm; $\gamma = 39°$; $\varrho = 2$ cm
b) $b = 6{,}4$ cm; $\alpha = 44°$; $\varrho = 1{,}7$ cm
c) $c = 9{,}5$ cm; $\beta = 80°$; $\varrho = 2{,}5$ cm
d) $\beta = 113°$; $\gamma = 36°$; $\varrho = 1{,}4$ cm
e) $c = 8$ cm; $a = 6{,}7$ cm; $r = 5$ cm
f) $c = 7{,}5$ cm; $b = 8{,}4$ cm; $r = 4{,}5$ cm
g) $a = 8{,}5$ cm; $b = 7$ cm; $r = 4{,}5$ cm
h) $a = 7{,}6$ cm; $\gamma = 100°$; $r = 4{,}1$ cm

[1)] Der Umkreisradius wird mit r, der Inkreisradius mit ϱ bezeichnet.

7. Konstruiere ein Dreieck aus den folgenden Stücken!

a) $\alpha = 70°$; $h_c = 8{,}3$ cm; $r = 4{,}6$ cm
b) $\beta = 65°$; $h_a = 6{,}2$ cm; $r = 3{,}7$ cm
c) $c = 8$ cm; $s_c = 8{,}3$ cm; $r = 5{,}5$ cm
d) $a = 6{,}4$ cm; $s_a = 6{,}2$ cm; $r = 4{,}3$ cm
e) $\alpha = 65°$; $\varrho = 2$ cm; $h_c = 5{,}5$ cm
f) $\beta = 58°$; $\varrho = 1{,}8$ cm; $h_a = 4{,}7$ cm

8. Aus $c = 5$ cm; $h_c = 4{,}5$ cm und $\gamma = 52°$ soll ein Dreieck konstruiert werden.
a) Zeichne eine Planfigur! Warum lässt sich kein geeignetes Teildreieck für den Konstruktionsbeginn finden?
b) Ergänze deine Planfigur durch den Umkreis des Dreiecks. Wie kann man M mit Hilfe von γ finden?
c) Erstelle einen Plan! Konstruiere das Dreieck und beschreibe die Konstruktion!
d) Der Kreis und die Parallele zu $\overline{AB}$ im Abstand h_c schneiden sich in zwei Punkten C_1 und C_2. Sind die Dreiecke ABC_1 und ABC_2 kongruent?

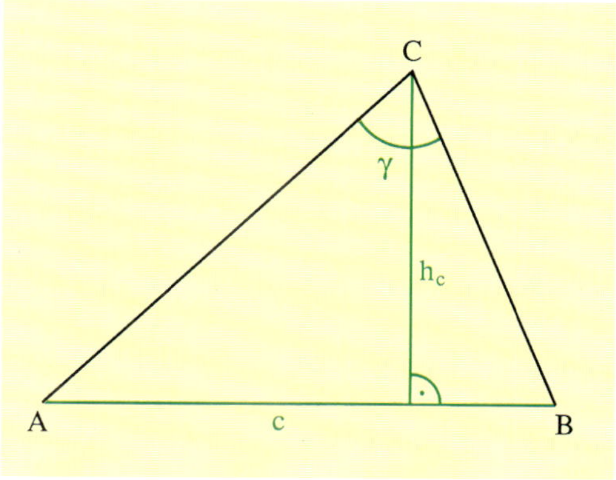

Bild 61

9. Konstruiere ein Dreieck aus den folgenden Stücken! Beachte Aufgabe 8!

a) $c = 5{,}5$ cm; $\gamma = 72°$; $s_c = 3{,}7$ cm
b) $a = 10$ cm; $h_a = 2{,}6$ cm; $\alpha = 123°$
c) $b = 5{,}2$ cm; $s_b = 7{,}6$ cm; $\beta = 27°$
d) $a = 4{,}5$ cm; $s_a = 4{,}5$ cm; $\alpha = 39°$

10. Konstruiere ein Dreieck aus $h_c = 8$ cm; $w_\gamma = 8{,}5$ cm und $s_c = 9$ cm!
Anleitung: Zeige mit Hilfe des Mittelpunktswinkelsatzes, dass der Schnittpunkt P zwischen dem Umkreis eines Dreiecks ABC und der Mittelsenkrechten von $\overline{AB}$ auch auf der Winkelhalbierenden von $\sphericalangle\gamma$ liegt. Konstruiere den Umkreis mit Hilfe dieses Punktes P!

Konstruierbarkeit und Eindeutigkeit

11. a) Konstruiere ein Dreieck aus $c = 3{,}6$ cm, $\beta = 64°$, $w_\alpha = 3{,}4$ cm!
b) Zeige, dass es zwei Dreiecke mit diesen Stücken gibt, die nicht kongruent sind! Woran liegt das?
c) Gibt es Maße für c, β und w_α, aus denen man ein Dreieck eindeutig konstruieren kann?
d) Ist der folgende Satz richtig? Aus den Maßen einer Seite, eines anliegenden Winkels und der Winkelhalbierenden des anderen anliegenden Winkels kann man ein Dreieck in keinem Fall eindeutig konstruieren.

12. Lassen sich aus den folgenden Stücken Dreiecke konstruieren? Begründe deine Antwort!
a) ein Dreieck mit $c = 5$ cm, $\beta = 20°$; $h_a = 7$ cm
b) ein Dreieck mit $a = 6$ cm, $h_a = 5{,}5$ cm, $b = 4{,}5$ cm
c) ein gleichschenkliges Dreieck (Basis $\overline{AC}$) mit $h_b = 6$ cm, $w_\beta = 6$ cm
d) ein gleichschenkliges Dreieck (Basis $\overline{BC}$) mit $h_a = 4$ cm, $s_a = 3{,}5$ cm
e) ein rechtwinkliges Dreieck (Hypotenuse $\overline{AB}$) mit $b = 7$ cm; $w_\alpha = 8$ cm
f) ein rechtwinkliges Dreieck (Hypotenuse $\overline{AC}$) mit $a = 4$ cm; $h_b = 4$ cm

Teildreiecke in geometrischen Körpern

Beispiel

Wie lang ist die Raumdiagonale $\overline{HB}$ in einem Würfel mit der Kantenlänge 2 cm (Bild 62)?

Vorüberlegung: Die Raumdiagonale $\overline{HB}$ liegt in dem Dreieck DBH (Bild 63). $\overline{HD}$ ist als Kante des Würfels 2 cm lang. Bei D liegt ein rechter Winkel, weil hier eine Würfelkante auf die Grundfläche des Würfels trifft. Die Länge von $\overline{DB}$ ist unbekannt, sie kann aber aus dem Dreieck ABD ermittelt werden. Die Seiten $\overline{AB}$ und $\overline{AD}$ sind Kanten des Würfels und haben die Länge 2 cm. Bei A liegt ein rechter Winkel.

Konstruktionsplan: Man konstruiert zuerst das Dreieck ABD nach der Grundaufgabe SWS. Zeichenebene ist also die Ebene, in der die Grundfläche des Würfels liegt. Man erhält durch die Konstruktion die Länge von $\overline{DB}$. Dann konstruiert man das Dreieck DBH nach der Grundaufgabe SWS. Man kann beide Konstruktionen in einer Zeichnung ausführen (Bild 64). Dabei stellt man sich vor, dass das Dreieck DBH in die Zeichenebene geklappt worden ist.

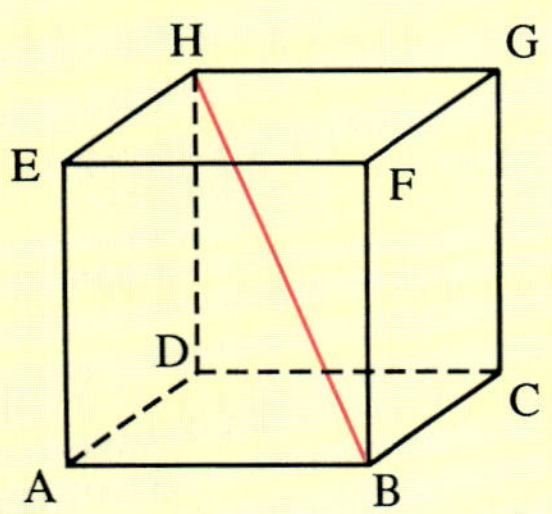

Bild 62

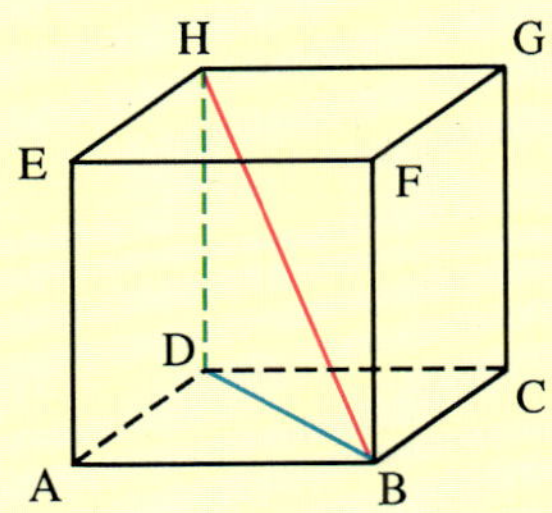

Bild 63

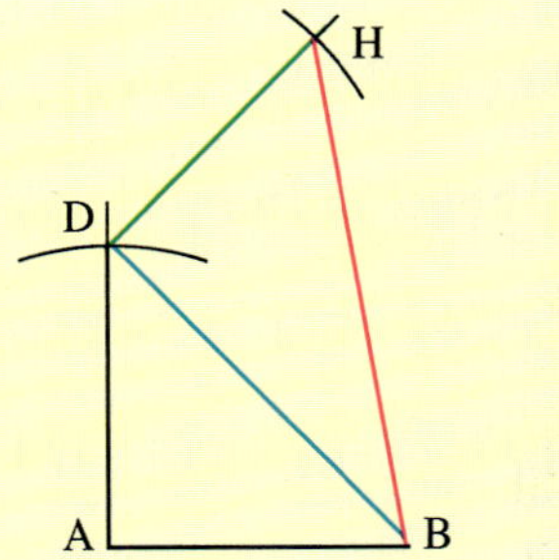

Bild 64

Die Raumdiagonale ist etwa 3,5 cm lang.

13. **a)** Wie viele Raumdiagonalen hat ein Quader?
b) Ein Quader hat die Kantenlängen 3 cm, 4 cm und 5 cm. Fertige für eine Raumdiagonale einen Konstruktionsplan an und führe die Konstruktion durch! Wie lang ist die Raumdiagonale?
c) Sind alle Raumdiagonalen gleich lang?

14. **a)** Bei einer quadratischen Pyramide sind die Seiten des Quadrats 4 cm und die Kanten zur Spitze 3 cm lang. Die Spitze liegt senkrecht über dem Diagonalenschnittpunkt des Quadrats. Wie hoch ist die Pyramide?
b) Eine quadratische Pyramide ist 5 cm hoch. Die Seiten des Quadrats sind 6 cm lang. Wie lang sind die Kanten zur Pyramidenspitze?
c) Eine quadratische Pyramide ist 7 cm hoch, die Höhe einer Seitenfläche beträgt 9 cm. Wie lang sind die Seiten des Quadrats und die Kanten zur Pyramidenspitze?

15. Ein Umzugskarton hat die Kantenlängen 37 cm, 48 cm und 51 cm.
a) Passt ein Bild mit den Kantenlängen 50 cm und 58 cm in den Karton?
b) Passt eine Gardinenstange der Länge 75 cm in den Karton?

§ 10 Einführung der rationalen Zahlen

I. Zwei Sorten von Zahlen

1. Das Thermometer

Bild 1 zeigt ein Thermometer. Die Skala eines Thermometers besteht aus zwei Teilen: einem nach oben gerichteten Zahlenstrahl mit schwarzer Beschriftung und einem nach unten gerichteten Zahlenstrahl mit roter Beschriftung. Die beiden Teile stoßen bei 0 °C (gelesen „null Grad Celsius") aneinander. Dieser **Nullpunkt** der Temperaturskala ist der Gefrierpunkt des Wassers.

Das Thermometer in Bild 1 zeigt eine Temperatur im roten Bereich, also unter null an, und zwar −5 °C, gelesen „minus 5 Grad Celsius".

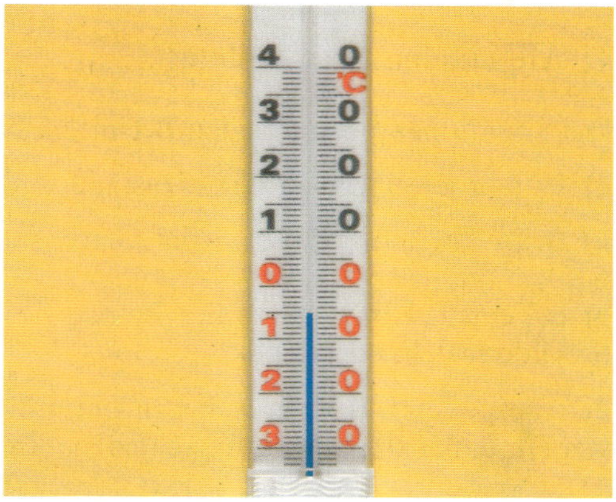

Bild 1

2. Kontoauszüge

Vielleicht hast du schon einmal die Redensart gehört: Die Firma X ist „in die roten Zahlen gekommen". Diese Redensart rührt daher, dass früher z. B. bei Kontoauszügen Guthaben („Haben") in schwarzer, Schulden („Soll") dagegen in roter Farbe geschrieben wurden. Ein **Beispiel** eines solchen Kontoauszuges zeigt Bild 2. Mache dir klar, wie der neue Kontostand (Saldo) in der letzten Spalte zustande kommt!

Konto 452 — Vorderseite Blatt Nr. 13 — Friedhelm Krüger, Köln — A/310

	alter Saldo	Gutschrift	Lastschrift	Neuer Saldo
2. 3.	1480,25	339,75	—	1820,–
8. 3.	1820,–	—	1500,–	320,–
10. 3.	320,–	—	780,–	460,–
12. 3.	460,–	258,50	—	201,50
17. 3.	201,50	—	360,40	561,90
19. 3.	561,90	751,20	—	189,30

Bild 2

Bemerkung: Heute werden von den Geldinstituten meist Tageskontoauszüge erstellt. Schulden werden nicht mehr in roter Farbe ausgedruckt, sondern durch das Wort **„Soll"** (S) gekennzeichnet. Entsprechend ist bei einem Guthaben das Wort **„Haben"** (H) angegeben.

3. Zwei Zahlenarten

Die behandelten Beispiele zeigen, dass es im täglichen Leben Situationen gibt, die man weder mit natürlichen Zahlen noch mit Bruchzahlen (Dezimalzahlen) allein vollständig erfassen kann, bei denen man zur Beschreibung vielmehr außer diesen Zahlen noch eine andere Zahlenart benötigt. So wäre z. B. beim Kontoauszug in Bild 2 für die dritte Buchung am 10. 3. zu rechnen:

$$320 - 780 = ?$$

Diese Subtraktionsaufgabe hat in der Menge $\mathbb{B}$ aber keine Lösung, weil $320 < 780$ ist. Man benötigt außer den „schwarzen Zahlen" noch eine andere Zahlenart, die „roten Zahlen", um die Situation beschreiben zu können; es ist dann

$$320 - 780 = \color{red}{460}.$$

Wir werden auf diese Rechnung noch zurückkommen.

Ein weiteres **Beispiel** dieser Art ist übrigens allen Skatspielern vertraut: diese sprechen bei der Abrechnung der Spiele von „Guten" und von „Miesen".

4. Allgemeine Beschreibung

Die Situationen in den beiden Beispielen haben folgende gemeinsame Eigenschaften:

1) Es gibt jeweils einen **Grundzustand**, der durch die Zahl 0 erfasst wird:

a) Beim Thermometer ist es der Gefrierpunkt des Wassers, dem das Maß 0 °C zugeordnet wird;
b) bei einem Konto ist es der Betrag von 0 €, der bedeutet, dass weder Guthaben noch Schulden vorhanden sind.

2) Alle anderen Zustände liegen entweder **„über"** oder **„unter"** dem Grundzustand; sie werden daher durch zwei verschiedene Zahlenarten erfasst:

> Eine **„schwarze Zahl"** zeigt an, dass der Zustand **über dem Grundzustand** liegt; eine **„rote Zahl"** zeigt an, dass der Zustand **unter dem Grundzustand** liegt.

Aufgaben und Beispiele

Zum Einstieg
Katja und Stephan entdecken im Hamburger Hafen eine Messlatte. Stephan liest ab: „Das Wasser steht 70 cm hoch." „Das kann doch gar nicht sein bei dem Tiefgang der Schiffe hier", erwidert Katja, „70 cm steht doch auch auf der Messlatte viel weiter oben."

Bild 3

1. Die Messlatte in Bild 3 zeigt bei Ebbe 100 cm (rot), bei Flut 180 cm (schwarz) und bei der nächsten Ebbe 135 (rot). Um wie viel ist das Wasser zunächst gestiegen und dann gefallen?

2. Auf einer Anzeigetafel über einer Fahrstuhltür (Bild 4) kann man erkennen, in welchem Stockwerk der Fahrstuhl sich gerade befindet.

Bild 4

a) Wo befindet sich der Fahrstuhl, wenn er vom 1. Untergeschoss um 7 Stockwerke nach oben gefahren ist?
b) Wo befindet sich der Fahrstuhl, wenn er vom 5. Obergeschoss um 8 Stockwerke nach unten gefahren ist?
c) Wo befindet sich der Fahrstuhl, wenn er vom 1. Untergeschoss um zwei Stockwerke nach oben (nach unten) gefahren ist?

3. Der Wasserspiegel des Toten Meeres liegt 395 m unter Normal-Null (NN). Die folgende Tabelle gibt die Höhe einiger Orte in Israel über NN an.

Jerusalem	800 m
Hebron	1020 m
Tel Aviv	0 m
Nazareth	480 m

a) Um wie viel Meter liegen diese Orte höher als das Tote Meer?
b) Das Tote Meer ist 399 m tief. Berechne die Ortshöhe des Meeresgrundes!

4. Berechne den Höhenunterschied zwischen den einzelnen Bergen und Tiefseegräben!

Berg	Höhe
Zugspitze	2963 m
Montblanc	4810 m
Mount Everest	8848 m

Tiefseegraben	größte Tiefe
Puerto-Rico-Graben	9219 m
Kurilengraben	10542 m
Marianengraben	11022 m

5. In Garmisch-Partenkirchen (Bild 5) beträgt die durchschnittliche Temperatur im Juli 16,4 °C und im Januar −2,5 °C.
Wie groß ist der Unterschied der beiden Durchschnittstemperaturen?

Bild 5

6. a) Der römische Kaiser Tiberius wurde im Jahre 42 v. Chr. geboren; er wurde ungefähr 79 Jahre alt. In welchem Jahr ist er gestorben?
b) Der römische Schriftsteller Livius ist im Jahre 17 n. Chr. im Alter von ungefähr 75 Jahren gestorben. In welchem Jahr ist er geboren?

7. Die Stadt Rom wurde der Sage nach 753 v. Chr. gegründet. Wann konnten die Römer die folgenden Jahrestage der Stadtgründung feiern?
a) 150 **b)** 500 **c)** 1000 **d)** 1500 **e)** 2000
Wie alt ist Rom heute?

8. Bei einem Fußballturnier ergibt sich nach vier Spielen jeder Mannschaft der folgende Tabellenstand.

Verein	Punkte	Tordifferenz
Angerburg	7:1	7
Baumhof	5:3	5
Dornheim	4:4	−2
Eberswald	0:8	−10

Die beiden letzten Spielrunden bringen die folgenden Ergebnisse:

Angerburg – Dornheim 3:1;
Baumhof – Eberswald 5:2;
Baumhof – Angerburg 2:1;
Eberswald – Dornheim 4:3.

Ermittle den Endstand der Tabelle!

II. Erweiterung des Zahlenstrahls zur Zahlengeraden

1. Zusammenfügung zweier Zahlenstrahlen

Bei den Beispielen des vorigen Abschnitts kann man jeden Zustand auf zwei an ihren Nullpunkten zusammenstoßenden Zahlenstrahlen darstellen. In der Regel zeichnen wir diese Zahlenstrahlen waagerecht und tragen die schwarzen Zahlen nach rechts, die roten Zahlen nach links ab (Bild 6).

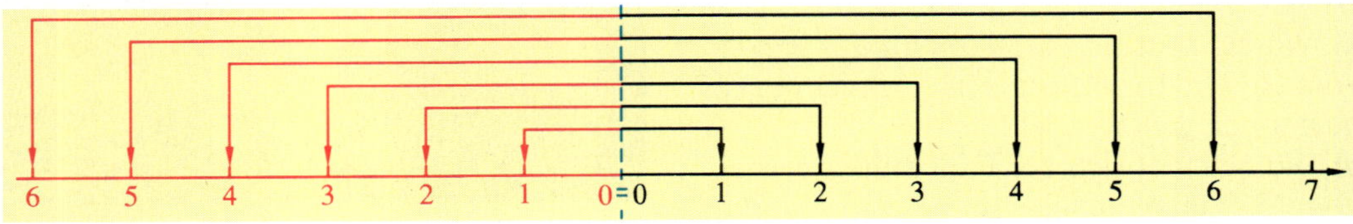

Bild 6

Man kann sich diese **Zahlengerade** auch dadurch entstanden denken, dass man den nach rechts gerichteten **Zahlenstrahl am Nullpunkt spiegelt**. Zu jeder schwarzen Zahl ergibt sich dann als **„Bild"**, als **„Gegenzahl"**, die entsprechende rote Zahl. Umgekehrt kann auch jede schwarze Zahl als **„Bild"**, als **„Gegenzahl"** der entsprechenden roten Zahl aufgefasst werden.

Beispiele

1) 3 ist die Gegenzahl zu 3; **2)** 3 ist aber auch die Gegenzahl zu 3.

Da der ursprüngliche Strahl am Nullpunkt gespiegelt wird, gilt:

$$0 = 0,$$

die Zahl 0 ist also ihre eigene Gegenzahl.

2. Einbeziehung der Bruchzahlen

In Bild 6 haben wir nach rechts nur Punkte markiert, die zu **natürlichen** Zahlen gehören; wir wissen aber, dass man auch **alle** Bruchzahlen auf einem Zahlenstrahl darstellen kann. Durch die Spiegelung ergibt sich dann auch zu jeder schwarzen Bruchzahl als **Gegenzahl** eine rote Bruchzahl.

In Bild 7 sind z.B. die Zahlen $\frac{1}{2}$ und $\frac{1}{2}$; $\frac{5}{3}$ und $\frac{5}{3}$; 3,4 und 3,4 markiert.

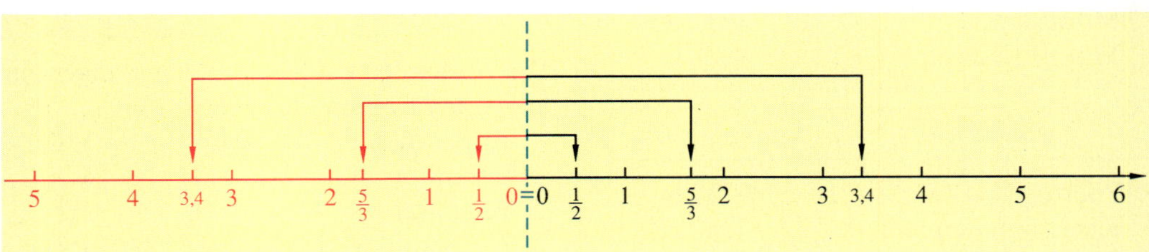

Bild 7

3. Positive und negative Zahlen

In der Mathematik spricht man – wie du sicher schon weißt – nicht von schwarzen und von roten Zahlen, sondern von

„positiven Zahlen" und von **„negativen Zahlen"**.

Man kennzeichnet die **negativen Zahlen** in der Mathematik in der Regel nicht durch rote Schrift, sondern durch ein vor das Zahlzeichen gesetztes **Minuszeichen**.

Beispiele

1) -2, gelesen „minus zwei"

2) $-\frac{3}{4}$, gelesen „minus drei Viertel"

Man nennt dieses Minuszeichen ein **„Vorzeichen"**. Das Minuszeichen als Vorzeichen muss sorgfältig unterschieden werden vom Minuszeichen als **Rechenzeichen**, als Subtraktionszeichen, wie es z. B. in der Gleichung

$$7-3=4$$

auftritt. Entsprechend kennzeichnet man gelegentlich auch die **positiven Zahlen** durch ein **Vorzeichen**, nämlich durch ein vor das Zahlzeichen gesetztes **Pluszeichen**.

Beispiele

1) $+3$, gelesen „plus drei"

2) $+\frac{2}{5}$, gelesen „plus zwei Fünftel"

Nun ist aber $+3=3$ und $+\frac{2}{5}=\frac{2}{5}$. Das Pluszeichen ist als Vorzeichen also überflüssig; daher werden wir in diesem Buch in der Regel auf das Pluszeichen als Vorzeichen verzichten. Dadurch vermeiden wir außerdem, dass neben dem Minuszeichen auch noch das Pluszeichen in doppelter Bedeutung verwendet wird.

In Bild 8 ist die Zahlengerade mit den neuen Bezeichnungen versehen.

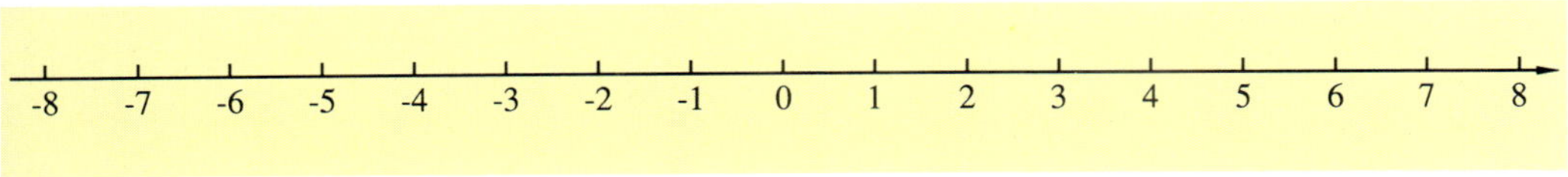

Bild 8

Beachte, dass $-0=0$ ist! Wir rechnen die Zahl 0 aber weder zu den positiven noch zu den negativen Zahlen. Wenn wir die Zahl 0 zu den positiven Zahlen hinzunehmen, sprechen wir von den „nicht negativen Zahlen".

4. Die Menge der rationalen Zahlen

Wir fassen nun alle positiven, alle negativen Bruchzahlen und die Zahl 0 zu einer neuen Zahlenmenge zusammen, zur Menge $\mathbb{Q}$ der **„rationalen Zahlen"**. Entsprechend fassen wir auch die natürlichen Zahlen mit ihren Gegenzahlen zur Menge $\mathbb{Z}$ der **„ganzen Zahlen"** zusammen; es gilt:

$$\mathbb{Z}=\{0; 1; -1; 2; -2; 3; -3; 4; -4 \ldots\}.$$

Die Zahlen $-1, -2, -3, -4, \ldots$ heißen **„negative ganze Zahlen"**.

5. Erweiterung des Koordinatensystems

Auch bei einem Koordinatensystem können wir die beiden Zahlenstrahlen jetzt zu zwei Zahlengeraden erweitern (Bild 9). Man bezeichnet die von links nach rechts verlaufende Zahlengerade als **„x-Achse“**, die dazu senkrechte als **„y-Achse“**.

Die Ebene wird durch ein Koordinatensystem in vier Bereiche aufgeteilt, die man **„Quadranten“** nennt. Durch jedes Paar (x | y) rationaler Zahlen wird eindeutig ein Punkt P der Ebene festgelegt. Man nennt die Zahlen x und y die **„Koordinaten“** des Punktes P und schreibt: P(x | y).

Sind beide Koordinaten positiv, so liegt der Punkt im I. Quadranten, z. B. P(2 | 3).

Ist die erste Koordinate negativ, die zweite positiv, so liegt der Punkt im II. Quadranten, z. B. Q(−2 | 1).

Sind beide Koordinaten negativ, so liegt der Punkt im III. Quadranten, z. B. R(−3 | −2).

Ist die erste Koordinate positiv, die zweite negativ, so liegt der Punkt im IV. Quadranten, z. B.: S(1 | −3).

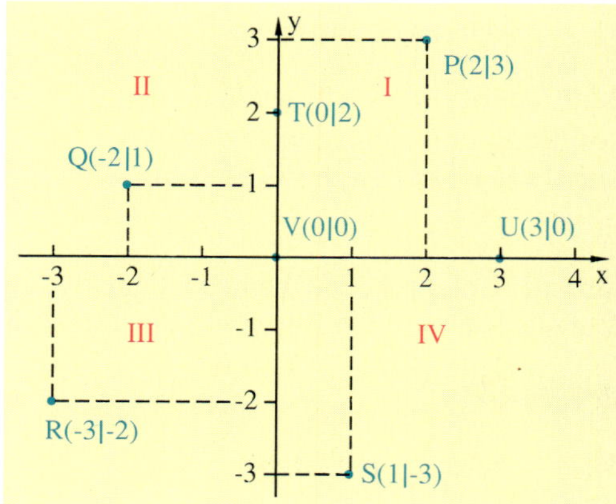

Bild 9

Ist die erste Koordinate die Zahl 0, so liegt der Punkt auf der y-Achse, z. B. T(0 | 2).

Ist die zweite Koordinate die Zahl 0, so liegt der Punkt auf der x-Achse, z. B. U(3 | 0).

Zum Nullpunkt gehört das Paar (0 | 0).

Beachte, dass es auf die Reihenfolge der Koordinaten ankommt!

6. Ausführbarkeit der Subtraktion

Bisher hatte eine Subtraktionsaufgabe der Form a − b sowohl bei natürlichen Zahlen wie bei Bruchzahlen kein Ergebnis, wenn $a < b$ ist. Dieses Problem ist durch die Einführung der negativen Zahlen gelöst.

Beispiel

Am Abend zeigt das Thermometer 4 °C. In der Nacht fällt die Temperatur um 9 °C. Welche Temperatur zeigt das Thermometer am Morgen?

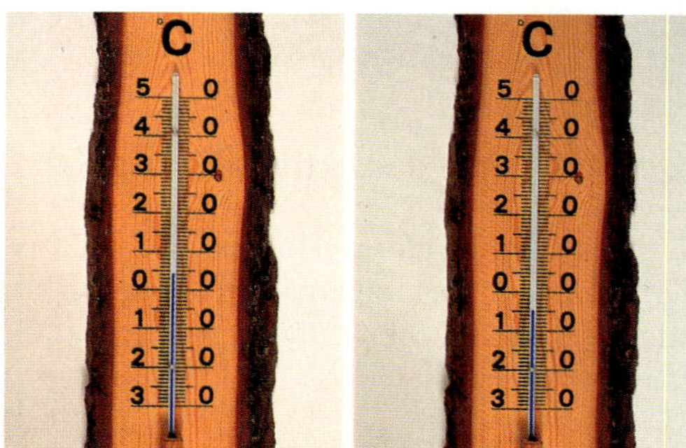

Bild 10

Die Morgentemperatur liegt im negativen Bereich bei $-5\,°C$.

Es gilt:

$$4\,°C - 9\,°C = -5\,°C; \quad \text{also} \quad 4 - 9 = -5.$$

Man erkennt, dass man folgendermaßen rechnen kann:

$$4 - 9 = -(9 - 4) = -5.$$

Allgemein gilt für zwei Bruchzahlen a und b, wenn $a < b$ ist:

$$\mathbf{a - b = -(b - a).}$$

Beispiele

1) $7 - 13 = -(13 - 7) = -6$

2) $6{,}3 - 15{,}8 = -(15{,}8 - 6{,}3) = -9{,}5$

7. Die Darstellung rationaler Zahlen durch Pfeile

Zur Darstellung rationaler Zahlen haben wir bisher vor allem die Zahlengerade verwendet. Man erhält z.B. den Punkt zur Zahl 3, indem man vom Nullpunkt aus eine Strecke von 3 Längeneinheiten nach **rechts** abträgt. Entsprechend ergibt sich der Punkt zur Zahl -3 dadurch, dass man eine gleich lange Strecke vom Nullpunkt aus nach **links** abträgt.

Diesen Unterschied kann man dadurch erfassen, dass man die beiden Strecken mit einer Pfeilspitze versieht: Die Zahl 3 wird dann durch einen **nach rechts gerichteten Pfeil**, die Zahl -3 durch einen gleich langen **nach links gerichteten Pfeil** dargestellt (Bild 11).

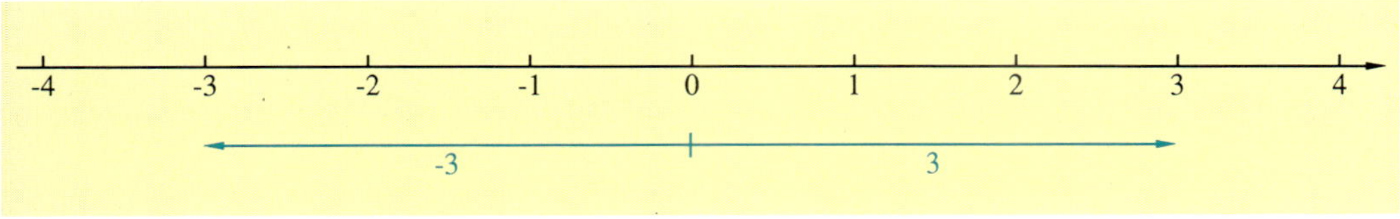

Bild 11

Man hat vereinbart, dass man jeden solchen Zahlenpfeil auch nach links bzw. nach rechts verschieben kann. Bei Zahlenpfeilen kommt es also nur auf die Länge, die Richtung (parallel zur Zahlengeraden) und auf die Orientierung (nach rechts oder nach links) an, nicht aber auf die Lage. Deshalb stellen alle schwarzen Pfeile in Bild 12 die Zahl 4,2, alle roten Pfeile die Zahl $-2{,}6$ dar.

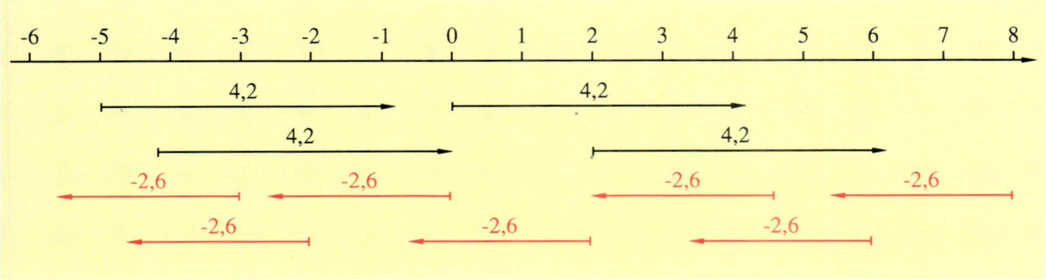

Bild 12

Aufgaben und Beispiele

Zum Einstieg

Eva und Martin spielen ein Würfelspiel (Bild 13) mit einem Spielstein, der zu Beginn auf dem Feld 0 steht. Sie würfeln abwechselnd und rücken jeweils um die geworfene Augenzahl: Eva nach rechts, Martin nach links. Wer zuerst ein Feld mit der Beschriftung 7 erreicht hat oder noch weiter ziehen könnte, hat gewonnen. Wer das Feld 0 erreicht, darf noch einmal würfeln.

Bild 13

a) Notiere den folgenden Spielverlauf durch die Angabe der Felder, auf denen sich der Spielstein nacheinander befindet! Eva würfelt 2, Martin 3, Eva 5, Martin 3, Eva 6.
b) Welche Zahlen haben die beiden geworfen, wenn sich der Spielstein nacheinander auf folgenden Feldern befand: 0; 5; 3; 4; 2; 0; 1; 4; 2; 7?

1. Bestimme die zugehörige Gegenzahl!
a) 5 **b)** -3 **c)** 1000 **d)** -190 **e)** 0 **f)** $\frac{1}{2}$ **g)** $-4\frac{1}{2}$ **h)** $-0{,}9$

2. Zeichne die Zahlengerade von -5 bis 5. Markiere darauf die Zahlen
3; -4; $\frac{1}{2}$; $-\frac{5}{2}$; $-0{,}3$; 3,2; $-4{,}9$; $-2{,}3$!

3. Die folgende Tabelle zeigt den Stand eines Thermometers zu verschiedenen Tageszeiten. Berechne jeweils, um wie viel Grad die Temperatur zwischen den einzelnen Messungen gestiegen oder gefallen ist! Wie groß ist der Unterschied zwischen dem höchsten und dem niedrigsten Wert?

	0 h	3 h	6 h	9 h	12 h	15 h	18 h	21 h	24 h
a)	−2 °C	−5 °C	−7 °C	−3 °C	2 °C	4 °C	3 °C	−2 °C	−5 °C
b)	−3,5 °C	−7,7 °C	−8,6 °C	−5,9 °C	−1,2 °C	−2,3 °C	−1,8 °C	−2,2 °C	−3,0 °C

Rationale Koordinaten

4. Zeichne ein Koordinatensystem und trage die angegebenen Punkte ein!
a) P(2|0); Q(0|−3); R(5|−2); S(−2|−5); T(−3|4)
b) P(3|−3); Q(−4|4); R(−1,5|−1,5); S(2|6); T(−6|2)
c) P(−4|3); Q(−2|−3); R(0|1); S(2|−3); T(4|3)
d) P(−5,5|−2); Q(−3|1,5); R(−1,25|−2,75); S(2|2,5); T(4,5|−3,5).

5. Zeichne ein Koordinatensystem! Liegen die angegebenen Punkte auf einer Geraden?
a) P(4|2); Q(1|1); R(−2|−1); S(−4|−2) **b)** P(−5|1); Q(−2|−1); R(2|−3); S(4|−5)
c) P(−8|3); Q(−2|0); R(0|−1); S(4|−3) **d)** P(−4|−4); Q(−2|−1); R(−1|1); S(1|4)

6. Welche Koordinaten haben die Punkte in Bild 14 **a)**, **b)** und **c)**?

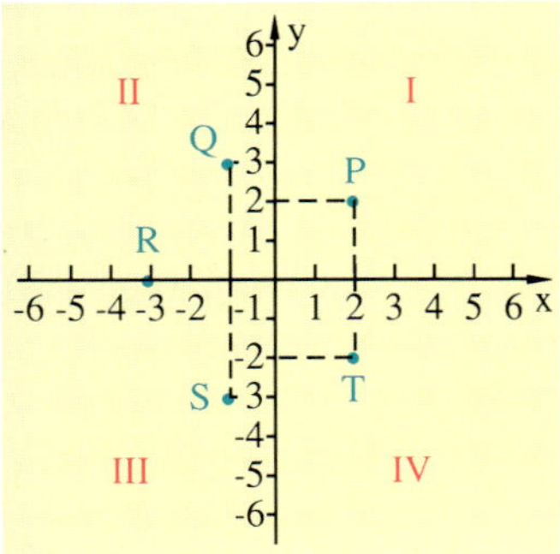

Bild 14a

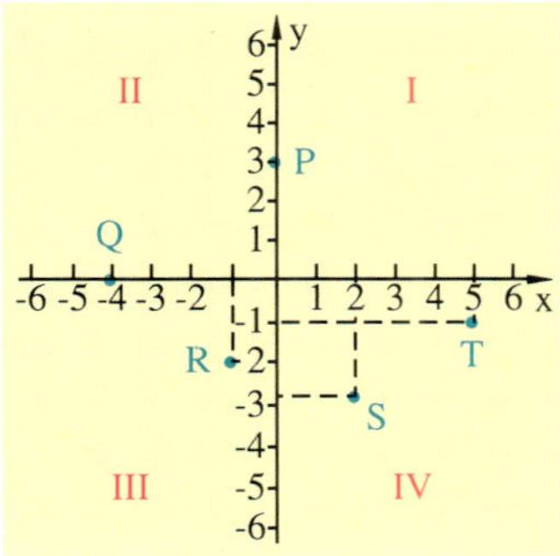

Bild 14b

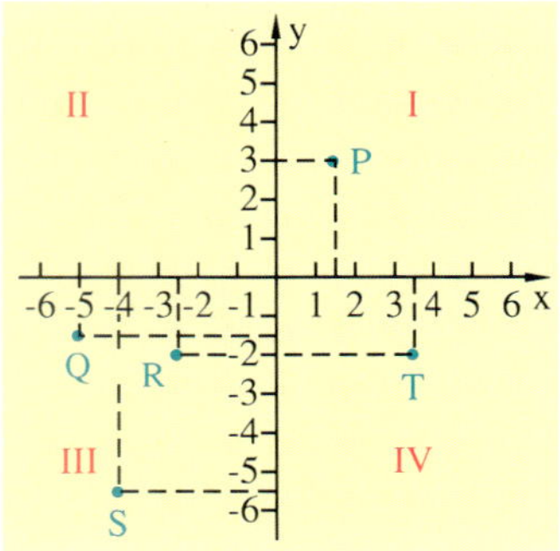

Bild 14c

7. Zeichne sieben Punkte in ein Koordinatensystem, die vom Punkt P(0|0) den gleichen Abstand haben wie der Punkt Q, und notiere ihre Koordinaten!
a) Q(1|4) **b)** Q(2|−3) **c)** Q(−2|1) **d)** Q(−3|−4)

Ausführbarkeit der Subtraktion

8. a) Ein Thermometer zeigt am Morgen −7,5 °C. Bis zum Nachmittag steigt die Temperatur um 10 °C.
b) Ein Thermometer zeigt am Abend 5 °C. In der Nacht fällt die Temperatur um 12,5 °C.

9. Claudia, Hans und Karl spielen Skat. Die ersten Spiele haben die folgenden Ergebnisse: Claudia gewinnt 22 Punkte, Karl verliert 48 Punkte, Claudia verliert 46 Punkte, Hans gewinnt 60 Punkte, Karl gewinnt 55 Punkte, Hans verliert 72 Punkte.
a) Wie ist der Spielstand?
b) Wie viel Punkte muss Claudia (Hans) im nächsten Spiel mindestens gewinnen, um in Führung zu gehen?

Bild 15

10. Ein Kaufmann hat auf seinem Bankkonto ein Guthaben von 65 500 €. Er will zwei Rechnungen in Höhe von 17 000 € und 49 000 € begleichen. Um wie viel € muss er sein Konto überziehen?

11. Eine Firma hat auf einem ihrer Konten ein Guthaben von 13 500 €.
Übertrage die folgende Tabelle in dein Heft und berechne die Kontostände für die einzelnen Tage!

Datum	31.5.	1.6.	2.6.	3.6.	4.6.	7.6.	8.6.	9.6.	10.6.
Gutschrift in €	–	730	–	20	–	10 800	–	290	19 000
Lastschrift in €	–	–	8700	5500	1930	9200	950	100	–
Kontostand	13 500								

12. Berechne!

a) $10 - 12$ **b)** $5 - 15$ **c)** $8 - 21$ **d)** $12 - 19$ **e)** $19 - 12$ **f)** $7{,}2 - 8{,}3$ **g)** $19{,}9 - 20$
h) $5{,}8 - 8{,}5$ **i)** $0{,}02 - 0{,}2$ **j)** $\frac{1}{4} - \frac{3}{4}$ **k)** $\frac{1}{4} - \frac{1}{2}$ **l)** $\frac{1}{3} - \frac{1}{2}$ **m)** $\frac{5}{6} - \frac{6}{5}$ **n)** $\frac{13}{4} - \frac{27}{8}$

Darstellung rationaler Zahlen durch Pfeile

13. Stelle die folgenden Zahlen und ihre Gegenzahlen durch je drei Pfeile dar!

a) 5 **b)** -7 **c)** $\frac{3}{4}$ **d)** $-\frac{7}{3}$ **e)** $4{,}2$ **f)** $-3{,}5$ **g)** $2{,}8$ **h)** $1{,}25$ **i)** $-0{,}5$

14. Welche Zahlen stellen die Pfeile in Bild 16 dar?

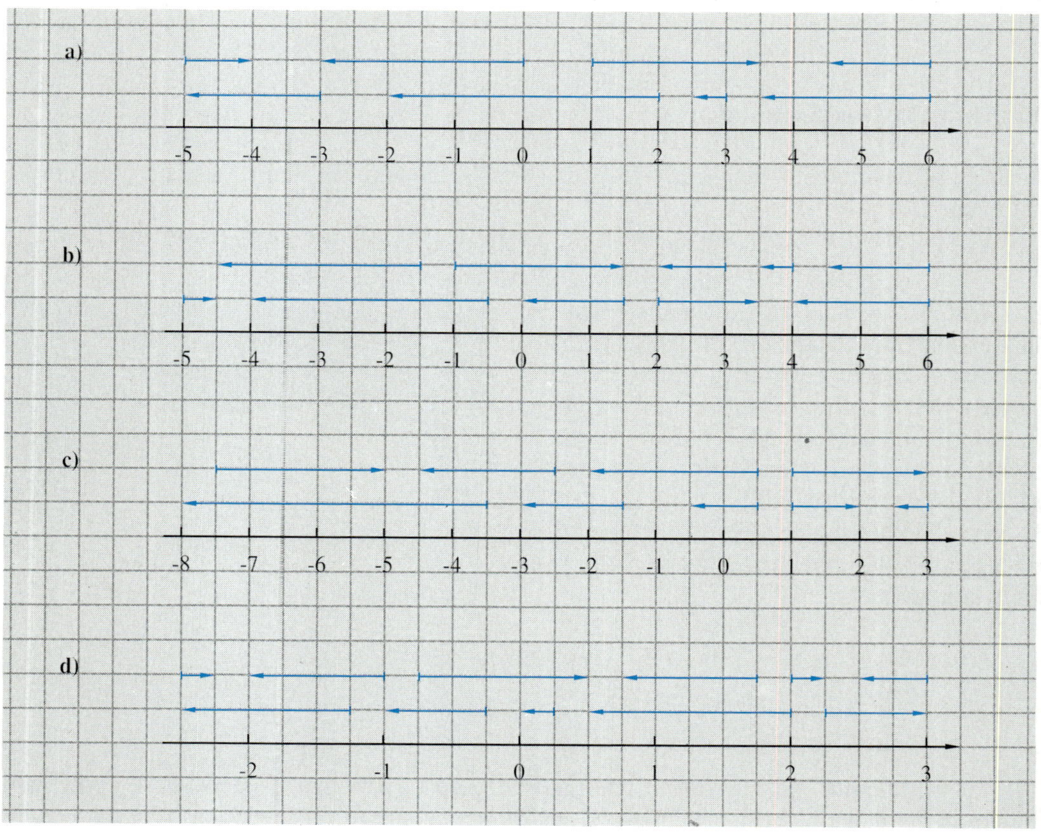

Bild 16

III. Zahlen und ihre Gegenzahlen

1. Bezeichnung der Gegenzahlen rationaler Zahlen

Wir haben oben erörtert, dass z. B.

die Zahl -3 Gegenzahl der Zahl 3, aber auch umgekehrt
die Zahl 3 Gegenzahl der Zahl -3 ist.

Man müsste eigentlich ein besonderes Zeichen für die Gegenzahl zu einer gegebenen rationalen Zahl einführen. Man könnte etwa schreiben $\bar{a}$, gelesen „a quer". Dann wäre z. B.

$$\bar{3} = -3 \quad \text{und} \quad \overline{(-3)} = 3.$$

Da $\bar{3} = -3$ ist, hat man vereinbart, dass das vorgesetzte Minuszeichen auch als Zeichen dafür aufgefasst werden kann, dass die Gegenzahl zur Zahl 3 gemeint ist. Daher kennzeichnet man auch bei negativen Zahlen die Gegenzahl durch ein vorgesetztes Minuszeichen, schreibt also z. B.

$$-(-3) = 3.$$

Allgemein bezeichnet man die Gegenzahl zu einer rationalen Zahl a mit „$-a$", gelesen „minus a".

Nach dieser Vereinbarung bezeichnet man die Gegenzahl zu einer Zahl $-a$ mit „$-(-a)$"; da zwei Zahlen wechselseitig Gegenzahlen voneinander sind, gilt allgemein: $-(-a) = a$.

Es gilt der Satz:

Für jede rationale Zahl gilt: $-(-a) = a$.

Beispiele

1) Für $a = 6$ gilt: $-(-6) = 6$.

2) Für $a = -8$ gilt: $-[-(-8)] = -8$.

2. Drei verschiedene Bedeutungen des Minuszeichens

Das **Minuszeichen** hat nach obiger Vereinbarung **drei verschiedene Bedeutungen**; es wird verwendet:

1) als **Rechenzeichen** zur Kennzeichnung der Subtraktion, z. B. bei „$5 - 3$";

2) als **Vorzeichen** zur Kennzeichnung von negativen Zahlen, z. B. bei „-7";

3) als Zeichen für die **Gegenzahl** einer Zahl, z. B. bei „$-(-5)$" und auch bei „-7".

Beim Zeichen „-7" kann das Minuszeichen also sowohl als Vorzeichen wie auch als Zeichen für die Gegenzahl zur Zahl 7 aufgefasst werden.

3. Steht −a stets für eine negative Zahl?

Wenn ein Minuszeichen vor einer Variablen steht (z.B. vor a), so kennzeichnet es in aller Regel die **Gegenzahl** der betreffenden Zahl a. „−a" bezeichnet also die **Gegenzahl zur Zahl a**.

Steht a für eine rationale Zahl, so kann diese Zahl positiv, negativ oder 0 sein, daher kann dann auch −a für eine negative, für eine positive Zahl oder für die Zahl 0 stehen.

Beispiele

1) Ist $a = \frac{3}{4}$, so ist $-a = -\frac{3}{4}$, also eine negative Zahl.

2) Ist $a = -\frac{5}{7}$, so ist $-a = -\left(-\frac{5}{7}\right) = \frac{5}{7}$, also eine positive Zahl.

3) Ist $a = 0$, so ist $-a = 0$.

Allgemein gilt:

> Ist a positiv, so ist −a negativ; ist a negativ, so ist −a positiv.

Es ist also **nicht richtig**, wenn man meint, das Zeichen „−a" stünde in jedem Fall für eine negative Zahl. Diese (häufig anzutreffende) irrige Vorstellung rührt daher, dass das Minuszeichen bei „−a" wie bei „−2" als Vorzeichen aufgefasst wird, während tatsächlich „−a" als Zeichen für die Gegenzahl zur Zahl a zu verstehen ist.

4. Der Betrag einer rationalen Zahl

Die Punkte, die auf der Zahlengeraden eine Zahl a und ihre Gegenzahl −a darstellen, sind **vom Nullpunkt gleich weit entfernt**. Dies entspricht der Tatsache, dass die Pfeile, durch die die Zahlen a und −a dargestellt werden, die **gleiche Länge** haben.

Diese gemeinsame Länge der beiden Pfeile nennt man den **„Betrag"** der beiden Zahlen. Man schreibt den Betrag einer Zahl a in der Form **„|a|"**, gelesen **„a Betrag"** oder **„a absolut"**.

Beispiele

1) $|3| = 3$

2) $|-5| = 5$

3) $|-\frac{3}{7}| = \frac{3}{7}$

4) $|1{,}73| = 1{,}73$

5) $|0| = 0$

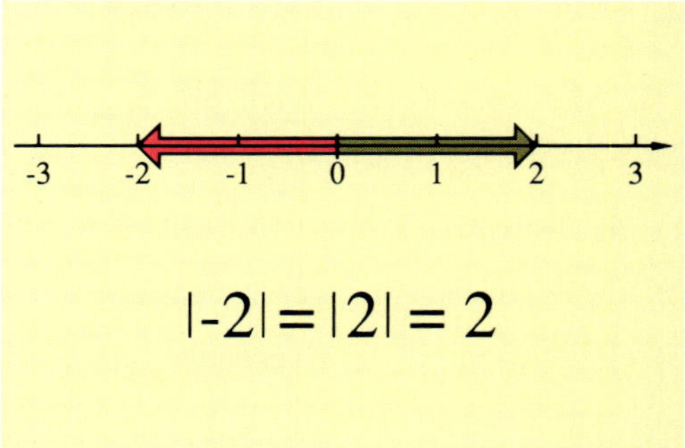

Bild 17

Aufgaben und Beispiele

Zahlen und ihre Gegenzahlen

1. Bestimme die zugehörige Gegenzahl!

a) -5 **b)** 14 **c)** -27 **d)** 0
e) $\frac{13}{17}$ **f)** $-\frac{12}{13}$ **g)** $\frac{7}{19}$ **h)** $-\frac{14}{23}$
i) $-9{,}4$ **j)** $0{,}05$ **k)** $-4{,}\overline{8}$ **l)** $1{,}234$

2. Welche Bedeutung haben die Minuszeichen in den folgenden Ausdrücken? Welche Minuszeichen können zwei Bedeutungen haben?

a) $-0{,}05$ **b)** $10-7$ **c)** $-(-20)$
d) -0 **e)** $8-(-6)$ **f)** $-2-8$
g) $-a$ **h)** $a-b$ **i)** $-a+b$

3. Bestimme die Zahl $-a$!

a) $a=-5$ **b)** $a=0$ **c)** $a=7{,}5$
d) $a=-3{,}8$ **e)** $a=-(-3)$ **f)** $a=-(-1{,}4)$

4. Nenne je drei Zahlen a, für die gilt:

a) a ist negativ;
b) $-a$ ist negativ;
c) $-a$ ist positiv!

5. Für welche rationalen Zahlen gilt die angegebene Gleichung?

a) $a=-a$ **b)** $-(-a)=a$
c) $a+(-a)=0$ **d)** $a+a=0$

Zum Betrag einer Zahl

6. Zeichne je drei Pfeile zu a und zu $-a$!

a) $|a|=2$ **b)** $|a|=3{,}5$
c) $|a|=0{,}5$ **d)** $|a|=2{,}6$

7. Welchen Betrag haben die folgenden Zahlen?

a) $2;\ -4;\ 7;\ 0;\ -5;\ -\frac{1}{3};\ 4\frac{1}{2}$
b) $0{,}1;\ -0{,}01;\ -13{,}1;\ 25{,}2;\ -61{,}8;\ -2001$

8. Zeichne einen Zahlenstrahl von -5 bis 5 und markiere alle Zahlen a, für die gilt:

a) $|a|=1$; **b)** $|a|=3{,}5$;
c) $|a|=0$; **d)** $|a|=\frac{3}{2}$.

9. Welche Zahlen haben den angegebenen Betrag?

a) $5;\ 0{,}5;\ 0{,}8;\ 6{,}3;\ 0;\ 4$
b) $0{,}02;\ 123{,}45;\ 8{,}333;\ 100{,}01$

10. Begründe, dass für jede rationale Zahl gilt: $|a|=0$ oder $|a|$ ist positiv!

11. Bestimme je drei rationale Zahlen, für die die angegebene Gleichung gilt, und je drei rationale Zahlen, für die die angegebene Gleichung nicht gilt.

a) $|a|=a$ **b)** $|a|=-a$
c) $|a-1|=1-a$ **d)** $|a+1|=a+1$

12. Bestätige durch Einsetzen der Zahlen $3;\ 1{,}7;\ -5;\ -3{,}3;\ 0;\ \frac{3}{4}$ und $-\frac{5}{4}$, dass gilt:

$$|a|=a, \quad \text{falls } a\geq 0 \text{ ist,}$$
$$|a|=-a, \quad \text{falls } a<0 \text{ ist!}$$

Beispiel

Für $a=-7$ gilt: $|a|=|-7|=7$
und $-a=-(-7)=7$,
also $|a|=-a$.

13. Für den Betrag einer rationalen Zahl a gilt nach Aufgabe 12:

$$|a|=\begin{cases} a, & \text{falls } a\geq 0 \text{ ist,}\\ -a, & \text{falls } a<0 \text{ ist.}\end{cases}$$

Bestimme mit Hilfe dieser Beziehung die Beträge der Zahlen $8;\ -15;\ 4{,}5;\ -7{,}8;\ \frac{3}{2}$ und $-\frac{4}{5}$!

14. Für den Betrag einer rationalen Zahl a gilt nach Aufgabe 12:

$$|a|=\begin{cases} a, & \text{falls } a\geq 0 \text{ ist,}\\ -a, & \text{falls } a<0 \text{ ist.}\end{cases}$$

Forme den Term so um, dass kein Betragszeichen mehr vorkommt! Gib für jeden der beiden Fälle ein Zahlenbeispiel an!

Beispiel

$$|2a-6|=\begin{cases} 2a-6 & \text{für } 2a-6\geq 0 \text{ ist,}\\ -(2a-6) & \text{für } 2a-6<0 \text{ ist,}\end{cases}$$

also

$$|2a-6|=\begin{cases} 2a-6 & \text{für } 2a\geq 6, \text{ also für } a\geq 3,\\ -(2a-6) & \text{für } 2a<6, \text{ also für } a<3.\end{cases}$$

Zahlenbeispiele:

1) Für $a=7$ gilt: $|2\cdot 7-6|=14-6=8$.
2) Für $a=-2$ gilt: $|2\cdot(-2)-6|=6-2\cdot(-2)$
$=6+4=10$.

a) $|a-1|$ **b)** $|1-a|$ **c)** $|1+a|$
d) $|3-a|$ **e)** $|4a-12|$ **f)** $|6-3a|$

IV. Größenvergleich rationaler Zahlen

1. Zur Einführung

Wir haben die negativen Zahlen als neue Zahlen eingeführt und sie mit den uns bisher bekannten Zahlen (den Bruchzahlen) zur Menge der **rationalen Zahlen** zusammengefasst. Streng genommen ist es erst dann berechtigt, von **„Zahlen“** zu sprechen, wenn wir mit ihnen in gleicher – oder wenigstens ähnlicher – Weise umgehen können wie mit den bisherigen Zahlen, wenn wir sie also hinsichtlich ihrer **Größe** miteinander **vergleichen** und wenn wir mit ihnen **rechnen** (addieren, subtrahieren, multiplizieren und dividieren) können. Mit den Grundrechenarten werden wir uns in den folgenden Paragraphen beschäftigen.

Beim Größenvergleich orientieren wir uns zunächst am Beispiel der Temperatur. Niedrigeren Temperaturen entsprechen kleinere Maßzahlen. Es gilt also z. B. (Bild 18):

$$-12\,°C < -7\,°C; \quad -7\,°C < 0\,°C; \quad -5\,°C < 2\,°C; \quad 0\,°C < 4\,°C; \quad 4\,°C < 13\,°C.$$

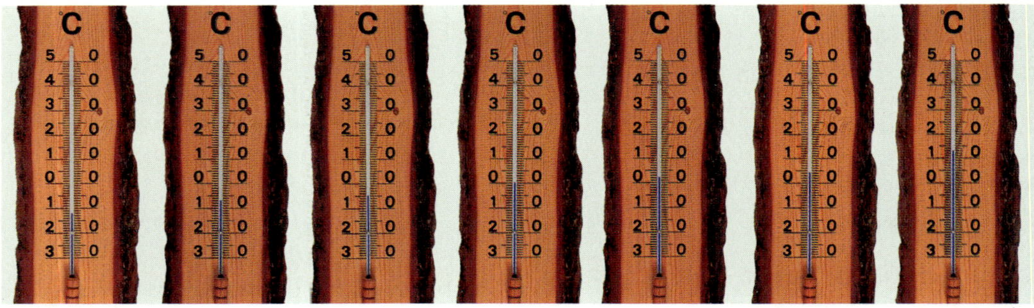

Bild 18

2. Übertragung auf die Zahlengerade

Wenn wir diesen Sachverhalt auf die Zahlengerade übertragen, können wir sagen:

Eine rationale Zahl a ist kleiner als eine rationale Zahl b genau dann, wenn auf der Zahlengeraden der Punkt zu a links vom Punkt zu b liegt. Wir schreiben:

$a < b$, gelesen „a kleiner b“.

Statt $a < b$ schreibt man häufig auch $b > a$, gelesen „b größer a“.

Beispiele

1) $-7{,}5 < -4{,}3$ **2)** $-3{,}5 < 1{,}2$ **3)** $-5{,}7 < 0$ **4)** $2{,}4 < 4{,}8$ (Bild 19)

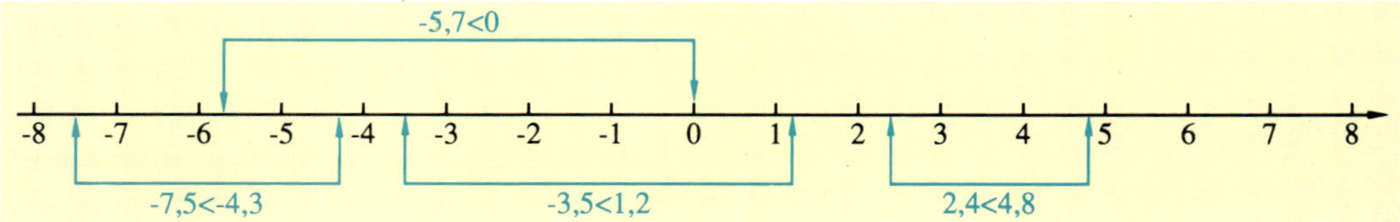

Bild 19

3. Eigenschaften der Größer- und der Kleinerbeziehung

Beim Größenvergleich für rationale Zahlen können wir aufgrund dieser Erklärung die folgenden Fälle unterscheiden:

1) Jede positive Zahl ist größer als 0; **Beispiel:** $5 > 0$.

2) Jede negative Zahl ist kleiner als 0; **Beispiel:** $-2 < 0$.

3) Jede negative Zahl ist kleiner als jede positive Zahl; **Beispiel:** $-2 < 5$.

4) Der Vergleich zweier positiver Zahlen ist uns bekannt; **Beispiel:** $2 < 5$.

5) Für den Vergleich zweier negativer Zahlen beachten wir, dass die negativen Zahlen auf der Zahlengeraden spiegelbildlich zu ihren positiven Gegenzahlen liegen.

Beispiel Weil $2 < 5$ ist, gilt $-2 > -5$, anders geschrieben $-5 < -2$ (Bild 20).

Allgemein können wir sagen: Gilt für zwei positive Zahlen $a < b$, so gilt für ihre Gegenzahlen $-a > -b$, also $-b < -a$.

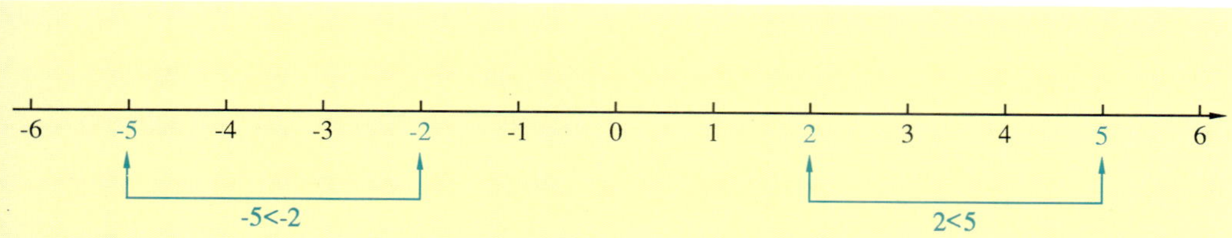

Bild 20

Aufgaben und Beispiele

Zum Einstieg

Ordne die nebenstehenden Personen nach ihrem Geburtsjahr (nach ihrem Todesjahr)!

In Rom wurden die Jahre **a**b **u**rbe **c**ondita (a.u.c., d.h. nach Gründung der Stadt, also mit dem Jahr 753 v.Chr. beginnend) gezählt.

Gib Geburts- und Todesjahr der genannten Personen in römischer Zeitrechnung an!

Augustus	* 63 v.Chr.	† 14 n.Chr.
Caesar	* 100 v.Chr.	† 44 v.Chr.
Cato	* 95 v.Chr.	† 46 v.Chr.
Cicero	* 106 v.Chr.	† 43 v.Chr.
Herodes	* 72 v.Chr.	† 4 v.Chr.
Kleopatra	* 69 v.Chr.	† 30 v.Chr.
Ovid	* 43 v.Chr.	† 18 n.Chr.
Vergil	* 70 v.Chr.	† 19 v.Chr.

Die nebenstehende Tafel zeigt die Daten der drei punischen Kriege Roms gegen Kartago nach römischer Zeitrechnung. Wann fanden diese Kriege nach unserer Zeitrechnung statt?

Die punischen Kriege

I.	490–513 a.u.c.
II.	536–553 a.u.c.
III.	605–608 a.u.c.

Bild 21

1. Zeichne die Zahlengerade von -5 bis 5. Markiere darauf die Zahlen
$3;\ -4;\ \frac{1}{2};\ -\frac{5}{2};\ -0{,}3;\ 3{,}2;\ -4{,}9;\ -2{,}3$!

2. Welche Zahl ist die größere?

a) $-3;\ -4$ **b)** $-3;\ 4$
c) $-7;\ -5$ **d)** $0;\ -7$
e) $-99;\ -101$ **f)** $-6{,}6;\ -7{,}2$
g) $-8{,}4;\ 8{,}3$ **h)** $0{,}1;\ -0{,}01$
i) $-0{,}01;\ -0{,}1$ **j)** $-3{,}3;\ 0$
k) $-\frac{1}{2};\ -4\frac{1}{2}$ **l)** $\frac{1}{5};\ -\frac{1}{6}$
m) $-\frac{1}{5};\ -\frac{1}{6}$ **n)** $-\frac{3}{4};\ -\frac{4}{5}$
o) $0;\ -\frac{1}{1000}$ **p)** $-\frac{1}{100};\ -\frac{1}{50}$

3. Ordne die folgenden Zahlen der Größe nach!

a) $6;\ -5;\ 3;\ -2;\ 1;\ 2;\ -7;\ 5;\ 18;\ -21$
b) $4{,}4;\ -3;\ 8;\ 7{,}3;\ -15{,}1;\ 28{,}3;\ -15{,}6$
c) $4\frac{1}{4};\ -3\frac{2}{3};\ -5\frac{2}{7};\ 3\frac{1}{4};\ -5\frac{3}{8};\ 3\frac{2}{7};\ -\frac{1}{2}$
d) $-0{,}5;\ 0{,}01;\ 0;\ -0{,}005;\ -0{,}001;\ -1$

4. Ordne die Zahlen aus Aufgabe 3 nach der Größe ihrer Beträge!

5. Begründe, dass für jede rationale Zahl (außer 0) $|a|$ die größere der beiden Zahlen a und $-a$ ist!

6. Ordne folgende Zahlen der Größe nach!
$-\frac{2}{3};\ \frac{4}{5};\ -\frac{2}{5};\ -\frac{7}{4};\ \frac{9}{4};\ -\frac{7}{5};\ \frac{3}{8};$
$-\frac{7}{8};\ \frac{3}{10};\ -\frac{17}{10};\ \frac{15}{4}$

7. Ordne die folgenden Zahlen der Größe nach!

a) $-\frac{5}{8};\ \frac{23}{40};\ -\frac{41}{80}$ **b)** $-\frac{2}{3};\ -\frac{5}{9};\ -\frac{13}{18}$
c) $-\frac{4}{7};\ \frac{5}{3};\ -\frac{7}{4}$ **d)** $-\frac{4}{5};\ -\frac{14}{25};\ -\frac{69}{125}$
e) $-\frac{11}{30};\ -\frac{5}{12};\ -\frac{13}{37}$ **f)** $-\frac{17}{9};\ \frac{25}{13};\ -\frac{31}{17}$

8. Suche drei rationale Zahlen, die zwischen den beiden angegebenen Zahlen liegen!

a) $4;\ 5$ **b)** $-1;\ 0$
c) $-6;\ -4$ **d)** $-1;\ 1$
e) $-0{,}1;\ 0{,}1$ **f)** $-1{,}19;\ -1{,}18$
g) $-0{,}02;\ -0{,}01$ **h)** $-0{,}0001;\ 0$
i) $\frac{1}{5};\ \frac{1}{4}$ **j)** $-\frac{7}{12};\ -\frac{5}{9}$
k) $3;\ \frac{22}{7}$ **l)** $-\frac{1}{12};\ \frac{1}{12}$

9. Bestätige, dass für rationale Zahlen a und b aus $a < b$ folgt: $-b < -a$, indem du für a und b die angegebenen Zahlen einsetzt!

a) $a = 2;\ b = 7$ **b)** $a = -3;\ b = 4$
c) $a = -7;\ b = -5$ **d)** $a = -1;\ b = 0$
e) $a = 0;\ b = 3$ **f)** $a = -0{,}5;\ b = 1{,}5$

Bild 22

§ 11 Die Addition und die Subtraktion rationaler Zahlen

I. Die Addition rationaler Zahlen

1. Darstellung der Addition mit Hilfe von Pfeilen

Bei der Addition von rationalen Zahlen können je nach dem Vorzeichen der beiden Summanden verschiedene Fälle auftreten. Wir können alle diese Fälle zeichnerisch lösen, wenn wir die betreffenden Zahlen durch Pfeile darstellen.

Wir erläutern das Verfahren zunächst für den – uns seit langem vertrauten – Fall, dass beide Summanden positiv sind.

Beispiel $3 + 5 = 8$ (Bild 1)

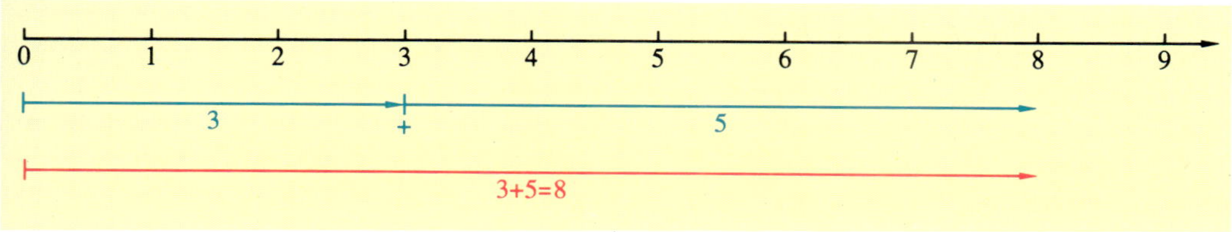

Bild 1

Man zeichnet vom Nullpunkt aus den Pfeil zum ersten Summanden (3). Den Pfeil zum zweiten Summanden (5) legt man mit seinem **Anfang** an die **Spitze** des ersten Pfeils. Der Ergebnispfeil reicht dann vom Anfang des ersten bis zur Spitze des zweiten Pfeiles. Wir merken uns: **„Anfang an Spitze"**.

2. Beide Summanden sind negativ

Beispiel $(-5) + (-2) = ?$ (Bild 2)

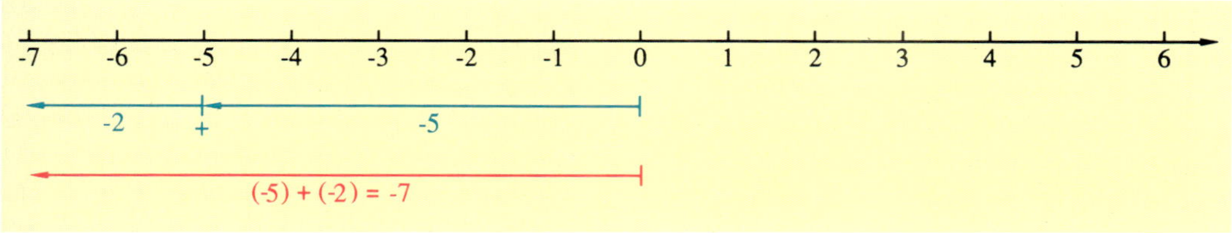

Bild 2

Aus dem Pfeilbild ergibt sich: $(-5) + (-2) = -7$.

Die Summe $(-5) + (-2)$ steht offensichtlich in engem Zusammenhang mit der Summe der zugehörigen positiven Zahlen, also mit der Summe $5 + 2$. Es ist nämlich $5 + 2 = 7$ und $(-5) + (-2) = -7$. Die Summe $(-5) + (-2)$ ist also die **Gegenzahl** der Summe $5 + 2$, es gilt:

$$(-5) + (-2) = -(5 + 2).$$

Dieser Sachverhalt gilt allgemein; für beliebige positive Zahlen a und b sind die Pfeildarstellungen der Summen $a + b$ und $(-a) + (-b)$ stets spiegelbildlich zueinander (Bild 3).

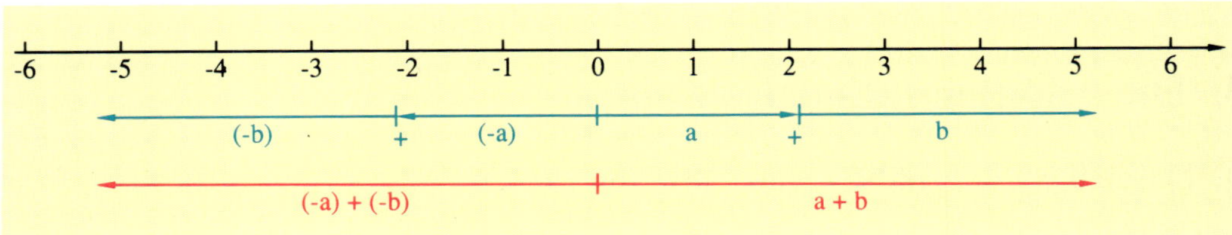

Bild 3

Für alle positiven Zahlen a, b gilt:

$$(-a) + (-b) = -(a + b).$$

Wir merken uns die **Regel**:

> Sind zwei negative Zahlen zu addieren, so addiert man die Beträge dieser Zahlen und setzt vor das Ergebnis ein Minuszeichen.

Beispiele

1) $(-2) + (-13) = -(2 + 13) = -15$

2) $\left(-\frac{5}{12}\right) + \left(-\frac{2}{15}\right) = -\left(\frac{5}{12} + \frac{2}{15}\right) = -\left(\frac{25}{60} + \frac{8}{60}\right) = -\frac{33}{60} = -\frac{11}{20}$

3. Ein Summand ist positiv, der andere negativ

Beispiele

1) $5 + (-2)$

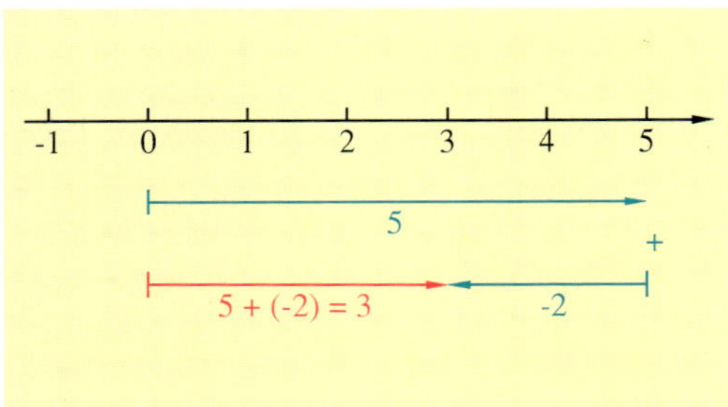

Bild 4

Es gilt also:

$$5 + (-2) = 3.$$

2) $(-2) + 5$

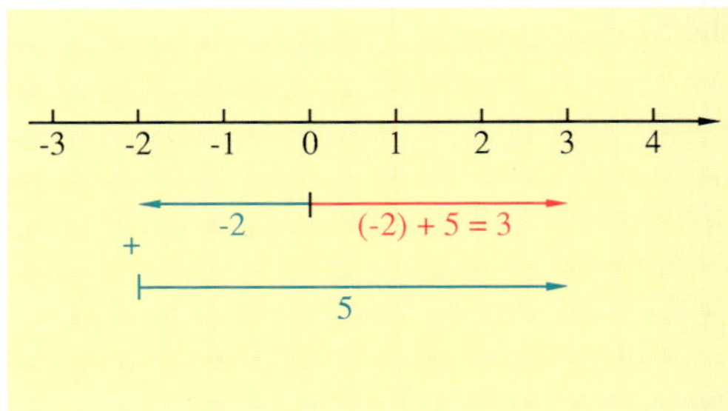

Bild 5

Es gilt also:

$$(-2) + 5 = 3.$$

Die Ergebnisse zeigen, dass es auch bei solchen Summen auf die Reihenfolge der Summanden nicht ankommt (Kommutativgesetz).

3) $3+(-7)$

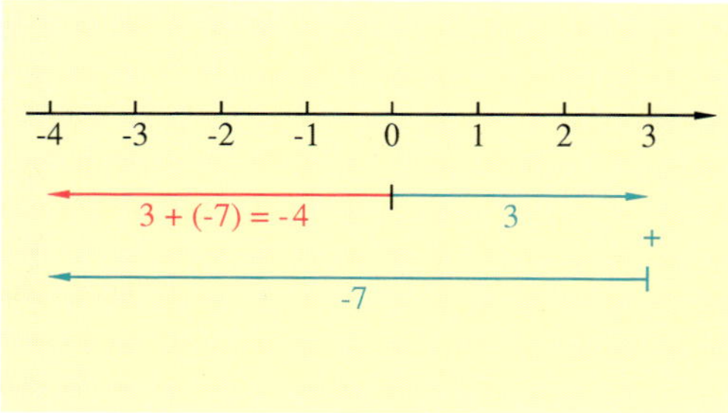

Bild 6

Es gilt also:

$$3+(-7)=-4.$$

4) $(-7)+3$

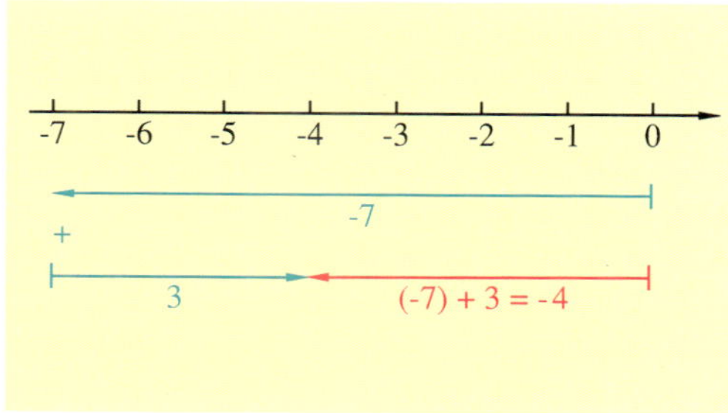

Bild 7

Es gilt also:

$$(-7)+3=-4.$$

Diese Ergebnisse zeigen, dass es auch bei diesen Summen auf die Reihenfolge der Summanden nicht ankommt.

In allen vier Fällen gilt also das Kommutativgesetz.

4. Allgemeine Regel

Die Beispiele 1) und 2) haben positive Ergebnisse, weil der positive Summand (5) dem **Betrage** nach größer ist als der negative Summand (-2): $|5|>|-2|$.

Die Beispiele 3) und 4) haben negative Ergebnisse, weil der negative Summand (-7) dem **Betrage** nach größer ist als der positive Summand (3): $|-7|>|3|$.

Alle möglichen Fälle, bei denen der eine Summand positiv und der andere Summand negativ ist, kann man nach einem einheitlichen Verfahren berechnen, nämlich nach der **Regel**:

> Haben die beiden Summanden einer Summe verschiedene Vorzeichen, dann sind die Beträge der beiden Zahlen zu subtrahieren. Das Ergebnis hat das Vorzeichen des dem Betrage nach größeren Summanden.

Beachte, dass wir das Pluszeichen als Vorzeichen der Einfachheit halber fast immer weglassen!

Beispiele

1) $(-5)+8=8-5=3$; denn es ist $|8|>|-5|$;

2) $4+(-12)=-(12-4)=-8$; denn es ist $|-12|>|4|$;

3) $\left(-\frac{7}{8}\right)+\frac{5}{6}=-\left(\frac{7}{8}-\frac{5}{6}\right)=-\left(\frac{21}{24}-\frac{20}{24}\right)=-\frac{1}{24}$; denn es ist $\left|-\frac{7}{8}\right|>\left|\frac{5}{6}\right|$.

5. Übereinstimmung mit Anwendungssituationen

Die Regeln, die wir für das Addieren rationaler Zahlen herausgearbeitet haben, sind mit vielen Anwendungssituationen in gutem Einklang.

Beispiele

1) $(-3)+(-5)=-(3+5)=-8$

a) An einem Winterabend beträgt die Temperatur −3 °C; während der Nacht fällt die Temperatur um 5 °C; dann zeigt das Thermometer am Morgen eine Temperatur von −8 °C.

b) In der ersten Hälfte der Nacht fällt die Temperatur um 3 °C, in der zweiten Hälfte um 5 °C, dann ist sie während der Nacht insgesamt um 8 °C gefallen.

2) $-143{,}25+207{,}85=207{,}85-143{,}25=64{,}60$

a) Ein Konto weist ein Soll von 143,25 € auf, es werden 207,85 € gutgeschrieben; dann beläuft sich der neue Kontostand auf 64,60 €.

b) Von einem Konto werden zunächst 143,25 € abgebucht, dann 207,85 € gutgeschrieben. Das bedeutet insgesamt eine Gutschrift von 64,60 €.

3) $30+(-48)=-(48-30)=-18$

Beim Skatspiel könnte die Rechnung in den beiden folgenden Situationen auftreten:

a) Ein Spieler hat 30 Punkte („30 Gute"): Er verliert ein einfaches Kreuzspiel; ihm sind also −48 Punkte („48 Miese") anzuschreiben; er hat dann insgesamt −18 Punkte („18 Miese").

b) Gewinnt ein Spieler ein Herzspiel „mit zweien" (30 Punkte) und verliert dann ein einfaches Kreuzspiel (−48 Punkte), so werden ihm für beide Spiele zusammen −18 Punkte („18 Miese") angerechnet.

Aufgaben und Beispiele

Zum Einstieg

Bild 8 zeigt den Auszug eines Kontos, auf dem verschiedene Beträge eingegangen sind (H) und von dem andere Beträge abgebucht wurden (S).
Bestimme den Kontostand (Saldo) nach jeder Buchung!
Berechne den neuen Saldo auf verschiedene Arten!
Beschreibe deine Rechnungen jeweils durch Additionen rationaler Zahlen!

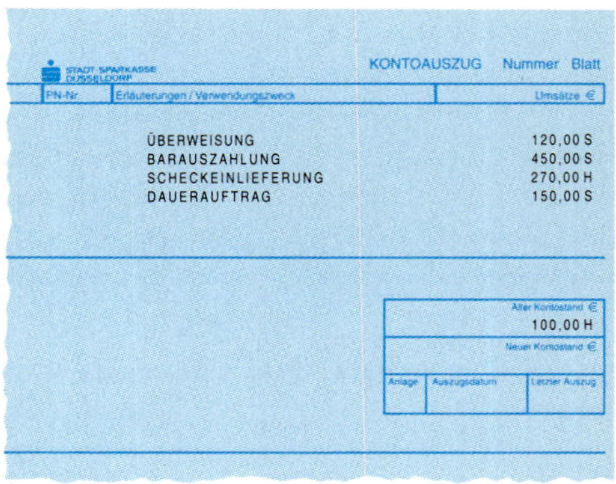

Bild 8

1. Löse mit Hilfe von Pfeilen!

a) $2+3$	**b)** $(-2)+(-3)$	**c)** $(-4)+(-1)$	**d)** $(-5)+(-2)$
e) $(-0{,}5)+(-1{,}5)$	**f)** $(-1)+(-2{,}5)$	**g)** $(-2{,}75)+(-1{,}5)$	**h)** $(-0{,}1)+(-1{,}9)$
i) $(-\frac{1}{2})+(-\frac{5}{2})$	**j)** $(-3)+(-\frac{6}{5})$	**k)** $(-\frac{7}{5})+(-2)$	**l)** $(-\frac{3}{4})+(-\frac{1}{2})$

2. Berechne!

a) $(-4)+(-9)$ **b)** $(-8)+(-11)$ **c)** $(-48)+(-23)$ **d)** $(-998)+(-3)$
e) $(-3{,}8)+(-5{,}6)$ **f)** $(-2{,}1)+(-9)$ **g)** $(-4{,}8)+(-4{,}8)$ **h)** $(-0{,}01)+(-0{,}001)$
i) $(-2{,}47)+(-0{,}47)$ **j)** $(-3)+(-0{,}01)$ **k)** $(-1{,}23)+(-2{,}87)$ **l)** $(-0{,}99)+(-0{,}9)$
m) $(-\frac{4}{3})+(-\frac{5}{3})$ **n)** $(-\frac{5}{6})+(-\frac{2}{3})$ **o)** $(-\frac{11}{12})+(-\frac{5}{4})$ **p)** $(-4\frac{1}{3})+(-3\frac{3}{10})$

3. Löse mit Hilfe von Pfeilen!

a) $2+(-3)$ **b)** $(-3)+2$ **c)** $(-4)+1$ **d)** $(-1)+4$
e) $(-0{,}5)+1{,}5$ **f)** $1+(-2{,}5)$ **g)** $(-2{,}75)+1{,}5$ **h)** $(-1{,}9)+0{,}1$
i) $\frac{1}{2}+(-\frac{5}{2})$ **j)** $(-3)+\frac{6}{5}$ **k)** $(-\frac{7}{5})+2$ **l)** $(-\frac{3}{4})+\frac{5}{2}$

4. Berechne!

a) $7+(-3)$ **b)** $17+(-15)$ **c)** $(-8)+5$ **d)** $26+(-38)$
e) $3{,}2+(-3{,}9)$ **f)** $(-7{,}2)+4{,}9$ **g)** $16{,}8+(-12{,}7)$ **h)** $(-0{,}01)+0{,}001$
i) $(-0{,}001)+0{,}01$ **j)** $10{,}9+(-11{,}8)$ **k)** $(-1{,}23)+2{,}87$ **l)** $1{,}23+(-2{,}87)$
m) $(-\frac{4}{3})+\frac{5}{3}$ **n)** $\frac{5}{6}+(-\frac{2}{3})$ **o)** $(-\frac{11}{12})+\frac{5}{4}$ **p)** $4\frac{1}{3}+(-5\frac{3}{10})$

5. Berechne!

a) $(-17)+9$ **b)** $34+(-56)$ **c)** $(-15)+(-19)$ **d)** $(-27)+(-34)$
e) $(-46)+12$ **f)** $54+(-69)$ **g)** $(-48)+48$ **h)** $999+(-1000)$
i) $(-4{,}4)+(-5{,}8)$ **j)** $(-4{,}7)+6{,}9$ **k)** $12{,}8+(-12{,}81)$ **l)** $(-0{,}02)+0{,}01$
m) $\frac{14}{25}+(-\frac{7}{10})$ **n)** $2\frac{3}{5}+(-4\frac{7}{10})$ **o)** $\frac{1}{5}+(-\frac{1}{4})$ **p)** $(-\frac{11}{16})+(-\frac{5}{6})$

6. Für welche rationale Zahl a gilt die angegebene Gleichung? Mache die Probe!

Beispiel

$$3+(-a)=12$$

Lösung: $3+(-a)=12$, also $-a=12-3=9$,
also $a=-9$.

Probe: $3+(-(-9))=3+9=12$.

a) $5+a=7$ **b)** $7+a=5$ **c)** $7+a=-5$ **d)** $a+10=3$
e) $(-a)+10=3$ **f)** $(-3)+a=12$ **g)** $3+(-a)=12$ **h)** $(-a)+(-4)=-7$
i) $(-a)+(-4)=7$ **j)** $4+a=-7$ **k)** $(-7)+a=4$ **l)** $2+(-a)=-2{,}5$
m) $1+a=-0{,}1$ **n)** $a+(-1{,}9)=-2$ **o)** $a+20=-a$ **p)** $(-a)+(-a)=-0{,}5$

7. Ein Fahrstuhl in einem Kaufhaus mit mehreren Kellergeschossen befindet sich im 2. Obergeschoss. Er fährt 3 Stockwerke nach oben, 6 nach unten, 8 nach oben, 3 nach unten, 7 nach unten, 2 nach oben, 4 nach oben, 5 nach unten, 8 nach oben und 9 nach unten.

a) Auf welchem Stockwerk befindet er sich am Ende?

b) Um wie viel Stockwerke ist er insgesamt nach oben oder nach unten gefahren?

Bild 9

8. Beim Stande von 128 „Miesen“ erhält Frau Fröhlich ein gutes Blatt. Sie reizt höher als ihre beiden Mitspieler und darf den Skat aufnehmen. Mit den Karten von Bild 10 spielt sie einen Grand. Gewinnt sie das Spiel, so erhält sie 96 „Gute“, verliert sie das Spiel, so erhält sie 192 „Miese“.

Bild 10

a) Wie viel Punkte kann Frau Fröhlich nach diesem Spiel insgesamt haben?

b) Zusatzaufgabe für Skatspieler: Der Grand wird hier mit 24 gezählt. Wie viel Punkte hat Frau Fröhlich insgesamt nach dem Spiel, wenn sie
1) mit mehr als 90 Punkten gewinnt („Schneider“),
2) mit „Kontra“ verliert?

9. Die folgende Tabelle enthält die Handelsbilanzen verschiedener Länder für ein Wirtschaftsjahr.

a) Welche Länder haben eine positive Handelsbilanz (Ausfuhren höher als Einfuhren) bzw. eine negative Handelsbilanz (Einfuhren höher als Ausfuhren)?

b) Berechne den Einfuhr- bzw. Ausfuhrüberschuss der einzelnen Länder!

c) Hatten die in der Tabelle aufgeführten Länder insgesamt eine positive oder eine negative Handelsbilanz?

Land	Einfuhr in Mrd. $	Ausfuhr in Mrd. $
USA	516,7	394,0
BR Deutschland	342,6	398,4
Japan	234,8	286,9
Frankreich	233,1	209,8
Großbritannien	224,9	186,0
Italien	172,5	160,9
Niederlande	121,6	125,2
Kanada	116,5	127,0
Belgien-Luxemburg	115,7	113,5

10. In der Bundesrepublik Deutschland und vielen anderen Ländern wird die Temperatur in Grad Celsius (°C) gemessen. In den Naturwissenschaften ist es manchmal von Vorteil, die Temperaturen in Kelvin (K) anzugeben. Der Nullpunkt der Kelvinskala liegt bei −273,16 °C, dem sogenannten „absoluten Nullpunkt“. Einem Temperaturunterschied von einem Grad auf der Kelvinskala entspricht ein Temperaturunterschied von einem Grad auf der Celsiusskala.

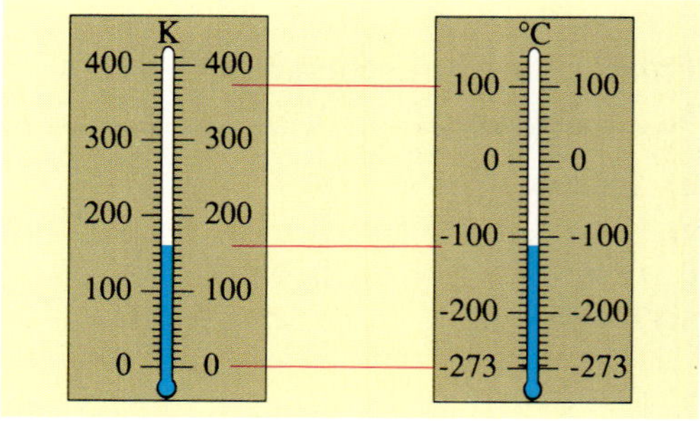

Bild 11

a) Gib den Gefrierpunkt des Wassers, den Siedepunkt des Wassers und die menschliche Körpertemperatur (36 °C) in Kelvin an!

b) Stelle Umrechnungsformeln für °C in K und für K in °C auf!

c) Übertrage die folgende Tabelle in dein Heft und vervollständige sie!

°C	0		−1	−33	−270,16	200						
K		0					1	10,9	27,4	102,8	281	1073,16

II. Die Subtraktion rationaler Zahlen

1. Zur Einführung

Im vorigen Abschnitt haben wir Beispiele zur Addition rationaler Zahlen besprochen, die einen Zusammenhang zwischen der Addition und der Subtraktion erkennen lassen.

Beispiele

1) Es gilt $7+(-2)=5$ und $7-2=5$, also $7+(-2)=7-2$.

2) Es gilt $5+(-9)=-4$ und $5-9=-4$, also $5+(-9)=5-9$.

Der Addition einer negativen Zahl entspricht also die Subtraktion der zugehörigen Gegenzahl.

Für alle positiven Zahlen a, b gilt: $\mathbf{a+(-b)=a-b}$.

2. Rückführung der Subtraktion auf die Addition

Den soeben erkannten Sachverhalt können wir für eine allgemeine Definition der Subtraktion rationaler Zahlen ausnutzen. Wir können die Subtraktion für beliebige Zahlen mit Hilfe dieser Gleichung auf die Addition zurückführen.

Wir **definieren**:

Für alle rationalen Zahlen a, b gilt: $a-b=a+(-b)$.

Es gilt die **Regel**:

Man subtrahiert eine rationale Zahl, indem man ihre Gegenzahl addiert.

Beispiele

In den folgenden Beispielen ist der Subtrahend positiv, dessen Gegenzahl also negativ.

1) $(-5)-2=(-5)+(-2)=-(5+2)=-7$

2) $\left(-\frac{7}{12}\right)-\frac{3}{8}=\left(-\frac{7}{12}\right)+\left(-\frac{3}{8}\right)=-\left(\frac{7}{12}+\frac{3}{8}\right)=-\left(\frac{14}{24}+\frac{9}{24}\right)=-\frac{23}{24}$

In den folgenden Beispielen ist der Subtrahend negativ, dessen Gegenzahl also positiv.

3) $5-(-2)=5+2=7$

4) $(-5)-(-2)=(-5)+2=-(5-2)=-3$

5) $\left(-\frac{7}{9}\right)-\left(-\frac{4}{15}\right)=-\frac{7}{9}+\frac{4}{15}=\left(-\frac{35}{45}\right)+\frac{12}{45}=-\left(\frac{35}{45}-\frac{12}{45}\right)=-\frac{23}{45}$

3. Sonderfälle für die Zahl 0

Wir betrachten noch Beispiele für die Sonderfälle, in denen die Zahl 0 auftritt.

Beispiele

1) $3 - 0 = 3 + (-0) = 3 + 0 = 3$

2) $(-3) - 0 = (-3) + (-0) = (-3) + 0 = -3$

3) $0 - 3 = 0 + (-3) = -3$

4) $0 - (-3) = 0 + 3 = 3$

Allgemein gilt für jede rationale Zahl a:

1) $\mathbf{a - 0 = a}$; **2)** $\mathbf{0 - a = -a}$; **3)** $\mathbf{0 - (-a) = a}$.

4. Rückführung der Ordnungsbeziehung auf die Subtraktion

Auf Seite 210 haben wir die Ordnungsbeziehung für rationale Zahlen **anschaulich** an Hand der Lage zugehöriger Punkte auf der Zahlengeraden erklärt. Mit Hilfe der Subtraktion können wir nun ein **rechnerisches** Verfahren angeben, mit dem man leicht entscheiden kann, welche von zwei rationalen Zahlen die größere ist.

Wenn $a > b$ ist, wenn der Punkt zu a also rechts vom Punkt zu b liegt, dann muss man auf der Zahlengeraden nach rechts fortschreiten, um von b nach a zu kommen; man muss eine **positive Zahl** d zu b addieren, um a zu erhalten: $b + d = a$.

Die Differenz $d = a - b$ muss also eine positive Zahl sein. Wir können **definieren**:

Für zwei rationale Zahlen a, b gilt $a > b$ genau dann, wenn die Differenz $d = a - b$ eine positive Zahl ist.

Beispiele

1) Gegeben: $\frac{5}{11}$; $\frac{4}{9}$.

Es gilt: $\frac{5}{11} - \frac{4}{9} = \frac{45}{99} - \frac{44}{99} = \frac{1}{99}$. Da $\frac{1}{99}$ eine positive Zahl ist, gilt: $\frac{5}{11} > \frac{4}{9}$.

2) Gegeben: $\frac{5}{6}$; $-\frac{1}{3}$.

Es gilt: $\frac{5}{6} - \left(-\frac{1}{3}\right) = \frac{5}{6} + \frac{1}{3} = \frac{5}{6} + \frac{2}{6} = \frac{7}{6}$. Da $\frac{7}{6}$ eine positive Zahl ist, gilt: $\frac{5}{6} > -\frac{1}{3}$.

3) Gegeben: $-\frac{8}{13}$; $-\frac{3}{5}$.

Es gilt: $-\frac{8}{13} - \left(-\frac{3}{5}\right) = -\frac{8}{13} + \frac{3}{5} = -\frac{40}{65} + \frac{39}{65} = -\frac{1}{65}$.

In diesem Fall ist die Differenz $a - b$ negativ; daher ist die Differenz $b - a$ positiv, und es gilt $b > a$, in unserem Fall also $-\frac{3}{5} > -\frac{8}{13}$. Bestätige dies, indem du $-\frac{3}{5} - \left(-\frac{8}{13}\right)$ berechnest!

Aufgaben und Beispiele

Zum Einstieg
An einer Kaimauer in Bremen wurden jeweils bei Ebbe und Flut folgende Wasserstände (bezogen auf NN) gemessen:
a) Um wie viel ist das Wasser zwischen den einzelnen Messungen gestiegen oder gefallen?
b) Wie groß ist der Unterschied zwischen dem höchsten und dem niedrigsten Wasserstand?
c) Wie groß ist der Unterschied zwischen dem höchsten und dem niedrigsten Flutstand?
d) Wie groß ist der Unterschied zwischen dem höchsten und dem niedrigsten Ebbestand?

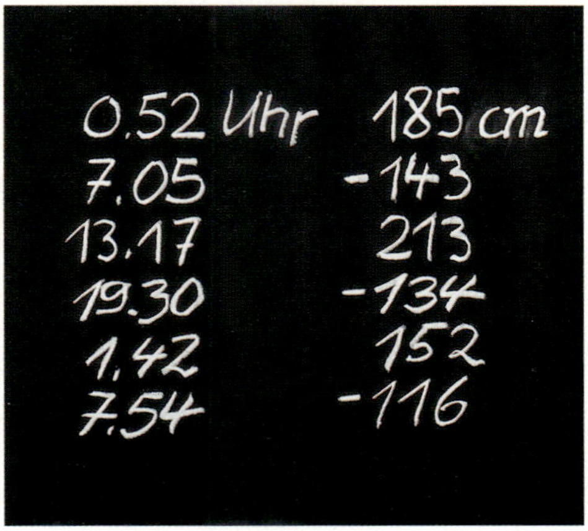

Bild 12

1. Klaus hat zur Zeit bei seiner Mutter 3,50 € Schulden. Welche Schulden bzw. welches Guthaben hat er bei seiner Mutter in den folgenden Fällen?
a) Klaus leiht weitere 1,70 € von seiner Mutter.
b) Klaus zahlt 2,30 € an seine Mutter zurück.
c) Klaus verringert seine Schulden um 1,20 €.
d) Klaus lässt sich sein Taschengeld von 10 € nicht auszahlen.
Löse jeweils eine zugehörige Additions- oder Subtraktionsaufgabe!

2. Das ungefähre Lebensalter von Personen erhält man, indem man ihr Sterbejahr von ihrem Geburtsjahr subtrahiert. Der berühmte deutsche Mathematiker Carl Friedrich Gauß (* 1777, † 1855) z. B. wurde etwa 78 Jahre alt: 1855 − 1777 = 78.

a) Untersuche, ob man auch das Lebensalter von Personen, die vor Christi Geburt gelebt haben, auf die gleiche Weise berechnen kann, wenn man die Jahreszahlen vor Christi Geburt als negative Zahlen auffasst!

b) Berechne das Lebensalter der in dem Rahmen angegebenen griechischen Mathematiker und Philosophen!

Bild 13 C. F. Gauß

Euklid	* 365 v. Chr.	† 300 v. Chr.	Archimedes	* 287 v. Chr.	† 212 v. Chr.
Thales	* 624 v. Chr.	† 548 v. Chr.	Eratostenes	* 276 v. Chr.	† 194 v. Chr.
Pythagoras	* 580 v. Chr.	† 500 v. Chr.	Theodoros	* 470 v. Chr.	† 399 v. Chr.
Eudoxos	* 408 v. Chr.	† 355 v. Chr.	Theaitetos	* 415 v. Chr.	† 368 v. Chr.
Archytas	* 428 v. Chr.	† 365 v. Chr.	Appolonius	* 262 v. Chr.	† 190 v. Chr.

3. Um festzustellen, ob zwischen einem alten Kontostand (alter Saldo) und einem neuen Kontostand (neuer Saldo) eine Einzahlung oder eine Auszahlung stattgefunden hat, subtrahiert man von dem neuen Saldo den alten Saldo. Ist die Differenz positiv, so hat eine Einzahlung stattgefunden, andernfalls eine Auszahlung.
Untersuche, ob eine Auszahlung oder eine Einzahlung stattgefunden hat und wie hoch diese war!

	a)	**b)**	**c)**	**d)**	**e)**	**f)**	**g)**
Alter Saldo (in €)	324,00 H	120,50 S	177,45 S	12,87 H	56,40 H	100,01 S	19,85 S
Neuer Saldo (in €)	199,00 H	265,70 S	123,67 S	17,89 S	12,95 S	71,85 S	20,84 S

4. Zwei Temperaturmessungen liefern die Werte T_1 und T_2. Vervollständige die folgende Tabelle in deinem Heft! Was bedeutet es, wenn $T_1 - T_2$ positiv, negativ oder null ist?

T_1	8 °C	2 °C	0 °C	−1 °C	−2 °C			4,2 °C	−8,5 °C
T_2	4 °C	−10 °C		−9 °C		4 °C	−3,5 °C		
$T_1 - T_2$			5 °C		−3 °C	2 °C	7 °C	−2,5 °C	−3,1 °C

5. Berechne!

a) $5 - 8$ **b)** $7 - (-3)$ **c)** $6 - (-6)$ **d)** $(-11) - 5$
e) $(-15) - 6$ **f)** $(-28) - (-37)$ **g)** $(-36) - 44$ **h)** $(-1) - (-1)$
i) $3{,}9 - 4{,}2$ **j)** $(-1{,}7) - (-0{,}3)$ **k)** $(-1{,}2) - 2{,}8$ **l)** $(-0{,}9) - 0{,}9$
m) $0{,}1 - (-0{,}2)$ **n)** $(-0{,}1) - 0{,}2$ **o)** $7{,}54 - 7{,}549$ **p)** $(-0{,}315) - (-3{,}15)$
q) $(-\frac{4}{3}) - \frac{5}{3}$ **r)** $(-\frac{5}{6}) - (-\frac{2}{3})$ **s)** $\frac{11}{12} - (-\frac{5}{4})$ **t)** $(-4\frac{1}{3}) - (-3\frac{3}{10})$

6. Für welche rationale Zahl a gilt die angegebene Gleichung? Mache die Probe!

a) $5 - a = 7$ **b)** $7 - a = 5$ **c)** $7 - a = -5$ **d)** $a - 10 = 3$
e) $(-a) - 10 = 3$ **f)** $(-3) - a = 12$ **g)** $3 - (-a) = 12$ **h)** $(-a) - (-4) = -7$
i) $(-a) - (-4) = 7$ **j)** $4 - a = -7$ **k)** $(-7) - a = 4$ **l)** $2 - (-a) = -2{,}5$
m) $1 - a = -0{,}1$ **n)** $a - (-1{,}9) = -2$ **o)** $a - 20 = -a$ **p)** $(-a) - a = -1$

7. Stelle zu den folgenden Situationen jeweils Gleichungen auf und löse sie!

a) Am Abend beträgt die Temperatur −2 °C. In der Nacht fällt sie um 7 Grad.
b) Am Abend beträgt die Temperatur −3 °C. In der Nacht fällt sie auf −7 °C.
c) Die Temperatur ist gegenüber Mitternacht um 8 Grad gestiegen. Am Morgen sind es nur noch −3 °C.
d) Um Mitternacht beträgt die Temperatur −10 °C. Gegenüber dem vergangenen Abend ist sie um 8 Grad gefallen.
e) Leider muss Herr Friedrich sein Konto überziehen, um die Rechnung von 175 € zu bezahlen. Er ist jetzt 35 € im Soll.
f) Von einem Konto werden zunächst 570 € abgebucht, danach noch einmal 230 €.
g) Nach einer Einzahlung von 95 € ist jetzt ein Guthaben von 12 € auf dem Konto.

h) Die Bank schreibt: „Wir hatten mit Ihnen nur einen Kreditrahmen von 1000 € vereinbart. Wir bitten Sie daher, auf Ihr Konto wenigstens 250 € einzuzahlen."
i) Zu dem Soll von 243,79 € kommen nun auch noch Schuldzinsen von 27,43 €.
j) Frau Neumann zahlt 72,43 € ein. Das reicht gerade, um ihr Konto auszugleichen.
k) Bei Niedrigwasser liegt der Wasserstand 21 dm unter Normalnull (NN). Während der Flut ist der Wasserstand um 35 dm gestiegen.

Bild 14

Größenvergleich rationaler Zahlen

8. Zeige durch eine Subtraktion, dass die Zahl a größer als die Zahl b ist!

Beispiel

Für a = −5,2 und b = −7,3 gilt:

$$a - b = -5{,}2 - (-7{,}3) = -5{,}2 + 7{,}3 = 2{,}1.$$

Da 2,1 eine positive Zahl ist, gilt:

$$-5{,}2 > -7{,}3.$$

a) $a = -3$; $b = -4$ **b)** $a = 3{,}5$; $b = -3{,}6$ **c)** $a = -16{,}9$; $b = -17{,}1$
d) $a = -0{,}01$; $b = -0{,}1$ **e)** $a = -7{,}2$; $b = -7{,}21$ **f)** $a = 5{,}23$; $b = -5{,}23$
g) $a = -\frac{1}{7}$; $b = -\frac{1}{6}$ **h)** $a = \frac{3}{4}$; $b = -\frac{3}{7}$ **i)** $a = -\frac{5}{11}$; $b = -\frac{6}{13}$
j) $a = -\frac{7}{12}$; $b = -\frac{11}{18}$ **k)** $a = -\frac{8}{21}$; $b = -\frac{5}{14}$ **l)** $a = -1\frac{1}{3}$; $b = -1{,}3$

9. Entscheide durch eine Subtraktion, welche der Zahlen die größere ist!
a) -1000; -999 **b)** -999; 10 **c)** -65; -125
d) $-0{,}3$; $-0{,}2$ **e)** $0{,}01$; $-0{,}01$ **f)** $-4{,}8$; $-4{,}799$
g) $-\frac{2}{3}$; $-\frac{3}{4}$ **h)** $-\frac{7}{9}$; $-\frac{9}{7}$ **i)** $-\frac{25}{17}$; $-\frac{27}{19}$
j) $\frac{9}{10}$; $-\frac{11}{12}$ **k)** $-\frac{25}{17}$; $\frac{20}{17}$ **l)** $-\frac{1}{100}$; $-\frac{1}{1000}$

10. Wenn $a < b$ erfüllt ist, dann ist auch $a + c < b + c$ erfüllt. Bestätige diesen Satz dadurch, dass du die folgenden Zahlen einsetzt!
a) $a=2$; $b=5$; $c=3$ **b)** $a=-7$; $b=-2$; $c=-4$ **c)** $a=-5$; $b=3$; $c=-1{,}5$
d) $a=-7$; $b=-5$; $c=12$ **e)** $a=-10$; $b=-2$; $c=5$ **f)** $a=-3{,}8$; $b=-2{,}1$; $c=4{,}5$
g) $a=-\frac{3}{4}$; $b=0$; $c=\frac{7}{6}$ **h)** $a=-4\frac{1}{2}$; $b=-2\frac{3}{4}$; $c=-2\frac{1}{4}$ **i)** $a=-5\frac{1}{3}$; $b=3\frac{1}{6}$; $c=\frac{1}{9}$
j) $a=-3\frac{3}{8}$; $b=-2\frac{1}{2}$; $c=2\frac{1}{4}$ **k)** $a=-\frac{5}{12}$; $b=-\frac{5}{18}$; $c=-\frac{1}{24}$ **l)** $a=-\frac{6}{11}$; $b=-\frac{3}{13}$; $c=0$

11. a) Begründe den Satz aus Aufgabe 10 durch Pfeilzeichnungen für $c > 0$ und für $c < 0$!
b) Begründe den Satz aus Aufgabe 10 durch Rückführung der Kleiner-Beziehung auf die Subtraktion!

III. Die Gesetze für die Addition rationaler Zahlen

1. Zur Einführung

Für die Addition von natürlichen Zahlen und von Bruchzahlen sind uns schon das **Kommutativgesetz** und das **Assoziativgesetz** bekannt.

Beispiele

1) $\frac{4}{7}+\frac{2}{7}=\frac{2}{7}+\frac{4}{7}$

2) $\left(\frac{2}{3}+\frac{3}{4}\right)+\frac{5}{7}=\frac{2}{3}+\left(\frac{3}{4}+\frac{5}{7}\right)$

Wir wollen im Folgenden untersuchen, ob diese Gesetze auch für rationale Zahlen gelten. Dabei brauchen wir nur die Fälle zu behandeln, in denen negative Zahlen auftreten; denn für nicht negative Zahlen ist uns die Gültigkeit dieser Gesetze bereits bekannt.

2. Das Kommutativgesetz

Es sind zwei Fälle zu unterscheiden.

Fall 1: Sind beide Summanden negativ, so ergibt sich die Gültigkeit des Gesetzes aus der Regel von Seite 214.

Beispiel

$(-5)+(-8)=-(5+8)=-(8+5)=(-8)+(-5)$

Fall 2: Ist ein Summand positiv, der andere negativ, so ist das Ergebnis nach der Regel von Seite 215 unabhängig von der Reihenfolge der Summanden.

Beispiele

1) $(-8)+5=-(8-5)=-3$ und $5+(-8)=-(8-5)=-3$
2) $(-3)+10=10-3=7$ und $10+(-3)=10-3=7$

Auch für die Addition rationaler Zahlen gilt also das **Kommutativgesetz**:

Für alle rationalen Zahlen a, b gilt: $a+b=b+a$.

3. Das Assoziativgesetz

Wir bestätigen die Gültigkeit des Gesetzes zunächst durch ein

Beispiel:

$[(-7)+5]+(-4)=(-2)+(-4)=-6;\quad (-7)+[5+(-4)]=(-7)+1=-6.$

Allgemein können wir uns die Gültigkeit der Gesetze an Hand der Pfeildarstellung klarmachen:

1) Der Pfeil zu a + b reicht vom Anfang von a bis zur Spitze von b; der Pfeil zu (a + b) + c reicht daher vom Anfang von a bis zur Spitze von c.

2) Der Pfeil zu b + c reicht vom Anfang von b bis zur Spitze von c; der Pfeil zu a + (b + c) reicht daher vom Anfang von a bis zur Spitze von c.

Die Pfeile zu a + (b + c) und zu a + (b + c) stimmen daher überein. Bild 15 zeigt ein Beispiel.

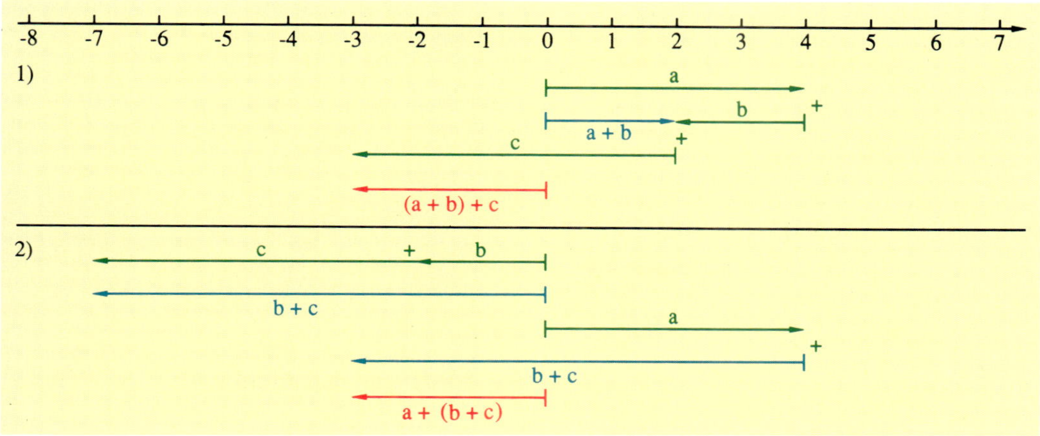

Bild 15

Auch für die Addition rationaler Zahlen gilt also das **Assoziativgesetz**:

> Für alle rationalen Zahlen a, b, c gilt: $(a+b)+c = a+(b+c)$.

4. Die besondere Rolle der Zahl 0

Eine besondere Rolle spielt bei der Addition die Zahl 0.

Beispiele

1) $3 + 0 = 3$

2) $0 + \left(-\frac{5}{2}\right) = -\frac{5}{2}$

Tritt in einer Summe aus zwei Summanden die Zahl 0 auf, so ist das Ergebnis der andere Summand:

$$a + 0 = a \quad \text{und} \quad 0 + a = a.$$

Man nennt die Zahl 0 das **„neutrale Element der Addition"**.

Es gilt das **Neutralitätsgesetz der Addition**:

> Für alle rationalen Zahlen a gilt: $a + 0 = 0 + a = a$.

5. Inverse Elemente bei der Addition

Addiert man zwei Gegenzahlen, so ergibt sich die Zahl 0, also das neutrale Element der Addition.

Beispiele

1) $3+(-3)=0$ und $(-3)+3=0$

2) $\frac{2}{5}+\left(-\frac{2}{5}\right)=0$ und $\left(-\frac{2}{5}\right)+\frac{2}{5}=0$

Man sagt daher, dass -3 das **inverse Element** zur Zahl 3 bezüglich der Addition ist. Umgekehrt ist die Zahl $-(-3)=3$ das inverse Element zur Zahl -3.

Allgemein sind zwei Zahlen a und $-a$ wechselseitig inverse Elemente bezüglich der Addition.

Es gilt das **Inversitätsgesetz der Addition**:

Zu jeder rationalen Zahl a gibt es als inverses Element die Gegenzahl $-a$, so dass gilt:

$$a+(-a)=(-a)+a=0.$$

Beispiel $\frac{3}{11}+\left(-\frac{3}{11}\right)=\left(-\frac{3}{11}\right)+\frac{3}{11}=0$

Aufgaben und Beispiele

Zum Einstieg

Man erhält die **alternierende Quersumme** einer natürlichen Zahl, indem man von der ersten Ziffer der Zahl die zweite Ziffer subtrahiert, dann die dritte Ziffer addiert, die vierte wieder subtrahiert und so fort.

Die alternierende Quersumme der Zahl 34557519183 ist

$3-4+5-5+7-5+1-9+1-8+3=-11.$

Nach der Aussage von Martin ist die Zahl also durch 11 teilbar.

Petra hat eine Möglichkeit gefunden, die alternierende Quersumme einer Zahl einfacher zu berechnen.

Bild 16

Sie addiert zunächst die erste, dritte, fünfte Ziffer usw. der Zahl. Dann addiert sie die zweite, vierte, sechste Ziffer usw. der Zahl und subtrahiert die Ergebnisse:

$$3+5+7+1+1+3=20; \quad 4+5+5+9+8=31 \quad \text{und} \quad 20-31=-11.$$

Führt Petras Vorgehen stets zu den gleichen Ergebnissen wie die erste Methode? Durch welche Rechengesetze kann man das begründen?

Zu den Gesetzen der Addition

1. Addiere mit Hilfe von Pfeilen!

a) $(-3)+5$ und $5+(-3)$
b) $4{,}5+(-6)$ und $(-6)+4{,}5$
c) $(-1{,}5)+(-3{,}5)$ und $(-3{,}5)+(-1{,}5)$
d) $(-0{,}5)+0{,}25$ und $0{,}25+(-0{,}5)$

2. Berechne jeweils $a+b$ und $b+a$!

a) $a=-4;\ b=3$
b) $a=11;\ b=-15$
c) $a=-5;\ b=-6$
d) $a=-1{,}8;\ b=-2{,}2$
e) $a=0{,}7;\ b=-0{,}3$
f) $a=-1{,}1;\ b=0{,}9$
g) $a=-\frac{1}{2};\ b=-\frac{1}{4}$
h) $a=-\frac{3}{2};\ b=\frac{5}{2}$
i) $a=-\frac{7}{3};\ b=\frac{3}{7}$

3. Berechne mit Hilfe von Pfeilen $(a+b)+c$ und $a+(b+c)$!

a) $a=2;\ b=-5;\ c=1$
b) $a=-3;\ b=-2;\ c=7$
c) $a=-2;\ b=-1;\ c=-4$
d) $a=-5;\ b=2;\ c=5$
e) $a=-3;\ b=5;\ c=-3$
f) $a=5;\ b=2;\ c=-8$

4. Berechne jeweils $(a+b)+c$ und $a+(b+c)$!

a) $a=-3;\ b=-7;\ c=10$
b) $a=4;\ b=-7;\ c=-4$
c) $a=-5;\ b=5;\ c=-4$
d) $a=12{,}2;\ b=-5{,}2;\ c=3{,}9$
e) $a=-2{,}3;\ b=5{,}3;\ c=-10{,}1$
f) $a=-1{,}25;\ b=0;\ c=2{,}25$
g) $a=-\frac{1}{2};\ b=-\frac{1}{4};\ c=\frac{3}{4}$
h) $a=-\frac{7}{10};\ b=\frac{2}{5};\ c=-\frac{3}{4}$
i) $a=\frac{5}{6};\ b=-\frac{2}{3};\ c=-\frac{2}{9}$

5. Berechne die folgenden Summen möglichst einfach! Gib bei jedem Schritt an, welches Gesetz du benutzt hast!

Beispiele

1)

$(4{,}2-7{,}1)-4{,}2$	Rückführung der
$=[4{,}2+(-7{,}1)]+(-4{,}2)$	Subtraktion auf die Addition
$=[-7{,}1+4{,}2]+(-4{,}2)$	Kommutativgesetz
$=-7{,}1+[4{,}2+(-4{,}2)]$	Assoziativgesetz
$=-7{,}1+0$	Inversitätsgesetz
$=-7{,}1$	Neutralitätsgesetz

2)

$-3{,}6+(10{,}3-1{,}4)$	Rückführung der
$=-3{,}6+[10{,}3+(-1{,}4)]$	Subtraktion auf die Addition
$=-3{,}6+[(-1{,}4)+10{,}3]$	Kommutativgesetz
$=[-3{,}6+(-1{,}4)]+10{,}3$	Assoziativgesetz
$=-5+10{,}3$	
$=5{,}3$	

a) $17{,}2+(0{,}8-7{,}2)$
b) $-3{,}7+((-9{,}2)+3{,}7)$
c) $-12{,}3+(5{,}8-3{,}7)$
d) $11+(2{,}56+(-5))$
e) $(-0{,}1+9{,}91)-0{,}9$
f) $-2{,}11+(0{,}85-0{,}89)$
g) $(-10)+10\frac{4}{7}$
h) $(13\frac{1}{2}+5\frac{7}{15})+(-8\frac{1}{2})$
i) $(-\frac{3}{5})+(17\frac{1}{2}+\frac{1}{10})$

6. Bestimme das inverse Element hinsichtlich der Addition!

a) 4 **b)** $-\frac{3}{8}$ **c)** $2\frac{1}{4}$ **d)** $-2{,}7$ **e)** 0 **f)** $-(-1)$

Summen und Differenzen aus drei und mehr Zahlen

In den folgenden Aufgaben sind Summen und Differenzen aus drei und mehr Zahlen zu berechnen. Wenn in solchen Ausdrücken **keine** Klammern stehen, sind sie – wie du früher schon gelernt hast – „von links nach rechts" auszurechnen.

Beispiele

1) $3+(-7)+8=(-4)+8=4$
2) $(-4)-3+5-11=(-7)+5-11=-2-11=-13$

7. **a)** $6 + (-4) + (-3)$ **b)** $(-7) + 3 + (-5)$ **c)** $(-16) + (-8) + 7$
d) $(-28) + 15 + (-7)$ **e)** $(-21) + 19 + 25$ **f)** $42 + 27 + (-81)$
g) $(-219) + (-128) + 436$ **h)** $188 + (-53) + (-91)$ **i)** $(-145) + 38 + (-101)$

8. **a)** $11 - (-3) + 5$ **b)** $(-14) - 8 + (-6)$ **c)** $(-7) + 15 - (-11)$
d) $8 - (-37) + 6$ **e)** $(-47) + (-31) - (-81)$ **f)** $(-85) + (-11) - (-107)$
g) $(-4) - (-9) - 3$ **h)** $(-6) - 8 - (-7)$ **i)** $7 - 15 - (-9)$
j) $17 - (-31) - 15$ **k)** $(-38) - (-17) - 45$ **l)** $47 - 36 - 21$

9. **a)** $\frac{4}{11} + \left(-\frac{3}{11}\right) - \frac{7}{11}$ **b)** $\left(-\frac{4}{13}\right) + \frac{8}{13} - \left(-\frac{6}{13}\right)$ **c)** $\frac{5}{8} + \left(-\frac{3}{8}\right) - \frac{7}{8}$
d) $\left(-\frac{7}{9}\right) + \left(-\frac{5}{9}\right) - \frac{8}{9}$ **e)** $\frac{4}{15} + \left(-\frac{7}{20}\right) - \frac{5}{12}$ **f)** $\left(-\frac{7}{36}\right) - \left(-\frac{5}{12}\right) + \frac{13}{27}$
g) $\left(-\frac{4}{9}\right) + \left(-\frac{5}{24}\right) - \frac{7}{16}$ **h)** $\frac{8}{15} - \left(-\frac{5}{21}\right) + \frac{13}{45}$ **i)** $\frac{3}{14} - \frac{5}{21} - \left(-\frac{7}{18}\right)$
j) $\frac{5}{42} + \left(-\frac{5}{12}\right) - \frac{3}{14}$ **k)** $\left(-\frac{7}{15}\right) - \left(-\frac{4}{25}\right) + \frac{9}{20}$ **l)** $-\frac{16}{21} + \frac{18}{35} - \left(-\frac{6}{15}\right)$

10. **a)** $7 - (4 + 3)$ **b)** $7 - (4 - 3)$ **c)** $7 - ((-4) + 3)$
d) $7 - ((-4) + (-3))$ **e)** $-10 - (11 - 1)$ **f)** $-10 - ((-11) - 1)$
g) $-10 - 11 - 1$ **h)** $-(10 - 1) - 11$ **i)** $25 - (18 - 7)$
j) $25 - (7 - 18)$ **k)** $25 - 7 - 18$ **l)** $-25 - ((-7) + (-18))$

11. **a)** $-300 - (-150 + 240)$ **b)** $-240 - (150 - 300)$ **c)** $-(240 - 150) - 300$
d) $0{,}5 - (0{,}7 + 0{,}8)$ **e)** $-0{,}1 - (0{,}1 - 1{,}1)$ **f)** $-0{,}1 - 0{,}1 + 1{,}1$
g) $-0{,}1 - (1{,}1 - 0{,}1)$ **h)** $1{,}2 - (0{,}9 + 0{,}3)$ **i)** $-1{,}2 + 0{,}9 + 0{,}3$

12. **a)** $4{,}3 + (7{,}4 - 2{,}5)$ **b)** $4{,}3 - (7{,}4 - 2{,}5)$ **c)** $4{,}3 - 7{,}4 - 2{,}5$
d) $8{,}6 - (2{,}9 + 3{,}4)$ **e)** $8{,}6 + (2{,}9 - 3{,}4)$ **f)** $8{,}6 - (2{,}9 - 3{,}4)$
g) $6{,}2 - (5{,}7 + 7{,}1)$ **h)** $6{,}2 + (5{,}7 - 7{,}1)$ **i)** $6{,}2 - 5{,}7 - 7{,}1$

13. **a)** $4{,}7 - (2{,}5 + 3{,}7) - 4{,}9$ **b)** $4{,}7 - (2{,}5 + 3{,}7 + 4{,}9)$ **c)** $4{,}7 - 2{,}5 - (3{,}7 - 4{,}9)$
d) $8{,}3 - (6{,}5 - 4{,}1 - 1{,}7)$ **e)** $8{,}3 - 6{,}5 - (4{,}1 - 1{,}7)$ **f)** $8{,}3 - (6{,}5 - 4{,}1) - 1{,}7$
g) $0{,}9 + 7{,}4 - (3{,}1 - 5{,}6)$ **h)** $0{,}9 + 7{,}4 - (3{,}1 + 5{,}6)$ **i)** $0{,}9 - 7{,}4 - (3{,}1 - 5{,}6)$
j) $8{,}2 - 4{,}9 - (2{,}4 + 7{,}2)$ **k)** $8{,}2 - 4{,}9 + (2{,}4 - 7{,}2)$ **l)** $8{,}2 - 4{,}9 - (2{,}4 - 7{,}2)$

Rechenregeln

14. Bestätige, dass für rationale Zahlen a und b gilt: $-(a - b) = b - a$, indem du für a und b die angegebenen Zahlen einsetzt!
a) $a = 2;\ b = 3$ **b)** $a = 4;\ b = 1$ **c)** $a = -5;\ b = 3$ **d)** $a = 2;\ b = -7$
e) $a = 5;\ b = -2$ **f)** $a = -3;\ b = -4$ **g)** $a = -7;\ b = -2$ **h)** $a = 0;\ b = -2$

15. Begründe die Gültigkeit der Gleichung aus Aufgabe 14! Benutze dazu, dass für alle rationalen Zahlen a und b gilt: $a - b = a + (-b)$.

16. Setze in a, b und c je drei rationale Zahlen ein, so dass die Gleichung
$a - (b + c) = (a - b) + c$
a) in eine falsche Aussage, **b)** in eine wahre Aussage übergeht!
c) Formuliere eine zugehörige Regel!

17. Verfahre wie in Aufgabe 16 mit der Gleichung $a - (b - c) = a - b - c$!

§ 12 Die Mutiplikation und die Division rationaler Zahlen

I. Die Definition der Multiplikation rationaler Zahlen

1. Produkte aus einer positiven und einer negativen Zahl

Für nicht negative Zahlen ist uns die Multiplikation bereits bekannt. Wir brauchen die Multiplikation also nur für die Fälle zu definieren, bei denen wenigstens ein Faktor eine negative Zahl ist. Dabei lassen wir uns natürlich von dem leiten, was wir über die Multiplikation schon wissen.

Bei den natürlichen Zahlen haben wir die Multiplikation mit Hilfe der Addition erklärt.

Beispiel

$3 \cdot 4 = 4 + 4 + 4 = 12$
(Bild 1)

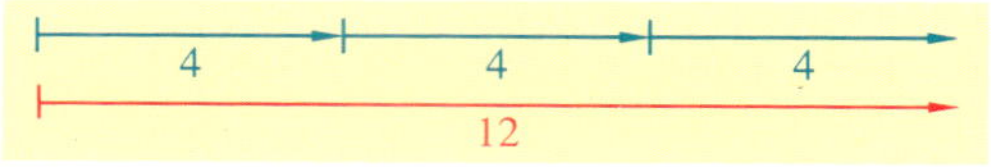

Bild 1

Jedes Produkt natürlicher Zahlen ist also eine Abkürzung für eine Summe, die aus gleichen Summanden besteht. Diese Erklärung versagt schon bei der Multiplikation von Bruchzahlen, z.B. bei $\frac{2}{3} \cdot \frac{4}{7}$, weil sie nur anwendbar ist, wenn der erste Faktor (der Multiplikator) eine natürliche Zahl ist. Sie kann daher auch für die Multiplikation rationaler Zahlen nur in den Sonderfällen herangezogen werden, in denen der erste Faktor eine natürliche Zahl ist.

Beispiel

$3 \cdot (-5) = (-5) + (-5) + (-5) = -15$
(Bild 2)

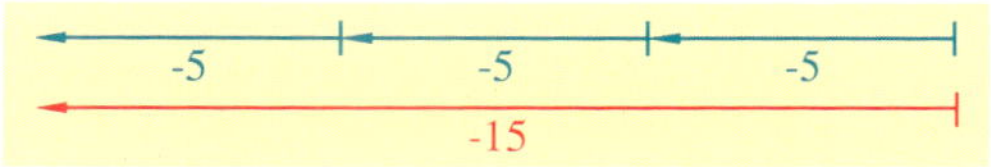

Bild 2

Ist dagegen der erste Faktor (der Multiplikator) negativ, so versagt die ursprüngliche Erklärung der Multiplikation.

Beispiel $(-5) \cdot 3 = ?$

Nun gilt aber für die Multiplikation sowohl der natürlichen Zahlen wie der Bruchzahlen das Kommutativgesetz. Daher liegt es nahe, solche Produkte so zu definieren, dass auch hier das Kommutativgesetz gilt. Es soll also gelten:

$$(-5) \cdot 3 = 3 \cdot (-5) = -(3 \cdot 5) = -15.$$

Bei Produkten aus einer positiven und einer negativen ganzen Zahl erhält man also das Ergebnis, indem man vor das Produkt der Beträge der beiden Zahlen ein Minuszeichen setzt.

Es liegt nahe, in gleicher Weise zu verfahren, wenn die Faktoren nicht ganzzahlig sind.

Beispiele **1)** $\frac{3}{4} \cdot \left(-\frac{5}{7}\right) = -\left(\frac{3}{4} \cdot \frac{5}{7}\right) = -\frac{15}{28}$ **2)** $\left(-\frac{2}{5}\right) \cdot \frac{4}{9} = -\left(\frac{2}{5} \cdot \frac{4}{9}\right) = -\frac{8}{45}$

2. Produkte mit dem Faktor 0

Neben den Fällen, in denen **beide** Faktoren negativ sind, fehlen noch Produkte, bei denen ein Faktor negativ, der andere die Zahl 0 ist.

Beispiele **1)** $0 \cdot (-3)$ **2)** $\left(-\frac{5}{8}\right) \cdot 0$

Nun gilt für alle Bruchzahlen (positiven Zahlen): $0 \cdot a = a \cdot 0 = 0$. Es liegt daher nahe, festzulegen, dass **jedes** Produkt den Wert 0 haben soll, wenn (wenigstens) einer der beiden Faktoren die Zahl 0 ist. Für obige Beispiele gilt dann:

1) $0 \cdot (-3) = 0$; **2)** $\left(-\frac{5}{8}\right) \cdot 0 = 0.$

3. Das Permanenzprinzip

Nun sind nur noch die Produkte mit **zwei negativen Faktoren** zu definieren. Dieses Problem ist in der Geschichte der Mathematik lange ungeklärt geblieben. Das hat seinen Grund u.a. auch darin, dass dieser Fall in Anwendungssituationen nur selten auftritt. Es ist daher nicht verwunderlich, dass wir hier einen Kunstgriff anwenden müssen, der nicht so nahe liegt wie die bisherigen Überlegungen.

Von grundlegender Bedeutung für den Zusammenhang zwischen der Addition und der Multiplikation ist das **Distributivgesetz**; es lautet für Bruchzahlen:

Für alle Bruchzahlen a, b, c gilt: $a \cdot (b + c) = a \cdot b + a \cdot c$.

So wie wir oben das Kommutativgesetz herangezogen haben, ziehen wir hier dieses Gesetz heran, um zu einer sinnvollen Definition von Produkten zweier negativer Zahlen zu kommen. Den Grundsatz, dass bestehende **Gesetze** bei Erweiterungsdefinitionen **„erhalten bleiben“** sollen, nennt man nach dem deutschen Mathematiker Hankel (1839 – 1873) das **„Permanenzprinzip“**.[1] Bei der Anwendung des Permanenzprinzips ist natürlich darauf zu achten, dass keine Widersprüche auftreten.

Bild 3 H. Hankel

Wir stellen für die Definition der Multiplikation rationaler Zahlen also die **Forderung** auf:

Für alle rationalen Zahlen a, b, c soll gelten: $a \cdot (b + c) = a \cdot b + a \cdot c$.

[1] permanere (lat.): erhalten bleiben

4. Das Produkt zweier negativer Zahlen

Wir versuchen nun mit Hilfe des Distributivgesetzes herauszufinden, wie z.B. das Produkt

$$(-3)\cdot(-5)$$

sinnvoll festgelegt werden kann. Wir gehen aus von der Gleichung

$$(-3)\cdot 0=0$$

und ersetzen hierin, um das Distributivgesetz anwenden zu können, die Zahl 0 durch die Summe $5+(-5)$; dann ergibt sich:

$$0=(-3)\cdot 0=(-3)\cdot[5+(-5)]=(-3)\cdot 5+(-3)\cdot(-5).$$

Es ist also

$$(-3)\cdot 5+(-3)\cdot(-5)=0;$$

daher muss $(-3)\cdot(-5)$ die **Gegenzahl** zur Zahl $(-3)\cdot 5$ sein; es muss also gelten:

$$(-3)\cdot(-5)=-[(-3)\cdot 5]=-[-3\cdot 5)]=3\cdot 5.$$

Es ergibt sich also, dass das Produkt zweier negativer ganzer Zahlen gleich dem Produkt der Beträge dieser Zahlen sein muss, wenn das Distributivgesetz auch für alle rationalen Zahlen gelten soll.

Es liegt nahe, entsprechend zu verfahren, wenn die Faktoren keine ganzen Zahlen sind.

Beispiele

1) $\left(-\frac{2}{7}\right)\cdot\left(-\frac{5}{3}\right)=\frac{2}{5}\cdot\frac{5}{3}=\frac{10}{21}$

2) $(-12{,}3)\cdot(-25{,}4)=12{,}3\cdot 25{,}4=312{,}42$

5. Zusammenfassung

Wir fassen die Ergebnisse zusammen in der **Regel**:

Bei einem Produkt aus zwei rationalen Zahlen berechnet man das Produkt der Beträge dieser Zahlen und fügt ein Minuszeichen hinzu, wenn ein Faktor positiv und der andere negativ ist.

Man kann sich auch die folgende Kurzformulierung merken:

1) Das Produkt einer positiven und einer negativen Zahl ist negativ.
2) Das Produkt zweier negativer Zahlen ist positiv.

Beispiele

1) $2\cdot(-7)=-2\cdot 7=-14$

2) $\left(-\frac{3}{4}\right)\cdot\frac{5}{8}=-\left(\frac{3}{4}\cdot\frac{5}{8}\right)=-\frac{15}{24}$

3) $\left(-\frac{2}{7}\right)\cdot\left(-\frac{5}{9}\right)=\frac{2}{7}\cdot\frac{5}{9}=\frac{10}{63}$

4) $0\cdot(-3)=-0=0$

6. Erfassung durch Gleichungen

Man kann den Inhalt der vorstehenden Regeln auch durch die folgenden Gleichungen zum Ausdruck bringen:

1) $a \cdot (-b) = -(a \cdot b)$, **2)** $(-a) \cdot b = -(a \cdot b)$, **3)** $(-a) \cdot (-b) = a \cdot b$.

Diese Gleichungen gelten zunächst für nicht negative Zahlen; sie gelten aber auch für beliebige rationale Zahlen. Wir bestätigen das für die dritte Gleichung dadurch, dass wir an Beispielen zeigen, dass $(-a) \cdot (-b)$ zum gleichen Ergebnis führt wie $a \cdot b$.

a) Für $a = -2$ und $b = 3$ ergibt sich:
$(-a) \cdot (-b) = [-(-2)] \cdot (-3) = 2 \cdot (-3) = -6$ und
$a \cdot b = (-2) \cdot 3 = -(2 \cdot 3) = -6$.

b) Für $a = 2$ und $b = -3$ ergibt sich:
$(-a) \cdot (-b) = (-2) \cdot [-(-3)] = (-2) \cdot 3 = -(2 \cdot 3) = -6$ und
$a \cdot b = 2 \cdot (-3) = -(2 \cdot 3) = -6$.

c) Für $a = -2$ und $b = -3$ ergibt sich:
$(-a) \cdot (-b) = [-(-2)] \cdot [-(-3)] = 2 \cdot 3 = 6$ und
$a \cdot b = (-2) \cdot (-3) = 2 \cdot 3 = 6$.

Begründe jeden einzelnen Umformungsschritt dadurch, dass du die angewendete Gleichung angibst!

Wir halten den Sachverhalt in einem Satz fest.

Für alle rationalen Zahlen a, b gilt:
1) $a \cdot (-b) = -(a \cdot b)$; **2)** $(-a) \cdot b = -(a \cdot b)$; **3)** $(-a) \cdot (-b) = a \cdot b$.

Aufgaben und Beispiele

Zum Einstieg

Peters Vater war im Ausland. Er erzählt Peter, dass das Thermometer auf dem Flughafen in New York 100 Grad anzeigte.
„Das kann ich mir gar nicht vorstellen", wundert sich Peter, „da kocht ja alles."
„Natürlich nicht 100 Grad Celsius, sondern 100 Grad Fahrenheit", erwidert sein Vater, „hol doch bitte mal das Lexikon."

Wie warm war es auf dem New Yorker Flughafen?

(Aufgaben 1, 2 und 3)

Grad Fahrenheit [n. dem dt. Physiker D. G. Fahrenheit, *1686, †1744], Einheitszeichen °F, anglo-amerikanische Einheit der Temperatur. Ein °F ist der 180ste Teil der Temperaturdifferenz zw. Eispunkt (32 °F) und Siedepunkt (212 °F). Zw. der Celsiustemperatur T_C und der Fahrenheit-Temperatur T_F besteht der Zusammenhang:

$$T_F = \frac{9}{5} \cdot T_C + 32$$

und

$$T_C = \frac{5}{9} \cdot (T_F - 32).$$

Bild 4

Ergänzungen zum Einstiegsbeispiel

1. Wie viel Grad Fahrenheit entsprechen
a) 0 °C; 20 °C; 37 °C; 50 °C; 80 °C; 100 °C;
b) −10 °C; −30 °C; −50 °C; −73 °C; −120 °C; −273,16 °C?

2. Wie viel Grad Celsius entsprechen
a) 0 °F; 20 °F; 32 °F; 120 °F; 212 °F; 451 °F;
b) −10 °F; −20 °F; −50 °F; −100 °F; −150 °F; −459,688 °F?

3. Zeichne ein Thermometer in dein Heft, welches links von der Quecksilbersäule in °C, rechts von ihr in °F beziffert ist! Trage die Werte für °C von −50 °C bis 50 °C im Abstand von je 5 °C und die Werte für °F von −30 °F bis 140 °F im Abstand von je 10 °F ein!

Zur Multiplikation rationaler Zahlen

4. Veranschauliche die Multiplikation mit Hilfe von Pfeilen!
a) $3 \cdot 1{,}5$ **b)** $3 \cdot (-4)$ **c)** $2 \cdot (-\frac{2}{3})$ **d)** $2 \cdot (-2{,}4)$ **e)** $5 \cdot (-0{,}8)$

5. Berechne den angegebenen Term für a = 5; 4; 3; 2; 1; 0; −1; −2; −3; −4; −5!
a) $2 \cdot a$ **b)** $5 \cdot a$ **c)** $0{,}5 \cdot a$ **d)** $\frac{3}{2} \cdot a$ **e)** $\frac{1}{5} \cdot a$

6. Berechne!
a) $2 \cdot (-3)$ **b)** $3 \cdot (-1)$ **c)** $2 \cdot (-1{,}5)$ **d)** $1{,}5 \cdot (-4)$ **e)** $4 \cdot (-0{,}25)$
f) $(-2) \cdot 3$ **g)** $(-5) \cdot 1$ **h)** $(-6) \cdot 1{,}5$ **i)** $(-4) \cdot 2{,}5$ **j)** $(-0{,}5) \cdot 8$
k) $(-0{,}7) \cdot 5$ **l)** $1{,}2 \cdot (-0{,}5)$ **m)** $(-0{,}1) \cdot 15$ **n)** $0{,}2 \cdot (-0{,}1)$ **o)** $1{,}7 \cdot (-0{,}3)$
p) $(-\frac{1}{2}) \cdot \frac{2}{7}$ **q)** $\frac{5}{6} \cdot (-\frac{6}{5})$ **r)** $\frac{4}{3} \cdot (-\frac{9}{8})$ **s)** $(-\frac{22}{5}) \cdot \frac{25}{33}$ **t)** $(-\frac{1}{10}) \cdot 15$

7. Berechne!
a) $0 \cdot (-7)$ **b)** $(-0{,}7) \cdot 0$ **c)** $(-\frac{3}{2}) \cdot 0$ **d)** $(2+(-2)) \cdot 13$ **e)** $0 \cdot 0$

8. Berechne!
a) $(-1) \cdot (-1)$ **b)** $(-2) \cdot (-5)$ **c)** $(-3) \cdot (-4)$ **d)** $(-11) \cdot (-7)$ **e)** $(-8) \cdot 0$
f) $(-2{,}5) \cdot (-4)$ **g)** $(-6) \cdot (-0{,}5)$ **h)** $(-1{,}5) \cdot (-2{,}4)$ **i)** $(-3{,}2) \cdot (-0{,}25)$ **j)** $0 \cdot (-0{,}01)$
k) $(-\frac{2}{3}) \cdot (-\frac{3}{5})$ **l)** $(-\frac{11}{17}) \cdot (-\frac{51}{33})$ **m)** $(-\frac{4}{3}) \cdot (-\frac{3}{8})$ **n)** $(-\frac{13}{17}) \cdot 0$ **o)** $(-\frac{1}{10}) \cdot (-\frac{1}{100})$

9. Berechne!
a) $(-3)^2$ **b)** $(-7)^2$ **c)** $(-\frac{1}{2})^2$ **d)** $(-0{,}1)^2$ **e)** $(-0{,}36)^2$

10. Berechne!
a) $2 \cdot (-7)$ **b)** $(-4) \cdot 5$ **c)** $(-3) \cdot (-5)$ **d)** $(-6) \cdot (-8)$ **e)** $(-25) \cdot 3$
f) $(-3) \cdot \frac{5}{6}$ **g)** $\frac{2}{7} \cdot (-14)$ **h)** $(-7) \cdot (-\frac{2}{3})$ **i)** $(-\frac{1}{4}) \cdot (-5)$ **j)** $\frac{1}{7} \cdot (-1)$
k) $\frac{5}{8} \cdot (-\frac{2}{7})$ **l)** $0 \cdot (-\frac{7}{11})$ **m)** $(-\frac{7}{4}) \cdot \frac{8}{21}$ **n)** $(-\frac{5}{8}) \cdot 0$ **o)** $(-\frac{17}{4}) \cdot \frac{2}{51}$
p) $(-0{,}2) \cdot 10$ **q)** $13 \cdot (-1{,}1)$ **r)** $(-0{,}1) \cdot (-0{,}1)$ **s)** $(-1{,}5) \cdot 2{,}4$ **t)** $(-12{,}5) \cdot (-80)$

11. Berechne!

a) $(-27) \cdot 1\frac{1}{9}$ **b)** $2\frac{1}{11} \cdot (-33)$ **c)** $(-5) \cdot (-\frac{7}{10})$ **d)** $(-5\frac{5}{8}) \cdot (-1\frac{7}{9})$
e) $(-2\frac{1}{2}) \cdot (-\frac{3}{5})$ **f)** $(-12) \cdot (-3\frac{1}{3})$ **g)** $(-12\frac{1}{2}) \cdot (-1\frac{3}{5})$ **h)** $\frac{11}{12} \cdot (-2\frac{2}{5})$
i) $5\frac{1}{6} \cdot (-\frac{18}{31})$ **j)** $(-3\frac{1}{9}) \cdot (-\frac{3}{14})$ **k)** $(-17\frac{1}{2}) \cdot \frac{6}{7}$ **l)** $(-4\frac{4}{9}) \cdot (-3\frac{3}{10})$

12. Berechne den angegebenen Term für $a = 5; 4; 3; 2; 1; 0; -1; -2; -3; -4; -5$!

a) $a \cdot (-2)$ **b)** $a \cdot (-0{,}5)$ **c)** $(-a) \cdot (-0{,}5)$ **d)** $(-\frac{1}{4}) \cdot a$ **e)** $a \cdot (-\frac{1}{60})$

13. Bestätige die Gültigkeit der drei Gleichungen
$a \cdot (-b) = -(a \cdot b)$; $(-a) \cdot b = -(a \cdot b)$ und $(-a) \cdot (-b) = a \cdot b$
für die angegebenen Zahlen!

a) $a = -1; b = 1$ **b)** $a = 4; b = -7$ **c)** $a = -1{,}5; b = -1{,}2$ **d)** $a = \frac{2}{7}; b = -\frac{7}{4}$
e) $a = -0{,}2; b = 15$ **f)** $a = -\frac{8}{17}; b = -\frac{51}{4}$ **g)** $a = -3\frac{1}{3}; b = 2{,}5$ **h)** $a = -5\frac{1}{7}; b = -2\frac{5}{8}$

Produkte aus drei und mehr Zahlen

In den folgenden Aufgaben sind Produkte aus drei und mehr Zahlen zu berechnen. Wenn in solchen Ausdrücken keine Klammern stehen, sind sie – wie du früher schon gelernt hast – „von links nach rechts" auszurechnen.

Beispiele

1) $3 \cdot (-2) \cdot (-8) = (-6) \cdot (-8) = 48.$

2) $(-2)^3 = (-2) \cdot (-2) \cdot (-2) = 4 \cdot (-2) = -8$

3) $\left(-\frac{1}{2}\right) \cdot \left(-\frac{4}{3}\right) \cdot \frac{3}{5} \cdot \left(-\frac{5}{2}\right) = \frac{2}{3} \cdot \frac{3}{5} \cdot \left(-\frac{5}{2}\right) = \frac{2}{5} \cdot \left(-\frac{5}{2}\right) = -1$

14. Berechne!

a) $4 \cdot (-7) \cdot 5$ **b)** $(-3) \cdot (-5) \cdot 2$ **c)** $(-3) \cdot 4 \cdot 0$ **d)** $(-2) \cdot 3 \cdot 8$
e) $9 \cdot 6 \cdot (-2)$ **f)** $0 \cdot (-8) \cdot (-11)$ **g)** $3 \cdot (-8) \cdot (-6)$ **h)** $(-3) \cdot (-6) \cdot (-4)$
i) $(-3) \cdot 0 \cdot 5$ **j)** $(-7) \cdot (-1) \cdot (-3)$ **k)** $4 \cdot (-9) \cdot (-6)$ **l)** $0 \cdot (-1) \cdot 0$
m) $\frac{4}{9} \cdot (-\frac{3}{11}) \cdot \frac{22}{3}$ **n)** $\frac{3}{7} \cdot (-\frac{8}{9}) \cdot (-\frac{14}{15})$ **o)** $(-\frac{2}{5}) \cdot \frac{10}{3} \cdot (-\frac{8}{9})$ **p)** $(-\frac{4}{13}) \cdot (-\frac{39}{8}) \cdot \frac{5}{6}$
q) $(-0{,}1) \cdot 20 \cdot (-0{,}5)$ **r)** $2{,}2 \cdot (-1{,}5) \cdot 25$ **s)** $0{,}01 \cdot (-13{,}7) \cdot 10$ **t)** $(-0{,}1) \cdot (-0{,}2) \cdot (-0{,}3)$

15. Berechne!

a) $(-3)^3$ **b)** $(-2)^4$ **c)** $(-1)^5$ **d)** $(-1)^6$ **e)** $(-1)^7$ **f)** $(-\frac{3}{4})^2$
g) $(-\frac{1}{2})^3$ **h)** $(-\frac{1}{2})^4$ **i)** $(-\frac{1}{10})^3$ **j)** $(-\frac{3}{5})^3$ **k)** $(-1{,}1)^3$ **l)** $(-3\frac{1}{3})^5$

16. In welchen Fällen ist ein Produkt aus drei rationalen Zahlen a, b und c positiv, in welchen Fällen ist es negativ?

a) Untersuche die Frage an selbst gewählten Beispielen!
b) Wie viele verschiedene Fälle können auftreten?
c) Formuliere eine Regel!
d) Bestätige die Regel an je zwei Beispielen!

II. Die Gesetze für die Multiplikation rationaler Zahlen

1. Das Kommutativgesetz

Wir zeigen die Gültigkeit des Gesetzes zunächst an Beispielen für die drei typischen Fälle.

Beispiele

1) $(-3) \cdot 7 = -(3 \cdot 7) = -(7 \cdot 3) = 7 \cdot (-3)$

2) $5 \cdot (-4) = -(5 \cdot 4) = -(4 \cdot 5) = (-4) \cdot 5$

3) $(-2) \cdot (-9) = 2 \cdot 9 = 9 \cdot 2 = (-9) \cdot (-2)$

Allgemein können wir die Gültigkeit des Gesetzes folgendermaßen begründen: Das Gesetz gilt für die Produkte der Beträge der betreffenden Zahlen. Sind beide Faktoren positiv oder negativ, so ist das Ergebnis positiv; ist ein Faktor positiv, der andere negativ, so ist das Ergebnis negativ. Ist ein Faktor 0, so ist auch das Ergebnis die Zahl 0. Für die Multiplikation rationaler Zahlen gilt also das **Kommutativgesetz**:

Für alle rationalen Zahlen a, b gilt: $a \cdot b = b \cdot a$.

2. Das Assoziativgesetz

Wir bestätigen das Assoziativgesetz zunächst an einem

Beispiel:

$$\left[\frac{1}{3} \cdot \left(-\frac{2}{5}\right)\right] \cdot 4 = \left(-\frac{2}{15}\right) \cdot 4 = -\frac{8}{15}; \qquad \frac{1}{3} \cdot \left[\left(-\frac{2}{5}\right) \cdot 4\right] = \frac{1}{3} \cdot \left(-\frac{8}{5}\right) = -\frac{8}{15}.$$

Allgemein können wir die Gültigkeit des Gesetzes folgendermaßen begründen: Das Gesetz gilt für das **Produkt der Beträge** der betreffenden Zahlen. Für das Vorzeichen des Ergebnisses kommt es bei einem Produkt aus **drei** – von 0 verschiedenen – Faktoren aber nur darauf an, **wie viele negative Faktoren** vorkommen, nicht aber auf die Art, wie die Faktoren zusammengefasst sind. Enthält ein solches Produkt

keinen oder zwei negative Faktoren, so ist das Ergebnis positiv,

einen oder drei negative Faktoren, so ist das Ergebnis negativ.

Ist wenigstens ein Faktor die Zahl 0, so ist auch das Produkt stets die Zahl 0.

Für die Multiplikation rationaler Zahlen gilt also das **Assoziativgesetz**:

Für alle rationalen Zahlen a, b, c gilt: $(a \cdot b) \cdot c = a \cdot (b \cdot c)$.

3. Das Neutralitätsgesetz

Bei der Addition ist die Zahl 0 das neutrale Element. Die gleiche Rolle spielt bei der Multiplikation die Zahl 1.

Beispiele **1)** $5 \cdot 1 = 5$ **2)** $1 \cdot \left(-\frac{3}{4}\right) = -\frac{3}{4}$ **3)** $1 \cdot 1 = 1$

Wir können sagen:

Für alle rationalen Zahlen a gilt: $a \cdot 1 = 1 \cdot a = a$.

4. Das Inversitätsgesetz

Bei der Addition ergibt die Summe aus einer Zahl a und ihrem inversen Element, also ihrer Gegenzahl $-a$, stets das neutrale Element, also die Zahl 0:

$$a + (-a) = (-a) + a = 0.$$

Wir wollen untersuchen, ob es eine entsprechende Beziehung auch bei der Multiplikation gibt. Wir fragen also, ob es zu einer rationalen Zahl a als inverses Element bezüglich der Multiplikation eine Zahl x gibt, so dass das Produkt $a \cdot x$ das neutrale Element der Multiplikation, also die Zahl 1 ergibt:

$$a \cdot x = 1.$$

Beispiele

1) $\frac{2}{3} \cdot x = 1$

Wir wissen schon, dass der **Kehrwert** von $\frac{2}{3}$, also die Zahl $\frac{3}{2}$ diese Gleichung erfüllt; denn es gilt:

$$\frac{2}{3} \cdot \frac{3}{2} = 1.$$

2) $\left(-\frac{4}{7}\right) \cdot x = 1$

In diesem Fall ist die Lösung offensichtlich eine negative Zahl, nämlich die Zahl $-\frac{7}{4}$; denn es gilt:

$$\left(-\frac{4}{7}\right) \cdot \left(-\frac{7}{4}\right) = \frac{4}{7} \cdot \frac{7}{4} = 1.$$

Allgemein gilt für zwei von 0 verschiedene positive natürliche Zahlen m und n:

$$\frac{m}{n} \cdot \frac{n}{m} = 1 \quad \text{und} \quad \left(-\frac{m}{n}\right) \cdot \left(-\frac{n}{m}\right) = 1.$$

Bezüglich der Multiplikation ist also das inverse Element zu einer positiven Zahl $a = \frac{m}{n}$ der Kehrwert $\frac{1}{a} = \frac{n}{m}$.

Das inverse Element zu einer negativen rationalen Zahl $a = -\frac{m}{n}$ ist ebenfalls die Zahl $\frac{1}{a} = -\frac{n}{m}$; auch diese Zahl nennen wir den „Kehrwert von a“.

Wir haben nun noch zu prüfen, ob es auch zur Zahl 0 ein inverses Element x bezüglich der Multiplikation gibt. Für die Zahl x müsste gelten:

$$0 \cdot x = 1.$$

Nun gilt aber für jede rationale Zahl x:

$$0 \cdot x = 0.$$

Ein Produkt, in dem ein Faktor 0 ist, kann nicht den Wert 1 haben. Dies bedeutet, dass es **zur Zahl 0 kein inverses Element bezüglich der Multiplikation gibt**.

Für die Multiplikation lautet das **Inversitätsgesetz** also:

Zu jeder von 0 verschiedenen Zahl a gibt es als inverses Element bezüglich der Multiplikation den Kehrwert $\frac{1}{a}$; es gilt:

$$a \cdot \frac{1}{a} = \frac{1}{a} \cdot a = 1.$$

Ist $a = \frac{m}{n}$ dann ist $\frac{1}{a} = \frac{n}{m}$; ist $a = -\frac{m}{n}$, dann ist $\frac{1}{a} = -\frac{n}{m}$.

(Die Zahlen m und n stehen für von 0 verschiedenen natürliche Zahlen.)

5. Das Distributivgesetz für rationale Zahlen

Das Gesetz lautet:

Für alle rationalen Zahlen a, b, c gilt: $a \cdot (b + c) = a \cdot b + a \cdot c$.

Bei der Definition der Multiplikation rationaler Zahlen haben wir in Fällen, bei denen beide Faktoren negativ sind, das Distributivgesetz im Sinne des Permanenzprinzips (Seite 230) herangezogen.

Man könnte daher der Meinung sein, man brauche die Gültigkeit des Distributivgesetzes nicht mehr zu begründen. Dies wäre aber ein Irrtum, weil wir das Gesetz nur in Sonderfällen benutzt haben.

Eine allgemeine Begründung dieses Gesetzes ist aber langwierig. Wir begnügen uns daher mit der Bestätigung anhand zweier

Beispiele

1) für $a = -2$, $b = 7$ und $c = -3$ gilt:
$\mathbf{a \cdot (b + c)} = (-2) \cdot [7 + (-3)] = (-2) \cdot 4 = \mathbf{-8}$ und
$\mathbf{a \cdot b + a \cdot c} = (-2) \cdot 7 + (-2) \cdot (-3) = -14 + 6 = \mathbf{-8}$.

2) Für $a = 3$, $b = -4$ und $c = -2$ gilt:
$\mathbf{a \cdot (b + c)} = 3 \cdot [(-4) + (-2)] = 3 \cdot (-6) = \mathbf{-18}$ und
$\mathbf{a \cdot b + a \cdot c} = 3 \cdot (-4) + 3 \cdot (-2) = (-12) + (-6) = \mathbf{-18}$.

Weitere mögliche Fälle können in Aufgabe 8 bearbeitet werden.

6. Das Distributivgesetz für Differenzen

Da wir in der Definition (Seite 219) die Subtraktion auf die Addition zurückgeführt haben, muss das Distributivgesetz auch für **Differenzen** gelten:

Für alle rationalen Zahlen a, b, c gilt: $a \cdot (b - c) = a \cdot b - a \cdot c$.

Beweis: $a \cdot (b - c) = a \cdot [b + (-c)] = a \cdot b + a \cdot (-c) = a \cdot b + (-a \cdot c) = a \cdot b - a \cdot c$, q.e.d.

Mit Hilfe des Kommutativgesetzes ergibt sich aus den letzten beiden Sätzen ferner, dass für alle rationalen Zahlen a, b, c gilt:

$(a + b) \cdot c = a \cdot b + b \cdot c$ und $(a - b) \cdot c = a \cdot c - b \cdot c$.

Aufgaben und Beispiele

Kommutativgesetz und Assoziativgesetz

1. Bestätige die Gültigkeit des Kommutativgesetzes der Multiplikation für die angegebenen Werte von a und b!
a) $a = 2; b = -3$ **b)** $a = -1{,}5; b = 4$ **c)** $a = -2{,}5; b = 0$ **d)** $a = -1; b = 4{,}5$
e) $a = -3; b = -5$ **f)** $a = 0; b = -3{,}51$ **g)** $a = -0{,}1; b = -1$ **h)** $a = -2; b = -0{,}5$

2. Bestätige die Gültigkeit des Assoziativgesetzes der Multiplikation, indem du für a, b und c die Zahlen der folgenden Tabelle einsetzt!

Beispiel

Für $a = -4; b = 2{,}5; c = -6$ gilt:
$\mathbf{(a \cdot b) \cdot c} = ((-4) \cdot 2{,}5) \cdot (-6) = (-10) \cdot (-6) = \mathbf{60}$ und
$\mathbf{a \cdot (b \cdot c)} = (-4) \cdot (2{,}5 \cdot (-6)) = (-4) \cdot (-15) = \mathbf{60}$,
also $\mathbf{(a \cdot b) \cdot c = a \cdot (b \cdot c)}$.

	a)	**b)**	**c)**	**d)**	**e)**	**f)**	**g)**	**h)**	**i)**	**j)**
a	-3	5	1	-2	0	4	$-1{,}2$	$-0{,}8$	$\frac{3}{7}$	$-\frac{5}{6}$
b	2	-7	0	-3	-5	$-\frac{1}{5}$	5	$-5{,}5$	$\frac{4}{9}$	$-\frac{2}{5}$
c	2	-4	-2	-4	-3	3	$-0{,}8$	$-0{,}5$	$-\frac{1}{2}$	$\frac{3}{10}$

3. Benutze das Assoziativgesetz bei der Berechnung der folgenden Produkte!
a) $5 \cdot 3 \cdot (-\frac{1}{3})$ **b)** $2 \cdot (-17) \cdot \frac{1}{17}$ **c)** $(-13) \cdot (-\frac{2}{3}) \cdot \frac{3}{2}$ **d)** $(-5) \cdot (-0{,}1) \cdot 10$ **e)** $0{,}24 \cdot (-5) \cdot 1{,}2$

4. Benutze das Kommutativ- und das Assoziativgesetz, um die folgenden Produkte möglichst einfach zu berechnen!

Beispiel

$$(-6{,}25)\cdot(-11)\cdot 4 = (-6{,}25)\cdot[(-11)\cdot 4] = (-6{,}25)\cdot[4\cdot(-11)]$$
$$= [(-6{,}25)\cdot 4]\cdot(-11) = (-25)\cdot(-11) = 275$$

a) $(-5)\cdot 13\cdot 20$ **b)** $4\cdot(-17)\cdot(-25)$ **c)** $17\cdot(-34)\cdot 0$ **d)** $(-15)\cdot(-5)\cdot(-6)$
e) $2{,}5\cdot(-7)\cdot 40$ **f)** $(-0{,}1)\cdot 13\cdot 10$ **g)** $0{,}002\cdot 17\cdot(-50)$ **h)** $3{,}5\cdot(-7)\cdot(-2)$
i) $(-1{,}2)\cdot(-11)\cdot(-5)$ **j)** $0{,}25\cdot(-25)\cdot(-8)$ **k)** $(-\frac{1}{5})\cdot 13\cdot(-10)$ **l)** $(-\frac{91}{2})\cdot\frac{15}{16}\cdot(-\frac{4}{13})$

Inversitätsgesetz

5. Bestimme jeweils das inverse Element bezüglich der Multiplikation zu den folgenden rationalen Zahlen!
a) $1;\ -1;\ -5;\ -10;\ 1000$ **b)** $\frac{1}{2};\ -\frac{2}{3};\ -\frac{7}{2};\ 3\frac{1}{4};\ -333\frac{1}{3}$ **c)** $0{,}1;\ -0{,}2;\ 2{,}5;\ -0{,}25;\ -0{,}02$
d) $3;\ -7;\ 2\frac{1}{2};\ -8;\ 80$ **e)** $-\frac{3}{8};\ \frac{8}{3};\ -\frac{10}{11};\ -\frac{1}{1000};\ \frac{17}{2}$ **f)** $-6{,}25;\ -31{,}25;\ -0{,}0004;\ 3{,}3$

6. Begründe ausführlich, warum es zur Zahl 0 kein inverses Element bezüglich der Multiplikation geben kann!

7. Bestimme eine rationale Zahl a, für die die angegebene Gleichung gilt!
a) $3\cdot a = 1$ **b)** $a\cdot(-3) = 1$ **c)** $(-a)\cdot 0{,}5 = 1$ **d)** $(-0{,}2)\cdot(-a) = 1$ **e)** $5\cdot(-a) = -1$
f) $\frac{3}{5}\cdot a = 1$ **g)** $a\cdot(-\frac{4}{3}) = 1$ **h)** $(-a)\cdot(-3\frac{1}{3}) = 1$ **i)** $\frac{1}{a}\cdot(-\frac{1}{7}) = 1$ **j)** $\frac{a}{10}\cdot(-\frac{10}{3}) = 1$

Distributivgesetz

8. Bestätige wie in den Beispielen auf Seite 237 die Gültigkeit des Distributivgesetzes $a\cdot(b+c) = a\cdot b + a\cdot c$, indem du für a, b und c die Zahlen der folgenden Tabelle einsetzt!

	a)	b)	c)	d)	e)	f)	g)	h)	i)	j)
a	3	−3	−1	−2	−0,2	2	−2,4	$\frac{2}{5}$	0	−5
b	−4	4	−2	−3	1,8	−3,01	−0,4	−10	$\frac{2}{3}$	$\frac{2}{5}$
c	5	−5	12	−4	1,2	0,01	−0,1	$-\frac{15}{2}$	$-\frac{1}{6}$	$-\frac{3}{10}$

9. Benutze das Distributivgesetz, um den angegebenen Term zu berechnen!

Beispiele

1) $(-95)\cdot(-31) + (-95)\cdot 33 = (-95)\cdot((-31)+33) = (-95)\cdot 2 = -190$
2) $(-\frac{7}{5})\cdot\frac{8}{9} + \frac{4}{5}\cdot\frac{8}{9} = (-\frac{7}{5}+\frac{4}{5})\cdot\frac{8}{9} = -\frac{3}{5}\cdot\frac{8}{9} = -\frac{8}{15}$

a) $2\cdot(-7) + 3\cdot(-7)$ **b)** $(-3)\cdot(-4) + 7\cdot(-4)$ **c)** $(-3)\cdot(-5) + 3\cdot(-5)$
d) $17\cdot(-199) + 17\cdot 200$ **e)** $(-12)\cdot(-12) + (-12)\cdot(-8)$ **f)** $99\cdot(-17) + 99\cdot 16$
g) $(-0{,}5)\cdot 7{,}8 + (-0{,}5)\cdot 8{,}2$ **h)** $0{,}1\cdot(-9{,}8) + 0{,}1\cdot 9{,}9$ **i)** $1{,}7\cdot(-3{,}8) + 1{,}7\cdot(-6{,}2)$
j) $(-\frac{1}{4})\cdot\frac{7}{5} + (-\frac{1}{4})\cdot\frac{13}{5}$ **k)** $\frac{3}{2}\cdot(-\frac{17}{3}) + \frac{3}{2}\cdot\frac{19}{3}$ **l)** $(-\frac{7}{5})\cdot 2 + (-\frac{7}{5})\cdot(-\frac{17}{21})$

10. Benutze das Distributivgesetz, um den angegebenen Term zu berechnen!

Beispiel

$$(-12)\cdot((-\tfrac{1}{3})+\tfrac{1}{4})=(-12)\cdot(-\tfrac{1}{3})+(-12)\cdot\tfrac{1}{4}=4-3=1$$

a) $(-\frac{9}{7})\cdot(\frac{7}{9}+(-21))$ **b)** $30\cdot((-\frac{6}{5})+\frac{5}{6})$ **c)** $(-\frac{21}{5})\cdot(\frac{3}{7}+(-\frac{7}{3}))$ **d)** $15\cdot(-\frac{1}{15}+2)$
e) $(-\frac{1}{2})\cdot(6+(-\frac{2}{3}))$ **f)** $(-\frac{1}{91})\cdot((-65)+13)$ **g)** $100\cdot((-0{,}75)+(-0{,}26))$ **h)** $(-50)\cdot(0{,}2+(-0{,}3))$

11. Benutze das Distributivgesetz, um den angegebenen Term zu berechnen!

Beispiel

$$18\cdot(-3)+36=18\cdot(-3)+18\cdot 2=18\cdot((-3)+2)=18\cdot(-1)=-18$$

a) $(-21)\cdot 9+84$ **b)** $19\cdot(-11)+190$ **c)** $(-6)\cdot 7+(-36)$ **d)** $(-0{,}25)\cdot 3+(-0{,}5)\cdot 4$
e) $(-\frac{1}{2})\cdot(-\frac{1}{7})+\frac{1}{2}$ **f)** $\frac{1}{3}\cdot(-46)+15\frac{1}{3}$ **g)** $(-\frac{1}{6})\cdot\frac{5}{2}+(-\frac{11}{12})$ **h)** $(-0{,}01)+(-0{,}001)$

12. Berechne ohne Taschenrechner!

Beispiel

$$\begin{aligned}(-100{,}1)\cdot 190 &= -(100+0{,}1)\cdot 190=((-100)+(-0{,}1))\cdot 190\\ &=(-100)\cdot 190+(-0{,}1)\cdot 190=(-19000)+(-19)=-19019\end{aligned}$$

a) $4{,}9\cdot(-40)$ **b)** $(-3{,}8)\cdot(-60)$ **c)** $(-0{,}101)\cdot 1500$ **d)** $(-999{,}9)\cdot(-110)$
e) $(-520)\cdot 50{,}2$ **f)** $99{,}9\cdot(-210)$ **g)** $(-110)\cdot 38{,}7$ **h)** $(-0{,}199)\cdot(-200)$
i) $(-\frac{9}{8})\cdot(-12)$ **j)** $(-\frac{99}{100})\cdot 320$ **k)** $(-10\frac{1}{4})\cdot 40$ **l)** $9\frac{8}{9}\cdot(-18)$

13. Begründe durch mehrfache Anwendung des Distributivgesetzes die Allgemeingültigkeit der folgenden Gleichungen für rationale Zahlen!

Beispiel

Es gilt: $\mathbf{a\cdot(b+c+d)=a\cdot b+a\cdot c+a\cdot d}$ für alle rationale Zahlen a, b, c und d, denn:

$$\begin{aligned}a\cdot(b+c+d)&=a\cdot[(b+c)+d] && \text{nach dem Assoziativgesetz der Addition}\\ &=a\cdot(b+c)+a\cdot d && \text{nach dem Distributivgesetz}\\ &=a\cdot b+a\cdot c+a\cdot d && \text{nach dem Distributivgesetz.}\end{aligned}$$

a) $(-a)\cdot(b+c+d)=-a\cdot b-a\cdot c-a\cdot d$ **b)** $a\cdot(b+c-d)=a\cdot b+a\cdot c-a\cdot d$
c) $a\cdot(b-c-d)=a\cdot b-a\cdot c-a\cdot d$ **d)** $(-a)\cdot(b-c+d)=-a\cdot b+a\cdot c-a\cdot d$

14. Multipliziere mit Hilfe des Distributivgesetzes den angegebenen Term aus!

Beispiel

$$(a-b)\cdot(c+d)=(a-b)\cdot c+(a-b)\cdot d=a\cdot c-b\cdot c+a\cdot d-b\cdot d$$

a) $(a+b)\cdot(c+d)$ **b)** $(a+b)\cdot(c-d)$ **c)** $(a-b)\cdot(c-d)$
d) $(a+b)\cdot(a+b)$ **e)** $(a-b)\cdot(a-b)$ **f)** $(a+b)\cdot(a-b)$

III. Die Division rationaler Zahlen

1. Übertragung von den Bruchzahlen auf alle rationalen Zahlen

Wie wir wissen, dividiert man durch eine Bruchzahl, indem man mit dem Kehrwert der Bruchzahl multipliziert.

Beispiele **1)** $\frac{2}{3}:\frac{5}{7}=\frac{2}{3}\cdot\frac{7}{5}=\frac{14}{15}$ **2)** $\frac{1}{5}:\frac{2}{9}=\frac{1}{5}\cdot\frac{9}{2}=\frac{9}{10}$

Allgemein gilt für positive Zahlen a, b:

$$\mathbf{a : b = a \cdot \frac{1}{b}}.$$

Es liegt nahe, mit Hilfe dieser Beziehung die Division für beliebige rationale Zahlen zu definieren. Da es zur Zahl 0 keinen Kehrwert gibt, müssen wir dabei nur voraussetzen, dass der Divisor nicht die Zahl 0 ist. Wir setzen also fest:

Für alle rationalen Zahlen a, b mit $b \neq 0$ gilt: $a : b = a \cdot \frac{1}{b}$.

Beispiele

1) $\left(-\frac{4}{7}\right):\frac{5}{3}=\left(-\frac{4}{7}\right)\cdot\frac{3}{5}=-\frac{4}{7}\cdot\frac{3}{5}=-\frac{12}{35}$ **2)** $\frac{2}{3}:\left(-\frac{5}{8}\right)=\frac{2}{3}\cdot\left(-\frac{8}{5}\right)=-\frac{2}{3}\cdot\frac{8}{5}=-\frac{16}{15}$

3) $\left(-\frac{2}{9}\right):\left(-\frac{3}{7}\right)=\left(-\frac{2}{9}\right)\cdot\left(-\frac{7}{3}\right)=\frac{2}{9}\cdot\frac{7}{3}=\frac{14}{27}$ **4)** $0:\left(-\frac{2}{5}\right)=0\cdot\left(-\frac{5}{2}\right)=0$

Die behandelten Beispiele zeigen bereits, dass für die Division dieselben Regeln gelten wie für die Multiplikation. Mit Hilfe der obigen Definition lässt sich aus dem Satz von Seite 232 unmittelbar der folgende Satz herleiten.

Für alle rationalen Zahlen a, b mit $b \neq 0$ gilt:
1) $a:(-b)=-(a:b)$; **2)** $(-a):b=-(a:b)$; **3)** $(-a):(-b)=a:b$.

Wir zeigen dies für die Gleichung 2):

$$(-a):b=(-a)\cdot\frac{1}{b}=-\left(a\cdot\frac{1}{b}\right)=-(a:b), \quad \text{q.e.d.}$$

2. Die Division durch 0 ist nicht erklärt

Da es zur Zahl 0 keine Kehrzahl, also hinsichtlich der Multiplikation kein inverses Element gibt, haben wir in der obigen Definition für $a:b$ die Einschränkung $b \neq 0$ hinzufügen müssen.

Wir wollen den Fall, dass durch 0 dividiert werden soll, noch an zwei Beispielen etwas näher untersuchen.

Beispiele

1) $x = \left(-\frac{3}{7}\right) : 0$ müsste eine Lösung der Gleichung $x \cdot 0 = -\frac{3}{7}$ sein.

Für alle rationalen Zahlen gilt aber:

$$x \cdot 0 = 0, \quad \text{also} \quad x \cdot 0 \neq -\frac{3}{7}.$$

die Gleichung $x \cdot 0 = -\frac{3}{7}$ ist also **in $\mathbb{Q}$ unerfüllbar**, sie hat **in $\mathbb{Q}$ keine Lösung**. Das bedeutet, dass die Division rationaler Zahlen durch 0 nicht sinnvoll definiert werden kann.

2) Eine Zahl $y = 0:0$ müsste der Gleichung $y \cdot 0 = 0$ genügen. Diese Gleichung ist aber **allgemeingültig in $\mathbb{Q}$**; sie hat **keine eindeutige Lösung in $\mathbb{Q}$**, sondern ist für jede rationale Zahl erfüllt. Also kann auch der Ausdruck „0 : 0“ in der Menge $\mathbb{Q}$ nicht eindeutig definiert werden.

Wir halten fest: **Die Division durch die Zahl 0 ist nicht definiert. Durch 0 kann man nicht dividieren.**

Aufgaben und Beispiele

1. Berechne!

a) $3:(-1)$ **b)** $(-14):7$ **c)** $(-15):(-5)$ **d)** $0:(-8)$ **e)** $(-18):3$
f) $36:(-9)$ **g)** $(-64):(-4)$ **h)** $0:(-15)$ **i)** $(-52):13$ **j)** $(-51):(-17)$

2. Berechne!

a) $208:(-13)$ **b)** $(-252):14$ **c)** $(-342):(-19)$ **d)** $(-272):17$
e) $(-256):(-16)$ **f)** $(-384):24$ **g)** $391:(-23)$ **h)** $(-416):(-26)$
i) $792:(-22)$ **j)** $576:(-36)$ **k)** $(-624):24$ **l)** $481:(-13)$

3. Berechne!

a) $(-0{,}5):(-1)$ **b)** $0{,}8:(-5)$ **c)** $(-1{,}2):2$ **d)** $1{,}04:(-1{,}3)$
e) $(-1{,}96):(-1{,}4)$ **f)** $(-2{,}8):0{,}02$ **g)** $0:(-0{,}13)$ **h)** $(-0{,}01):(-0{,}1)$
i) $12{,}5:(-0{,}5)$ **j)** $(-0{,}5):(-12{,}5)$ **k)** $(-0{,}48):0{,}008$ **l)** $0:(-0{,}861)$

4. Bestimme den Kehrwert!

a) 3 **b)** -17 **c)** $-\frac{2}{3}$ **d)** $-\frac{1}{1000}$ **e)** $\frac{19}{2}$
f) $3\frac{1}{3}$ **g)** $-\frac{99}{100}$ **h)** $-14\frac{2}{7}$ **i)** $-7\frac{1}{7}$ **j)** $-\frac{5000}{3}$
k) $0{,}25$ **l)** $-0{,}1$ **m)** $0{,}05$ **n)** $-0{,}625$ **o)** $-12{,}5$
p) $5{,}5$ **q)** $-0{,}04$ **r)** $-0{,}03$ **s)** $10{,}1$ **t)** $-0{,}0375$

5. Berechne!

a) $\frac{2}{3}:\left(-\frac{1}{7}\right)$ **b)** $\left(-\frac{7}{5}\right):\frac{2}{9}$ **c)** $\frac{4}{9}:\left(-\frac{3}{8}\right)$ **d)** $\left(-\frac{4}{11}\right):\left(-\frac{3}{5}\right)$ **e)** $\left(-\frac{7}{8}\right):\left(-\frac{5}{4}\right)$
f) $\frac{6}{7}:(-3)$ **g)** $(-6):\frac{2}{9}$ **h)** $\left(-\frac{1}{91}\right):\frac{1}{13}$ **i)** $\left(-\frac{34}{5}\right):\left(-\frac{17}{10}\right)$ **j)** $\left(-\frac{12}{7}\right):\frac{6}{5}$

6. Schreibe das Ergebnis als gemischte Zahl!

Beispiel

$$27 : (-4) = 27 \cdot \left(-\tfrac{1}{4}\right) = -\tfrac{27}{4} = -6\tfrac{3}{4}$$

a) $8 : (-3)$ **b)** $12 : (-5)$ **c)** $7 : (-4)$ **d)** $(-9) : (-2)$ **e)** $(-13) : 5$
f) $(-17) : (-4)$ **g)** $(-33) : (-8)$ **h)** $(-68) : 9$ **i)** $71 : (-6)$ **j)** $164 : (-11)$

7. Berechne!

a) $\frac{4}{5} : \left(-\frac{15}{16}\right)$ **b)** $\left(-\frac{12}{25}\right) : \frac{6}{35}$ **c)** $\left(-\frac{18}{55}\right) : \left(-\frac{9}{11}\right)$ **d)** $\frac{17}{21} : \left(-2\frac{3}{7}\right)$
e) $\left(-\frac{15}{19}\right) : \left(-1\frac{6}{19}\right)$ **f)** $1\frac{5}{6} : \left(-2\frac{4}{9}\right)$ **g)** $\left(-1\frac{6}{7}\right) : 2\frac{11}{14}$ **h)** $5\frac{2}{5} : \left(-1\frac{14}{25}\right)$
i) $\left(-5\frac{11}{13}\right) : \left(-\frac{19}{26}\right)$ **j)** $\left(-9\frac{1}{3}\right) : 1\frac{5}{9}$ **k)** $5\frac{1}{5} : \left(-1\frac{14}{25}\right)$ **l)** $\left(-3\frac{15}{16}\right) : \left(-3\frac{1}{2}\right)$

8. Berechne!

a) $\dfrac{4-16}{7-4}$ **b)** $\dfrac{4 \cdot 4 - 2 \cdot 8}{7-15}$ **c)** $\dfrac{4 \cdot 5 + 3 \cdot (-4)}{6 - 2 \cdot 5}$

d) $\dfrac{4 \cdot (2-7)}{2 \cdot (8-3)}$ **e)** $\dfrac{3 \cdot (-8) - 5 \cdot (-2)}{3 \cdot 3 + 2 \cdot (-1)}$ **f)** $\dfrac{2 \cdot (-4) - 7}{3 \cdot (-7) - 4 \cdot 6}$

g) $\dfrac{(-8) - (-4) \cdot 3}{(-4) \cdot (-6) + 24}$ **h)** $\dfrac{7 \cdot (-4) - 5 \cdot (-9)}{4 \cdot (-12) + (-3) \cdot (-16)}$ **i)** $\dfrac{(-3) \cdot (-4) - (-6) \cdot (-8)}{(-7) \cdot (-3) - (-5) \cdot (-6)}$

9. Berechne $(a : b) : c$ und $a : (b : c)$ für die angegebenen Werte von a, b und c! Was kannst du aus den Ergebnissen schließen?

	a)	b)	c)	d)	e)	f)	g)	h)	i)	j)	k)	l)
a	−48	0	64	54	−64	−96	96	−27	−128	100	−0,5	−0,75
b	4	−8	−4	−9	8	−8	−12	−3	−8	−10	−0,5	3
c	−2	4	4	3	−1	2	1	3	−4	5	−2	−0,25

10. Untersuche an Hand von selbstgewählten Beispielen, ob für die Division rationaler Zahlen
a) das Kommutativgesetz, **b)** das Assoziativgesetz gilt!

11. Was lässt sich für zwei rationale Zahlen a und b (mit $a \neq 0$ und $b \neq 0$) aus $a < b$ über die Kehrwerte $\frac{1}{a}$ und $\frac{1}{b}$ folgern? Wähle selbst Beispiele und stelle eine Regel auf!

12. Fabian behauptet, dass $9 = 3$ ist. Er begründet dies durch eine Rechnung an der Tafel (Bild 5).

„Also“, folgert er, „gilt $9 = 3$.“

Wo steckt der Fehler in dieser Überlegung?

Bild 5

§ 13 Häufigkeiten

I. Häufigkeiten bei Zufallsexperimenten

1. Zur Einführung

Familie Krüger spielt „Mensch ärgere dich nicht". Nacheinander werfen Vater, Mutter, Ute und Dieter ihren Spielwürfel (Bild 1). Nach der gewürfelten Augenzahl richtet es sich, ob und wie weit die Spieler auf dem Spielfeld mit ihren Figuren vorrücken können. Die Bewegung der Figuren hängt also vom Zufall ab.

Mit solchen Vorgängen, bei denen der **Zufall** eine entscheidende Rolle spielt, werden wir uns im Folgenden beschäftigen.

Bild 1

2. Zufallsexperimente

Das Würfeln ist ein vom Zufall beeinflusster Vorgang, weil man nicht mit Sicherheit voraussagen kann, ob die Seite mit der Augenzahl 1, 2, 3, 4, 5 oder 6 oben liegen wird (Bild 2). Einen solchen Vorgang, dessen Ausgang vom Zufall abhängt, nennt man ein **Zufallsexperiment**.

Bild 2

Zufallsexperimente begegnen uns in den verschiedensten Formen.

Wenn ein Schiedsrichter zu Beginn eines Fußballspiels eine Münze wirft, um auszulosen, welche Mannschaft die Seitenwahl hat, dann kann man nicht mit Sicherheit vorhersagen, ob nach dem Werfen der Münze die Seite mit der Zahl oder die Seite mit dem Wappen oben liegt (Bild 3). Manchmal ist auf der Rückseite der Münze kein Wappen, sondern ein Kopf oder irgendein Symbol. Wir sprechen der Einfachheit halber aber immer von „Zahl" (Z) und „Wappen" (W).

Auch bei einem Glücksrad hängt es vom Zufall ab, welches Feld unter dem Zeiger stehen bleibt (Bild 4).

Fragt man einen wahlberechtigten Bürger in Deutschland, welche Partei er wählen würde, falls am nächsten Sonntag eine Wahl stattfände, dann hängt das Ergebnis davon ab, welchen Bürger man zufällig ausgewählt hat.

Wirft man eine Reißzwecke, dann kann man nicht mit Sicherheit voraussagen, ob sie mit der Spitze nach oben (o) oder mit der Spitze nach unten (u) liegen bleibt (Bild 5).

Bild 3

Bild 4

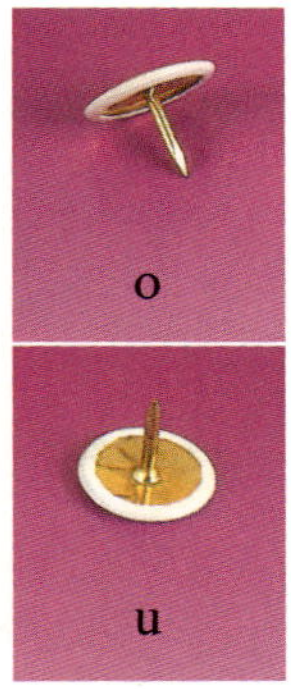

Bild 5

Lässt man eine Stahlkugel aus 10 cm Höhe über dem Mittelpunkt einer 1 m^2 großen ebenen Stahlplatte fallen (Bild 6), so hängt es nicht vom Zufall ab, ob die Kugel die Stahlplatte trifft oder nicht. Die Kugel wird die Stahlplatte in jedem Fall treffen; es handelt sich in diesem Fall nicht um ein Zufallsexperiment.

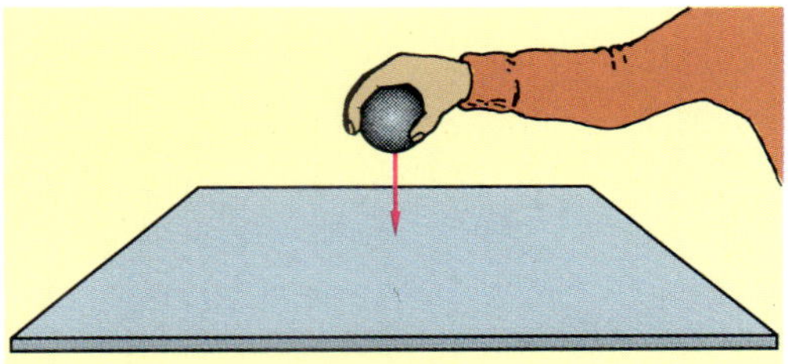

Bild 6

Kennzeichnend für ein Zufallsexperiment ist, dass es **mehrere mögliche Ergebnisse** gibt. Ist nur ein Ergebnis möglich, das zwangsläufig eintritt, dann handelt es sich nicht um ein Zufallsexperiment.

3. Ist Dieters Würfel nicht in Ordnung?

Kehren wir zum „Mensch-ärgere-dich-nicht"-Spiel der Familie Krüger zurück. Vater, Mutter und Ute haben wenigstens eine Figur im Spiel, nur Dieter hat alle Figuren in seinen Eckkreisen (Bild 7). Er wartet darauf, eine 6 zu würfeln, um ins Spiel zu kommen. Nachdem er zwölfmal aussetzen musste, weil er keine 6 geworfen hatte, glaubt er, sein Würfel sei nicht in Ordnung. Seine Mutter macht den Vorschlag, 100-mal mit Dieters Würfel zu werfen, also 100 **Versuche** des Zufallsexperimentes „Würfeln" durchzuführen. Nach jedem Versuch soll das Ergebnis notiert werden.

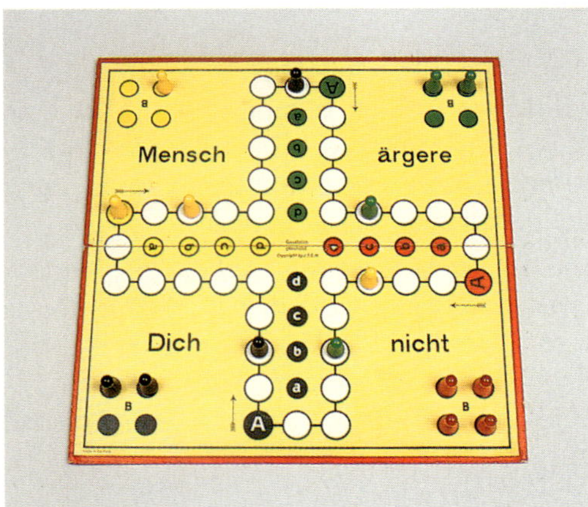

Bild 7

Man nennt eine solche Folge von Versuchen eines Zufallsexperimentes eine **Stichprobe** und die Anzahl der Versuche den **Umfang** der Stichprobe. Das Ergebnis einer Stichprobe vom Umfang 100 mit Dieters Würfel ist in der folgenden **Urliste** festgehalten.

Nr. des Wurfs	Ergebnis	Nr. des Wurfs	Ergebnis	Nr. des Wurfs	Ergebnis	Nr. des Wurfs	Ergebnis	Nr. des Wurfs	Ergebnis
1	2	21	3	41	1	61	5	81	5
2	6	22	5	42	4	62	2	82	3
3	5	23	4	43	5	63	5	83	1
4	1	24	2	44	6	64	2	84	6
5	2	25	6	45	2	65	6	85	4
6	6	26	5	46	4	66	4	86	1
7	5	27	6	47	4	67	2	87	2
8	5	28	4	48	5	68	3	88	2
9	4	29	3	49	6	69	3	89	4
10	5	30	4	50	1	70	5	90	1
11	1	31	6	51	3	71	5	91	2
12	1	32	5	52	6	72	4	92	6
13	3	33	6	53	4	73	3	93	1
14	2	34	2	54	3	74	4	94	2
15	5	35	6	55	4	75	1	95	5
16	5	36	3	56	6	76	6	96	3
17	4	37	3	57	2	77	6	97	2
18	3	38	2	58	5	78	5	98	6
19	1	39	5	59	1	79	2	99	5
20	6	40	5	60	5	80	4	100	2

Dieters Mutter liest aus der Urliste ab, dass unter den 100 Ergebnissen 18-mal die 6 vorkommt. Sie meint, das sei sogar etwas häufiger, als man bei 100 Würfen erwarten könne. Außerdem sei auch bei diesen 100 Würfen die 6 bei 13 aufeinander folgenden Versuchen, nämlich bei den Würfen von Nr. 7 bis Nr. 19 nicht aufgetreten. Sie ist deshalb der Meinung, dass Dieter sich über seinen Würfel nicht beklagen könne.

4. Eine Vereinfachung der Urliste

Aus der Urliste hat Dieters Mutter ausgezählt, wie oft die 6 gefallen ist. Wie man dieses Auszählen der **Häufigkeiten** der einzelnen Ergebnisse durchführen kann, zeigt die nebenstehende **Strichliste**.

Ergebnis	Striche	Häufigkeit
1	卌 卌 II	12
2	卌 卌 卌 III	18
3	卌 卌 III	13
4	卌 卌 卌 I	16
5	卌 卌 卌 卌 III	23
6	卌 卌 卌 III	18
	Umfang	100

In der ersten Spalte stehen die möglichen Ergebnisse und in der letzten Spalte ihre Häufigkeiten. Die Häufigkeit für das Ergebnis 1 bezeichnet man mit „n(1)“, gelesen: „n von 1“. Bei unserem Beispiel gilt:

$$n(1) = 12,\ n(2) = 18,\ n(3) = 13,$$
$$n(4) = 16,\ n(5) = 23 \text{ und } n(6) = 18.$$

Da nur die erste und die letzte Spalte interessieren, verkürzt man die Strichliste zur **Häufigkeitsliste**, indem man die Striche weglässt. Aus Platzgründen sind die bisherigen Spalten in der folgenden Liste als Zeilen geschrieben.

Ergebnis e	1	2	3	4	5	6	Umfang
Häufigkeit n(e)	12	18	13	16	23	18	100

Die Häufigkeitsliste zeigt in übersichtlicher Form die Häufigkeiten der einzelnen Ergebnisse. Bei dieser Vereinfachung sind aber Informationen der Urliste verlorengegangen. So lässt sich zum Beispiel aus der Häufigkeitsliste nicht mehr ablesen, dass die 6 in der Stichprobe in 13 aufeinander folgenden Versuchen nicht gefallen ist. Wenn es aber auf die Reihenfolge der Ergebnisse in der Stichprobe nicht ankommt, verzichtet man auf die Urliste und gibt nur die Häufigkeitsliste an.

Die Häufigkeit eines Ergebnisses in einer Stichprobe liegt stets zwischen 0 und dem Stichprobenumfang N:

$$0 \leq n(e) \leq N.$$

Graphisch kann man Häufigkeiten im **Stabdiagramm** darstellen (Bild 8).

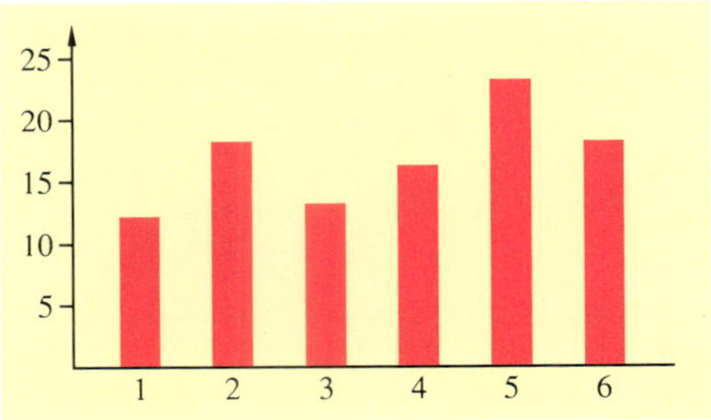

Bild 8

Beispiel

In einem Gefäß – im folgenden **Urne** genannt – befinden sich zehn Zettel. Auf einem ist ein grüner Punkt, auf drei Zetteln ist jeweils ein roter Punkt und auf sechs Zetteln jeweils ein blauer Punkt. Jeder Zettel ist zusammengefaltet, so dass man die Farbe des Punktes erst erkennen kann, wenn man den Zettel auffaltet.

Ein Versuch des Zufallsexperimentes besteht in Folgendem:

Ein Zettel wird aus der Urne gezogen, der Zettel wird aufgefaltet und die Farbe des Punktes festgestellt und notiert. Dann wird der Zettel wieder zusammengefaltet, in die Urne zurückgegeben, und alle Zettel werden gut gemischt.

Es wird eine Stichprobe vom Umfang 150 gezogen und die Ergebnisse in einer Urliste notiert:

b; b; b; r; g; b; b; r; b; b; r; b; b; r; b; b; b; b; r; g; b; r; b; b; r;
b; r; b; b; b; b; b; r; r; b; b; r; r; g; b; r; g; r; r; r; g; b; r; b; g;
g; b; g; b; b; r; r; b; b; r; g; r; b; b; b; r; g; r; b; b; b; r; g; b; b;
b; b; b; g; g; r; r; r; b; b; b; b; b; r; b; b; b; b; b; b; b; b; g; b; b;
b; b; b; b; b; b; g; b; b; b; b; r; r; b; b; r; b; r; b; r; b; b; b; r; r;
b; b; b; r; b; r; r; b; b; b; b; r; b; b; r; b; g; b; b; b; b; b; b; b; r.

a) Erstelle aus der Urliste mit Hilfe einer Strichliste die Häufigkeitsliste!

b) Stelle die Häufigkeiten in einem Stabdiagramm dar!

Lösungen:

a) Strichliste und Häufigkeitsliste

e		n(e)
g	𝍸 𝍸 𝍸 |	16
r	𝍸 𝍸 𝍸 𝍸 𝍸 𝍸 𝍸 𝍸 |	41
b	𝍸 𝍸 𝍸 𝍸 𝍸 𝍸 𝍸 𝍸 𝍸 𝍸 𝍸 𝍸 𝍸 𝍸 𝍸 𝍸 𝍸 𝍸 |||	93
	Umfang	150

b) Stabdiagramm der Häufigkeiten.

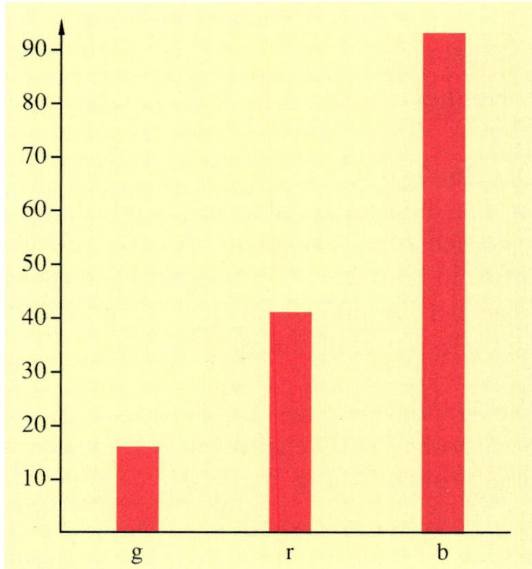

Bild 9

Aufgaben und Beispiele

Zum Einstieg

Eine Zeitschrift befragt 2000 zufällig ausgewählte Zuschauer einer Fernsehsendung nach ihrem Urteil über die Sendung. Es können 1 Punkt (sehr schlecht) bis 6 Punkte (Spitzenleistung) vergeben werden. Die Tabelle zeigt das Ergebnis der Umfrage. Stelle die Häufigkeiten in einem Stabdiagramm dar!

Urteil	Punktzahl	Häufigkeit
Spitzenleistung	6	54
sehr gut	5	334
gut	4	947
durchschnittlich	3	411
mäßig	2	168
sehr schlecht	1	86

Bild 10

Zufallsexperimente

1. Welche der folgenden Experimente sind Zufallsexperimente, welche nicht?

a) Katja lässt eine Reißzwecke aus 1 m Höhe fallen. Sie notiert, ob anschließend die Spitze oben liegt oder nicht.

b) Jan hält einen Mühlestein über den Mittelpunkt eines Schachbrettes und lässt ihn aus 1 m Höhe fallen. Er notiert, ob der Stein auf das Brett trifft oder nicht.

c) Eine Billardkugel trifft unter einem Winkel von 60° die Bande. Der Winkel, unter dem die Kugel an der Bande reflektiert wird, wird gemessen (Bild 11).

Bild 11

d) Herr Münch legt zwei rote und eine schwarze Kugel in ein Gefäß. Er zieht, ohne hinzuschauen, eine Kugel und notiert ihre Farbe.

e) Dirk spielt mit seinen Freunden Dieter und Jürgen Skat. Er mischt die Karten, teilt sie aus und notiert nach dem Spiel, wer den Kreuzbuben erhalten oder ob er im Skat gelegen hat.

f) Der 17. 10. 1992 war ein Samstag. Ingo notiert den Wochentag vom 31. 10. 1992.

Stichproben und Häufigkeiten

2. Aus einer Urne mit grünen (g), roten (r) und blauen (b) Kugeln wird verdeckt jeweils eine Kugel gezogen. Man notiert die Farbe, legt die Kugel in die Urne zurück und mischt die Kugeln erneut. Bei 50 Ziehungen werden folgende Ergebnisse notiert.

b b b b b r b b b r b r g r r b r
r b b b b b b r g r b b b b b b b
g b r g b b r b r r g g b g b b

a) Erstelle eine Strichliste und bestimme die Häufigkeiten!

b) Stelle die Häufigkeiten in einem Stabdiagramm dar!

3. In einer Schule verkauft die Schülerverwaltung in den großen Pausen Brötchen. Bei einer Umfrage nach der Qualität des Angebotes können sich die Schüler zwischen den Noten „sehr gut“ (1), „gut“ (2), „zufriedenstellend“ (3) oder „nicht zufriedenstellend“ (4) entscheiden. Man befragt 130 Schüler und erhält das Ergebnis in der folgenden Tabelle. Stelle die Häufigkeiten in einem Stabdiagramm dar!

Note	Häufigkeit
1	13
2	68
3	39
4	10

4. Führe je eine Stichprobe im Umfang von 20 durch! Notiere das Ergebnis in einer Häufigkeitsliste und stelle die Häufigkeiten in einem Stabdiagramm dar!

a) Wirf einen Würfel und notiere g, wenn eine gerade Zahl und u, falls eine ungerade Zahl fällt!

b) Wirf eine Münze und notiere, ob Wappen (W) oder Zahl (Z) fällt!

c) Lege zwei weiße und vier schwarze Mühlesteine in ein Gefäß! Ziehe dann verdeckt jeweils gleichzeitig zwei Steine und notiere, ob zwei weiße, zwei schwarze oder ein weißer und ein schwarzer Stein gezogen werden.
Lege die gezogenen Steine nach jeder Ziehung wieder in das Gefäß zurück und mische die Steine erneut!

d) Ziehe aus einem gut gemischten Skatspiel jeweils verdeckt eine Karte, notiere die Farbe (Karo, Herz, Pik, Kreuz) und lege die Karte zurück!
Mische die Karten nach jeder Ziehung wieder gut durch!

II. Relative Häufigkeiten

1. Zur Einführung

Dieter hat beim „Mensch-ärgere-dich-nicht"-Spiel zwölfmal gewürfelt, ohne dass eine 6 gefallen ist. Er glaubt, sein Würfel sei nicht korrekt. Seine Mutter hat geraten, in einer Stichprobe vom Umfang 100 zu überprüfen, ob seine Vermutung stimmt. Das Ergebnis ist in der folgenden Häufigkeitsliste festgehalten.

Ergebnis e	1	2	3	4	5	6	Umfang
Häufigkeit n(e)	12	18	13	16	23	18	100

Auf Utes Frage hin erklärt Dieters Mutter, warum sie der Meinung ist, dass in der Stichprobe die 6 sogar etwas häufiger gefallen sei, als man erwarten könne. Sie ist der Meinung, dass bei einem korrekten Würfel keine der sechs Seiten bevorzugt sein dürfe. Sie erwartet, dass auf jede der sechs Seiten etwa der gleiche Anteil der 100 Ergebnisse, also etwa $\frac{1}{6}$ des Umfangs der Stichprobe entfällt. Deshalb hat sie den relativen Anteil des Ergebnisses 6 in der Stichprobe, also $\frac{18}{100} = 0{,}18$, mit dem erwarteten Wert $\frac{1}{6} = 0{,}1\overline{6}$ verglichen. Da $0{,}18 > 0{,}1\overline{6}$ ist, sagt sie, dass die 6 in der Stichprobe etwas häufiger gefallen sei, als man erwarten könne.

2. Der Begriff der relativen Häufigkeit

Zur Beurteilung der Stichprobe ist Dieters Mutter von der Häufigkeit zum relativen Anteil der Häufigkeit des Ergebnisses am Umfang der Stichprobe übergegangen. Man nennt diesen relativen Anteil der Häufigkeit eines Ergebnisses kurz die **relative Häufigkeit** dieses Ergebnisses. Für das Ergebnis 1 bezeichnet man die relative Häufigkeit mit „h(1)", gelesen: „h von 1". Bei unserem Beispiel gilt:

$$h(1) = \frac{n(1)}{100} = \frac{12}{100} = 0{,}12; \quad h(2) = \frac{n(2)}{100} = \frac{18}{100} = 0{,}18; \quad h(3) = \frac{n(3)}{100} = \frac{13}{100} = 0{,}13;$$

$$h(4) = \frac{n(4)}{100} = \frac{16}{100} = 0{,}16; \quad h(5) = \frac{n(5)}{100} = \frac{23}{100} = 0{,}23; \quad h(6) = \frac{n(6)}{100} = \frac{18}{100} = 0{,}18.$$

Relative Häufigkeiten gibt man auch in Prozentschreibweise an, also z. B. $h(1) = 0{,}12 = 12\%$.

Allgemein können wir sagen:

Unter der relativen Häufigkeit h(e) eines Ergebnisses e in einer Stichprobe versteht man den Quotienten aus der absoluten Häufigkeit n(e) und dem Umfang N der Stichprobe:

$$h(e) = \frac{n(e)}{N}.$$

Eine Häufigkeitsliste kann man um die relativen Häufigkeiten erweitern, wie es die folgende Häufigkeitsliste für das einführende Beispiel zeigt.

Ergebnis e	1	2	3	4	5	6	Umfang
Häufigkeit n(e)	12	18	13	16	23	18	100
relative Häufigkeit h(e)	0,12	0,18	0,13	0,16	0,23	0,18	

3. Die Bedeutung der relativen Häufigkeit

Die absolute Häufigkeit eines Ergebnisses ohne Angabe des Stichprobenumfangs sagt nichts darüber aus, ob das Ergebnis relativ selten oder relativ häufig aufgetreten ist. In unserem Beispiel lässt die Information, dass 18-mal die Augenzahl 6 geworfen wurde, keine Beurteilung des Würfels zu. Erst die Aussage: bei 18 von 100 Versuchen – also in 18% der Fälle – ist eine 6 gefallen, lässt erkennen, dass die Augenzahl 6 etwas häufiger als erwartet aufgetreten ist. Um beurteilen zu können, ob ein Ergebnis relativ selten oder relativ häufig eingetreten ist, muss man die Häufigkeit und den Stichprobenumfang oder die relative Häufigkeit kennen.

Aus der Erklärung des Begriffs der relativen Häufigkeit ergibt sich, dass ihr Wert zwischen 0 und 1 liegen muss:

$$0 \leq h(e) \leq 1.$$

Je näher h(e) bei 0 liegt, desto seltener ist das Ergebnis eingetreten; je näher h(e) bei 1 liegt, desto häufiger ist das Ergebnis eingetreten.

4. Graphische Darstellung relativer Häufigkeiten

Relative Häufigkeiten kann man wie die absoluten Häufigkeiten in einem Stabdiagramm darstellen. Bild 12 zeigt das Stabdiagramm der relativen Häufigkeiten des einführenden Beispiels.

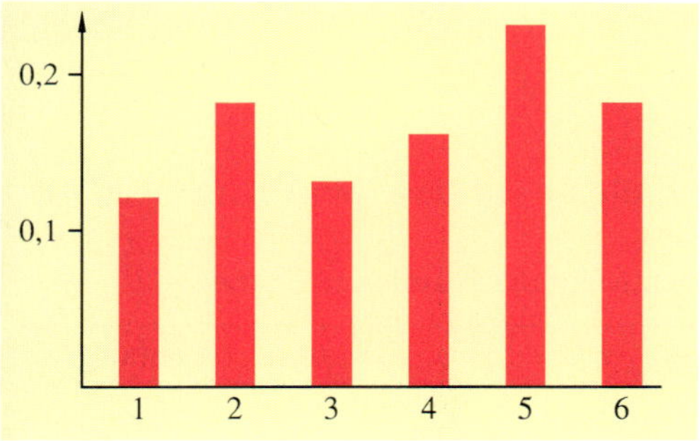

Bild 12

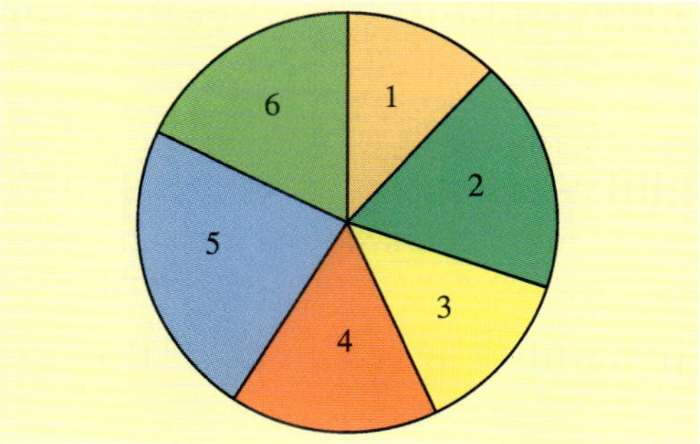

Bild 13

Zur Darstellung von relativen Häufigkeiten eignet sich auch das **Kreisdiagramm** (vergleiche S. 65). Im Kreisdiagramm wird die relative Häufigkeit eines Ergebnisses durch einen Kreissektor dargestellt (Bild 13).

Beispiel

Es wird mit zwei Würfeln gleichzeitig geworfen. Nach jedem Wurf wird die Summe der Augenzahlen beider Würfel notiert. Eine Stichprobe vom Umfang 120 liefert die folgende Häufigkeitsliste.

e	2	3	4	5	6	7	8	9	10	11	12	Umfang
n(e)	5	3	9	11	16	23	22	15	7	6	3	120

a) Bestimme die relativen Häufigkeiten der Ergebnisse!

b) Stelle die relativen Häufigkeiten in einem Stabdiagramm und in einem Kreisdiagramm dar!

Lösungen: **a)** Die folgende Tabelle enthält die relativen Häufigkeiten der Ergebnisse.

e	2	3	4	5	6	7	8	9	10	11	12
h(e)	4,2%	2,5%	7,5%	9,2%	13,3%	19,2%	18,3%	12,5%	5,8%	5,0%	2,5%

b) Bild 14 zeigt das Stabdiagramm und Bild 15 das Kreisdiagramm der relativen Häufigkeiten.

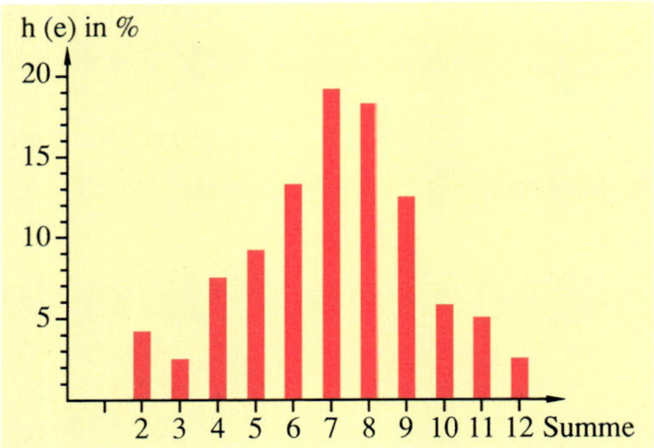

Bild 14

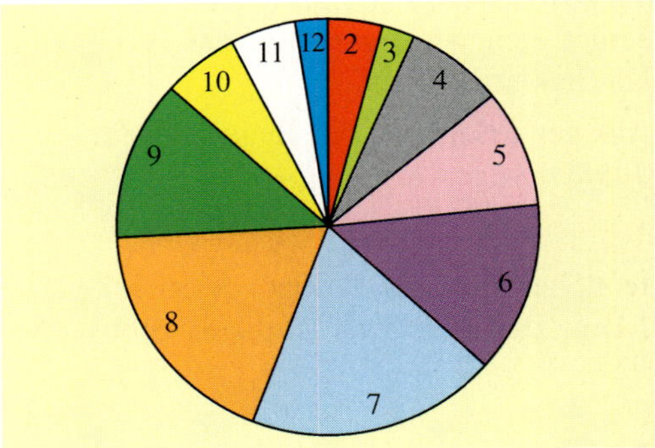

Bild 15

Aufgaben und Beispiele

Zum Einstieg

Eine Reißzwecke wird geworfen. Man notiert, ob sie mit der Spitze nach oben (o) oder mit der Spitze nach unten (u) liegen bleibt.
20 Stichproben jeweils vom Umfang 100 ergeben folgende Häufigkeitslisten:

e	o	u	Umfang
$n_1(e)$	44	56	100
$n_2(e)$	35	65	100
$n_3(e)$	46	54	100
$n_4(e)$	55	45	100
$n_5(e)$	45	55	100
$n_6(e)$	49	51	100
$n_7(e)$	50	50	100
$n_8(e)$	46	54	100
$n_9(e)$	40	60	100
$n_{10}(e)$	45	55	100

e	o	u	Umfang
$n_{11}(e)$	45	55	100
$n_{12}(e)$	46	54	100
$n_{13}(e)$	43	57	100
$n_{14}(e)$	45	55	100
$n_{15}(e)$	53	47	100
$n_{16}(e)$	47	53	100
$n_{17}(e)$	52	48	100
$n_{18}(e)$	45	55	100
$n_{19}(e)$	38	62	100
$n_{20}(e)$	42	58	100

a) Bilde durch Addition die absoluten Häufigkeiten der beiden Ergebnisse o und u in den sich ergebenden Stichproben vom Umfang 200, 300, …, 2000!
b) Bestimme zu diesen Stichproben jeweils die relativen Häufigkeiten der Ergebnisse o und u!
c) Stelle die relativen Häufigkeiten der beiden Ergebnisse in den verschiedenen Stichproben aus b) in einem Koordinatensystem dar!

Stichproben und relative Häufigkeiten

1. Bestimme die relativen Häufigkeiten in Bruch- und Dezimalschreibweise! Runde gegebenenfalls auf zwei Dezimalen! Wie groß sind die prozentualen Anteile?

a) Eine Münze wird 20-mal geworfen, 12-mal fällt Wapppen.

b) Die Kennzeichen von 32 vorbeifahrenden Autos haben 18-mal eine gerade Endziffer.

c) Von den 29 Mathematikarbeiten sind 2 mit „sehr gut“ benotet worden.

d) Aus einer Urne wird 75-mal eine Kugel gezogen und zurückgelegt. Es wird 12-mal eine rote Kugel gezogen.

e) Ein Würfel wird 120-mal geworfen. Die Augenzahl 6 fällt 13-mal.

f) Man befragt 478 zufällig ausgewählte Erwachsene, ob sie in ihrer Freizeit Sport treiben. 186 antworten mit „ja“.

2. Aus einer Urne mit grünen, roten und blauen Kugeln wird verdeckt jeweils eine Kugel gezogen. Man notiert die Farbe und legt die Kugel in die Urne zurück. Die folgende Tabelle zeigt das Ergebnis von 700 Ziehungen. Wie viel Prozent der gezogenen Kugeln sind grün, rot bzw. blau? Runde die Ergebnisse auf eine Dezimale!

Farbe	Anzahl
grün	170
rot	227
blau	303

3. Die relativen Häufigkeiten lassen erkennen, ob ein Ergebnis häufig oder selten eingetreten ist. Schreibe die in der folgenden Tafel angegebenen relativen Häufigkeiten in dein Heft und ordne ihnen eine der angegebenen Eigenschaften zu! Verbinde dazu Zahl und Eigenschaft durch einen Pfeil, wie es für $h = 0{,}9$ bereits durchgeführt worden ist!

relative Häufigkeit	Ergebnis tritt ein
0,0001	selten
0,05	sehr oft
0,2	fast immer
0,78	fast nie
0,9	manchmal
0,999	häufig

Vierfeldertafeln

4. In der folgenden Tafel sind die absoluten Häufigkeiten für das Vorkommen von Laub- und Nadelbäumen mit den Merkmalen „gesund“ und „erkrankt“ in einem Waldgebiet dargestellt. Da für die Darstellung dieser Häufigkeiten vier Felder benötigt werden, bezeichnet man solche Tafeln als **„Vierfeldertafeln“**. In der unteren Zeile und der rechten Spalte notiert man zusätzlich die Summen der entsprechenden Häufigkeiten.

	Laubbäume	Nadelbäume	Summe
gesund	648	421	
erkrankt	287	156	
Summe			

a) Übertrage die Tafel in dein Heft und ergänze die fehlenden Summen! Welche Bedeutung hat die Zahl im Feld rechts unten?

b) Zeichne eine weitere Vierfeldertafel und trage in jedes Feld die zugehörige relative Häufigkeit ein! Wie groß ist der Anteil der erkrankten Bäume im betrachteten Waldgebiet? Welche Zahl steht jetzt im Feld rechts unten und welche Bedeutung hat sie?

c) Vergleiche die relative Häufigkeit der erkrankten Laubbäume mit der der erkrankten Nadelbäume!

5. Man befragt 82 Kinder einer 7. Jahrgangsstufe, ob sie sich für Latein oder Französisch als 2. Fremdsprache entscheiden. Von den 44 Mädchen wählen 12 Latein. Von den Jungen wählen 32 Französisch.
a) Stelle die relativen Häufigkeiten in einer Vierfeldertafel dar!
b) Wie groß ist der Anteil der Jungen in der Lateinklasse?

Graphische Darstellungen von relativen Häufigkeiten

6. In einem Krankenhaus werden im Laufe eines Jahres 184 Kinder geboren. Die folgende Tabelle zeigt, wie viele Kinder an den verschiedenen Wochentagen zur Welt gekommen sind.

Wochentag	Zahl der Neugeborenen
Sonntag	18
Montag	35
Dienstag	25
Mittwoch	29
Donnerstag	24
Freitag	31
Samstag	22

Wie groß ist die relative Häufigkeit einer Geburt an jedem der sieben Wochentage gewesen? Bestimme die prozentualen Anteile und stelle sie in Abhängigkeit vom Wochentag in einem Stabdiagramm dar!

7. Bestimme die relativen Häufigkeiten und stelle sie in einem Kreisdiagramm dar!
a) 600 Schülerinnen und Schüler werden befragt, ob der Unterricht vormittags von 7.45 Uhr bis 13.00 Uhr, von 8.00 Uhr bis 13.15 Uhr oder von 8.15 Uhr bis 13.30 Uhr dauern soll. 180 bevorzugen den frühen Termin, 100 den mittleren und die übrigen den späten Termin.
b) 120 Schülerinnen und Schüler werden befragt, welches Unterrichtsfach ihnen besonderen Spaß mache. Das Ergebnis ist in der folgenden Tabelle festgehalten.

Fach	Stimmenzahl
Sport	31
Englisch	19
Mathematik	16
Biologie	12
Deutsch	12
Musik	10
Kunst	9
Sonstige	11

c) 2000 Schülerinnen und Schüler, die mit dem Bus zur Schule fahren, werden befragt, ob sie mit dem Schulbusangebot zufrieden sind. 550 antworten, sie seien „sehr zufrieden“, 750 sagen „im wesentlichen zufrieden“, 480 meinen „eher unzufrieden“, und die übrigen geben an, „sehr unzufrieden“ zu sein.
d) 841 Kinder einer Schule werden befragt, wie sie die Gestaltung des Schulhofes beurteilen. 117 Schüler meinen „sehr gut“, 212 sagen „gut“, 448 antworten „zufriedenstellend“, und die übrigen urteilen „nicht zufriedenstellend“.
e) Die Schülerinnen und Schüler eines Gymnasiums werden befragt, wie sie zur Schule kommen. In der folgenden Tabelle ist das Ergebnis festgehalten.

Die Schüler kommen ...	Anzahl
zu Fuß	535
mit öffentlichen Verkehrsmitteln	164
mit dem Rad	95
mit dem Moped	52
mit dem Pkw	17

f) Aus dem Statistischen Jahrbuch 1992: 1991 hatten von 269494 Abiturienten 179395 die Absicht, ein Studium aufzunehmen, 31651 hatten keine Studienabsichten, der Rest war noch unentschlossen.

III. Erfahrungen mit relativen Häufigkeiten

1. Zur Einführung

In einer Urne liegen zehn zusammengefaltete Zettel mit farbigen Punkten, und zwar zwei Zettel mit jeweils einem grünen Punkt (g), drei mit jeweils einem roten (r) und fünf Zettel mit jeweils einem blauen Punkt (b). Es wird ein Zettel aus der Urne gezogen. Man notiert die Farbe des Punktes, faltet den Zettel wieder zusammen und legt ihn in die Urne zurück. Anschließend wird gemischt und erneut gezogen.

Kann man eine begründete Vermutung aufstellen, welche relativen Häufigkeiten von Zetteln mit grünem, rotem bzw. blauem Punkt in einer Stichprobe zu erwarten sind?

Wie kann man eine solche Vermutung überprüfen?

2. Aufstellen einer Vermutung

In der Urne haben 2 von 10 Zetteln einen grünen Punkt, das sind 20% der Zettel. Man kann vermuten, dass auch in einer Stichprobe 20% der Zettel mit einem grünen Punkt zu erwarten sind.

Entsprechend ist auch zu begründen, dass in einer Stichprobe dieses Zufallsexperimentes 30% der Zettel mit einem roten Punkt und 50% der Zettel mit einem blauen Punkt zu erwarten sind.

3. Überprüfung der Vermutung

Wir führen eine Stichprobe vom Umfang 50 durch und erhalten die nebenstehende Häufigkeitsliste.

e	g	r	b	Umfang
$n_1(e)$	12	10	28	50
$h_1(e)$	0,24	0,20	0,56	
$h_1(e)$	24%	20%	56%	

Die folgende Tabelle zeigt, dass die relativen Häufigkeiten der Ergebnisse in der Stichprobe stark von den erwarteten Anteilen abweichen.

Die Abweichung beträgt in einem Fall sogar 10 Prozentpunkte.

e	g	r	b
$h_1(e)$	24%	20%	56%
erwarteter Anteil	20%	30%	50%
Abweichung in Prozentpunkten	4	10	6

Wir führen noch neun weitere Stichproben vom Umfang 50 durch. Die Resultate der ersten und der neun weiteren Stichproben enthält die linke Tabelle.

e	g	r	b	Umfang
$n_1(e)$	12	10	28	50
$h_1(e)$	24%	20%	56%	
$n_2(e)$	18	15	17	50
$h_2(e)$	36%	30%	34%	
$n_3(e)$	5	15	30	50
$h_3(e)$	10%	30%	60%	
$n_4(e)$	5	20	25	50
$h_4(e)$	10%	40%	50%	
$n_5(e)$	6	17	27	50
$h_5(e)$	12%	34%	54%	
$n_6(e)$	7	16	27	50
$h_6(e)$	14%	32%	54%	
$n_7(e)$	7	23	20	50
$h_7(e)$	14%	46%	40%	
$n_8(e)$	12	18	20	50
$h_8(e)$	24%	36%	40%	
$n_9(e)$	8	13	29	50
$h_9(e)$	16%	26%	58%	
$n_{10}(e)$	10	14	26	50
$h_{10}(e)$	20%	28%	52%	

e	g	r	b	Umfang
$n_{11}(e)$	94	155	251	500
$h_{11}(e)$	18,8%	31,0%	50,2%	
$n_{12}(e)$	104	162	234	500
$h_{12}(e)$	20,8%	32,4%	46,8%	
$n_{13}(e)$	106	161	233	500
$h_{13}(e)$	21,2%	32,2%	46,6%	
$n_{14}(e)$	95	147	258	500
$h_{14}(e)$	19,0%	29,4%	51,6%	
$n_{15}(e)$	95	142	263	500
$h_{15}(e)$	19,0%	28,4%	52,6%	
$n_{16}(e)$	99	165	236	500
$h_{16}(e)$	19,8%	33,0%	47,2%	
$n_{17}(e)$	94	164	242	500
$h_{17}(e)$	18,8%	32,8%	48,4%	
$n_{18}(e)$	98	151	251	500
$h_{18}(e)$	19,6%	30,2%	50,2%	
$n_{19}(e)$	93	143	264	500
$h_{19}(e)$	18,6%	28,6%	52,8%	
$n_{20}(e)$	105	167	228	500
$h_{20}(e)$	21,0%	33,4%	45,6%	

Es fällt auf, dass die relativen Häufigkeiten eines Ergebnisses in den verschiedenen Stichproben teilweise stark voneinander und von dem erwarteten Anteil abweichen.

Nur in den Stichproben 5, 6, 9 und 10 weichen die relativen Häufigkeiten bei allen drei Ergebnissen um weniger als 10 Prozentpunkte von den erwarteten Anteilen ab.

Bildet man aus den 10 Stichproben vom Umfang 50 durch Addition der absoluten Häufigkeiten eine Gesamtstichprobe vom Umfang 500, dann erhält man die nebenstehende Häufigkeitsliste.

e	g	r	b	Umfang
n(e)	90	161	249	500
h(e)	18,0%	32,2%	49,8%	

Bei der Gesamtstichprobe beträgt die größte Abweichung der relativen Häufigkeiten von den erwarteten Anteilen 2,2 Prozentpunkte.

Dieses Resultat genügt aber noch nicht, um unsere Vermutung zu verstärken. Auch unter den Stichproben vom Umfang 50 ist eine, bei der die größte Abweichung der relativen Häufigkeiten von den erwarteten Anteilen nur 2 Prozentpunkte beträgt. Es könnte sein, dass dieses Resultat **nur** dem Zufall zuzuschreiben ist.

Um die Vermutung genauer zu überprüfen, betrachten wir 10 weitere Stichproben vom Umfang 500. Die Häufigkeitslisten stehen im rechten Teil der Tabelle auf Seite 256.

Alle relativen Häufigkeiten dieser Stichproben weichen um weniger als 4 Prozentpunkte von den erwarteten Anteilen ab. Dieses Resultat passt zu unserer Vermutung.

4. Stichprobenresultate können zu verschiedenen Vermutungen passen

Das im 3. Abschnitt erhaltene Resultat passt nicht nur zu unserer Vermutung; es würde auch zu anderen Vermutungen passen, z. B. zu nebenstehender Vermutung.

e	g	r	b
erwarteter Anteil	19,5%	31,0%	49,5%

Darum formuliert man, wenn man Vermutungen durch Stichproben überprüft, vorsichtiger:

Wenn die Stichprobenresultate zu der aufgestellten Vermutung passen:

Die Vermutung wird aufgrund der Stichprobenresultate nicht abgelehnt.

Wenn die Stichprobenresultate nicht zu der aufgestellten Vermutung passen:

Die Vermutung wird aufgrund der Stichprobenresultate abgelehnt.

Statt zu sagen: Die Vermutung wird nicht abgelehnt, sagt man manchmal auch weniger korrekt: Die Vermutung wird angenommen.

5. Wann lehnt man eine Vermutung ab, wann nicht?

Wir müssen uns noch darüber klarwerden, wann wir Vermutungen aufgrund von Stichprobenresultaten ablehnen und wann nicht. Das Beispiel hat uns gezeigt, dass bei Stichproben vom Umfang 50 die Abweichungen der relativen Häufigkeiten von den erwarteten Werten oft größer als 10 Prozentpunkte sind.

Bei den Stichproben vom Umfang 500 liegen in unserem Beispiel die relativen Häufigkeiten aller Ergebnisse weniger als 4 Prozentpunkte von den erwarteten Werten entfernt.

Bilden wir aus den Stichproben 11 bis 14 eine Stichprobe vom Umfang 2000, dann erhalten wir die in der nebenstehenden Tabelle zusammengefassten Werte. Alle relativen Häufigkeiten liegen weniger als 2 Prozentpunkte von den erwarteten Werten entfernt.

e	g	r	b	Umfang
n(e)	399	625	976	2000
h(e)	19,95%	31,25%	48,80%	

Für die Überprüfung der Vermutung, ob eine bestimmte relative Häufigkeit für ein Ergebnis in einer Stichprobe erwartet werden kann, wollen wir in diesem Buch folgende Vereinbarung treffen:

[1] Stichproben mit einem kleineren Umfang als 100 eignen sich wenig zur Prüfung einer Vermutung.

[2] Bei Stichproben mit einem Umfang von 500 (2000) lehnen wir eine Vermutung ab, wenn die relative Häufigkeit mehr als 4 (2) Prozentpunkte vom erwarteten Wert abweicht.

Da bei Stichprobenresultaten der Zufall eine wesentliche Rolle spielt, kann eine auf Stichprobenresultaten beruhende Entscheidung – wenn es der Zufall will – auch falsch sein.

Je nachdem welches Risiko man bei der Entscheidung eingehen will, wird man die Kriterien anders wählen.

Allgemein gilt als Regel:

Das Risiko, einen Fehler zu machen, wird kleiner, wenn man die Entscheidung auf Stichproben größeren Umfangs stützt.

Beispiel

Ein Bauklotz aus einem Baukasten hat die Form eines dreiseitigen Prismas (Bild 16). Die Grundflächen sind gleichschenkligrechtwinklige Dreiecke. Die Länge der Katheten ist ungefähr 4,24 cm, die der Hypotenuse ungefähr 6,0 cm. Diese beiden Flächen sind mit 1 bzw. 2 gekennzeichnet. Die Höhe des Prismas beträgt ungefähr 2,1 cm. Die Seitenflächen sind Rechtecke; die Rechtecke mit den Katheten sind mit 3 bzw. 4, die dritte Seitenfläche ist mit 5 gekennzeichnet.

Bild 16

Mit dem Prisma wird gewürfelt. Es wird notiert, welche Fläche **unten** liegt.

a) Welche Ergebnisse sind möglich?
b) Was vermutest du über die relativen Häufigkeiten der Ergebnisse in einer Stichprobe?
c) Eine Stichprobe vom Umfang 500 liefert die nebenstehende Häufigkeitsliste. Lehnst du aufgrund dieser Stichprobe deine Vermutungen ab oder nicht?

e	1	2	3	4	5	Umfang
n(e)	153	157	42	43	105	500

Lösungen:

a) Die möglichen Ergebnisse sind:
1: die Seite 1 liegt unten, 2: die Seite 2 liegt unten,
3: die Seite 3 liegt unten, 4: die Seite 4 liegt unten und
5: die Seite 5 liegt unten.

b) Vermutungen:
[1] Ein Körper könnte umso eher auf einer Fläche stehen bleiben, je größer diese Fläche ist.

Dann könnten sich die für die einzelnen Ergebnisse erwarteten relativen Häufigkeiten wie die Flächeninhalte der zugehörigen Flächen verhalten.

Die Flächen 1 und 2 sind Hälften eines Quadrates (Bild 17a) mit dem Flächeninhalt von ungefähr $4{,}24\ \text{cm} \cdot 4{,}24\ \text{cm} \approx 18{,}0\ \text{cm}^2$. Also ist jede Fläche ungefähr $9{,}0\ \text{cm}^2$ groß.

Die Flächen 3 und 4 haben als Rechtecke (Bild 17b) den Flächeninhalt von ungefähr $2{,}1\ \text{cm} \cdot 4{,}24\ \text{cm} \approx 8{,}9\ \text{cm}^2$.

Die Fläche 5 ist als Rechteck (Bild 17c) ungefähr $2{,}1\ \text{cm} \cdot 6\ \text{cm} = 12{,}6\ \text{cm}^2$ groß.

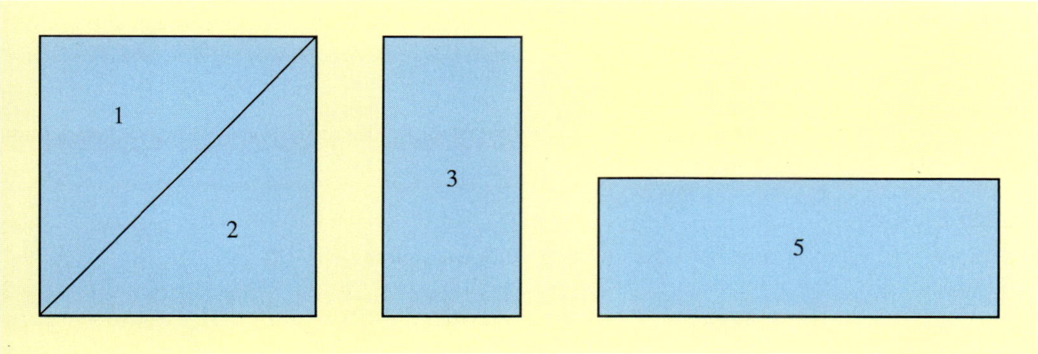

Bild 17a Bild 17b Bild 17c

Die Gesamtoberfläche des Prismas ist ungefähr $48{,}4\ \text{cm}^2$ groß.

Die Anteile der einzelnen Flächen an der Gesamtoberfläche könnte man als relative Häufigkeiten der entsprechenden Ergebnisse in einer Stichprobe erwarten. Die folgende Tabelle gibt die auf drei geltende Stellen gerundeten Anteile an.

Nummer der Fläche	1	2	3	4	5
Anteil an der Gesamtoberfläche	0,186	0,186	0,184	0,184	0,260

Die danach zu erwartenden relativen Häufigkeiten sind der folgenden Tabelle zu entnehmen.

Ergebnis	1	2	3	4	5
zu erwartende relative Häufigkeit	18,6%	18,6%	18,4%	18,4%	26,0%

[2] Die Flächen 1 und 2 sind kongruent und liegen symmetrisch am Prisma. Ebenso sind die Flächen 3 und 4 kongruent und liegen symmetrisch am Prisma. Man könnte also für die Flächen 1 und 2 einerseits und für die Flächen 3 und 4 andererseits gleiche relative Häufigkeiten in Stichproben erwarten.

c) Die relativen Häufigkeiten der Ergebnisse in der gegebenen Stichprobe sind in der folgenden Tabelle angegeben.

e	1	2	3	4	5	Umfang
h(e)	30,6%	31,4%	8,4%	8,6%	21,0%	500

Die Vermutung [1] wird man ablehnen, denn keine der relativen Häufigkeiten weicht weniger als 4 Prozentpunkte von der erwarteten relativen Häufigkeit ab.

Die Vermutung [2] wird man nicht ablehnen, denn die relativen Häufigkeiten für die Ergebnisse 1 und 2 unterscheiden sich nur um 0,8 Prozentpunkte, die für die Ergebnisse 3 und 4 nur um 0,2 Prozentpunkte.

Aufgaben und Beispiele

Zum Einstieg

Holger will eine Münze 100-mal werfen und feststellen, wie oft Wappen oben liegt.

a) Welche relative Häufigkeit erwartet man für das Ergebnis Wappen?

b) Holger führt sein Experiment fünfmal durch und erhält bei jeweils 100 Münzwürfen 42-, 49-, 46-, 56- und 53-mal Wappen. Um wie viel Prozentpunkte weichen die relativen Häufigkeiten bei den fünf Experimenten von der erwarteten relativen Häufigkeit ab?

c) Wie oft ist bei den fünf Stichproben insgesamt Wappen gefallen?

Bild 18

Prüfe, ob bei der Gesamtstichprobe vom Umfang 500 die Abweichung der relativen Häufigkeit vom erwarteten Wert aus a) kleiner als 4 Prozentpunkte ist oder nicht!

Erwartete relative Häufigkeiten

1. Welche relative Häufigkeit erwartest du bei den folgenden Zufallsexperimenten? Erhebe eine Stichprobe vom Umfang 50! Berechne die relativen Häufigkeiten und vergleiche sie mit den erwarteten Werten! Wie groß sind die Abweichungen in Prozentpunkten?

a) Wirf eine Münze und notiere, ob Zahl fällt!

b) Wirf einen Spielwürfel und notiere, ob die Augenzahl 1 fällt!

c) Lege zwei schwarze Mühlesteine und einen weißen Mühlestein in einen Strumpf! Ziehe verdeckt jeweils einen Stein und notiere, ob der gezogene Stein weiß ist! Lege dann den Stein in den Strumpf zurück und mische die Steine gut durch!

d) Ziehe verdeckt aus einem Skatspiel eine Karte! Notiere, ob die gezogene Karte eine Kreuzkarte ist! Lege die Karte zurück und mische das Spiel gut durch!

2. Das Glücksrad in Bild 19 ist in acht gleich große Sektoren unterteilt.

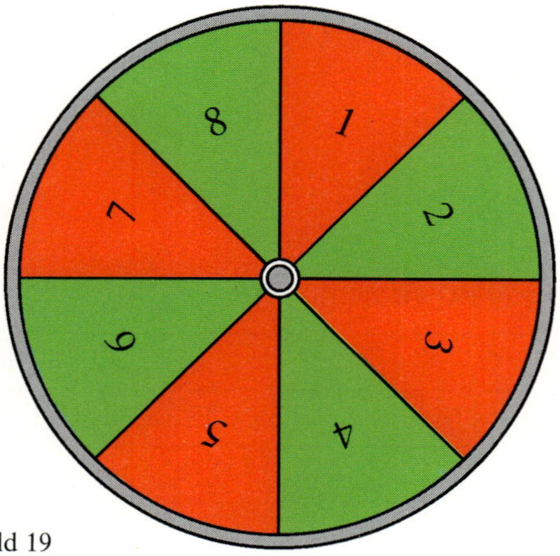

Bild 19

a) Welche relative Häufigkeit ist für jede Zahl zu erwarten?

b) Bei 75 Versuchen ergeben sich die in Bild 20 dargestellten absoluten Häufigkeiten. Bestimme die relativen Häufigkeiten und vergleiche sie mit den erwarteten Werten aus a)! Wie groß ist die Abweichung in Prozentpunkten?

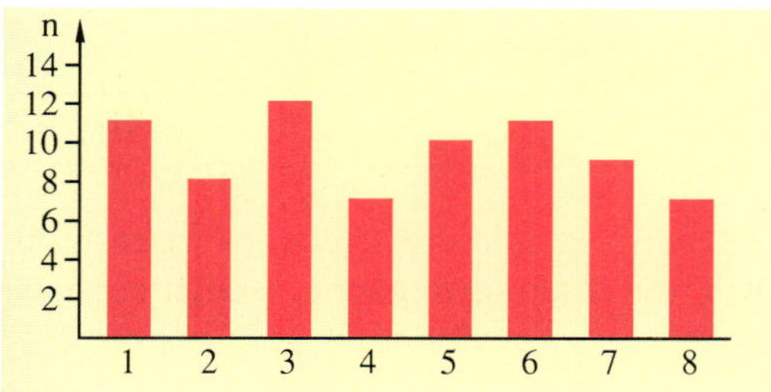

Bild 20

3. Aus einer Urne mit einer roten Kugel, zwei weißen und drei blauen Kugeln wird 50-mal verdeckt eine Kugel gezogen. Man notiert die Farbe, legt die Kugel zurück und mischt.

a) Welche relativen Häufigkeiten sind zu erwarten?

b) In einer Stichprobe vom Umfang 50 werden 9 rote, 15 weiße und 26 blaue Kugeln gezogen. Bestimme die Abweichungen der relativen Häufigkeiten der Stichprobe von den erwarteten Werten! Wie groß sind die Abweichungen in Prozentpunkten?

4. Welche relative Häufigkeit ist für das Ergebnis e zu erwarten? Führe das beschriebene Experiment 100-mal durch und bestimme die relative Häufigkeit von e! Wie groß ist die Abweichung der relativen Häufigkeit vom erwarteten Wert in Prozentpunkten? Bestimme nach Zusammenfassen der Ergebnisse in der Klasse die relative Häufigkeit von e und die Abweichung vom erwarteten Wert in Prozentpunkten!

a) Wirf einen Würfel!
e: Es fällt 5 oder 6.

b) Lege in einen Strumpf zwei schwarze und fünf weiße Mühlesteine! Mische gut, ziehe verdeckt einen Stein und lege ihn zurück!
e: Der gezogene Stein ist weiß.

c) Wirf einen Würfel!
e: Es fällt eine Zahl, die kleiner als 5 ist.

5. Reiner behauptet: In meiner Urne sind 40 grüne, 70 blaue und 90 rote Kugeln.

a) Welche relativen Häufigkeiten sind nach Rainers Angaben in einer Stichprobe zu erwarten?

b) Um Rainers Behauptung zu überprüfen, werden 500 Kugeln aus der Urne gezogen (Ziehen mit Zurücklegen). Man erhält folgende Häufigkeiten.

grün	rot	blau
98	161	241

Bestimme die Abweichungen der relativen Häufigkeiten von den erwarteten relativen Häufigkeiten in Prozentpunkten und prüfe, ob Rainers Behauptung abgelehnt werden kann! Die Behauptung soll abgelehnt werden, wenn die Abweichung größer als 4 Prozentpunkte ist.

6. Die Partei A behauptet, dass sich mindestens 40% der Wählerinnen und Wähler für sie entscheiden werden. In einer Stichprobe vom Umfang 2020 von zufällig ausgewählten wahlberechtigten Personen entscheiden sich 755 für die Partei A. Kann die Behauptung der Partei A abgelehnt werden, wenn die Abweichung nicht größer als 2 Prozentpunkte sein soll?

§ 14 Wahrscheinlichkeiten

I. Das Gesetz der großen Zahlen

1. Zur Einführung

Ute äußert Bedenken zum Ergebnis von Dieters Würfelexperiment.

Ergebnis e	1	2	3	4	5	6	Umfang
absolute Häufigkeit n(e)	12	18	13	16	23	18	100
relative Häufigkeit h(e)	0,12	0,18	0,13	0,16	0,23	0,18	

Sie meint, dass für das Ergebnis 1 und insbesondere für das Ergebnis 5 die relativen Häufigkeiten $h(1) = 0{,}12$ und $h(5) = 0{,}23$ ziemlich weit von dem erwarteten Wert $0{,}1\overline{6}$ entfernt sind. Die Krügers beschließen deshalb, dass jeder von ihnen noch eine Stichprobe vom Umfang 100 mit Dieters Würfel erstellen soll. Die Resultate sind in der folgenden Tabelle zusammengefasst.

Ergebnis e	1	2	3	4	5	6	Umfang
Stichprobe des Vaters: n(e)	22	12	21	14	16	15	100
Stichprobe der Mutter: n(e)	18	15	14	18	15	20	100
Stichprobe von Ute: n(e)	19	14	15	18	16	18	100
Stichprobe von Dieter: n(e)	13	15	14	20	18	20	100

Auch in diesen Stichproben liegen einzelne Werte weit von dem erwarteten Wert entfernt. Herr Krüger schlägt vor, die vier neuen Stichproben und die ursprüngliche zu einer einzigen Stichprobe vom Umfang 500 zusammenzufassen.

Ergebnis e	1	2	3	4	5	6	Umfang
absolute Häufigkeit n(e)	84	74	77	86	88	91	500
relative Häufigkeit h(e)	0,168	0,148	0,154	0,172	0,176	0,182	

Diese Resultate stellen auch Ute zufrieden. Alle relativen Häufigkeiten sind weniger als 0,02, also weniger als 2 Prozentpunkte, vom erwarteten Wert $0{,}1\overline{6}$ entfernt. Allerdings gibt es auch relative Häufigkeiten einzelner Ergebnisse, die in der Gesamtstichprobe vom Umfang 500 weiter vom erwarteten Wert $0{,}1\overline{6}$ entfernt sind als in der ursprünglichen Stichprobe vom Umfang 100.

Stichprobe vom Umfang 100	Stichprobe vom Umfang 500
$h(2) = 0{,}18$	$h(2) = 0{,}148$
$h(6) = 0{,}18$	$h(6) = 0{,}182$

2. Weiterführende Untersuchung des Würfelexperimentes

Wir wollen uns mit dem Ergebnis der Familie Krüger noch nicht zufriedengeben. An Stichproben von größerem Umfang wollen wir untersuchen, ob sich die Beobachtungen der Familie Krüger bestätigen. Wir betrachten Stichproben zum Würfelexperiment vom Umfang 100, 1000, 10000 und 100000.

e	1	2	3	4	5	6	Umfang
n(e) h(e)	15 0,15	13 0,13	20 0,20	16 0,16	17 0,17	19 0,19	100
n(e) h(e)	170 0,170	148 0,148	166 0,166	181 0,181	158 0,158	177 0,177	1000
n(e) h(e)	1699 0,1699	1594 0,1594	1635 0,1635	1742 0,1742	1653 0,1653	1677 0,1677	10000
n(e) h(e)	16618 0,1662	16508 0,1651	16595 0,1660	16909 0,1691	16698 0,1670	16672 0,1667	100000

Der Abstand der am weitesten voneinander entfernten relativen Häufigkeiten der Ergebnisse wird mit zunehmendem Umfang der Stichproben kleiner. Die größten Abweichungen der relativen Häufigkeiten in den Stichproben enthält die folgende Tabelle.

Umfang	größte Abweichungen der relativen Häufigkeiten
100	$0{,}20 - 0{,}13 = 0{,}07$
1000	$0{,}181 - 0{,}148 = 0{,}033$
10000	$0{,}1742 - 0{,}1594 = 0{,}0148$
100000	$0{,}1691 - 0{,}1651 = 0{,}0040$

Bild 1 zeigt die größten Abweichungen der relativen Häufigkeiten der sechs Ergebnisse beim Würfeln in Stichproben vom Umfang 100, 1000, 10000 und 100000.

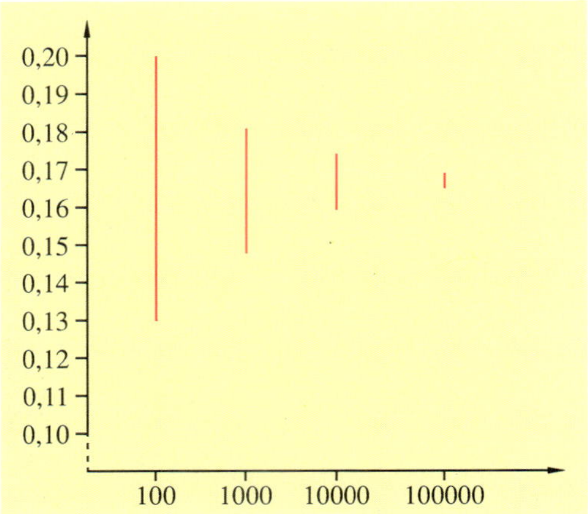

Bild 1

Für das einzelne Ergebnis kann man auf lange Sicht eine Annäherung der relativen Häufigkeiten an den erwarteten Wert beobachten, wenn auch immer wieder einmal eine relative Häufigkeit in einer Stichprobe mit größerem Umfang weiter vom erwarteten Wert entfernt ist als in einer Stichprobe von kleinerem Umfang.

Diese Abweichungen erkennt man für die einzelnen Ergebnisse des Würfelexperimentes in der folgenden Tabelle. Diese ist ein Ausschnitt der ursprünglichen Tabelle. Relative Häufigkeiten, die in einer Stichprobe von größerem Umfang weiter vom erwarteten Wert abweichen als in einer Stichprobe von kleinerem Umfang, sind fett gedruckt.

e	1	2	3	4	5	6	Umfang
h(e)	0,15	0,13	0,20	0,16	0,17	0,19	100
h(e)	0,170	0,148	0,166	**0,181**	**0,158**	0,177	1000
h(e)	0,1699	0,1594	**0,1635**	**0,1742**	0,1653	0,1677	10000
h(e)	0,1662	0,1651	0,1660	0,1691	0,1670	0,1667	100000

3. Abweichungen der relativen Häufigkeiten in Stichproben verschiedenen Umfangs

Es sind jeweils 20 Stichproben vom Umfang 100, 1000 und 10000 für das Würfeln durchgeführt worden. Die 20 Werte der relativen Häufigkeiten für das Ergebnis 6 sind für jeden Umfang graphisch dargestellt worden (Bilder 2a – c).

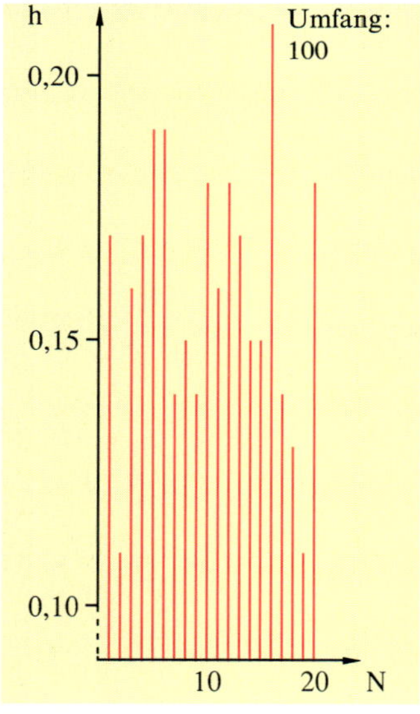

Bild 2a

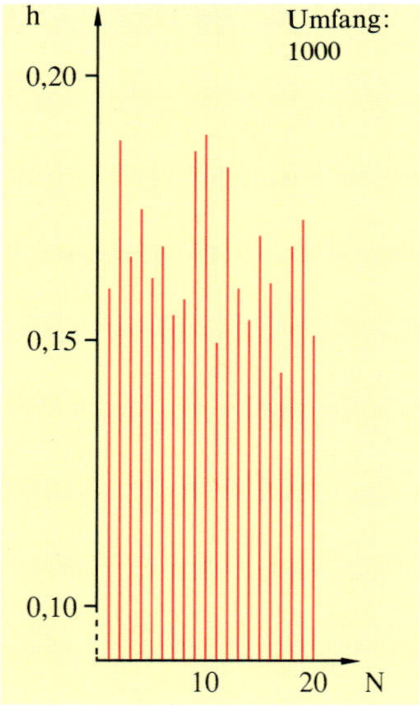

Bild 2b

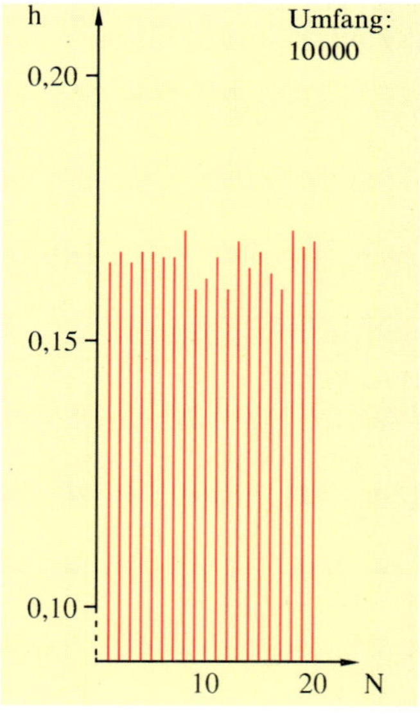

Bild 2c

Da die Abbildungen alle den gleichen Maßstab haben, erkennt man aus den Abbildungen unmittelbar, dass die Abweichungen der relativen Häufigkeiten des Ergebnisses 6 voneinander in den Stichproben vom Umfang 100 am größten und in den Stichproben vom Umfang 10000 am kleinsten sind.

Das soll nicht heißen, dass bei Stichproben vom Umfang 10000 die Abweichungen der relativen Häufigkeiten voneinander stets so klein sein müssen. Wenn es der Zufall will, können auch in Stichproben vom Umfang 10000 Abweichungen auftreten, die so groß sind wie die in den Stichproben vom Umfang 1000 oder 100. Man macht aber die Erfahrung, dass solche großen Abweichungen bei Stichproben größeren Umfangs seltener auftreten.

4. Schwankungen der relativen Häufigkeiten

Ein Würfel wird 10100-mal geworfen. Die relative Häufigkeit für das Ergebnis 6 wird jeweils nach den Versuchen 1 bis 100, 500 bis 600, 1000 bis 1100, 2000 bis 2100 und 10000 bis 10100 berechnet und graphisch dargestellt (Bild 3).

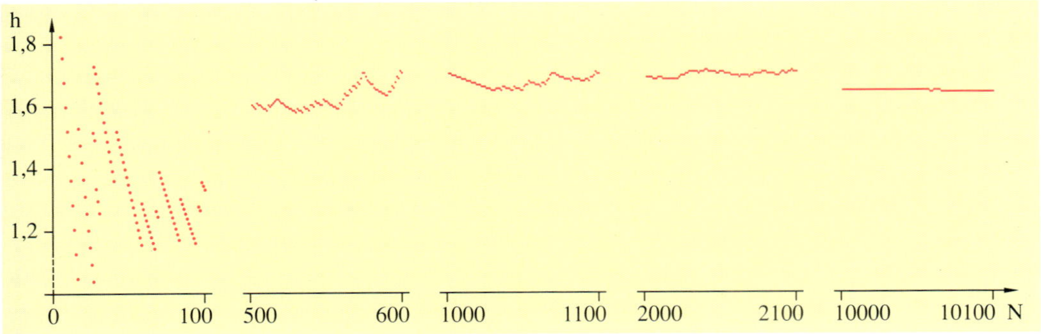

Bild 3

An dieser Darstellung erkennt man, dass die **Schwankung** für die relativen Häufigkeiten bei den ersten 100 Versuchen groß ist. **Auf lange Sicht** wird die Schwankung der Werte kleiner. Für die Versuche 10000 bis 10100 ist die Schwankung bei dem gewählten Maßstab kaum noch zu erkennen. Die relativen Häufigkeiten des Ergebnisses 6 **pendeln** sich also mit größer werdendem Umfang der Stichprobe in der Nähe des erwarteten Wertes $\frac{1}{6}$ **ein**. Man sagt, die relativen Häufigkeiten **stabilisieren sich**.

5. Das Erfahrungsgesetz der großen Zahlen

Die Erfahrung, die die Familie Krüger mit dem Würfelexperiment gemacht hat und die wir durch die weiterführenden Untersuchungen erworben haben, ist eine allgemeine Erfahrung bei Zufallsexperimenten. Wenn man den Umfang der Stichproben vergrößert, beobachtet man auf lange Sicht, dass die relativen Häufigkeiten der Ergebnisse in der Nähe eines bestimmten Wertes liegen. Das schließt nicht aus – wie wir gesehen haben –, dass für ein Ergebnis die relative Häufigkeit in einer Stichprobe mit größerem Umfang auch einmal weiter von diesem Wert entfernt ist als in einer Stichprobe von kleinerem Umfang.

Insgesamt macht man die Erfahrung, dass auf lange Sicht, das heißt mit größer werdendem Umfang der Stichproben, die relative Häufigkeit eines Ergebnisses sich um einen festen Wert einpendelt. Diese Erfahrung nennt man das **Erfahrungsgesetz der großen Zahlen**.

Erfahrungsgesetz der großen Zahlen

In Stichproben mit großem Umfang weicht die relative Häufigkeit eines Ergebnisses nur wenig von einer Zahl ab, die durch das Zufallsexperiment bestimmt wird.

Es handelt sich hierbei nicht um einen mathematischen Satz, sondern nur um ein Erfahrungsgesetz. Man wird immer damit rechen müssen, dass es Ausnahmen von dieser Erfahrungsregel gibt. Diese Ausnahmen werden aber mit größerem Umfang der Stichproben immer seltener.

6. Erklärungen zum Gesetz der großen Zahlen

Zur Erklärung des Gesetzes der großen Zahlen lassen sich einige Gründe anführen.

Mit zunehmender Zahl der Versuche eines Zufallsexperimentes **gleichen sich die zufälligen Abweichungen** der Häufigkeiten eines Ergebnisses nach oben und unten in der Regel **besser aus**.

Ob beim 10., 1000. oder 1000000. Versuch eines Zufallsexperimentes das betrachtete Ergebnis eintritt oder nicht, bedeutet für die absolute Häufigkeit jeweils einen Unterschied von 1, für die relative Häufigkeit aber einen Unterschied von

$$\frac{1}{10} = 0{,}1 \quad \text{bzw.} \quad \frac{1}{1000} = 0{,}001 \quad \text{bzw.} \quad \frac{1}{1000000} = 0{,}000001.$$

In großen Stichproben ist also der Einfluss eines einzelnen Versuchs auf die relative Häufigkeit nur klein.

Daraus erklärt sich, dass die **Schwankung** der relativen Häufigkeiten bei der Fortsetzung großer Versuchsfolgen kleiner ist als bei der Fortsetzung kleiner Versuchsfolgen.

Beispiel

In einer Urne sind drei grüne (g), sieben rote (r) und fünf blaue (b) Kugeln (Bild 4). Es wurden zehn Stichproben vom Umfang 100, zehn Stichproben vom Umfang 1000, zehn Stichproben vom Umfang 10000 und eine Stichprobe vom Umfang 100000 verdeckt und mit Zurücklegen gezogen.

Dabei ergab sich die nebenstehende Liste mit relativen Häufigkeiten.

Bild 4

Nr.	e	g	r	b	Umfang
1	$h_1(e)$	0,21	0,37	0,42	100
2	$h_2(e)$	0,19	0,47	0,34	100
3	$h_3(e)$	0,17	0,41	0,42	100
4	$h_4(e)$	0,16	0,58	0,26	100
5	$h_5(e)$	0,23	0,48	0,29	100
6	$h_6(e)$	0,19	0,53	0,28	100
7	$h_7(e)$	0,14	0,48	0,38	100
8	$h_8(e)$	0,18	0,51	0,31	100
9	$h_9(e)$	0,14	0,40	0,46	100
10	$h_{10}(e)$	0,15	0,44	0,41	100
11	$h_{11}(e)$	0,176	0,467	0,357	1000
12	$h_{12}(e)$	0,199	0,468	0,333	1000
13	$h_{13}(e)$	0,213	0,483	0,304	1000
14	$h_{14}(e)$	0,202	0,470	0,328	1000
15	$h_{15}(e)$	0,203	0,454	0,343	1000
16	$h_{16}(e)$	0,178	0,495	0,327	1000
17	$h_{17}(e)$	0,206	0,451	0,343	1000
18	$h_{18}(e)$	0,198	0,485	0,317	1000
19	$h_{19}(e)$	0,190	0,483	0,327	1000
20	$h_{20}(e)$	0,192	0,453	0,355	1000
21	$h_{21}(e)$	0,1957	0,4709	0,3334	10000
22	$h_{22}(e)$	0,2021	0,4642	0,3337	10000
23	$h_{23}(e)$	0,1993	0,4655	0,3352	10000
24	$h_{24}(e)$	0,2030	0,4631	0,3339	10000
25	$h_{25}(e)$	0,1969	0,4685	0,3346	10000
26	$h_{26}(e)$	0,2041	0,4649	0,3310	10000
27	$h_{27}(e)$	0,1955	0,4747	0,3298	10000
28	$h_{28}(e)$	0,2002	0,4625	0,3373	10000
29	$h_{29}(e)$	0,2025	0,4707	0,3268	10000
30	$h_{30}(e)$	0,2058	0,4639	0,3303	10000
31	$h_{31}(e)$	0,20051	0,46689	0,33260	100000

a) Welche relativen Häufigkeiten erwartest du für die einzelnen Ergebnisse? Welche absoluten Häufigkeiten entsprechen diesen Werten in einer Stichprobe vom Umfang 100000?
b) Berechne die absoluten Häufigkeiten für die Stichprobe Nr. 31 (Umfang 100000) und vergleiche sie mit den in a) berechneten absoluten Häufigkeiten!
c) Stelle für das Ergebnis g die relativen Häufigkeiten aus den Stichproben mit den Nummern 1, 11, 21 und 31 graphisch dar! Vergleiche diese Werte mit dem erwarteten Wert! Was fällt dir auf?
d) Bestimme für die Stichproben mit den Nummern 21 bis 30 die absoluten Häufigkeiten für das Ergebnis r! Bilde durch Addition der absoluten Häufigkeiten in den einzelnen Stichproben der Reihe nach Stichproben vom Umfang 20000, 30000, ..., 100000! Bestimme dazu die relativen Häufigkeiten und stelle sie graphisch dar! Was fällt dir auf?
e) Bestimme für das Ergebnis b den größten Unterschied zwischen den relativen Häufigkeiten in den Stichproben vom Umfang 100 (Nr. 1 bis 10), vom Umfang 1000 (Nr. 11 bis 20) und vom Umfang 10000 (Nr. 21 bis 30)! Was fällt dir auf?

Lösungen:

a) Die Anteile der Kugeln mit den verschiedenen Farben in der Urne sind für

$$g\colon \frac{3}{15}=\frac{1}{5}=0{,}2, \quad r\colon \frac{7}{15}=0{,}4\overline{6}, \quad b\colon \frac{5}{15}=\frac{1}{3}=0{,}\overline{3}.$$

Als relative Häufigkeiten kann man also (auf zwei Dezimalen gerundet) erwarten für:

$$g\colon 0{,}2=20\,\%, \quad r\colon 0{,}4\overline{6}\approx 46{,}67\,\% \quad \text{und} \quad b\colon 0{,}\overline{3}\approx 33{,}33\,\%.$$

Als absolute Häufigkeiten in einer Stichprobe vom Umfang 100000 kann man dann erwarten:

$$\text{für } g\colon 0{,}2\cdot 100000=20000, \quad \text{für } r\colon 0{,}4\overline{6}\cdot 100000\approx 46667 \quad \text{und}$$
$$\text{für } b\colon 0{,}\overline{3}\cdot 100000\approx 33333.$$

b) Die absoluten Häufigkeiten in der Stichprobe Nr. 31 sind:

$$\text{für } g\colon 0{,}20051\cdot 100000=20051,$$
$$\text{für } r\colon 0{,}46689\cdot 100000=46689 \quad \text{und}$$
$$\text{für } b\colon 0{,}33260\cdot 100000=33260.$$

Die Übereinstimmung mit den erwarteten Werten ist gut.

c) Bild 5 zeigt die relativen Häufigkeiten für das Ergebnis g in den Stichproben mit den Nummern 1, 11, 21 und 31. Die horizontale Linie stellt die erwartete relative Häufigkeit dar.

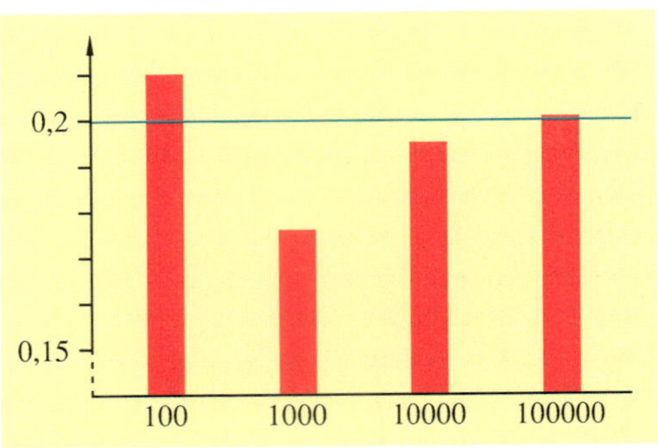

Bild 5

Die relative Häufigkeit, eine grüne Kugel zu ziehen, ist in der Stichprobe vom Umfang 1000 weiter vom erwarteten Wert entfernt als in der Stichprobe vom Umfang 100.

d) Addiert man der Reihe nach die absoluten Häufigkeiten für das Ergebnis r in den einzelnen Stichproben mit den Nummern 21 bis 30, so ergeben sich daraus die absoluten Häufigkeiten für Stichproben vom Umfang 20000, 30000, ..., 100000.

Nr.	n(r)
21	4709
22	4642
23	4655
24	4631
25	4685
26	4649
27	4747
28	4625
29	4707
30	4639

Umfang	n(r)	h(r)
10000	4709	0,4709
20000	9351	0,4676
30000	14006	0,4669
40000	18637	0,4659
50000	23322	0,4664
60000	27971	0,4662
70000	32718	0,4674
80000	37343	0,4668
90000	42050	0,4672
100000	46689	0,4669

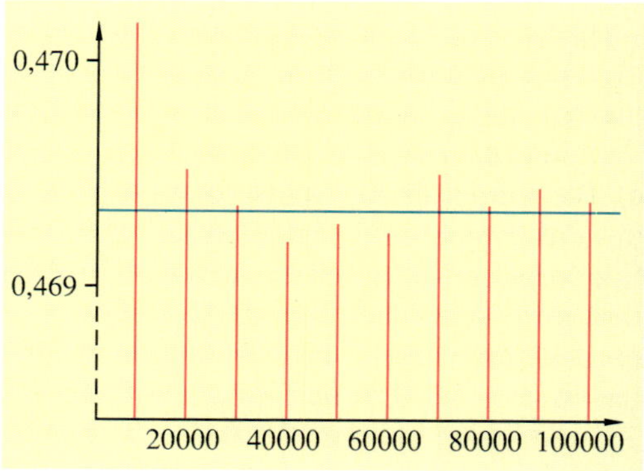

Bild 6

Bild 6 zeigt eine graphische Darstellung der relativen Häufigkeiten des Ergebnisses, eine rote Kugel zu ziehen, in den Stichproben vom Umfang 10000, 20000, ..., 100000.

Alle Werte liegen in der Nähe des erwarteten Wertes $0,4\overline{6}$.

e) Der größte Unterschied zwischen den relativen Häufigkeiten für das Ergebnis b in den Stichproben vom Umfang

$$\begin{aligned} 100 &\text{ ist } 0,46 - 0,26 = 0,2, \\ 1000 &\text{ ist } 0,357 - 0,304 = 0,053, \\ 10000 &\text{ ist } 0,3373 - 0,3268 = 0,0105. \end{aligned}$$

Die Werte nehmen mit zunehmendem Umfang der Stichproben ab.

Aufgaben und Beispiele

Zum Einstieg

Eine Münze wird geworfen. Man notiert, ob Wappen (W) oder Zahl (Z) fällt. Stichproben vom Umfang 10, 100, 1000, 10000, 100000 und 1000000 ergeben die Häufigkeiten in der nebenstehenden Liste.

Umfang	W	Z
10	7	3
100	45	55
1000	511	489
10000	5066	4934
100000	49894	50106
1000000	499792	500208

a) Welche relativen und welche absoluten Häufigkeiten der Ergebnisse sind bei jedem Stichprobenumfang zu erwarten?

b) Vergleiche die relativen Häufigkeiten der Ergebnisse in den Stichproben mit den erwarteten Werten! Bestimme jeweils die Abweichung in Prozentpunkten!

c) Stelle die relativen Häufigkeiten der Ergebnisse und die erwartete relative Häufigkeit in einem Koordinatensystem dar!

Stichproben mit großem Umfang

1. Beim Werfen eines Würfels ergeben sich die in der Tabelle notierten Häufigkeiten für die Augenzahlen von 1 bis 6.

Umfang der Stichprobe	Anzahl der geworfenen Augenzahl 1	2	3	4	5	6
10	1	4	2	0	1	2
50	8	5	9	7	11	10
100	21	16	13	16	14	20
500	73	98	75	84	89	81
1000	170	189	171	167	156	147
5000	844	819	824	815	798	900
10000	1656	1618	1680	1664	1687	1695
100000	16551	16739	16675	16795	16629	16611
1000000	166624	166727	166752	166751	166847	166299

a) Welche relative Häufigkeit ist für jede Augenzahl unabhängig vom Stichprobenumfang zu erwarten?
b) Bestimme zu jedem Stichprobenumfang und für jede Augenzahl die Differenz zwischen der relativen Häufigkeit und der erwarteten relativen Häufigkeit! Runde dabei auf vier Dezimalen!
c) Für welche Augenzahl ist die in b) berechnete Abweichung für die einzelnen Stichproben am größten? Vergleiche diese Abweichungen!
d) Warum vergleicht man in c) die größten und nicht die kleinsten Abweichungen?

2. Aus einer Urne mit zwei weißen, drei roten und vier blauen Kugeln wird jeweils eine Kugel verdeckt gezogen und zurückgelegt. Das Experiment wird 500-mal durchgeführt. Man erhält folgendes Resultat.

Ergebnis	Anzahl
weiß	115
rot	176
blau	209

Bild 7

a) Welche relativen Häufigkeiten sind für die drei möglichen Ergebnisse zu erwarten?
b) Bestimme die relativen Häufigkeiten für jede Farbe und runde auf zwei Dezimalen!
c) Für welche Farbe ist die Abweichung der relativen Häufigkeit von der erwarteten relativen Häufigkeit am größten?

3. a) Welche relativen Häufigkeiten sind für die Ergebnisse der unter 1) und 2) angegebenen Zufallsexperimente zu erwarten?
b) Führe die Experimente 100-mal durch und berechne die relativen Häufigkeiten!
c) Bestimme die Abweichungen der relativen Häufigkeiten von den erwarteten Werten in Prozentpunkten!
d) Stellt aus den Ergebnissen aller Schülerinnen und Schüler der Klasse eine Stichprobe von größerem Umfang her! Wie ändern sich die Abweichungen der relativen Häufigkeiten von den erwarteten Werten?

1) Ziehe (mit Zurücklegen) aus einem gut gemischten Skatspiel verdeckt eine Karte und notiere, ob die gezogene Karte ein Bild (Bube, Dame oder König) ist!
2) Lege in eine Urne 3 weiße und 4 schwarze Mühlesteine. Ziehe aus der Urne einen Stein (mit Zurücklegen) und notiere, ob er weiß ist.

4. In einer Urne liegen 50 Kugeln, die von 1 bis 50 durchnummeriert sind. Man entnimmt verdeckt eine Kugel und prüft, ob die Nummer der gezogenen Kugel durch 5 teilbar ist (e) oder nicht. Dann legt man die Kugel zurück, mischt gut durch und wiederholt das Experiment. Die folgende Tabelle zeigt das Resultat nach 100, 200, …, 1000 Ziehungen.

Umfang	100	200	300	400	500	600	700	800	900	1000
n(e)	25	48	63	79	93	112	144	164	178	203

a) Welche relative Häufigkeit h(e) ist für das Ergebnis e zu erwarten?
Anleitung: Überlege, wie groß der Anteil der Kugeln mit einer durch 5 teilbaren Zahl an der Gesamtzahl der Kugeln in der Urne ist!
b) Berechne zu jedem Stichprobenumfang die Abweichung von h(e) vom erwarteten Wert! Vergleiche die Abweichungen und prüfe, ob sie mit wachsendem Stichprobenumfang kleiner werden!
c) Stelle die erwartete relative Häufigkeit und die relativen Häufigkeiten der einzelnen Stichproben (Umfang: 100, 200, …, 1000) in einem Koordinatensystem dar!

5. Beim Roulett kann man u.a. auf das erste, das zweite oder das dritte Dutzend der 37 Zahlen setzen.
Ein Beobachter hat notiert, wie häufig in 50, 100, 200, …, 5000 Spielen das erste Dutzend (e) gefallen ist.

Umfang	50	100	200	500	1000	2000	5000
n(e)	13	28	67	167	313	677	1605

a) Welche relative Häufigkeit h(e) ist für das Ergebnis e zu erwarten?
b) Berechne zu jedem Stichprobenumfang die Abweichung von h(e) vom erwarteten Wert! Vergleiche die Abweichungen und prüfe, ob sie mit wachsendem Stichprobenumfang kleiner werden!

II. Der Begriff der Wahrscheinlichkeit

1. Zur Einführung

Vor Beginn eines Fußballspiels führt der Schiedsrichter mit den Mannschaftsführern die Seitenwahl durch. Die Entscheidung fällt durch einen Münzwurf (Bild 8). Liegt nach dem Münzwurf das Wappen oben, dann hat die Mannschaft die Seitenwahl gewonnen, die das Ergebnis Wappen gewählt hat, im anderen Fall hat die andere Mannschaft gewonnen.

Beide Mannschaftsführer sind bei dieser Form der Seitenwahl davon überzeugt, die gleiche Chance zum Gewinn der Seitenwahl zu haben.

Bild 8

Ihre Gewissheit beruht auf der Überzeugung, dass man bei einer größeren Anzahl von Münzwürfen erwarten darf, dass Wappen und Zahl etwa gleich häufig oben liegen. Wir können sagen, dass man als relative Häufigkeiten für beide Ergebnisse 0,5 erwarten darf.

2. Erklärung des Begriffs der Wahrscheinlichkeit

Das Gesetz der großen Zahlen gibt eine Erfahrung wieder. Diese Erfahrung machen wir, wenn wir das Entstehen von Stichproben mit großem Umfang bei einem Zufallsexperiment aufmerksam verfolgen.

Die relative Häufigkeit eines Ergebnisses liegt in einer Stichprobe mit großem Umfang in der Regel in der Nähe einer durch das Zufallsexperiment bestimmten Zahl. Diese Zahl nennt man die **Wahrscheinlichkeit des Ergebnisses**.

Die Wahrscheinlichkeit eines Ergebnisses e bei einem Zufallsexperiment bezeichnet man mit „P(e)“[1)] (gelesen: „P von e“). P(e) muss eine Zahl zwischen 0 und 1 sein:

$$0 \leq P(e) \leq 1.$$

Die Wahrscheinlichkeit eines Ergebnisses kann man als die zu erwartende relative Häufigkeit dieses Ergebnisses in einer Stichprobe mit großem Umfang auffassen.

Im Folgenden beschäftigen wir uns mit der Frage, wie man die Wahrscheinlichkeit eines Ergebnisses bestimmen kann.

3. Gleichwahrscheinliche Ergebnisse

Beim Werfen eines Würfels sind sechs Ergebnisse möglich: 1, 2, 3, 4, 5 oder 6. Für jedes Ergebnis besteht dieselbe Chance. Wir erwarten also als relative Häufigkeit für jedes Ergebnis in einer Stichprobe $\frac{1}{6}$. Diese Vermutung ist durch Stichproben überprüft worden. Die Resultate haben keinen Anlass gegeben, diese Vermutung abzulehnen. Wir können also davon ausgehen, dass die Wahrscheinlichkeit für jedes der sechs Ergebnisse beim Würfeln gleich $\frac{1}{6}$ ist.

---

1) „P“ als Abkürzung für: probability (engl.), Wahrscheinlichkeit

Wir setzen dabei voraus, dass alle Ergebnisse die gleiche Chance haben einzutreten oder – wie wir auch sagen können – dass alle Ergebnisse **gleichwahrscheinlich** sind. Damit wir beim Würfeln von gleichwahrscheinlichen Ergebnissen sprechen können, müssen wir fordern, dass es sich um einen „korrekten“ und nicht um einen „gezinkten“ Würfel handelt.

Beispiele

1) Bei einem korrekten Glücksrad (Bild 9) mit 24 kongruenten Feldern hat jedes Feld die gleiche Chance, unter dem Zeiger stehenzubleiben. Man kann also davon ausgehen zu bleiben. Man kann also davon ausgehen, dass alle 24 Ergebnisse gleichwahrscheinlich sind. Es gilt daher für jedes Ergebnis e:

$$P(e) = \tfrac{1}{24}.$$

Bild 9

2) Bei einem korrekten Roulettspiel (Bild 10) bleibt die Kugel schließlich in einem der Felder 0, 1, 2, …, 36 liegen. Für jedes Feld besteht die gleiche Chance, dass die Kugel dort liegen bleibt. Man kann also davon ausgehen, dass alle 37 Ergebnisse gleichwahrscheinlich sind. Für jedes Ergebnis gilt daher:

$$P(e) = \tfrac{1}{37}.$$

Bild 10

Allgemein gilt: Können wir davon ausgehen, dass bei einem Zufallsexperiment mit m möglichen Ergebnissen alle Ergebnisse die gleiche Chance haben, also gleichwahrscheinlich sind, dann ist die Wahrscheinlichkeit für jedes Ergebnis e:

$$P(e) = \tfrac{1}{m}.$$

Beispiel

Aus einem Skatspiel mit 32 Karten (Bild 11) wird eine Karte verdeckt gezogen.

a) Sind alle Ergebnisse gleichwahrscheinlich?

b) Wie groß ist die Wahrscheinlichkeit, den Kreuzbuben zu ziehen?

Bild 11

Lösungen:

a) Da keine der 32 Karten beim Ziehen bevorzugt ist, kann man davon ausgehen, dass die Ergebnisse gleichwahrscheinlich sind.

b) Die Wahrscheinlichkeit, den Kreuzbuben zu ziehen, ist dann $\frac{1}{32}$.

4. Gleichwahrscheinlichkeit

In einer Urne befinden sich 15 Kugeln, die mit den Ziffern 1, 2, …, 15 nummeriert sind. Die Kugeln mit den Nummern 1, 2 und 3 sind grün (g), die mit den Nummern 4, 5, 6, 7, 8, 9 und 10 rot (r), und die restlichen Kugeln sind blau (b) (Bild 12). Jede Kugel hat die gleiche Chance, verdeckt gezogen zu werden.

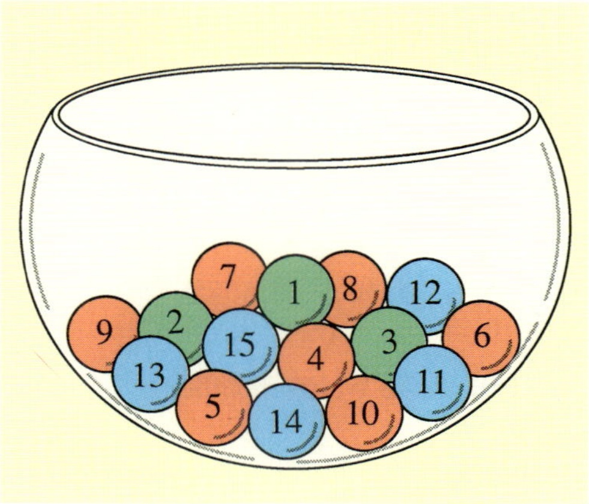

Die Wahrscheinlichkeit, eine bestimmte Kugel zu ziehen, ist also $\frac{1}{15}$.

Weil 7 der 15 Kugeln rot sind, erwarten wir, dass die relative Häufigkeit, eine rote Kugel zu ziehen, gleich $\frac{7}{15}$ ist.

Diese Vermutung ist durch Stichproben überprüft worden.

Die Resultate haben keinen Anlass gegeben, diese Vermutung abzulehnen. Wir können also davon ausgehen, dass die Wahrscheinlichkeit, eine rote Kugel zu ziehen, gleich $\frac{7}{15}$ ist. Entsprechend ist $P(g) = \frac{3}{15} = \frac{1}{5}$ und $P(b) = \frac{5}{15} = \frac{1}{3}$.

Beispiele

1) Wir werfen drei unterscheidbare Münzen gleichzeitig. Wir bezeichnen diese Münzen als 1., 2. und 3. Münze. Liegt bei der ersten Münze Zahl, bei der zweiten Wappen und bei der dritten Zahl oben, dann schreiben wir das Ergebnis: (Z|W|Z).

Die möglichen Ergebnisse sind:

(Z|Z|Z), (Z|Z|W), (Z|W|Z), (Z|W|W), (W|Z|Z), (W|Z|W), (W|W|Z), (W|W|W).

Alle Ergebnisse können wir als gleichwahrscheinlich ansehen. Für jedes Ergebnis ist die Wahrscheinlichkeit $\frac{1}{8}$.

Wir fragen, wie groß die Wahrscheinlichkeit ist, dass nach dem Werfen bei zwei Münzen Zahl und bei einer Wappen oben liegt (Bild 13).

Bild 13

Bei genau drei Ergebnissen, nämlich (Z|Z|W), (Z|W|Z) und (W|Z|Z), tritt der zu untersuchende Fall ein. Wir sagen deshalb auch: Drei Ergebnisse sind für den zu untersuchenden Fall **günstig**. Wir erwarten daher, dass die relative Häufigkeit für diesen Fall bei Stichproben mit großem Umfang $\frac{3}{8}$ und damit auch die Wahrscheinlichkeit gleich $\frac{3}{8}$ ist.

2) Werfen wir zwei Würfel (einen weißen mit schwarzen Punkten und einen schwarzen mit weißen Punkten) (Bild 14) gleichzeitig, dann sind folgende 36 Ergebnisse möglich:

(1|1), (1|2), (1|3), (1|4), (1|5), (1|6),
(2|1), (2|2), (2|3), (2|4), (2|5), (2|6),
(3|1), (3|2), (3|3), (3|4), (3|5), (3|6),
(4|1), (4|2), (4|3), (4|4), (4|5), (4|6),
(5|1), (5|2), (5|3), (5|4), (5|5), (5|6),
(6|1), (6|2), (6|3), (6|4), (6|5), (6|6).

Bild 14

Wie groß ist die Wahrscheinlichkeit, dass die Summe der Augenzahlen beider Würfel gleich 8 ist?

Für diesen Fall sind die folgenden 5 Ergebnisse günstig: (2|6), (3|5), (4|4), (5|3), (6|2).

Die Wahrscheinlichkeit, dass die Summe der Augenzahlen beider Würfel gleich 8 ist, ist dann $\frac{5}{36}$.

Allgemein gilt:
Können wir davon ausgehen, dass bei einem Zufallsexperiment mit m **möglichen** Ergebnissen alle Ergebnisse gleich wahrscheinlich sind, und sind genau g Ergebnisse für das Eintreten eines Falles **günstig**, dann ist die Wahrscheinlichkeit, dass dieser Fall (F) eintritt:

$$P(F) = \frac{g}{m} = \frac{\text{Anzahl der für den Fall günstigen Ergebnisse}}{\text{Anzahl der möglichen Ergebnisse}}.$$

Beispiel

Ein Skatspiel mit 32 Karten enthält 8 Kreuz-, 8 Pik-, 8 Herz- und 8 Karokarten. Es wird eine Karte verdeckt gezogen.

Wie groß ist die Wahrscheinlichkeit, eine Herzkarte (H) zu ziehen?

Lösung:

Alle 32 möglichen Ergebnisse sind gleichwahrscheinlich. Für den Fall, eine Herzkarte zu ziehen, gibt es 8 günstige Ergebnisse.

Dann gilt:

$$P(H) = \frac{8}{32} = \frac{1}{4}.$$

Wir haben die Regeln für die **Berechnung** der Wahrscheinlichkeit für den Fall, dass die Ergebnisse gleichwahrscheinlich sind, aufgrund von naheliegenden Vermutungen aufgestellt. Diese Vermutungen sind in Stichproben überprüft worden. Die Stichprobenresultate haben keinen Anlass gegeben, die Vermutungen abzulehnen. Eine zwingende Begründung ist das nicht.

Im Band für das nächste Schuljahr werden wir ausführlich begründen, warum bei Gleichwahrscheinlichkeit der Ergebnisse eines Zufallsexperimentes die Wahrscheinlichkeiten auf die beschriebene Art **berechnet** werden können.

5. Schätzwerte für Wahrscheinlichkeiten

Wir können nicht immer davon ausgehen, dass die Ergebnisse eines Zufallsexperimentes gleichwahrscheinlich sind. Schon bei Zufallsexperimenten, für deren Ergebnisse wir Gleichwahrscheinlichkeit angenommen haben, gilt diese Annahme nur für **ideale** Zufallsexperimente, also solche mit korrekten Würfeln, korrekten Münzen, korrekten Glücksrädern. Bei **realen** Würfeln, Münzen, Glücksrädern muss man damit rechnen, dass keine Gleichwahrscheinlichkeit vorliegt.

Bei vielen Zufallsexperimenten gibt es keinen Grund anzunehmen, dass ihre Ergebnisse gleichwahrscheinlich sind. In diesen Fällen, in denen man die Wahrscheinlichkeit nicht berechnen kann, wird man versuchen, sie zu **schätzen**.

Beispiel

Wir haben uns früher schon mit dem folgenden Zufallsexperiment beschäftigt (vgl. S. 258).

Ein Bauklotz aus einem Baukasten hat die Form eines dreiseitigen Prismas (Bild 15). Die Grundflächen sind gleichschenklig-rechtwinklige Dreiecke. Die Länge der Katheten ist ungefähr 4,24 cm, die der Hypotenuse ungefähr 6,0 cm. Diese beiden Flächen sind mit 1 bzw. 2 gekennzeichnet. Die Höhe des Prismas beträgt ungefähr 2,1 cm. Die Seitenflächen sind Rechtecke; die Rechtecke mit den Katheten sind mit 3 bzw. 4, die dritte Seitenfläche ist mit 5 gekennzeichnet.

Bild 15

Mit dem Prisma wird gewürfelt. Es wird notiert, welche Fläche **unten** liegt.

Die möglichen Ergebnisse bezeichnen wir mit 1, 2, 3, 4 bzw. 5, je nachdem welche Seite **unten** liegt.

Wir können bei diesem Zufallsexperiment nicht davon ausgehen, dass alle Ergebnisse gleichwahrscheinlich sind.

Eine Stichprobe vom Umfang 500 liefert die folgende Häufigkeitsliste. Wir bestimmen die relativen Häufigkeiten. Die Resultate stehen ebenfalls in der folgenden Tabelle.

e	1	2	3	4	5	Umfang
n(e)	153	157	42	43	105	500
h(e)	0,306	0,314	0,084	0,086	0,210	500

Diese relativen Häufigkeiten kann man als **Schätzwerte** für die Wahrscheinlichkeiten nehmen.

Lässt sich also die Wahrscheinlichkeit eines Ergebnisses e eines Zufallsexperimentes nicht berechnen, dann kann man einen Schätzwert für die Wahrscheinlichkeit ermitteln. Man führt eine Stichprobe des Zufallsexperimentes durch. Die relative Häufigkeit des Ergebnisses e in der Stichprobe kann man als **Schätzwert** für die Wahrscheinlichkeit nehmen.

Die Chance, dass die unbekannte Wahrscheinlichkeit in der Nähe des Schätzwertes liegt, steigt mit dem Umfang der Stichprobe.

Beispiel

Wirft man eine Reißzwecke, so bleibt sie mit der Spitze nach oben (o) oder mit der Spitze nach unten (u) liegen.
Eine Stichprobe vom Umfang 2000 ergibt die nebenstehende Häufigkeitsliste.

e	o	u	Umfang
n(e)	911	1089	2000

Gib Schätzwerte für P(o) und P(u) an!

Lösung: Die relativen Häufigkeiten sind in dieser Stichprobe $h(o) = \frac{911}{2000} = 0{,}4555$ und $h(u) = \frac{1089}{2000} = 0{,}5445$. Schätzwert für P(o) ist 0,4555 und Schätzwert für P(u) ist 0,5445.

Aufgaben und Beispiele

Zum Einstieg

Ein quaderförmiger Holzbaustein ist 4,4 cm lang, 3 cm breit und 2,1 cm hoch (Bild 16). Die beiden größten Seitenflächen sind mit 1 bzw. 6, die beiden kleinsten mit 2 bzw. 5 und die beiden übrigen mit 3 bzw. 4 bezeichnet. Mit dem Baustein wird gewürfelt und notiert, welche Seite oben liegt.

Eine Stichprobe vom Umfang 2500 ergibt folgende Häufigkeitsliste.

e	1	2	3	4	5	6
n(e)	862	43	341	329	37	888

Bild 16

a) Man kann vermuten, dass gleich große Flächen beim Werfen mit gleicher relativer Häufigkeit oben liegen. Ist diese Vermutung aufgrund der Stichprobe abzulehnen oder nicht? Die Vermutung soll abgelehnt werden, wenn die Differenz der relativen Häufigkeiten von zwei gleich großen Seiten größer als 2 Prozentpunkte ist.
b) Welchen Anteil von der Gesamtoberfläche des Bauklotzes nimmt jede der sechs Seitenflächen ein? Man kann vermuten, dass dieser Flächenanteil mit der relativen Häufigkeit übereinstimmt, mit der die betreffende Fläche beim Werfen oben liegt. Ist diese Vermutung aufgrund der Stichprobe abzulehnen oder nicht, wenn man eine Abweichung von 2 Prozentpunkten zulässt?

Wahrscheinlichkeiten (I)

1. Wie groß ist die Wahrscheinlichkeit für das Ergebnis e?
a) In einer Urne liegen eine weiße, eine rote und eine schwarze Kugel. Man zieht verdeckt eine Kugel.
e: Die gezogene Kugel ist weiß.

b) Einem gut gemischten Skatspiel mit 32 Karten wird verdeckt eine Karte entnommen.
e: Die gezogene Karte ist Pik-Ass.

c) In einem Gefäß liegen 49 Kugeln, die von 1 bis 49 durchnummeriert sind. Man zieht verdeckt eine Kugel.
e: Die gezogene Kugel hat die Nummer 12.

d) Für einen 100-m-Lauf werden die acht Bahnen ausgelost.
e: Ein Läufer zieht das Los für Bahn 1.

2. Wie groß ist die Wahrscheinlichkeit, beim Werfen eines Würfels eine Augenzahl
a) größer als 4;
b) kleiner als 4 zu erhalten?

3. Wie groß ist die Wahrscheinlichkeit, beim verdeckten Ziehen einer Kugel aus einer Urne mit 3 roten, 4 weißen und 5 blauen Kugeln eine rote Kugel zu ziehen?

4. In einer Lostrommel liegen 500 Lose, darunter 10 Gewinne und 490 Nieten. Wie groß ist die Wahrscheinlichkeit, ein Gewinnlos zu ziehen?

5. Wie groß ist die Wahrscheinlichkeit, aus einem gut gemischten Skatspiel
a) ein Ass;
b) ein Bild (Bauer, Dame oder König);
c) einen schwarzen Bauern (Pik oder Kreuz);
d) keine Zehn zu ziehen?

6. Man wählt zufällig einen der 26 Buchstaben des Alphabets. Mit welcher Wahrscheinlichkeit erhält man einen Vokal?

7. Jemand dreht das Glücksrad in Bild 17. Mit welcher Wahrscheinlichkeit bleibt der Zeiger
a) auf einem blauen Feld stehen;
b) auf einem Feld mit einer durch 3 teilbaren Zahl stehen?

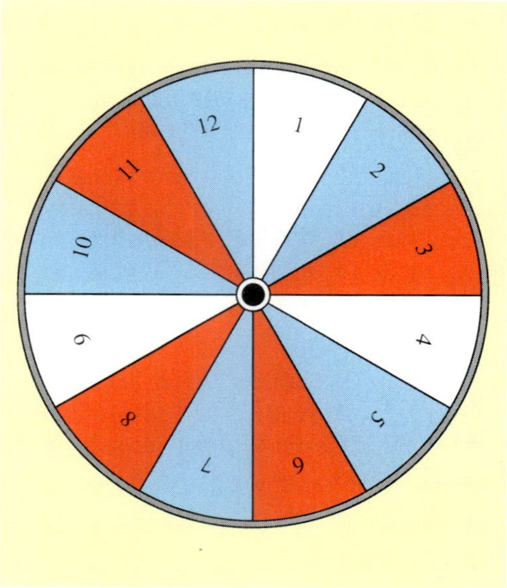

Bild 17

8. In einer Urne befinden sich 36 Kugeln, die von 1 bis 36 durchnummeriert sind. Wie groß ist die Wahrscheinlichkeit, beim verdeckten Ziehen eine Kugel mit einer einstelligen Zahl zu erhalten?

9. Bei den Bundesjugendspielen starten zwei Freunde zusammen mit einem Mitschüler zu einem 100-m-Lauf. Die drei Bahnen werden ausgelost. Mit welcher Wahrscheinlichkeit laufen die Freunde auf benachbarten Bahnen?

Wahrscheinlichkeiten (II)

10. Eine Münze wird zweimal geworfen. Wie groß ist die Wahrscheinlichkeit, dass
a) ein Pasch (zweimal Wappen oder zweimal Zahl) fällt;
b) keinmal Wappen fällt?

11. Bestimme die Wahrscheinlichkeit für das Ergebnis e!

Beispiel

Ein Würfel wird zweimal nacheinander geworfen. Man bildet das Produkt der beiden Augenzahlen.
e: Man erhält das Produkt 6.

Wir notieren die beiden nacheinander geworfenen Augenzahlen als ein Zahlenpaar. Mögliche Ergebnisse sind dann

(1|1), (1|2), (1|3), (1|4), (1|5), (1|6),
(2|1), (2|2), (2|3), (2|4), (2|5), (2|6),
(3|1), (3|2), (3|3), (3|4), (3|5), (3|6),
(4|1), (4|2), (4|3), (4|4), (4|5), (4|6),
(5|1), (5|2), (5|3), (5|4), (5|5), (5|6),
(6|1), (6|2), (6|3), (6|4), (6|5), (6|6).

Von diesen 36 Zahlenpaaren liefern die 4 Paare (1|6), (2|3), (3|2) und (6|1) das Produkt 6. Also ist die Wahrscheinlichkeit für dieses Produkt $\frac{4}{36} = \frac{1}{9}$.

Ein Würfel wird zweimal geworfen.
a) Man bestimmt die Summe der Augenzahlen.
e: Die Summe der Augenzahlen beträgt 6.
b) Man bestimmt das Produkt der Augenzahlen.
e: Das Produkt ist 12.
c) Man bestimmt den Betrag der Differenz der Augenzahlen.
e: Der Betrag der Differenz ist 2.

Anleitung: Benutze die Aufstellung der möglichen Würfelergebnisse im Beispiel!

12. Jemand wirft zweimal einen Würfel und notiert die Augenzahlen in der geworfenen Reihenfolge als zweistellige Zahl. Wie groß ist die Wahrscheinlichkeit, dass diese Zahl
a) die Zehnerziffer 6 besitzt;
b) gleiche Zehner- und Einerziffer hat;
c) größer als 50 ist?

13. Eine Münze und ein Würfel werden gleichzeitig geworfen. Wie groß ist die Wahrscheinlichkeit, dass diese Münze Wappen und der Würfel eine gerade Zahl zeigt?
Anleitung: Stelle die möglichen Ergebnisse übersichtlich zusammen!
Beispiel: (W|1), (W|2) usw.

14. Ein Kartenstapel besteht aus sechs Herzkarten (9, 10, Bube, Dame, König, Ass). Man mischt diesen Stapel gut durch, zieht (mit Zurücklegen) zweimal verdeckt eine Karte. Wie groß ist die Wahrscheinlichkeit, dass
a) zweimal Herz Ass gezogen wird;
b) zweimal ein Bild gezogen wird;
c) keine der zwei Karten ein Ass ist?
Anleitung: Stelle die möglichen Ergebnisse übersichtlich zusammen!
Beispiel: (Ass|Ass), (Ass|K), (Ass|D) usw.

Schätzen von Wahrscheinlichkeiten

15. Eine Pyramide mit quadratischer Grundfläche (G) und vier kongruenten Seitenflächen (S 1, S 2, S 3, S 4) wird als Würfel benutzt. Man notiert als Ergebnis die Fläche, auf der die Pyramide liegen bleibt. Eine Stichprobe vom Umfang 600 ergibt die folgenden Häufigkeiten.

Seite	G	S 1	S 2	S 3	S 4
Anzahl	48	128	142	137	145

Bestimme zu jedem Ergebnis einen Schätzwert für die Wahrscheinlichkeit, dass die Pyramide auf dieser Fläche liegen bleibt.

16. Eine „Münze" ist aus zwei Schichten gefertigt. Auf eine Metallscheibe ist eine Kunststoffscheibe aufgeklebt. Da beide Scheiben unterschiedliches Gewicht haben, bleiben die beiden Seiten der Münze beim Werfen nicht mit gleicher Wahrscheinlichkeit oben liegen. Bei einer Stichprobe vom Umfang 1250 liegt 701-mal die Kunststoffscheibe oben. Bestimme einen Schätzwert für die Wahrscheinlichkeit, dass die Kunststoffscheibe nach dem Werfen der Münze oben liegt!

III. Anwendungen des Wahrscheinlichkeitsbegriffs

1. Zur Einführung

Am Abend eines Wahltages werden häufig unmittelbar nach Schließung der Wahllokale im Radio und im Fernsehen Prognosen über den Ausgang der Wahl veröffentlicht. Wie kann man eine Voraussage für ein Wahlergebnis machen, ohne dass auch nur in einem einzigen Wahllokal die Stimmen ausgezählt sind?

Immer wieder wird in den Medien berichtet, wie die Meinung der Bevölkerung zu bestimmten aktuellen politischen Problemen ist. Wie erfährt man die Meinung der Bürger eines Landes zu solchen Problemen? Eine Befragung **aller** Bürger wäre viel zu aufwendig und kostspielig.

Bild 18

Mit diesen und ähnlichen Fragen wollen wir uns in diesem Kapitel beschäftigen.

2. Ein Urnenexperiment

Zunächst wollen wir uns mit einem Urnenexperiment beschäftigen, bei dem nicht bekannt ist, wie viele Kugeln der verschiedenen Farben sich in der Urne befinden.

In einer Urne liegen grüne (g), rote (r) und blaue (b) Kugeln. Wie kann man, ohne in die Urne hineinzuschauen und ohne alle Kugeln aus der Urne herauszunehmen, eine Aussage darüber machen, wie groß der Anteil der grünen, roten bzw. blauen Kugeln in der Urne ist?

Früher haben wir bei diesem Zufallsexperiment die Anteile der einzelnen Kugelarten als bekannt vorausgesetzt. Wir erwarteten, dass in Stichproben mit großem Umfang die relativen Häufigkeiten der einzelnen Ergebnisse in der Nähe dieser Werte lagen. Die Anteile waren für uns also die Wahrscheinlichkeiten dieser Ergebnisse.

Jetzt sind uns diese Anteile der Kugeln verschiedener Farbe in der Urne nicht bekannt. Wir ziehen eine Stichprobe von nicht zu kleinem Umfang, z.B. 10000. Die Stichprobe wird als Gesamtstichprobe aus 10 verschiedenen Stichproben, jede vom Umfang 1000, gebildet. So können wir uns zugleich noch eine Vorstellung davon machen, wie stark die absoluten Häufigkeiten voneinander abweichen.

Die folgende Tabelle enthält die Häufigkeitslisten dieser Stichproben.

e	g	r	b	Umfang	e	g	r	b	Umfang
$n_1(e)$	480	340	180	1000	$n_6(e)$	496	347	157	1000
$n_2(e)$	491	341	168	1000	$n_7(e)$	515	321	164	1000
$n_3(e)$	496	350	154	1000	$n_8(e)$	501	337	162	1000
$n_4(e)$	527	313	160	1000	$n_9(e)$	492	350	158	1000
$n_5(e)$	481	354	165	1000	$n_{10}(e)$	503	328	169	1000

Als Schätzwert für die Anteile nehmen wir die relativen Häufigkeiten der Gesamtstichprobe vom Umfang 10000.

e	g	r	b	Umfang
n(e)	4982	3381	1637	10000
h(e)	49,82%	33,81%	16,37%	

Wir schätzen also, dass etwa 49,82% der Kugeln in der Urne grün, 33,81% rot und 16,37% blau sind.

3. Umfragen

Nach diesem Prinzip kann man auch vorgehen, wenn man z.B. die Meinung der volljährigen Bürger der Bundesrepublik Deutschland zu einem politischen Problem, etwa zur Europapolitik der Bundesregierung, erforschen will. Man möchte wissen, wie viel Prozent der Bürger die Europapolitik „gut“, „eher gut“, „eher schlecht“ bzw. „schlecht“ finden.

Wir denken uns für jeden volljährigen Bürger der Bundesrepublik einen Zettel mit seinem Urteil in einer Urne. Aus dieser Urne wird eine Stichprobe von nicht zu kleinem Umfang gezogen. Eine Stichprobe vom Umfang 2000 ergebe z.B. die folgende Häufigkeitsliste.

e	gut	eher gut	eher schlecht	schlecht	Umfang
n(e)	375	756	621	248	2000
h(e)	18,75%	37,80%	31,05%	12,40%	

Man wird dann sagen, dass etwa 19% der Bürger die Europapolitik „gut“, 38% „eher gut“, 31% „eher schlecht“ und 12% sie „schlecht“ finden.

In der Praxis sieht das Verfahren natürlich anders aus: Man wählt für die Stichprobe die Bürger zufällig aus und befragt sie nach ihrer Meinung. Ein solches Verfahren nennt man eine **Umfrage**. Die Wissenschaft, die sich damit beschäftigt, mit Hilfe von Stichproben Aussagen über die Verteilung von Ergebnissen in einer großen Gesamtheit zu finden, nennt man **Statistik**. Darum spricht man auch häufig von **statistischen Umfragen**.

4. Wahlprognosen

Auch das Wahlverhalten der Bürger versucht man durch Umfragen zu ermitteln. Man befragt eine bestimmte Anzahl wahlberechtigter Bürger, z. B. 2000, die zufällig ausgewählt werden. Sie sollen angeben, welche der Parteien A, B, C, D oder E sie wählen würden, wenn am nächsten Sonntag Wahl wäre. Dabei lässt man zu, dass die Befragten erklären, noch unentschieden zu sein.

Man erhält z. B. folgende Häufigkeitsliste einer Stichprobe.

e	A	B	C	D	E	unentschieden	Umfang
n(e)	688	620	128	111	50	403	2000

Daraus ergibt sich, dass etwa 20,15% der Befragten sich noch nicht für eine Partei entschieden haben. Für diejenigen, die sich bereits auf eine Partei festgelegt haben, erhalten wir die folgende Häufigkeitsliste (gerundet auf ganze Zahlen).

e	A	B	C	D	E	Umfang
n(e)	688	620	128	111	50	1597
h(e)	43%	39%	8%	7%	3%	

Das heißt: ca. 43% würden Partei A, 39% Partei B, 8% Partei C, 7% Partei D und 3% Partei E wählen. Wie immer bei Stichproben können diese Werte nur Schätzwerte sein. Außerdem können auch die Stimmen der noch unentschlossenen Wähler das Endergebnis wesentlich verändern.

Solche **Wahlprognosen** werden oft Wochen und Monate vor dem Wahltermin erstellt. Wenn sich von Prognose zu Prognose die Werte ändern, braucht das nicht nur zufallsbedingt zu sein. Zwischen zwei Prognosen können Ereignisse eintreten, die Wahlberechtigte beeinflussen und sie veranlassen, ihre Entscheidung zugunsten einer anderen Partei zu ändern.

Bei Prognosen zu verschiedenen Zeiten muss man davon ausgehen, dass sie auf Stichproben zu verschiedenen Zufallsexperimenten beruhen. In unserer Modellvorstellung heißt das: Es gibt Kugeln in der Urne, auf denen sich die Wahlentscheidung geändert hat. Prognosen können also nur den momentanen Stand der Wahlentscheidungen von Wahlberechtigten schätzen. Deshalb werden Prognosen, die am Wahlabend veröffentlicht werden, erst wenige Tage vor der Wahl ermittelt.

Die Veröffentlichung einer Wahlprognose kann den Ausgang der Wahl beeinflussen. Darum sieht z. B. das Bundeswahlgesetz vor, dass am Tag einer Bundestagswahl vor Schließung der Wahllokale keine Wahlprognosen veröffentlicht werden dürfen. Aus dem gleichen Grund vereinbaren die Parteien vor Bundestagswahlen häufig in Wahlkampfabkommen, dass auch innerhalb einer bestimmten Frist vor dem Wahltag keine Wahlprognosen von den Parteien bekannt gegeben werden. An diese Abmachung halten sich in der Regel auch die Meinungsforschungsinstitute wie an ein ungeschriebenes Gesetz.

5. Umfragen zu wirtschaftlichen Fragen

Statistische Umfragen werden nicht nur zu politischen Problemen durchgeführt. Auch auf wirtschaftliche Fragen versucht man auf diesem Weg eine Antwort zu finden.

Beispiel

Ein Unternehmen stellt die Zahnpasta „Sanodent“ her. Man ist mit dem Absatz nicht zufrieden, weiß aber nicht, ob die Zahnpasta bei der Bevölkerung nicht hinreichend bekannt ist oder ob sie zwar bekannt ist, aber nicht gekauft wird, oder ob die Käufer mit ihr nicht zufrieden sind. Ein Meinungsforschungsinstitut führt im Auftrag des Unternehmens eine Umfrage durch. 1000 Bürgern aus dem Gebiet, in dem „Sanodent“ angeboten wird, legt man einen Fragebogen (Bild 19) vor.

1 Kennen Sie die Zahnpasta „Sanodent“?

☐ ja ☐ nein

Wenn Sie Frage 1 mit „ja“ beantwortet haben:

2 Haben Sie „Sanodent“ schon einmal gekauft?

☐ ja ☐ nein

Wenn Sie Frage 2 mit „ja“ beantwortet haben:

3 Waren Sie zufrieden mit „Sanodent“?

☐ ja ☐ nein

Zutreffendes bitte ankreuzen

Bild 19

Die Auswertung der Fragebogen ergibt:

Frage 1

ja	nein
109	891

Frage 2

ja	nein
63	46

Frage 3

ja	nein
49	14

Auf dieses Ergebnis hin beschließt die Unternehmensleitung, die Werbung für „Sanodent“ zu verstärken, weil man den Antworten auf die Fragen entnehmen kann, dass die Zahnpasta bei der Bevölkerung nicht hinreichend bekannt ist.

6. Qualitätskontrolle

Jedes Unternehmen ist daran interessiert, die Qualität der hergestellten Produkte zu prüfen. Bei manchen Produkten ist die vollständige Qualitätskontrolle nicht möglich, weil bei jeder Kontrolle das Produkt zerstört wird oder weil es zu teuer wäre, jedes Einzelprodukt zu kontrollieren. In diesen Fällen wird man nur Zufallsstichproben aus der Produktion untersuchen.

Beispiel

In einem Unternehmen werden elektrische 10-Ampere-Sicherungen für Autos hergestellt. Diese Sicherungen sollen spätestens bei einer Stromstärke von 11 Ampere durchbrennen. Nach ihrer Überprüfung ist jede Sicherung unbrauchbar: Entweder ist sie bei der Belastung mit 11 Ampere durchgebrannt und deswegen unbrauchbar, oder sie ist nicht durchgebrannt und nicht mehr verwendbar, weil sie die Prüfung nicht bestanden hat.
Um die laufende Produktion zu überprüfen, entschließt man sich, wöchentlich 1000 Sicherungen zu kontrollieren. Sollte die Anzahl der dabei als defekt festgestellten Sicherungen eine bestimmte Grenze, die vom Unternehmen vorgegeben wird, überschreiten, so wird man das Produktionsverfahren ändern müssen.

7. Verteilung der Blutgruppen in Deutschland

Man unterscheidet vier Blutgruppen: A, B, AB und 0. Die Blutgruppen sind angeboren; sie hängen nicht vom Alter, vom Geschlecht oder von der Außenwelt ab. Ihre Verteilung auf der Erde ist regional verschieden. Um festzustellen, wie groß die Anteile der verschiedenen Blutgruppen in Deutschland sind, kann man eine Stichprobe von 5000 zufällig ausgewählten Personen aus Deutschland untersuchen. Eine Untersuchung ergibt die folgenden Werte.

Blutgruppe e	A	B	AB	0	Umfang
n(e)	2215	596	292	1897	5000
h(e)	0,4430	0,1192	0,0584	0,3794	

Man kann die relativen Häufigkeiten der Blutgruppen in dieser Stichprobe als Schätzwerte für die Anteile der verschiedenen Blutgruppen in der Bevölkerung Deutschlands annehmen. Es haben also etwa 44% der Bevölkerung die Blutgruppe A, 12% die Blutgruppe B, 6% die Blutgruppe AB und 38% die Blutgruppe 0.

Aufgaben und Beispiele

Zum Einstieg

In einer Glashütte werden drei verschiedene Sorten von Trinkgläsern maschinell hergestellt. Eine Prüfung der Gläser am Ende des Herstellungsprozesses ergibt folgendes Resultat:
Bei der ersten Sorte sind 154 von 1200 geprüften Gläsern beanstandet worden.
Bei der zweiten Sorte können 84 von 700 Gläsern wegen Herstellungsfehlern nicht ausgeliefert werden.
Bei der dritten Sorte findet man unter 950 Gläsern 127, die nicht einwandfrei sind.

Bild 20

Bei welcher der drei Gläsersorten ist die Wahrscheinlichkeit für eine einwandfreie Fertigung am größten?

Schätzen von Wahrscheinlichkeiten

1. In einer Urne befinden sich 10 Kugeln. Einige sind rot, einige weiß. Man entnimmt verdeckt jeweils eine Kugel, notiert die Farbe und legt die Kugel zurück. Man mischt die Kugeln in der Urne gut durch und wiederholt das Experiment. Bei 500 Ziehungen wird 142-mal eine weiße Kugel gezogen.
a) Schätze die Wahrscheinlichkeit, dass bei diesem Experiment eine weiße Kugel gezogen wird!
b) Schätze die Anzahl der weißen Kugeln in der Urne!

2. In einer Urne liegen 5 Kugeln, von denen ein Teil blau, der andere Teil weiß ist. Man zieht verdeckt eine Kugel, notiert die Farbe und legt die gezogene Kugel wieder zurück. Nach gutem Durchmischen wiederholt man das Experiment. Bei 650 Ziehungen erhält man 507-mal eine weiße Kugel.

a) Schätze die Anzahl der weißen Kugeln in der Urne!

b) Schätze die Anzahl für den Fall, dass sich 10 (20, 50, 100) Kugeln in der Urne befinden!

c) Kann die Behauptung „Falls 100 Kugeln in der Urne sind, sind 75 Kugeln weiß" aufgrund des Ergebnisses der Stichprobe abgelehnt werden? Die Behauptung soll abgelehnt werden, wenn die Abweichung größer als 3 Prozentpunkte ist.

3. Zwei Münzen werden geworfen. Eine ist korrekt, die andere nicht. Wappen und Zahl fallen bei einer nicht korrekten Münze nicht gleich häufig. In einer Stichprobe vom Umfang 800 fällt mit der ersten Münze 358-mal Wappen. Bei der anderen Münze zählt man 660-mal Wappen in einer Stichprobe vom Umfang 1300.

a) Vergleiche die absoluten und die relativen Häufigkeiten für Wappen bei beiden Münzen! Was stellst du fest?

b) Schätze die Wahrscheinlichkeit für Wappen bei beiden Münzen! Für welche der beiden Münzen kann aufgrund der Schätzwerte die Behauptung, die Münze sei korrekt, abgelehnt werden? Eine Behauptung soll abgelehnt werden, wenn die Abweichung größer als 3 Prozentpunkte ist.

4. Man wirft zwei Würfel. Einer ist korrekt, der andere enthält ein Stück Blei, so dass die Augenzahlen von 1 bis 6 nicht mit gleicher Wahrscheinlichkeit fallen. Würfel 1 wird 1150-mal und der Würfel 2 wird 1620-mal geworfen. Es ergeben sich die folgenden Häufigkeiten.

	1	2	3	4	5	6	Umfang
Würfel 1	174	196	198	202	185	195	1150
Würfel 2	237	263	273	267	277	303	1620

a) Schätze die Wahrscheinlichkeiten für jede der sechs Augenzahlen bei beiden Würfeln!

b) Wie groß ist die Wahrscheinlichkeit für jede der 6 Augenzahlen bei einem korrekten Würfel? Berechne für die sechs Augenzahlen die Abweichungen der relativen Häufigkeiten von dieser Wahrscheinlichkeit bei beiden Würfeln in Prozentpunkten! Für welchen Würfel kann aufgrund der Schätzwerte die Aussage, der Würfel sei korrekt, abgelehnt werden? Bei einer Abweichung von mehr als 2 Prozentpunkten soll die Aussage abgelehnt werden.

5. Für eine Wahlprognose werden 2045 Personen befragt. Auf die Frage, welcher der Parteien A, B, C oder D sie ihre Stimme geben würden, falls am nächsten Sonntag Wahl wäre, erhält man die folgende Stimmverteilung.

Partei	A	B	C	D
Stimmenzahl	651	704	363	327

a) Schätze aufgrund dieser Umfrage die Stimmanteile für jede Partei in ganzen Prozenten!

b) Falls die Wahlergebnisse um bis zu 5 Prozentpunkten von den Umfrageergebnissen abweichen, könnte Partei B dann noch davon ausgehen, bei der Wahl den höchsten Stimmanteil zu erreichen?

6. Eine Firma stellt Glühlampen her. Sie macht das Zugeständnis, dass 5% der Glühlampen defekt sind, und gewährt einen entsprechenden Preisnachlass. Auf Verlangen eines Großkunden soll durch eine Zufallsstichprobe die Aussage der Firma überprüft werden. In einer Stichprobe vom Umfang 1250 sind 77 Glühlampen defekt.

a) Schätze aufgrund der Stichprobe die Wahrscheinlichkeit, dass eine zufällig herausgegriffene Glühlampe defekt ist!

b) Kann die Aussage der Firma durch das Ergebnis der Stichprobe abgelehnt werden, wenn die Abweichung nicht mehr als 3 Prozentpunkte betragen soll?

7. Ein Autohersteller hat Absatzschwierigkeiten mit dem Modell „Florida". Vier mögliche Ursachen werden diskutiert:

1) Das Modell ist zu wenig bekannt.

2) Es ist bekannt, aber das Aussehen des Wagens gefällt nicht.

3) Es ist bekannt, aber die Technik wird als „nicht zuverlässig" eingeschätzt.

4) Es ist bekannt, Aussehen und Technik werden mit „gut" beurteilt, aber der Preis ist zu hoch.

Bei einer Befragung ergibt eine Stichprobe von 820 zufällig ausgewählten Bürgern:

- 680 Befragte kennen das Modell.
- 466 von denen, die „Florida" kennen, gefällt das Aussehen des Wagens.
- 158 von denen, die „Florida" kennen, beurteilen die Technik des Wagens mit „lässt zu wünschen übrig".
- 314 Befragte bewerten das Aussehen und die Technik des Wagens positiv; 197 von ihnen halten aber den Preis für zu hoch.

Bild 21

a) Beurteile jede der vier möglichen Ursachen auf der Grundlage der Umfrageergebnisse!

b) Suche einen Schätzwert für die Wahrscheinlichkeit des Ergebnisses e: Wer „Florida" kennt, dem gefällt auch das Aussehen.

c) Ein Kunde informiert sich bei einem Händler über das Modell „Florida". Ihm gefallen Aussehen und Technik des Wagens. Mit welcher Wahrscheinlichkeit hält er den Preis für zu hoch? Begründe deine Schätzung.

d) Ist die Aussage „Dreiviertel derjenigen, die ‚Florida' kennen, schätzen das Aussehen des Wagens" aufgrund des Ergebnisses der Befragung abzulehnen, wenn die Abweichung nicht mehr als 3 Prozentpunkte betragen soll?

Stichwortverzeichnis

Bildnachweis

Archiv für Kunst und Geschichte, Berlin: S. 221 (Bild 13)
Dr. Gerhard Betsch, Weil im Schönbuch: S. 230 (Bild 3)
Deutsche Bundesbahn, Mainz: S. 38 (Bild 6)
Deutsche Presse-Agentur GmbH, Frankfurt/Main: S. 186 (Bild 40)
Carin Eichholz, Krefeld: S. 198 (Bild 3)
Globus Kartendienst, Hamburg: S. 64 (Bilder 8 – 11), S. 71 (Bilder 17 und 18)
Roland Herbers, Hagen: S. 245 (Bild 3), S. 271 (Bild 8)
Bildarchiv Huber, Garmisch-Partenkirchen: S. 199 (Bild 5)
Lothar Koch, Kassel: S. 51 (Bild 21)
Landesverkehrswacht NRW, Düsseldorf: S. 65 (Bild 13)
Ogilvy & Mather GmbH Werbeagentur, Frankfurt/Main: S. 100 (Bild 13)
Schott-Zwiesel-Glaswerke AG, Zwiesel: S. 283 (Bild 20)
Ronald Siemoneit, Berlin: S. 245 (Bild 4), S. 272 (Bild 9)
Stadt-Bild-Verlag, Leipzig: S. 153 (Bild 12)
Stadt-Sparkasse Düsseldorf: S. 93 (Bild 7), S. 216 (Bild 8)
Telefunken Systemtechnik GmbH, Wedel (Holst.): S. 25 (Bild 27)
Hartmut Vogler, Ratingen: S. 102 (Bild 1)
Mathias Wosczyna, Rheinbreitbach: S. 260 (Bild 18)

Alle übrigen Fotos: Chris Berten, Berlin